建设工程招标投标

（第2版）

主　编　刘钟莹

副主编　赵庆华　余璠璟

参　编　陈　刚　徐　彪　王　云
　　　　高　菲　武　平

东南大学出版社
SOUTHEAST UNIVERSITY PRESS
·南京·

内 容 提 要

本书首先简要介绍国内外常用的建设工程交易模式与融资模式，分析建设工程交易费用的构成，招投标在建设管理过程中的重要意义，以及政府对建设工程招投标的各项规定，然后分别介绍EPC项目招标，设计招标，监理招标，施工招标，设备与大宗材料招标的程序、方法和注意事项，重点介绍施工招标中的招标文件与评标方法，并根据招标实践经验，详细介绍施工招标策划的内容与方法。最后介绍了招标投标阶段的合同管理，包括合同策划、合同谈判与合同签订，在建设工程招标投标信息管理中介绍了招标管理系统、网上招标、电子评标、应用信息技术编制技术标和商务标、计算机辅助投标决策等。本书可作为工程管理及土木工程专业教材，也可用作招标投标从业人员理论培训用书或实际操作指南。

图书在版编目(CIP)数据

建设工程招标投标/刘钟莹主编.—2版.—南京：东南大学出版社，2020.7

ISBN 978-7-5641-8993-8

Ⅰ. ①建… Ⅱ. ①刘… Ⅲ. ①建筑工程-投标 ②建筑工程-招标 Ⅳ. TU723

中国版本图书馆CIP数据核字(2020)第119305号

建设工程招标投标(第2版)

Jianshe Gongcheng Zhaobiao Toubiao (Di 2 Ban)

主　　编：刘钟莹
出版发行：东南大学出版社
社　　址：南京市四牌楼2号　　邮编：210096
出 版 人：江建中
网　　址：http://www.seupress.com
电子邮箱：press@seupress.com
经　　销：全国各地新华书店
印　　刷：常州市武进第三印刷有限公司
开　　本：787 mm×1092 mm　1/16
印　　张：23.75
字　　数：593千字
版　　次：2020年7月第2版
印　　次：2020年7月第1次印刷
书　　号：ISBN 978-7-5641-8993-8
定　　价：49.00元

《工程造价系列丛书》编委会

第2版前言

随着《中华人民共和国招标投标法》与相关条例的深入实施，建设市场已形成政府依法监督、招投标活动当事人在公共资源交易中心依据法定程序进行交易活动、各中介组织提供全方位服务的市场运行格局，我国的招标投标法律制度与实操办法日益成熟。

市场准入、市场竞争、市场交易等规则趋于规范和完善。企业资质和人员资格管理逐步完善，工程项目经理动态管理；市场公平竞争规则通过不断的实施更加具体和细化。公共资源交易中心为保障招标程序规范合法、保证招标全过程公开、公平和公正，确保进场交易各方主体的合法权益得到保护做了大量工作，并在实践中不断改进。

招标代理机构是建筑市场和招标投标活动中不可缺少的重要力量，随着我国建设市场的健康发展和招标投标制度的完善，招标代理资质被取消，招标代理机构在数量上得到很大发展。今后要推动我国的招标投标制度进一步与国际惯例接轨。

工程量清单计价是目前国际上通行的做法，如英联邦等许多国家、地区和世界银行等国际金融组织均采用这种模式。我国建设市场进一步对外开放，采用国际通行做法，招标工程实行工程量清单计价，有利于增进国际经济往来，有利于促进我国经济发展，有利于提高施工企业的管理水平和进入国际市场承包工程。实行工程量清单计价，工程量清单作为招标文件和施工合同文件的重要组成部分，对避免招标中弄虚作假和暗箱操作以及保证工程款的结算支付都会起到重要的作用。

《建设工程工程量清单计价规范》《房屋建筑与装饰工程工程量计算规范》等是统一工程量清单编制、规范工程量清单计价的国家标准，是调节建设工程招标投标中使用清单计价的招标人、投标人双方利益的规范性文件。“计价规范”与“计算规范”是我国在招标投标工程中实行工程量清单计价的基础，是参与招标投标各方进行工程量清单计价应遵守的准则，是各级建设行政主管部门对工程造价计价活动进行监督和管理的重要依据。

作者在研究我国招标投标法规体系，参加建设工程设计、监理、施工、材料与设备、EPC项目招标投标实践的基础上，结合《建设工程工程量清单计价规范》《房屋建筑与装饰工程工程量计算规范》对招标投标的有关要求，编写了《建设工程招标投标》

第2版。

本书首先简要介绍国内外常用的建设工程交易模式与融资模式，分析建设工程交易费用的构成，以及招投标在建设管理过程中的重要意义，并从招投标相关法律法规、管理分工、市场体系等不同层面介绍我国政府对建设工程招投标的各项规定。然后分别介绍EPC项目招标，设计招标，监理招标，施工招标，设备与大宗材料招标的程序、方法和注意事项，重点介绍施工招标中的招标文件与评标方法，并根据招标实践经验，详细介绍施工招标策划的内容与方法。设计招标、施工招标、设备招标均介绍了招标实例。关于建设工程施工投标，重点阐述了施工投标的前期准备工作，介绍了施工项目风险响应策略和应对措施，介绍了技术标与商务标的编制方法，其中技术标部分按建设工程施工项目管理规划大纲的要求编写，符合《建设工程项目管理规范》的有关要求。在投标项目选择策略中介绍了指标判断法、线性规划法、决策树分析法及经济分析比较法；在投标项目成本预测中介绍了投标项目成本的灰色预测、回归预测、风险估计等内容；还介绍了投标报价常用的策略与技巧及复合标底的最优报价模型。本书对招标投标阶段的合同管理介绍了合同策划、合同谈判与合同签订；对建设工程招标投标信息管理介绍了招标管理系统、网上招标、电子评标、应用信息技术编制技术标和商务标、计算机辅助投标决策等。

本书在编写中，既重视理论概念的阐述，也注意工程实例的讲解，并尽量反映招标实践的最新成果。本书由刘钟莹编写第1、3章，参编第5、7章，刘钟莹、高菲编写第2章，刘钟莹、武平编写第4章、陈刚编写第5、6章，王云编写第12章，徐彪编写第7章，赵庆华编写第8、9、13章，余璠璟编写第10、11、14章。全书由刘钟莹统稿。

当前，我国建设管理体制变革不断深化，不少问题还有待研究探讨，加之作者水平有限，书中存在的缺点和错误，恳请读者批评指正。

编者

2020年1月

目　　录

1 建设工程交易

1.1 建设工程交易模式

1.1.1 建设工程交易概述

1) 交易

交易(Transaction),是指个人或组织之间的物品、服务或权利的自由过渡。交易活动包括下列几个要素:

(1) 交易主体。是指人或者组织。在经济社会中,交易主体主要是个人、企业、政府或其他组织。交易可以在这些主体之间进行。

(2) 交易的客体。指物品、服务或权利。

(3) 产权。产权界定是主体之间进行交易的前提。

(4) 合同。在经济社会中,交易十分复杂,许多交易需要借助于合同来界定交易的对象、交易主体愿意接受交易的条件等。合同约定了交易过程中的秩序、结构、稳定性和可预测性,交易合同的安排是交易成功的重要条件。

(5) 交易的目的。一个成功的交易,会使双方某一方面得到改善或满足。实际上,在交易前,双方也都预期自己的效用在交易完成之后会得到提高,否则,交易不会发生。

2) 建设工程交易

建设工程交易的客体可以是整个建设工程项目,也可以是单项工程实体,如建筑材料、工程设备、工程咨询、工程管理服务等,还可以是技术、租赁、劳务等各种生产要素。狭义的建设工程交易活动常以工程承发包为主要内容。

与一般商品交易相比,建设工程交易具有下列特点:

(1) 建设工程交易的偶然性。建设工程交易的标的是工程产品,而工程产品具有单件性的特点。此外,在市场经济环境下,除专业化的工程开发商,如房地产商外,工程产品的卖方与买方,即承发包双方多次合作的机会较少。因此,从这一角度看,建设工程交易具有偶然性的特点。交易的偶然性,势必会使交易成本上升。

(2) 建设工程交易的长期性。一般商品的交易,绝大部分情况是一手交钱,一手交货;而建设工程交易,基本上是先订货,后生产,交易过程包括了整个生产或施工过程。一般建设工程交易过程持续时间较长,相对于一般商品,交易成本也可能较高。

(3) 建设工程实施过程和交易过程的重叠性。建设工程交易过程是先订货后生产，订货仅是交易的开始，交易随工程的实施而逐步展开。因而工程实施过程中的技术因素、环境因素等方面对建设工程的交易势必有影响。

(4) 建设工程交易的不确定性。建设工程交易过程包括生产过程，而工程建设过程受众多因素的影响，具有不确定性。因此，建设工程交易的不确定性，不仅会增加交易成本，还会诱发交易过程的争端。

(5) 建设工程交易双方的信息不对称性。由于交易过程的一次性和先订货后生产，在交易市场选择中存在着委托方和代理方在履约能力方面的信息不对称；在合同签订后又存在着工作努力程度的信息不对称。这种信息的不对称，给工程承包方带来了机会主义的动因，使工程发包方面临着承包方失信的风险。

(6) 建设工程合同的不完备性。工程交易要经过一个签订交易合同及漫长的履行合同的过程。由于工程实施过程具有不确定性，先前签订的合同不可能将这些不确定性全考虑在内，因此，建设工程合同具有不完备性，即不可能将合同履行过程中的各种情况全部作出明确的规定。合同的不完备性，同样会诱发交易过程的争端和交易成本的上升。

1.1.2 建设工程交易模式

建设工程交易模式主要是指业主将工程项目进行发包的方式，这种发包方式决定了工程项目的组织模式、项目管理机制，从而对工程项目管理成本或交易产生重大影响。为工程项目选择或设计一个科学、合理的交易方式，对降低项目交易成本、实现项目目标至关重要。

工程交易模式可分为自主型和代理型两大类。所谓自主型交易模式，即由项目业主直接与工程承包人进行的工程交易；所谓代理型交易模式，即项目业主委托代理人，由代理人与工程承包人进行的工程交易。对代理型交易模式，工程交易可视为由业主与代理人的项目管理交易及代理人与工程承包人的工程交易的总和。

以下简介国内外较为流行的建设工程交易模式。

1) DBB 模式

DBB 模式，即设计—招标—建造模式，是国际上最早应用的建设工程发包方式之一。目前在世界银行、亚洲开发银行贷款项目，以及采用国际咨询工程师联合会合同条件的国际工程项目均有这种方式。我国目前仍广泛应用 DBB 模式。

(1) DBB 模式下的各方关系

采用 DBB 模式，业主委托咨询单位开展可行性研究，通过招标或委托完成工程设计，再根据工程特点，按子项工程、专业工程或工程设备，组织工程分标；在各标段设计满足招标条件的情况下，业主以公开或邀请招标的方式，分期分批组织施工和采购招标。各中标签约的承包商、供应商先后进场施工或组织设备制造，他们直接对业主负责，并接受监理工程师的监督和管理。经业主同意，各承包人可以将部分施工内容或部分工程设备进行分包。DBB 模式参与各方的关系如图 1.1。

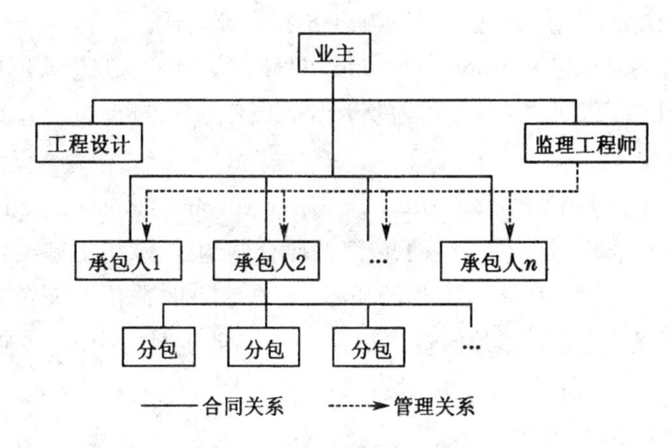

图 1.1 DBB 交易模式各方关系图

(2) DBB 模式的特点

① 充分竞争,降低造价,提高专业化水平。DBB 模式可根据工程特点和建设市场情况,科学组织分析,充分利用竞争机制,降低合同价,科学选择更专业的承包人。合理分标可使每个标的规模相对较小,满足招标条件的投标人增加,能够提高投标的竞争性。对专业性较强的工程,单独分标,有利于业主选择更优秀的专业承包人。

② 业主管理工作量大,交易费用高。在 DBB 模式下,承发包合同较多,业主的协调管理工作量大,交易费用较高。业主要组织多次工程招标,并与多个承包商签约。显然,工程合同增加后,管理界面复杂,合同管理中的沟通、协调工作量大,而且分标的数量越多,协调工作量越大,交易费用也越高,并对业主的项目管理能力提出较高的要求。

③ 对业主的管理能力提出较高的要求。采用 DBB 模式一般不仅是交易费用高,而且要求业主有较高的驾驭建设市场和工程技术的能力,以及组织、协调、决策等方面的能力。合理分标的前提是要对工程技术的特点有充分的把握,同时对建设市场的情况有充分的了解;施工合同分多后,对排除标段间的施工干扰、不同标段间进度和资源供应的协调提出较高的要求,若业主方缺乏这种管理和协调能力,施工过程中的索赔、合同纠纷和争端将会大量出现。

④ 要求各标段相对独立。采用 DBB 模式,要求各标段有较强的独立性,减少标段间施工干扰,防止因标段间相互施工干扰而增大工程交易费用。

2) 建设工程总承包模式

建设工程总承包是指工程总承包人受业主委托,按照合同约定对工程项目的勘察、设计、采购、施工、试运行等实行全过程或若干阶段的承包。建设工程总承包人按照合同约定对工程项目的质量、工期、造价等向业主负责。建设工程总承包人可依法将所承包工程中的部分工作发包给具有相应资质的分包商;分包商按照分包合同的约定对总承包人负责。

(1) 总承包的范围及分类

建设工程总承包按所承担的任务范围又可分为以下方式:

① 施工总包(General Contractor, GC)。GC 是指建设工程总承包商按照合同约定,

承担建设工程的全部施工任务，并对工程施工承担全部责任。

② 设计—施工总承包(Design and Build, DB)。设计—施工总承包是指建设工程总承包企业按照合同约定，承担建设工程的设计和施工任务，对承包工程的质量、安全、工期、造价全面负责。

③ 设计—采购—施工(Engineering, Procurement and Construction, EPC)/交钥匙总承包(Turnkey)。EPC是指工程总承包商按照合同约定，承担工程项目的设计、采购、施工、试运行服务等工作，对承包工程的质量、安全、工期、造价全面负责。Turnkey是EPC业务和责任的延伸，最终是向业主提交一个满足使用功能、具备使用条件的工程项目。

(2) 总承包模式的特点

① GC模式。由总承包商负责分包商管理，与DBB模式相比，可以减少标段间的干扰，优化界面管理，减少业主方的管理工作量。

② DB模式。采用DB模式，业主首先委托顾问或设计单位完成初步设计，设计深度以满足DB模式的招标为原则。然后，通过竞争招标来选择DB承包人。

DB承包人对设计、施工阶段工程的质量、进度和成本负责，并以竞争性招标方式选择分包商或使用本公司的专业人员自行完成工程的建设任务。

DB模式是对DBB模式的发展。在英美等国，采用DB模式的市场份额约占45%，超过了DBB模式。与DBB模式相比，DB模式可以充分发挥设计在控制投资中的作用，有利于提高设计质量，控制进度，明确质量责任。但纪念性建筑、新型建筑等不宜采用DB模式。

一般而言，规模和难度较大的工程项目，采用DB模式更为有利。因为当工程规模和难度较大时，更能使优秀的DB承包商体现价值，在优化设计和施工过程方面独树一帜，在保证工程质量、实现业主的工程功能的基础上，也为自身争得相应的回报。

③ EPC模式。EPC模式一般是指EPC总承包商负责工程项目的策划、计划、设计、采购、施工等全过程的总承包。与DB总承包方式相比，EPC的承包工程范围进一步向工程项目前期延伸。

EPC模式于20世纪80年代首先在美国出现，后来得到广泛认同，在国际工程承包市场上的应用逐渐扩大。FIDIC(国际咨询工程师联合会)于1999年编制了标准的EPC合同条件。EPC是目前国际上工程承包，特别是技术复杂的大型工程承包中采用的主要方式之一。

EPC承包商自主性较强，运用管理经验，为业主和承包商自身创造更多的利益。

采用EPC模式的工程项目，主要合同只有一个，招标、合同谈判的成本低，合同又是固定总价合同。因此，一般合同实施中由于工程变更、索赔原因使工程费用增加的机会将减少，由于合同争端所导致费用增加的可能性也较小，整体上工程的交易成本较低。但单一合同导致EPC总承包人承担更多的责任和风险，当然也拥有更多获利的机会。

3) CM模式

CM(Construction Management)模式发源于美国，与DBB模式相比，增加了CM单

位。CM单位承担建设管理的任务，从详细设计阶段介入，为设计方提供施工方面的建议，并负责随后的施工管理。采用CM模式将详细设计、招标、施工等工作相互搭接，即采用阶段施工法，可以缩短建设工期。

CM模式是一种施工管理或管理型承包模式，CM单位的工作重点是协调设计与施工的关系，以及对分包商和施工现场进行管理。

CM单位的早期介入，可以通过合理化建议来影响设计，但它区别于DB模式的是，它与设计单位没有紧密的合作关系。

CM模式实行有条件的“边设计、边施工”，从而大大缩短了建设周期，这是CM模式最大的优点。

为保证采用CM模式的顺利实施，对CM单位的工程技术、项目管理能力、工程经验等方面有较高的要求，对CM单位派驻现场的项目经理的知识结构、技术和管理能力也有较高的要求。

在CM模式中，分阶段多次招标，且设计、施工、施工管理均分离，协调工作量大，整个工程的交易费用比其他交易方式高。

4) PM模式

PM(Project Management)的概念较为广泛，人们经常将业主方、设计方、施工方等参与工程建设过程的管理统称为项目管理，即PM。但PM模式一般是指业主委托工程项目管理公司或咨询公司，采用科学的方法和手段，对工程项目的全过程或项目的实施阶段进行的管理服务。PM模式是20世纪60年代初开始在欧美国家广泛应用的一种项目管理模式。

(1) PM与CM的区别

① PM与CM的管理目标不同。PM公司进行项目管理，实现工程的建设目标；而CM尽管也对提高工程项目管理水平有好处，但其主要目标是缩短工程建设工期，最大的特点是采用快速路径法。

② PM与CM介入工程项目的时间不同。CM公司一般是在项目初步设计完成后才介入，工作重点是施工过程协调、组织和管理。PM公司一般参与全过程的项目管理，经常从项目开始就介入，将项目管理工作分为两个阶段，第一阶段称为项目定义阶段，PM公司要负责组织或完成初步设计，编制工程设计、采购和施工招标书，确定各项目承包商；第二阶段称为执行阶段，由中标承包商负责实施，包括详细设计、采购和施工，PM公司代表业主负责全部项目的管理工作，直到项目完成。

③ PM与CM的属性有差异。PM公司一般是智力密集型和咨询管理类公司，没有施工机械设备，不具备施工能力；CM公司经常是工程总承包性质的公司，具有施工机械设备和施工承包能力。

④ PM与CM合同计价和风险分配原则不同。PM公司获得的是管理咨询服务酬金，合同价通常按工程概算的百分比计取；而CM合同价经常采用成本加利润的方式。PM公司一般仅承担职业责任风险，而CM公司除此之外还需承担其他风险。

我国工程建设领域推行的代建制，与 PM 模式很相似。

(2) PM 的衍生模式

① PMC 模式

PMC(Project Management Contractor)模式，是 PM 的一种衍生模式，是指 PM 公司除了向业主提供 PM 中的项目管理服务外，还承包部分工程设计、施工的内容，甚至对整个工程的设计、施工进行承包，但 PM 公司的角色主要还是项目管理者，很少做项目的设计，绝不做具体的施工。

值得注意的是，不管如何 PMC 公司的主要任务仍是项目管理，这是与 DB 或 EPC 模式的主要差别所在。

② PMT 模式

PMT(Project Management Team)模式，是 PM 模式的另一种衍生模式，也称一体化项目管理模式，是指项目业主和 PM 公司分别派出人员共同组成项目管理团队。

PMT 的特点是业主与项目管理公司在组织结构和项目管理的各个环节上都实行一体化运作，以实现业主和项目管理公司的资源优化配置。项目管理团队成员只有职责之分，而不究其来自何方。这样，项目业主既可以利用 PM 公司的项目管理技术和人才优势，又不失去对项目的决策权，既有利于业主把主要精力放在核心业务上，又有利于项目竣工交付使用后业主的运营管理。

5）不同交易模式对比分析

不同的交易模式，业主投入建设工程的管理工作量不同。将上述各模式对比分析如图 1.2。在图 1.2 中，自上而下，业主的管理工作量由大变小。DBB 模式业主需投入较大的管理工作量，PM 模式业主投入的管理工作量最小。DBB 为典型的自主型交易模式，PM 为典型的代理型交易模式。

项目合同范围 / 交易模式	可行性研究	设计/采购	施工	竣工试运行	项目法人管理工作量
DBB(分项发包)					（自主交易）大
GC					
DB					
EPC					
CM					
PMC					
PMT					
PM					小（代理交易）

注：PM、PMT 或 PMC 等模式也可从设计阶段开始，CM 一般从初步设计完成后开始。

图 1.2　建设工程不同交易模式对比分析图

(1) 自主型交易形式。组建项目管理机构委托工程设计,组织工程招标、采购、施工合同管理。在 DBB 方式下,业主在项目管理中起主导作用,各类中介公司为其提供项目管理服务。

(2) 代理型交易形式。业主不具体从事工程项目实施阶段的管理,甚至项目的前期工作也很少花精力。项目管理公司承担工程项目管理中除重大项目决策的全部工作,包括工程设计、采购、施工、试运行,有时还包括工程项目的可行性研究工作。业主仅派很少人员对工程项目的实施进行监督。在图 1.2 中,按 DBB、GC、DB……PM 的顺序,业主对项目管理的工作量在不断减少。

1.1.3 建设工程融资模式

1) BOT 模式

BOT(Build-Operate-Transfer)模式,即建造—运营—移交模式。BOT 模式的基本思路是:由项目所在国政府或其下属机构为项目的建设和经营提供一种特许权协议作为项目融资的基础;由本国公司或者外国公司作为项目的投资者和经营者安排融资,承担风险,开发建设项目,并在有限的时间内经营项目获取商业利润;最后根据协议将该项目转让给相应的政府机构。BOT 模式是 20 世纪 80 年代在国外兴起的基础设施建设项目依靠私人资本的一种融资、建造的项目管理方式,或者说是基础设施国有项目民营化。政府开放本国基础设施建设和运营市场,授权项目公司负责筹资和组织建设,建成后负责运营及偿还贷款,规定的特许期满后,再无偿移交给政府。BOT 模式的各方关系如图 1.3 所示。

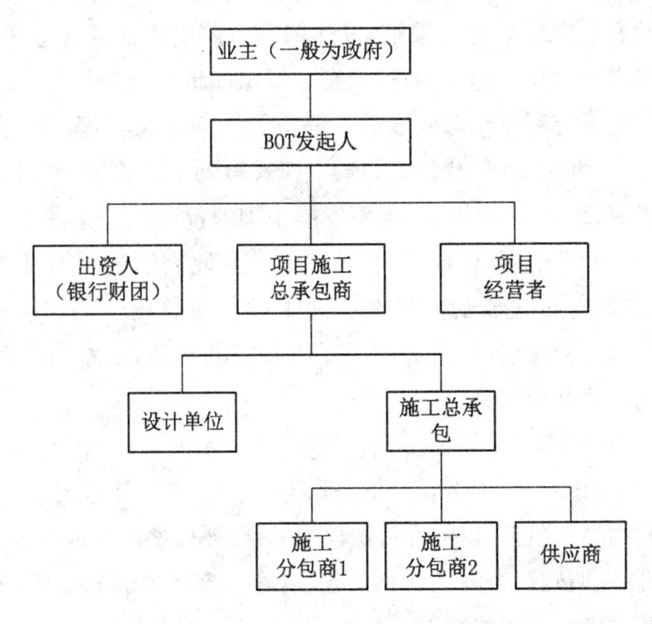

图 1.3 BOT 模式的各方关系图

BOT 模式具有如下优点:

(1) 降低政府财政负担。通过采取民间资本筹措、建设、经营的方式,吸引各种资金参与道路、码头、机场、铁路、桥梁等基础设施项目建设，以便政府集中资金用于其他公共物品的投资。项目融资的所有责任都转移给私人企业，减少了政府主权借债和还本付息的责任。

(2) 政府可以避免大量的项目风险。实行该种方式融资，使政府的投资风险由投资者、贷款者及相关当事人等共同分担，其中投资者承担了绝大部分风险。

(3) 有利于提高项目的运作效率。项目资金投入大、周期长，由于有民间资本参加，贷款机构对项目的审查、监督就比政府直接投资方式更加严格。同时，民间资本为了降低风险，获得较高的收益，客观上就更要加强管理，控制造价，这从客观上为项目建设和运营提供了约束机制和有利的外部环境。

(4) BOT 项目通常都由外国的公司来承包，这会给项目所在国带来先进的技术和管理经验，既给本国的承包商带来较多的发展机会，也促进了国际经济的融合。

BOT 模式具有如下缺点：

(1) 公共部门和私人企业往往都需要经过一个长期的调查了解、谈判和磋商过程，以致项目前期过长，投标费用过高。

(2) 投资方和贷款人风险过大，没有退路，使融资举步维艰。

(3) 参与项目各方存在某些利益冲突，对融资造成障碍。

(4) 机制不灵活，降低私人企业引进先进技术和管理经验的积极性。

(5) 在特许期内，政府对项目失去控制权。

BOT 模式被认为是代表国际项目融资发展趋势的一种新型结构。BOT 模式不仅得到了发展中国家政府的广泛重视和采纳，发达国家政府也考虑或计划采用 BOT 模式来完成政府企业的私有化过程。迄今为止，在发达国家和地区已进行的 BOT 项目中，比较著名的有横贯英法的英吉利海峡海底隧道工程、澳大利亚悉尼港海底隧道工程、香港东区海底隧道项目等。20 世纪 80 年代以后，BOT 模式得到了许多发展中国家政府的重视，中国、马来西亚、菲律宾、巴基斯坦、泰国等发展中国家都有成功运用 BOT 模式的项目，如中国广东深圳的沙角火力发电 B 厂，马来西亚的南北高速公路及菲律宾那法塔斯尔(Novotas)一号发电站等都是成功的案例。BOT 模式主要用于基础设施项目包括发电厂、机场、港口、收费公路、隧道、电信、供水和污水处理设施等，这些项目都是投资较大、建设周期长和可以运营获利的项目。

2) PPP 模式

PPP(Public-Private-Partnership)模式，即公私合营模式，是指政府与私人组织之间，为了提供某种公共物品和服务，以特许权协议为基础，彼此之间形成一种伙伴式的合作关系，并通过签署合同来明确双方的权利和义务，以确保合作的顺利完成，最终使合作各方达到比预期单独行动更为有利的结果。

PPP 模式是公共基础设施建设中发展起来的一种优化的项目融资与实施模式，这是一种以各参与方的“双赢”或“多赢”为合作理念的现代融资模式。其典型的结构为：政府部门或地方政府通过政府采购形式与中标单位组成的特殊目的公司签订特许合同(特殊目的公司一般由中标的建筑公司、服务经营公司或对项目进行投资的第三方组成的股份有限公司)，由特殊目的公司负责筹资、建设及经营。政府通常与提供贷款的金融机构达成一个直接协议，这个协议不是对项目进行担保的协议，而是一个向借贷机构承诺将按与特殊目的公司签订的合同支付有关费用的协议，这个协议使特殊目的公司能比较顺利地获得金融机构的贷款。采用这种融资形式的实质是：政府通过给予私营公司长期的特许经营权和收益权来换取基础设施加快建设及有效运营。

(1) PPP 模式目标及运作思路

PPP 模式的目标有两种，一是低层次目标，指特定项目的短期目标；二是高层次目标，指引入私人部门参与基础设施建设的综合长期合作的目标。机构目标层次如图 1.4 所示。

目标层次	机构之间		机构内部
	公共部门	私人部门	
低层次目标	增加或提高基础设施服务水平	获取项目的有效回报	分配责任和效益
高层次目标	资金的有效利用	增加市场份额或占有量	有效服务设施的供给

图 1.4 项目机构目标分解图

PPP 模式的组织形式非常复杂，既可能包括私人营利性企业、私人非营利性组织，同时还可能包括公共非营利性组织(如政府)。合作各方之间不可避免地会产生不同层次、类型的利益和责任的分歧。只有政府与私人企业形成相互合作的机制，才能使得合作各方的分歧模糊化，在求同存异的前提下完成项目的目标。PPP 模式的机构层次就像金字塔一样，金字塔顶部是项目所在国的政府，是引入私人部门参与基础设施建设项目的有关政策的制定者。

(2) PPP 模式的优点

PPP 模式使政府部门和民营企业能够充分利用各自的优势，即把政府部门的社会责任、远景规划、协调能力与民营企业的创业精神、民间资金和管理效率结合到一起。PPP 模式的优点如下：

① 消除费用的超支。初始阶段，私人企业与政府公共部门共同参与项目的识别、可行性研究、设施和融资等项目建设过程，保证了项目在技术和经济上的可行性，缩短前期工作周期，使项目费用降低。PPP 模式只有当项目已经完成并得到政府批准使用后，私营部门才能开始获得收益，因此 PPP 模式有利于提高效率和降低工程造成价，能够消除项目完工风险和资金风险。研究表明，与传统的融资模式相比，PPP 项目平均为政府部门节约 17%的费用，并且建设工期都能按时完成。

② 有利于转换政府职能，减轻财政负担。政府可以从繁重的事务中脱身出来，从过去的基础设施公共服务的提供者变成一个监管的角色，从而保证质量，也可以在财政预算方面减轻政府压力。

③ 促进了投资主体的多元化。利用私营部门来提供资产和服务能为政府部门提供更多的资金和技能,促进了投融资体制改革。同时,私营部门参与项目还能推动项目设计、施工、设施管理等方面的革新,提高办事效率,传播最佳管理理念和经验。

④ 政府部门和民间部门可以取长补短,发挥政府公共机构和民营机构各自的优势,弥补对方身上的不足。双方可以形成互利的长期目标,可以以最有效的成本为公众提供高质量的服务。

⑤ 使项目参与各方整合组成战略联盟,对协调各方不同的利益目标起关键作用。

⑥ 风险分配合理。与 BOT 等模式不同, PPP 在项目初期就可以实现风险分配,同时由于政府分担一部分风险,使风险分配更合理,减少了承建商与投资商风险,从而降低了融资难度,提高了项目融资成功的可能性。政府在分担风险的同时也拥有一定的控制权。

⑦ 应用范围广泛。该模式突破了目前的引入私人企业参与公共基础设施项目组织机构的多种限制,可适用于城市供热等各类市政公用事业及道路、铁路、机场、医院、学校等。

(3) PPP 模式的必要条件

从国外近年来的经验看,以下几个因素是成功运作 PPP 模式的必要条件:

① 政府部门的有力支持。在 PPP 模式中公共、民营合作双方的角色和责任会随项目的不同而有所差异,但政府的总体角色和责任——为大众提供最优质的公共设施和服务——却是始终不变的。PPP 模式是提供公共设施或服务的一种比较有效的方式,但并不是对政府有效治理和决策的替代。在任何情况下,政府均应从保护和促进公共利益的立场出发,负责项目的总体策划,组织招标,理顺各参与机构之间的权限和关系,降低项目总体风险等。

② 健全的法律法规制度。PPP 项目的运作需要在法律层面上,对政府部门与企业部门在项目中需要承担的责任、义务和风险进行明确界定,保护双方利益。在 PPP 模式下,项目设计、融资、运营、管理和维护等各个阶段都可以采纳公共民营合作,通过完善的法律法规对参与双方进行有效约束,是最大限度发挥优势和弥补不足的有力保证。

③ 专业化机构和人才的支持。PPP 模式的运作广泛采用项目特许经营权的方式,进行结构融资,这需要比较复杂的法律、金融和财务等方面的知识。一方面要求政策制定参与方制定规范化、标准化的 PPP 交易流程,对项目的运作提供技术指导和相关政策支持;另一方面需要专业化的中介机构提供具体专业化的服务。

1.2 建设工程交易费用

1.2.1 交易费用

1) 交易费用的含义

交易是人与人之间对自然的权利的出让和取得的关系,是排他性所有权的转移。为了实现交易，必须发现谁希望进行交易，必须告诉人们交易的愿望和方式，必须通过谈判或讨价还价而缔结合约，必须督促合约条款的履行。交易的内容和形式多种多样，不仅包括有形、无形的产品，还包括制度、组织等特殊产品。交易费用包括用于制度和组织的创造、维持、利用、改变等所需资源的费用。当交易包含财产的合同权利时，交易费用还包括财产资源的界定、测定以及索取权利的费用。

交易费用可归纳为交易前、交易中和交易后的各种与交易相关的费用。具体包括：

(1) 收集和传递有关商品和劳务价格的分布和质量信息的费用；寻找潜在买者或卖者，获得与他们的行为有关的各种信息的费用。

(2) 当价格可商议时，为确定买者和卖者的真实要价而进行讨价还价的费用。

(3) 起草、讨论、确定交易合同的费用。

(4) 监督合同履行的费用。

(5) 合同管理的费用，包括解决合同争端、处理违约等的费用，但不包括执行合同本身而发生的正常的生产成本。

(6) 保护双方利益，防止第三方侵权的费用。

(7) 与交易相关的其他费用支出。

交易费用是社会财富与资源的消耗，有些消耗是必需的，如收集交易信息等；有些消耗则是浪费，如由于人的机会主义行为而引起交易方的损害及由此而增加的费用，如诉讼费用等。交易费用可以降低，制度和技术是降低交易费用的主要力量。当以市场方式组织生产时，交易费用若较高，可以改用企业这种制度形式替代市场，进而节省交易费用。例如，建设工程交易中，采用总包方式有可能降低交易费用。技术进步也可以节省信息管理的费用。

2) 影响交易费用的因素

影响交易费用的因素可概括为 3 个方面：一是人的因素；二是交易的特性；三是交易的市场环境。

(1) 人的因素

现实中的人表现为有限理性和机会主义行为两个方面。

所谓有限理性，指人们主观上追求理性，但客观上只能有限地做到。由于人们认识世界的能力有限，交易当事人不可能把签约前后的方方面面完全搞清楚，因此，合同总是不完备的，而这必然会增加交易成本。

所谓机会主义行为，是指人们在交易过程中不仅追求个人利益的最大化，而且通过不正当的手段来谋求自身的利益。例如，随机应变、投机取巧、有目的和有计划地提供不确实的信息，利用别人的不利处境施加压力等。

人的有限理性和机会主义行为的存在，使得交易活动复杂，交易费用增加。

(2) 交易的特性

不同的交易采用不同的交易方式，其本质在于追求经济上的合理性。而经济上的合理性主要受下列因素的影响：

① 资产专用性。资产专用性是指资产可用于不同用途和由不同使用者利用的程度。当某一项耐久性投资用于支持某项特定的交易时，所投入的资产就具有专用性。在这种情况下，如果交易不正常地终止，所投入的资产将完全或部分地无法改作他用。

资产专用性有多种形式，可表现为场地专用性，有形资产专用性，专项资产、品牌资产的专用性，以及人力资本的专用性等。

资产专用性会引起复杂的事前事后反应，对交易行为提出更高的要求。

② 交易不确定性。包括交易前后事件的不确定性和信息不对称引起的不确定性。在交易过程中，不确定是绝对的，而确定是相对的。当不确定程度很高时，必须设计一种交易双方均能接受的合同条件，以便在可能的事件发生时，保证双方能够平等地进行谈判，这当然会增加交易成本。

③ 交易的频率。指单位时间内交易发生的次数。交易成本随交易频率的增加而下降，但不是无限地减少。

(3) 交易的市场环境

交易的市场环境主要是指潜在的交易对手的数量。交易开始有大量的供应商成为竞争对手，其中必然产生出最初的赢家。若初赢者加入专用性投资，使得这种交易关系一旦中止，就会造成交易双方的经济损失，这样初赢者就会取得一定的垄断地位。处于垄断的一方就可能增大机会主义行为，非垄断的一方将为交易的继续维持付出更大的代价。若初赢者没有专用性投资，最初的赢家不能实现对非赢家的优势，那么事后的竞争仍继续存在。

1.2.2 建设工程交易费用

1) 建设工程交易费用的概念

建设工程交易费用，是指为完成建设工程交易所发生的费用，包括收集和发布工程招标信息、对承包人进行资格审查、编制发放招标文件、组织开标评标、合同谈判和签订、合同履行过程中的监督和管理、处理工程变更、工程索赔和合同争端所发生的费用。建设工程交易过程具有时间长、处理交易纠纷复杂等特点，在许多工程上的交易费用很高。

2) 影响建设工程交易费用的因素

与影响一般交易费用的因素相似，影响建设工程交易费用的因素也分为下列 3 个方面：

(1) 建设工程中人的因素

① 有限理性。建设工程涉及知识面广，现实社会中建设工程原材料、半成品施工过程存在着大量的不规范因素，人们很难将合同执行中可能遇到的问题全部在合同中作出合理的约定。

② 机会主义行为。建设工程实施过程中，人的机会主义行为普遍存在。人的机会主义行为还有不确定性，若人的机会主义行为是确定的，那么在合同中就可包括应对某机会主义行为的内容了。此外，机会主义行为千差万别，人们无法预见到底发生何种具体的行

为,可以认为,建设工程中的机会主义行为是影响交易费用的关键因素。

(2) 建设工程交易的特性

① 建设工程资产的专用性

建设工程资产专用性可以理解为为了支持特定的工程交易,承发包双方进行的耐久性投资。在工程上,这种专用性投资的类型很广泛。如工程建设地点专用性,包括土地占用、征地拆迁等;有形资产专用性,包括专用施工机械、办公和生活的专用设施等;人力资本专用性,包括各类专业人员的培训等。

在工程建设领域,资产的专用性相当高。例如,工程有专门的地点,运到某一建设工地的建筑材料,若调配到其他工程上使用,其成本很高。

建设工程不仅投资规模很大,而且必须整个工程建成才有使用价值。工程建设过程中一旦交易中断,这种专用性投资就几乎失去了价值。

工程必须全部完工才能使用,而资金是有时间价值的。因此,影响建设工程交易费用的不仅是资产专用性,还应延伸到建设工程交易的周期,因而建设工期也是影响建设工程交易费用的一个因素。

② 建设工程交易的不确定性

a. 经济社会的不确定性。随着竞争日益激烈,市场越来越充满变数。在工程项目合同签订前要完全把握工程所在地的经济社会发展环境,并在合同中明确应对方案显然是不可能的。假设一个大型工程项目,工期为 3 年,3 年中建筑材料价格的变化难以预测,在合同实施过程中只能考虑调价。而调价过程中有关建筑材料价格资料的收集同样需要发生成本。

b. 自然条件的不确定性。经常见到的有地质条件、气候条件引起的不确定性。这些不确定性一般是难以预测的,在合同中不可能作出详尽的处理方案,只能在不确定事件发生后进行协调解决。协调处理索赔等事项增加了交易费用。

c. 招投标双方信息不对称。在建设工程招标过程中,对招标人而言,信息具有不确定性。如投标人的经验、能力、信誉状况等,招标人难以完全把握。若要完全把握,其成本很高。一般而言,只能根据投标人提供的信息作出选择,并安排合同。当确定的中标人,即承包商的投标信息为真,且承包商按合同履行时,交易成本处于理想状态;当承包商的投标信息失真,且承包商又具有较强的机会主义动机时,在合同的履行过程中,招标人将要支付较高的交易成本。

③ 建设工程交易的频率

建设工程交易的频率是指发包人单位时间里进行建设工程交易的次数。对于自主型交易,业主不可能有连续不断的工程需要交易,因而一般其交易过程中工作效率低,交易成本会较高;对于代理型交易,因代理方专职从事建设工程管理,具有建设工程交易经验,因而交易成本较低。

(3) 建设市场环境对建设工程交易的影响

① 在建设市场还未充分发育的阶段,建设市场环境对建设工程交易方式有决定性作

用。目前我国工程项目管理企业、工程总承包企业还处在培育阶段，数量不多，经验不足，在这种情况下采用代理型交易模式，发包人风险较大；当建设市场发育充分时，仅需根据工程交易费用的大小选择或设计交易方式。

② 建设市场竞争对手多少，对交易成本有直接的影响。当市场竞争激烈时，在合同签订前，投标人会小心谨慎，以争取中标；在签订合同后，中标承包商也会把握机会，认真履行合同，为其后投标创造良好的条件。

在上述影响因素中，有限理性、机会主义行为和资产专用性起着决定性作用。3 个因素同时存在才会增大交易成本。若完全理性，则合同尽善尽美，机会主义行为无机可乘；若不存在机会主义行为，则双方都不会“钻空子”；若不存在资产专用性因素，则可依赖充分的市场竞争。在 3 个影响因素中，机会主义行为的影响最为深刻。

1.2.3 建设工程交易模式的选择

建设工程交易模式的选择主要受业主建设管理能力、建设项目的经济属性等因素的影响。

1）业主建设管理能力

（1）专业开发型业主。如房地产开发公司，具有较强的建设工程管理能力，在工程项目开发实践中积累了丰富的项目管理经验。这类业主一般采用自主型交易。

（2）无建设管理能力型业主。这类业主明显不具备工程项目管理能力。如，某医院要建设 1 幢门诊大楼，某中学要建设 1 幢教学大楼等，他们缺少从事项目管理的专业人员，不具备建设工程管理的能力。这类业主一般应采用代理型交易。

（3）准专业型业主。准专业型业主的建设管理能力介于专业工程开发型和无项目管理能力型之间。这类业主在我国广泛存在，如一些传统的大中型企业设有工程建设管理部门，他们具有一定的项目管理能力，但还达不到专业化水平。这类业主要考虑工程项目技术复杂程度、工程规模、工程进度要求等因素决定交易模式。

2）建设项目的经济属性

（1）公益性工程项目。这类项目业主缺位，若由政府直接管理，将会派生庞大的政府机构，增加管理成本，甚至成为腐败的根源。因此，一般应采用代理型交易。这类项目是建设管理模式改革的重点，我国政府对这类项目大力推行代建制。

（2）经营性工程项目。这类项目具有明确投入，并在建成后也有明确产出，即产生明显的经济效益，可用于生产经营。这类项目一般具有明确的投资方、项目业主或项目法人，采用自主型还是代理型交易要考虑项目法人的项目管理能力、项目技术复杂程度、项目管理成本等方面的因素。

（3）准公益性工程项目。这类工程项目建成后部分能产生经济效益，即可用于经营，部分主要产生社会效益，为社会服务。这类工程可由政府和企业共同投资，一般应有明确的业主或项目法人。对准公益性工程项目，采用自主型还是代理型交易，与经营性工程项目类似，也需考虑多方面的因素。

3) 我国建设工程交易模式简析

20世纪80年代初,我国工程建设才开始真正意义上的项目管理。经过多年的努力,在较短的时间内普遍推行了监理制,即传统的DBB模式。但我国幅员辽阔,经济社会发展差异大,各类工程复杂程度不同、经济属性不同,采用统一的DBB模式不能适应经济建设的要求。近年来,我国也尝试推行DB模式,鼓励发展PM模式,还大力推行EPC模式,各地也进行了一定数量的探索,但目前DBB模式仍占主导地位。本书主要探讨DBB模式下的建设工程招标投标问题。

1.3 建筑市场体系

1.3.1 建筑市场概述

1) 建筑市场的概念

建筑市场分为广义的建筑市场和狭义的建筑市场两个层次的概念。广义的建筑市场是指承载与建筑生产经营活动相关的一切交易活动的总称。广义的建筑市场包括有形市场和无形市场,包括与工程建设有关的技术、租赁、劳务等各种要素的市场;为工程建设提供专业服务的中介组织体系,包括靠广告、通信、中介机构或经纪人等媒介沟通买卖双方或通过招标等多种方式成交的各种交易活动;还包括建筑商品生产过程及流通过程中的经济联系和经济关系。可以说,广义的建筑市场是工程建设生产和交易关系的总和。狭义的建筑市场一般指有形建筑市场,以工程承发包交易活动为主要内容,有固定的交易场所——公共资源中心。

2) 建筑市场的特点

由于建筑产品具有生产周期长,价值量大,生产过程中不同阶段对承包单位的能力和特点要求不同,决定了建筑市场交易贯穿于建筑产品生产的整个过程。从工程承包的咨询、设计、施工任务的发包开始,到工程竣工、保修期结束为止,发包方与承包方、分包方进行的各种交易以及相关的商品混凝土供应、配件生产、建筑机械租赁等活动,都是在建筑市场中进行的。生产活动和交易活动交织在一起,使得建筑市场在许多方面不同于其他产品市场。其特点可概括为:

(1) 交易方式为买方向卖方直接订货,并以招投标为主要方式。

(2) 交易价格以工程造价为基础,投标人信誉、技术力量、施工质量是竞争的主要因素。

(3) 交易行为需受到严格的法律、规章、制度的约束和监督。

经过近年来的发展,建筑市场已形成以发包方、承包方和中介服务机构组成的市场主体,以建筑产品和建筑生产过程组成的市场客体,以招投标为主要交易形式的市场竞争机制,以资质管理为主要内容的市场监督管理体系,我国特有的有形建筑市场,公共资源中心等，构成了建筑市场体系。

1.3.2 建筑市场的主体

建筑市场的形成是市场经济的产物。从一般意义去观察，建筑市场交易是业主给付建设费、承包商交付工程的过程。实际上，建筑市场交易包括很复杂的内容，其交易贯穿于建筑产品生产的全过程。在这个过程中，不仅存在业主和承包商之间的交易，还有承包商与分包商、材料供应商之间的交易，业主还要同设计单位、设备供应单位、咨询单位进行交易，以及与工程建设相关的商品混凝土供应、构配件生产、建筑机械租赁等活动一同构成建筑市场生产和交易的总和。参与建设生产交易过程的各方构成建筑市场的主体。

1）业主

业主是指既有某项工程建设需求，又具有该项工程建设相应的建设资金和各种准建手续，在建筑市场中发包工程建设的勘察、设计、施工任务，并最终得到建筑产品的政府部门、企事业单位或个人。

在我国工程建设中，业主也被称为建设单位，只有在发包工程或组织工程建设时才成为市场主体。因此，业主作为市场主体具有不确定性。在我国，有些地方和部门曾提出要对业主实行技术资质管理制度，以改善当前业主行为不规范的问题。但无论是从国际惯例还是从国内实践看，对业主资格实行审查约束是无法成立的，对其行为进行约束和规范，只能通过法律和经济的手段去实现。

项目法人责任制，又称业主责任制，是在我国市场经济体制条件下，为了建立投资责任约束机制、规范项目法人行为提出的。由项目法人对项目建设全过程负责管理，主要包括进度控制、质量控制、投资控制、合同管理和组织协调。

2）承包商

承包商是指拥有一定数量的建设装备、流动资金、工程技术经济管理人员、取得建筑资质证书和营业执照的、能够按照业主的要求提供不同形态的建筑产品并最终得到相应工程价款的施工企业。

按照承包商能提供的建筑产品，可分为不同的专业，如铁路、公路、房建、水电、市政工程等专业公司；按照承包方式，也可分为承包商和分包商。相对于业主，承包商作为建筑市场主体，是长期和持续存在的。因此，无论是在国内还是按国际惯例，对承包商一般都要实行从业资格管理。建设部于2001年颁布了《建筑业企业资质管理规定》，对从业条件、资格管理、资格序列、经营范围、资格类别、等级等作了明确规定。

3）工程咨询服务机构

工程咨询服务机构是指具有一定注册资金、工程技术、经营管理人员，取得建筑咨询证书和营业执照，能对工程建设提供估算测量、管理咨询、建设监理等智力型服务并获取相应费用的企业。

工程咨询服务企业可以开展勘察设计、工程造价、工程管理、招标代理、工程监理等多种业务。这类企业主要是向业主提供工程咨询和管理服务，弥补业主对工程建设过程不熟悉的缺陷。在国际上一般称之为咨询公司。在我国，目前数量最多并有明确资质标准的是工程设计院、工程监理公司和工程造价事务所、招标代理、工程管理等咨询类企业。

咨询单位虽然不是工程承发包的当事人，但其受业主聘用，作为项目技术、经济咨询单位，对项目的实施负有相当重要的作用和责任。此外，咨询单位还因其独特的职业特点和在项目实施中所处的地位，要承担其自身的风险。根据国际惯例，工程咨询服务机构只对其工程咨询所造成的直接后果负责，专业人士对民事责任的承担方式是购买专项责任保险。咨询单位与业主之间是契约关系，业主聘用工程师作为其技术、经济咨询人，为项目进行咨询、设计、监理、招标代理、管理和测量。许多情况下，咨询的任务贯穿于自项目可行性研究直至工程验收的全过程。

1.3.3 建筑市场的客体

建筑市场的客体，既包括有形建筑产品，也包括无形产品——各类智力型服务。

建筑产品不同于一般工业产品。在不同的生产交易阶段，建筑产品表现为不同的形态：可以是咨询公司提供的咨询报告、咨询意见或其他服务；可以是勘察设计单位提供的设计方案、施工图纸、勘察报告；可以是生产厂家提供的混凝土构件；当然也包括承包商生产的房屋和各类构筑物。

1）建筑产品的特点

（1）建筑生产和交易的统一性。建筑物与土地相连，不可移动，这就要求施工人员和施工机械只能随建筑物不断流动。从工程的勘察、设计、施工任务的发包，到工程竣工，发包方与承包方、咨询方进行的各种交易与生产活动交织在一起。

（2）建筑产品的单件性。由于业主对建筑产品的用途、性能要求不同以及建筑地点的差异，决定了多数建筑产品不能批量生产，决定了建筑市场的买方只能通过选择建筑产品的生产单位来完成交易。业主选择的不是产品，而是产品的生产单位。

（3）建筑产品的整体性和专业工程的相对独立性。这个特点决定了总承包、专业承包和劳务分包相结合的承包形式。随着经济的发展和建筑技术的进步，施工生产的专业性越来越强。在建筑生产中，由各种专业施工企业分别承担工程的土建、安装、装饰等专业工程和劳务分包，有利于施工生产技术和效率的提高。

（4）建筑生产的不可逆性。建筑产品一旦进入生产阶段，其产品不可能退换，也难以重新建造，否则双方都将承受极大的损失。所以，建筑最终产品质量是由各阶段成果的质量决定的。设计、施工必须按照规范和标准进行，才能保证生产出合格的建筑产品。

（5）建筑产品的社会性。绝大部分建筑产品都具有相当广泛的社会性，涉及公众利益和生命财产安全，即使是私人住宅也都会影响到环境、人或靠近它的人员的生活和安全。政府作为公众利益的代表，加强对建筑产品的规划、设计、交易、建造的管理是非常必要的，有关建筑的市场行为都应受到管理部门的监督和审查。

2）工程建设标准的法定性

建筑产品的质量不仅关系到承发包双方的利益，也关系到国家和社会的公共利益，正是由于建筑产品的这种特殊性，其质量标准是以国家标准、国家规范等形式颁布实施的。从事建筑产品生产必须遵守这些标准规范的规定，违反这些标准规范将受到国家法律的制裁。

1.3.4 公共资源交易中心

公共资源交易中心是负责公共资源交易和提供咨询、服务的机构，是公共资源统一进场交易的服务平台。包括工程建设招投标、土地和矿业权交易、企业国有产权交易、政府采购、公立医院药品和医疗用品采购、司法机关罚没物品拍卖、国有的文艺品拍卖等所有公共资源交易项目全部纳入中心集中交易。以工程建设项目招投标为例，进场交易登记、招标公告发布、投标报名、招标文件发出、投标人要求招标人澄清招标文件、招标人对招标文件的澄清和修改、投标保证金缴纳、投标人行贿犯罪查询、开标、评标、定标等招标投标的各个环节都在公共资源交易中心进行。

公共资源交易管理体制改革是政府行政管理体制改革的一项重要内容，是建设服务型政府的重要举措。公共资源交易中心的成立整合规范了公共资源交易的流程，形成了统一、规范的业务操作流程和管理制度。实行“八统一”，即：统一受理登记、统一信息发布、统一时间安排、统一专家中介抽取、统一发放中标通知、统一费用收取退付、统一交易资料保存、统一电子监察监控。

1）公共资源交易中心的性质与作用

有形交易市场的出现，促进了我国工程招标投标制度的推行。

(1) 公共资源交易中心的性质

公共资源交易中心是服务性机构，但又不是一般意义上的服务机构，其设立需得到政府或政府授权主管部门的批准。它不以营利为目的，旨在为建立公开、公正、平等竞争的招投标制度服务，只可经批准收取一定的服务费，工程交易行为应在场内进行。

(2) 公共资源交易中心的作用

按照我国有关规定，所有建设项目都要在公共资源交易中心内报建、发布招标信息、合同授予、申领施工许可证等。招投标活动都需在场内进行，并接受政府有关管理部门的监督。公共资源交易中心的设立，对国有投资的监督制约机制的建立、规范建设工程承发包行为、将建筑市场纳入法制管理轨道有重要作用。

2）公共资源交易中心的基本功能

(1) 信息服务功能。收集存储和发布招标投标信息、政策法规信息、企业信息、材料设备价格信息、科技和人才信息、分包信息等，为建设工程交易各方提供信息服务。

(2) 技术、咨询和服务功能。为建设工程交易活动提供法律、法规、经济、技术等咨询服务，为各类工程的开标、评标、定标活动提供设施齐全、服务规范的场所。

(3) 管理服务功能。为政府有关管理部门设立的服务“窗口”提供便利条件。

3）公共资源交易中心的运行与管理

(1) 公共资源交易中心的运行原则

为了保证公共资源交易中心能够有良好的运行秩序，充分发挥市场功能，必须坚持市场运行的一些基本原则，主要包括：

① 信息公开原则

有形建筑市场必须充分掌握政策法规、工程发包、承包商和咨询单位的资质、造价指数、招标规则、评标标准、专家评委库等各项信息，并保证市场各方都能按规定及时获得所需的信息资料。

② 依法管理原则

公共资源交易中心应严格按照法律、法规开展工作，尊重建设单位依照法律规定选择投标单位和选定中标单位的权利。尊重符合资质条件的建筑业企业提出的投标要求和接受邀请参加投标的权利。任何单位和个人不得非法干预交易活动的正常进行。

③ 公平竞争原则

建立公平竞争的市场秩序是公共资源交易中心的一项重要原则。进驻的有关行政监督管理部门应严格监督招标、投标单位的行为，防止行业、部门垄断和不正当竞争。

(2) 公共资源交易中心的管理内容

① 提供进行招标投标活动的场所

除跨省招标的工程，应进入公共资源交易中心按照《招标投标法》的规定开展招标投标活动。鼓励其他必须进行招标的建设工程进入公共资源交易中心开展招标投标活动。

公共资源交易中心应当积极拓展建设工程分包服务功能，为总包分包双方的依法分包活动和政府规范工程分包行为提供服务。

② 提供规范的招标投标服务

公共资源交易中心应当提供公开、公正、公平的市场竞争环境，不得限制或者排斥本地区、本系统以外的企业参加投标，不得以任何方式搞地方保护。

③ 发布有关信息

公共资源交易中心要拓宽信息渠道，规范信息发布，完善计算机信息管理系统，提高服务水平。公共资源交易中心的计算机信息系统应尽量形成全省、全国联网，在网上公开发布招标公告和有关信息。有条件的可逐步实行网上报名投标。

④ 保管建设项目有关资料

公共资源交易中心应当妥善保存建设工程招标投标活动中产生的有关资料、原始记录等，并制订相应的查询制度和保密措施。

⑤ 对招投标活动进行监督

公共资源交易中心发现建设工程招标投标活动中的违法违规行为，负有向政府有关部门报告的责任，并应当协助政府有关部门进行调查。

⑥ 公正地履行职责

公共资源交易中心不得与任何招标代理机构有隶属关系或者经济利益关系，也不得从事工程项目招标代理活动。公共资源交易中心的所有工作人员不得参与评标、定标等活动，严禁向建设单位推荐投标单位；在履行服务职责时，遇到与本人或者其直系亲属有利害关系的情形，应当回避。

⑦ 收取相应的服务费用

由于交易中心属于事业单位，提供相应服务后可以收取一定的费用。公共资源交易中心要严格按照批准的收费项目和标准收取有关费用。

1.4 建筑市场管理

1.4.1 建筑市场宏观管理

政府建设主管部门的任务就是通过法律、行政、经济手段规范建筑市场，形成有序的建筑生产过程，确保建筑业的良性发展，达到满足国民经济发展和改善人民生活水平、提高生活质量的目标。建设主管部门的管理主要涉及以下几个方面：

1）大型项目的建设

政府的建设主管部门除通过各直属机构管理一般的建筑业、土地规划、城市建设、住宅建设等方面的专项行政管理工作外，还把推进和指挥跨城市、跨地区和有着重大影响的项目的建设工作作为建设主管部门的工作重点，并根据不同项目的具体要求成立相应的工作部门。这些重大项目主要包括国家级大型建设项目和跨城市、跨地区的“城市群”。

2）住宅建设

保障住房、促进住宅建设、繁荣住宅市场是建设主管部门工作的重要任务。其工作范围主要是负责住宅建设领域内的住宅用地规划和住宅建设以及住宅经营方面的政策、方针，并指导和规范半官方或民营机构参与住宅建设。

政府对住宅建设管理的任务和工作目标主要集中在以下几个方面：

（1）制定住宅建设政策。

（2）统一规划全社会住宅建设用地。

（3）建立和完善住房市场机制。

（4）建立住房社会保障制度。

其基本宗旨是：通过国家或地区立法来统一规划住宅建设用地；通过国家政策引导和市场调节机制，繁荣住房市场；通过政策投资，为无力购房的低收入民众提供社会保障房，以实现基本住房的社会保障。在管理方式上，以法规体系为基础的规范性管理是政府主管部门的主要管理方式。这些措施是指由建筑法、土地法、租赁法、税法、财产法等构成的规范住宅市场体制的法规框架，以及政府执行这些法规的政策框架。

3）教育和科研

教育和科研是提高行业水平、促进行业可持续发展的关键。政府设立专门机构管理建筑业的教育和科研工作。教育管理机构主要从事教育和培训方针的制订、专业资格审定、建筑业人力资源开发等任务。科研管理机构的重点是领导对行业意义重大的课题研究。科研范围涉及建筑业、住宅、土地规划、城市建设等多个领域，参与科研的单位有国家科研机构、高等院校、建筑师事务所、工程师事务所、建筑企业的科研机构等。

4）建筑业管理

建设主管部门应设立专门机构进行建筑业管理。

(1) 从政府角度规范行业行为。行业行为主要指行业服务质量。为提高行业信誉，规范行业行为，应制定必要的方针政策。如：

① 立法，对建筑法规进行修订、补充。

② 由地方建设主管部门提供“信得过企业名单”，将不合格企业除名。

③ 提供“承包商数据库”，供国内用户查询承包商历史记录。

④ 颁发企业资质管理证书。

⑤ 建立工程保证金制度。

⑥ 建立工程保险制度。

⑦ 推行质量标准，提高建造者的水平。

(2) 对专业人员和企业的管理。这种管理主要表现在以下几个方面：

① 对专业人员或机构进行注册登记。对参与工程建设的专业人员(如建筑师、结构工程师等)，通过注册制度对其资格进行认证。申请注册的人员都应有相应的学历和工作经验，且要经过严格考试。

② 规定专业组织和建筑企业的业务范围。例如测试机构、监督机构、认证机构等的从业范围都须由政府或政府指定的机构进行认定。只有政府主管部门许可，建筑企业才可开展相应业务。

(3) 制定建筑规范和标准。规范和标准是促进行业行为规范化、提高行业水平、促进与国际市场接轨和融合的重要手段。规范和标准是由政府设立的专门机构或委托行业组织制定的。

(4) 行业资料统计。行业资料统计是建筑业管理的一项重要工作。这项工作由政府的建筑管理机构进行，或委托专业组织进行。

(5) 安全管理和质量管理。政府设立专门负责安全和质量管理的分支机构。保证健康和安全已成为各国政府建设主管部门的重要任务之一。

1.4.2 建筑市场运行管理

建筑市场运行管理，是指建筑工程项目立项后，对参与土木工程、建筑工程、线路管道和设备安装工程以及装修工程活动的各方进行勘察、设计、施工、监督、重要材料和相关设备采购等业务的发包、承包以及中介服务的交易行为和场所的管理。

水利、交通、电力、邮政、电信等部门按照各自的职责，负责有关专业建设工程项目的监督管理工作。

发改委、工商、经贸、财政、物价、审计、劳动、税务等部门按照各自的职责，做好建筑市场的有关监督管理工作。

从事建筑市场活动，实施建筑市场监督管理，应当遵循统一开放、竞争有序和公开、公正、平等竞争的原则。任何单位和个人不得违法限制或者排斥本地区、本系统以外的法人或者其他组织参加竞争，不得以任何方式扰乱建筑市场秩序。

1）工程发包

（1）招标发包与直接发包

严格遵守国家和各地政府的规定，确定应当招标发包的工程项目。

依法可以实行直接发包的，发包人应当具有与发包工程项目相适应的技术、经济管理人员，将工程项目发包给具有相应资质条件的承包人。发包人不具有与发包工程项目相适应的技术、经济管理人员的，应当委托具有相应人员的单位代理。

工程项目发包时，发包人应当有相应的资金或者资金来源已经落实。发包人发包时应当提供开户银行出具的到位资金证明、付款保函或者其他第三方出具的担保证明。

（2）招标发包标段划分

工程项目的勘察、设计、施工、监理、重要材料和相关设备采购等业务的发包，需要划分若干部分或者标段的，应当合理划分；应当由一个承包人完成的，发包人不得将其肢解成若干部分发包给几个承包人。

设计业务的发包，除专项工程设计外，以工程项目的单项工程为允许划分的最小发包单位。发包人将设计业务分别发包给几个设计承包人的，必须选定一个设计承包人作为主承包人，负责整个工程项目设计的总体协调。

施工或者监理业务的发包，以工程项目的单位工程或者标段为允许划分的最小发包单位。

（3）发包人不得实施的行为

① 强令承包人、中介服务机构从事损害公共安全、公共利益或者违反工程建设程序和标准、规范、规程的活动。

② 将工程发包给没有资质证书或不具有相应资质等级的承包人。

③ 要求承包人以低于发包工程成本的价格承包或者要求承包人以垫资、变相垫资或者其他不合理条件承包工程。

④ 将应当招标发包的工程直接发包，或者与承包人串通，进行虚假招标。

⑤ 泄露标底或者将投标人的投标文件等有关资料提供给其他投标人。

⑥ 强令总承包人实施分包，或者限定总承包人将工程发包给指定的分包人。

⑦ 施工图设计未经审查合格进行施工招标。

⑧ 未依法办理施工许可手续开工建设。

⑨ 擅自修改勘察设计文件、图纸。

⑩ 强行要求承包人购买其指定的生产厂、供应商的产品。

2）工程承包

（1）工程承包人

工程项目勘察、设计、施工、监理、重要材料和相关设备采购业务的承包人，必须以自己的名义，在其依法取得的资质证书许可的业务范围内，独立承包或者与其他承包人联合承包。

我国政府明文规定，禁止任何形式的工程转包和违法分包。转包，是指承包人承包建设工程后，将其承包的全部建设工程转给他人或者将其承包的全部建设工程肢解以后以分包的名义分别转给他人承包的行为。

有下列情形之一的，属于违法分包：

① 总承包人将建设工程分包给不具备相应资质条件的承包人的。

② 建设工程总承包合同中未有约定，又未经发包人认可，承包人将其承包的部分建设工程交由他人完成的。

③ 施工总承包人将建设工程主体结构的施工分包给他人的。

④ 分包人将其承包的建设工程再分包的。

(2) 施工现场管理

① 项目经理。施工承包人在承包工程时，必须从本企业选派具有相应资质的项目经理，组建与工程项目相适应的项目经理部。工程开工前，项目经理部的名单应当报工程项目所在地建设行政主管部门备案。一个工程项目经理部及其项目经理和主要技术人员，不得同时承担两个以上大中型工程主体部分的施工业务。

② 危险作业意外伤害保险。施工承包人必须为下列从事危险作业的人员办理意外伤害保险，支付保险费：高层建筑的架子工，塔吊安装、工程爆破作业、人工挖孔桩作业、直接从事水下作业的人员，法律、法规规定的其他人员。

③ 进场材料设备的要求。用于工程建设的材料设备，必须符合设计要求并具备下列条件：有产品名称、生产厂厂名、厂址和产地；有产品质量检验合格证明，产品包装和商标式样符合有关规定和标准要求，设备应当有详细的使用说明书。实施生产许可、准用管理或者实行质量认证的产品，应当具有相应的许可证、准用证或者认证证书。

(3) 承包人不得实施的行为

① 无资质证书、以欺骗手段取得资质证书或者擅自超越资质等级许可的范围承接工程业务。

② 以受让、借用、盗用资质证书、图章、图签等方式，使用他人名义承接工程业务。

③ 以转让、出借资质证书或者提供图章、图签等方式，允许他人以自己的名义承接工程业务。

④ 以伪造、涂改、复制资质证书、图章、图签等方式承接业务。

⑤ 串通投标，哄抬或者压低标价，或者采取贿赂、给回扣或其他好处等影响公平竞争的手段承接工程业务。

⑥ 不按照原设计图纸、文件施工，偷工减料，或者使用不符合质量标准的建筑材料、建筑构配件和设备。

⑦ 将工程款挪作他用。

⑧ 使用未经培训或者考核不合格的技术工种和特殊作业工种的人员。

3）中介服务

从事工程勘察设计、造价咨询、招标代理、建设监理、工程检测等中介服务活动的机构应当依法设立，不得与行政机关和其他国家机关存在隶属关系或者其他利益关系。

工程建设中介服务机构应当在资格（资质）证书许可的业务范围内承接业务并自行完成，不得转让。

从事中介服务活动的专业技术人员，应当具有与所承担的工程业务相适应的执业资格，并不得同时在两个以上中介服务机构执业。中介服务人员承办业务，应由中介服务机构统一承接。

（1）勘察设计

勘察设计承包人应当按照国家有关规定编制勘察设计文件，并由单位法定代表人、技术负责人及有关技术人员签字、盖章。设计图纸必须使用本单位专用图签，并加盖出图专用章。实行个人执业资格制度的专业，还需有本单位具有相应资格的注册执业人员签字并加盖执业专用章。

设计承包人提供的设计文件应当注明选用的建筑材料、构配件和设备的规格、型号、性能等技术指标。设计承包人不得指定生产厂、供应商，但有下列情形之一的除外：市场上无同类替代产品的；属保密产品的；复建或者是修缮工程中需要购置原用产品的。

（2）造价咨询

工程造价咨询应当以国家和省有关标准、规范、定额及有关技术资料为依据，力求使工程造价与市场的实际变化相吻合。

工程造价咨询单位接受委托编制标底时，不得向委托人以外的任何单位或者个人泄露标底以及与标底有关的情况、资料。

（3）招标代理

招标代理机构应当以招标人的名义，在招标人委托的范围内办理下列全部或者部分业务：拟订招标方案，编制招标文件；组织现场踏勘和答疑；拟订评标办法，组织开标、评标；草拟工程合同；依法可以由招标人委托的其他招标代理业务。

（4）项目管理公司

业主可以将工程项目全过程的管理工作委托给项目管理公司，即项目管理总承包，也可以委托一些阶段性的管理工作（如可行性研究、设计监理或施工监理），也可以委托单项咨询工作（如造价咨询、招标代理、合同管理或专项索赔等）。

项目管理公司受业主委托，提供项目管理服务，包括合同管理、投资管理、质量管理、进度控制、信息管理，协调与业主签订合同的各个设计单位、承包商、供应商的关系，并为业主承担项目中的事务性管理工作和决策咨询工作等。项目管理公司的项目管理工作是最重要的，也是最典型的。

（5）全过程工程咨询

全过程工程咨询，涉及建设工程全生命周期内的策划咨询、前期可研、工程设计、招标代理、造价咨询、工程监理、施工前期准备、施工过程管理、竣工验收及运营保修等各个阶段的管理服务。

传统的建设模式是将建筑项目中的设计、施工、监理等阶段分隔开来,各单位分别负责不同环节和不同专业的工作,这不仅增加了成本,也分割了建设工程的内在联系。在这个过程中由于缺少全产业链的整体把控,信息流被切断,很容易导致建筑项目管理过程中各种问题的出现以及带来安全和质量的隐患,使得业主难以得到完整的建筑产品和服务。

实行全过程工程咨询,其高度整合的服务内容在节约投资成本的同时也有助于缩短项目工期,提高服务质量和项目品质,有效地规避了风险,这是政策导向也是行业进步的体现。

(6) 建设监理

工程建设监理实行总监理工程师负责制。监理单位应当派出具有相应执业资格的总监理工程师及其他监理人员进驻现场,从事监理业务。

工程监理人员在监理过程中发现设计文件不符合工程质量标准或者合同约定的质量要求的,应当报告建设单位要求设计单位改正;发现工程施工不符合施工技术标准和合同要求的,监理人员有权要求施工承包人改正;发现工程上使用不符合设计要求及国家质量标准的材料设备,有权通知施工承包人停止使用。

工程监理人员在进行工程施工监理时,应当对工程实行全过程跟踪监理;对重要工序和关键部位实行旁站监理。

工程监理人员必须按照施工工序,在施工单位自检的基础上,对分项、分部工程进行核查并验收签证。未经监理人员核验签证的,施工单位不得进行下道工序的施工,建设单位不拨付工程进度款。

(7) 工程检测

工程检测单位应当配备必要的设备和仪器,采用科学的检测方法,开展工程检测活动。

工程检测报告应当包括以下主要内容: 检测目的、检测内容和检测日期;检测仪器和设备、检测数据,必要的计算分析;对检测过程中出现的异常现象的说明;评定结论。

建设行政主管部门和其他有关部门依法对建设单位实施监督管理。

对实行项目法人责任制的工程项目,建设行政主管部门和其他有关部门应当对项目法人单位的人员素质、组织机构是否满足工程管理和技术上的要求加强监督管理。

建设行政主管部门应当严格勘察、设计、施工和中介服务等单位的资质认定,实行资质年度检验和动态管理制度。

建设行政主管部门和其他有关部门依法加强对建设工程招标投标活动的监督,完善开标、评标、定标等招标投标机制,查处建设工程招标投标活动中的违法行为。

建设行政主管部门应当加强对公共资源交易中心的规范和管理,监督公共资源交易中心为建设工程交易活动提供公平、高效、优质的服务。

公共资源交易中心必须制定章程和规则,及时、准确地发布工程信息,不得采取歧视性的措施限制或者排斥符合条件的单位参加竞争,不得取代招标投标等管理机构的监督职能，不得取代招标人依法组织招标的权利，也不得行使工程招标代理机构的职能。

建设行政主管部门应当加强对建筑市场从业人员的培训、考核和管理工作，依法实行持证上岗制度。

1.4.3 建筑市场资质管理

建筑企业资质是企业进入市场的准入证，资质管理制度的改革涉及十几万个建筑企业的切身利益，关系到建筑业发展的全局。

中华人民共和国建设部颁布了《建筑业企业资质管理规定》，自2015年3月1日起施行，对建筑市场的资质管理工作起到很大的推动作用。

按照《建筑业企业资质管理规定》，全国建筑业企业资质管理办法和资质等级标准由国务院建设行政主管部门统一制定颁发，企业应当按照其拥有的资产、主要人员、已完成的工程业绩和技术装备等条件申请建筑业企业资质，经审查合格，取得建筑业企业资质证书后，方可在资质许可的范围内从事建筑施工活动。国务院住房城乡建设主管部门负责全国建筑业企业资质的统一监督管理。国务院交通运输、水利、工业信息化等有关部门配合国务院住房城乡建设主管部门实施相关资质类别建筑业企业资质的管理工作。除省级建设行政主管部门可制定补充性的实施细则外，国务院其他部门和地方不得自行制定或修改资质标准，不另外再搞诸如资信登记、专项许可等市场准入限制。

《建筑业企业资质管理规定》将建筑业企业资质分为施工总承包、专业承包和劳务分包三大序列。施工总承包序列企业，是指对工程实行施工全过程承包或主体工程施工承包的建筑业企业。施工总承包序列企业资质设特、一、二、三共4个等级，重新划分为12个资质类别。专业承包序列企业，是指具有专业化施工技术能力，主要在专业分包市场上承接专业施工任务的建筑业企业。专业承包序列资质36个类别。劳务分包序列企业，是指具有一定数量的技术工人和工程管理人员、专门在建筑劳务分包市场承接任务的建筑业企业。

1）主项资质和增项资质

建筑业企业可以申请一项资质或者多项资质。允许总承包企业选择一项资质作为主项，同时申请本序列内的其他类别作为增项，但从严格控制专业承包和劳务分包资质企业的资质增项。凡涉及专业资质的，中间要再加一道初审，即审核—初审—审批。建设行政主管部门要充分尊重方方面面的意见，专业部门更要了解其行业情况及其违规行为，相互配合才能共同把资质管理好。

企业的增项资质级别不得高于主项资质级别。施工总承包企业可以申请施工总承包序列内各类别资质，也可以申请不超过5项的专业承包类别资质，但不得申请劳务分包类别资质。专业承包企业除主项资质外，还可以申请不超过5项的相近专业类别资质，但不得申请施工总承包序列、劳务分包序列各类别资质。劳务分包企业可以申请本序列内各类别资质，但不得申请施工总承包序列、专业承包序列各类别资质。

建筑业企业申请多项资质的，企业的资本金、净资产应达到各项资质条件最高的指标。

企业的专业技术人员、工程业绩、机械设备等，应当满足各项资质标准中所要求的条件。

经资质审批部门批准，企业的主项资质可以与其同序列、同等级的增项资质互换。

2）资质的审批

施工总承包序列特级和一级企业、专业承包序列一级企业资质经省级建设行政主管部门审核同意后，由国务院建设行政主管部门审批，其中铁道、交通、水利、信息产业、民航等方面的建筑业企业资质，由省级建设行政主管部门及同级有关部门审核同意后，报国务院建设行政主管部门，经国务院有关部门初审同意后，由国务院建设行政主管部门审批。审核部门应当对建筑业企业的资质条件和申请资质提供的资料审查核实。施工总承包序列和专业承包序列二级及二级以下企业资质，由企业注册所在地省、自治区、直辖市人民政府建设行政主管部门审批，其中交通、水利、通信等方面的建筑业企业资质，由省、自治区、直辖市人民政府建设行政主管部门征得同级有关部门初审同意后审批。劳务分包序列企业资质由企业所在地省、自治区、直辖市人民政府建设行政主管部门审批。新设立的建筑业企业资质等级，按照最低等级核定，并设1年的暂定期。

3）资质年检制度

根据《建筑业企业资质管理规定》，建设行政主管部门对建筑业企业资质实行年检制度。施工总承包特级企业资质和一级企业资质、专业承包一级企业资质，由国务院建设行政主管部门负责年检，其中铁道、水利、信息产业、民航等方面的建筑业企业资质，由国务院建设行政主管部门会同国务院有关部门联合年检。施工总承包、专业承包二级及二级以下企业资质、劳务分包企业资质，由企业注册所在地省、自治区、直辖市人民政府建设行政主管部门负责年检，其中交通、水利、通信等方面的建筑业企业资质，由建设行政主管部门会同同级有关部门联合年检。

建筑业企业资质年检的内容是检查企业资质条件是否符合资质等级标准，是否存在质量、安全、市场行为等方面的违法违规行为。建筑业企业年检结论分为合格、基本合格、不合格3种。

4）改革建筑企业资质类别管理办法

现有的资质类别划分方法造成了不同素质和特点的企业在同一平台上竞争，结果是大的不强、小的不专、专的不精，难以发挥各自的优势。按国际惯例和建设部新的资质管理办法，依照企业实力、规模、特点，划分为总承包、专业承包和劳务分包3个类别，不同类别和不同层次的企业可以发挥各自的优势，分别体现出强、专、精的特点。现阶段，工程肢解、转包、挂靠现象比较严重，借鉴国际惯例，实行总承包管理模式后，专业分包队伍通过竞争确定，形成分包对总包负责、总包对业主方负责的管理体制。

企业资质类别管理可借鉴某些国家的做法，将企业资质类别划分为较多的等级，如9级，各级企业仅能在本级及下一个等级相应的工程范围内承接工程，一级企业仅能承接一、二级企业相应的工程，不能承接三级以下企业相应的工程，各企业可以安心地在本级别的工程上做好做精，而不是一味求大求全，这种管理方法可有效防范日趋严重的挂靠现象。

2 建设工程招标基础知识

2.1 建设工程招标范围与管理分工

2.1.1 政府采购与工程招标

政府采购，是指各级国家机关、事业单位和团体组织，使用财政性资金采购依法制定的集中采购目标以内的或者采购限额标准以上的货物、工程和服务的行为。

采购是指以合同方式有偿取得货物、工程和服务的行为，包括购买、租赁、委托、雇用等。

货物是指各种形态和种类的物品，包括原材料、燃料、设备、产品等；工程是指建设工程，包括建筑物和构筑物的新建、改建、扩建、装修、拆除、修缮等；服务，是指除货物和工程以外的其他政府采购对象。

政府采购应当遵循公开透明原则、公平竞争原则、公正原则和诚实信用原则。

《中华人民共和国政府采购法》第四条规定：政府采购工程进行招标投标的，适用招标投标法。

2.1.2 建设工程招标范围与规模

《中华人民共和国招标投标法》(下面简称《招标投标法》)第三条规定：在中华人民共和国境内进行下列工程建设项目包括项目的勘察、设计、施工、监理以及与工程建设有关的重要设备、材料等的采购，必须进行招标：

大型基础设施、公用事业等关系社会公共利益、公众安全的项目；全部或者部分使用国有资金投资或者国家融资的项目；使用国际组织或者外国政府贷款、援助资金的项目。具体范围和规模标准，由发展与改革委员会同国务院有关部门制定。

1) 建设工程招标范围

(1) 关系社会公共利益、公众安全的基础设施项目的范围

① 煤炭、石油、天然气、电力、新能源等能源项目。

② 铁路、公路、管道、水运、航空以及其他交通运输业等交通运输项目。

③ 邮政、电信枢纽、通信、信息网络等邮电通信项目。

④ 防洪、灌溉、排涝、引(供)水、滩涂治理、水土保持、水利枢纽等水利项目。

⑤ 道路、桥梁、地铁和轻轨交通、污水排放及处理、垃圾处理、地下管道、公共停车场等城市设施项目。

⑥ 生态环境保护项目。

⑦ 其他基础设施项目。

(2) 关系社会公共利益、公众安全的公用事业项目的范围

① 供水、供电、供气、供热等市政工程项目。

② 科技、教育、文化等项目。

③ 体育、旅游等项目。

④ 卫生、社会福利等项目。

⑤ 商品住宅,包括经济适用住房。

⑥ 其他公用事业项目。

(3) 使用国有资金投资项目的范围

① 使用各级财政预算资金的项目。

② 使用纳入财政管理的各种政府性专项建设基金的项目。

③ 使用国有企业事业单位自有资金,并且国有资产投资者实际拥有控制权的项目。

(4) 国家融资项目的范围

① 使用国家发行债券所筹资金的项目。

② 使用国家对外借款或者担保所筹资金的项目。

③ 使用国家政策性贷款的项目。

④ 国家授权投资主体融资的项目。

⑤ 国家特许的融资项目。

(5) 使用国际组织或者外国政府资金的项目的范围

① 使用世界银行、亚洲开发银行等国际组织贷款资金的项目。

② 使用外国政府及其机构贷款资金的项目。

③ 使用国际组织或者外国政府援助资金的项目。

2) 可以不进行招标的范围

按照《招标投标法》《设计招标投标管理办法》以及《施工招标投标管理办法》的规定,属于下列情形之一的,经县级以上地方人民政府建设行政主管部门批准,可以不进行施工招标,采用直接委托的方式承担建设任务:

(1) 涉及国家安全、国家秘密的工程。

(2) 抢险救灾工程。

(3) 利用扶贫资金实行以工代赈、需要使用农民工等特殊情况。

(4) 建筑造型有特殊要求的设计。

(5) 采用特定专利技术、专有技术进行设计或施工。

(6) 停建或者缓建后恢复建设的单位工程,且承包人未发生变更的。

(7) 施工企业自建自用的工程,且该施工企业资质等级符合工程要求的。

(8) 在建工程追加的附属小型工程或者主体加层工程，且承包人未发生变更的。

(9) 法律、法规、规章规定的其他情形。

3) 必须招标的工程项目

国家发改委第16号令《必须招标的工程项目规定》，自2018年6月1日起施行。

第一条　为了确定必须招标的工程项目，规范招标投标活动，提高工作效率、降低企业成本、预防腐败，根据《中华人民共和国招标投标法》第三条的规定，制定本规定。

第二条　全部或者部分使用国有资金投资或者国家融资的项目包括：

(一) 使用预算资金200万元人民币以上，并且该资金占投资额10%以上的项目。

(二) 使用国有企业事业单位资金，并且该资金占控股或者主导地位的项目。

第三条　使用国际组织或者外国政府贷款、援助资金的项目包括：

(一) 使用世界银行、亚洲开发银行等国际组织贷款、援助资金的项目。

(二) 使用外国政府及其机构贷款、援助资金的项目。

第四条　不属于本规定第二条、第三条规定情形的大型基础设施、公用事业等关系社会公共利益、公众安全的项目，必须招标的具体范围由国务院发展改革部门会同国务院有关部门按照确有必要、严格限定的原则制订，报国务院批准。

第五条　本规定第二条至第四条规定范围内的项目，其勘察、设计、施工、监理以及与工程建设有关的重要设备、材料等的采购达到下列标准之一的，必须招标：

(一) 施工单项合同估算价在400万元人民币以上。

(二) 重要设备、材料等货物的采购，单项合同估算价在200万元人民币以上。

(三) 勘察、设计、监理等服务的采购，单项合同估算价在100万元人民币以上。

同一项目中可以合并进行的勘察、设计、施工、监理以及与工程建设有关的重要设备、材料等的采购，合同估算价合计达到前款规定标准的，必须招标。

2018年6月6日国家发改委颁布《必须招标的基础设施和公用事业项目范围规定》(发改法规〔2018〕843号文)，对必须招标的基础设施和公用事业项目的范围进行了具体规定：

不属于16号令第二条、第三条规定的大型基础设施、公用事业等关系社会公共利益、公众安全的项目情形之外，必须招标的具体范围还包括：

(一) 煤炭、石油、天然气、电力、新能源等能源基础设施项目。

(二) 铁路、公路、管道、水运，以及公共航空和A1级通用机场等交通运输基础设施项目。

(三) 电信枢纽、通信信息网络等通信基础设施项目。

(四) 防洪、灌溉、排涝、引(供)水等水利基础设施项目。

(五) 城市轨道交通等城建项目。

2.1.3 建设工程招标管理分工

国家发展和改革委员会指导和协调全国招投标工作，会同有关行政主管部门拟定《招标投标法》配套法规、综合性政策和必须进行招标的项目的具体范围、规模标准以及不适宜进行招标的项目，报国务院批准；指定发布招标公告的报刊、信息网或者其他媒介。有关行政主管部门根据《中华人民共和国招标投标法》和国家有关法规、政策，可联合或分别制定具体实施办法。

项目审批部门在审批必须进行招标的项目可行性研究报告时，核准项目的招标方式以及国家出资项目的招标范围。项目审核后，及时向有关行政主管部门通报所确定的招标方式和范围等情况。

对于招投标过程中泄露保密资料、泄露标底、串通招标、串通投标、歧视排斥投标等违法活动的监督执法，按现行的职责分工，分别由有关行政主管部门负责并受理投标人和其他利害关系人的投诉。按照这一原则，工业、水利、交通、铁道、民航、信息产业等行业和产业项目的招投标活动的监督执法，分别由商务、水利、交通、铁道、民航、信息产业等行政主管部门负责；各类房屋建筑及其附属设施的建造以及与其配套的线路、管道、设备的安装项目和市政工程项目的招投标活动的监督执法，由建设行政主管部门负责；进口机电设备采购项目的招投标活动的监督执法，由外经贸行政主管部门负责。

从事各类工程建设项目招标代理业务的招标代理机构的资格，由建设行政主管部门认定；从事与工程建设有关的进口机电设备采购招标代理业务的招标代理机构的资格，由商务行政主管部门认定；从事其他招标代理业务的招标代理机构的资格，按现行职责分工，分别由有关行政主管部门认定。

国家发展和改革委员会负责组织国家重大建设项目稽查特派员，对国家重大建设项目建设过程中的工程招标投标进行监督检查。

各有关部门严格依照上述职责分工，各司其职，密切配合，共同做好招投标的监督管理工作。各省、自治区、直辖市人民政府可根据《中华人民共和国招标投标法》的规定，从本地实际出发，制定招投标管理办法。

2.2 建设工程招标概述

2.2.1 建设工程招标的概念与特点

1) 建设工程招标的概念

招标是在市场经济条件下进行建设工程、货物买卖、财产租售和中介服务等经济活动的一种竞争和交易形式，其特征是引入竞争机制以求达成交易协议和(或)订立合同，它兼有经济活动和民事法律行为两种性质。

所谓建设工程招标，是指招标人事先提出工程的条件和要求，邀请众多投标人参加投标并按照规定程序从中选择承包商的一种市场交易行为。

从招标交易过程来看必然包括招标和投标两个最基本的环节，前者是招标人以一定的方式邀请不特定或一定数量的潜在投标人组织投标，后者是投标人响应招标人的要求参加投标竞争。没有招标就不会有承包商的投标；没有投标，招标人的招标就没有得到响应，也就没有开标、评标、定标和合同签订等。在世界各国和有关国际组织的招标投标法律规则中，尽管大都只称招标（如国际竞争性招标、国内竞争性招标、选择性招标、限制性招标等），但无不对投标作出相应的规定和约束。因此，招标与投标是一对相互对应的范畴，无论称招标投标还是称招标，都是内涵和外延一致的概念。

招标投标具有以下几个特征：

(1) 通过竞争机制，实行交易公开。

(2) 鼓励竞争，防止垄断，优胜劣汰，可较好地实现投资效益。

(3) 通过科学合理和规范化的管理制度与运作程序，可有效地杜绝不正之风，保证交易的公正和公平。

建设工程招标投标的目的是在工程建设中引进竞争机制，择优选定勘察、设计、设备安装、施工、装饰装修、材料设备供应、监理和工程总承包等单位，以保证缩短工期、提高工程质量和节约建设投资。

2）建设工程招标投标应遵循的原则

《中华人民共和国招标投标法》第五条规定："招标投标活动应当遵循公开、公平、公正和诚实信用的原则。"

(1) 公开原则。公开是指招标投标活动应有较高的透明度，具体表现在建设工程招标投标的信息公开、条件公开、程序公开和结果公开。

(2) 公平原则。招标投标属于民事法律行为，公平是指民事主体的平等。因此应当杜绝一方把自己的意志强加于对方，招标压价或订合同前无理压价以及投标人恶意串通、提高标价损害对方利益等违反平等原则的行为。

(3) 公正原则。公正是指按招标文件中规定的统一标准，实事求是地进行评标和决标，不偏袒任一方。

(4) 诚实信用原则。诚实是指真实和合法，不可歪曲或隐瞒真实情况去欺骗对方。违反诚实原则的行为是无效的，且应对由此造成的损失和损害承担责任。信用是指遵守承诺，履行合约，不见利忘义、弄虚作假，甚至损害他人、国家和集体的利益。诚实信用原则是市场经济的基本前提。在社会主义条件下一切民事权利的行使和民事义务的履行，均应遵循这一原则。

3）建设工程招标投标的特点

建设工程招标具有程序规范、透明度高、公平竞争、一次成交等特点，招标投标是政府投资工程交易的主要方式。

随着我国市场经济体制改革的不断深入，招标投标这种反映公平、公正、有序竞争的有效方式也得到不断完善，具有如下特点：

(1) 程序规范。按照国际惯例，招标投标程序和条件由招标管理机构统一拟定，在招标投标双方之间具有法律效力，一般不能随意改变。双方当事人必须严格按既定程序和条件进行招投标活动。招投标程序由固定的招标管理机构监督实施。

(2) 透明度高。招标的目的是在尽可能大的范围内寻找符合要求的中标人,一般情况下,邀请承包商的参与是无限制的。为此,招标人一般要在指定或选定的报刊或者其他媒体上刊登招标公告,邀请所有潜在的投标人参加投标;提供给承包商的招标文件必须对拟招标工程作出详细的说明,使承包商有共同的依据来编写投标文件;招标人事先要向承包商明确评价和比较投标文件以及选定中标者的标准;在提交投标文件的最后截止日公开开标;禁止招标人与投标人就投标文件的实质内容单独谈判。这样,招标投标活动完全置于公开的社会监督之下,可以防止不正当的交易行为。

(3) 有效监督。依法必须进行强制招标的招标项目必须在有形建筑市场内部进行,招标过程统一,由进驻工程交易中心的国家有关部门统一监管,体现有效竞争机制。

(4) 公平竞争。招投标全过程自始至终按照事先规定的程序和条件,本着公平竞争的原则进行。在招标公告或投标邀请书发出后,任何有能力或资格的投标人均可参加投标。招标人不得歧视任一投标人。同时,评标委员会的组建及评标过程应客观、公正。

(5) 一次成交。一般交易往往在进行多次谈判之后才能成交。招标投标则不同,禁止交易双方面对面的讨价还价。交易主动权掌握在招标人手中,投标人只能应邀进行一次性报价,并以合理的价格定标。

基于以上特点,招标投标对于获取最大限度的竞争,使参与投标的承包商获得公平、公正的待遇,以及提高公共招标的透明度和客观性,促进交易费用的节约和招标效益的最大化,都具有重要作用。

2.2.2 建设工程招标分类与方式

1) 建设工程招标分类

建设工程招标按标的内容和招标范围等分类如图 2.1。

2) 建设工程招标应具备的条件

建设工程招标应具备以下的条件:

(1) 项目概算已经批准,招标范围内所需资金已经落实。

(2) 建设项目已正式列入国家、部门或地方的年度固定资产投资计划。

(3) 已经依法取得建设用地的使用权。

(4) 招标所需的设计图纸和技术资料已经编制完成,并经过审批。

(5) 建设资金、主要建筑材料和设备的来源已经落实。

(6) 已经向招标投标管理机构办理报建登记。

(7) 其他条件。

不同性质的工程招标的条件可有所侧重,表 2.1 可供参考。

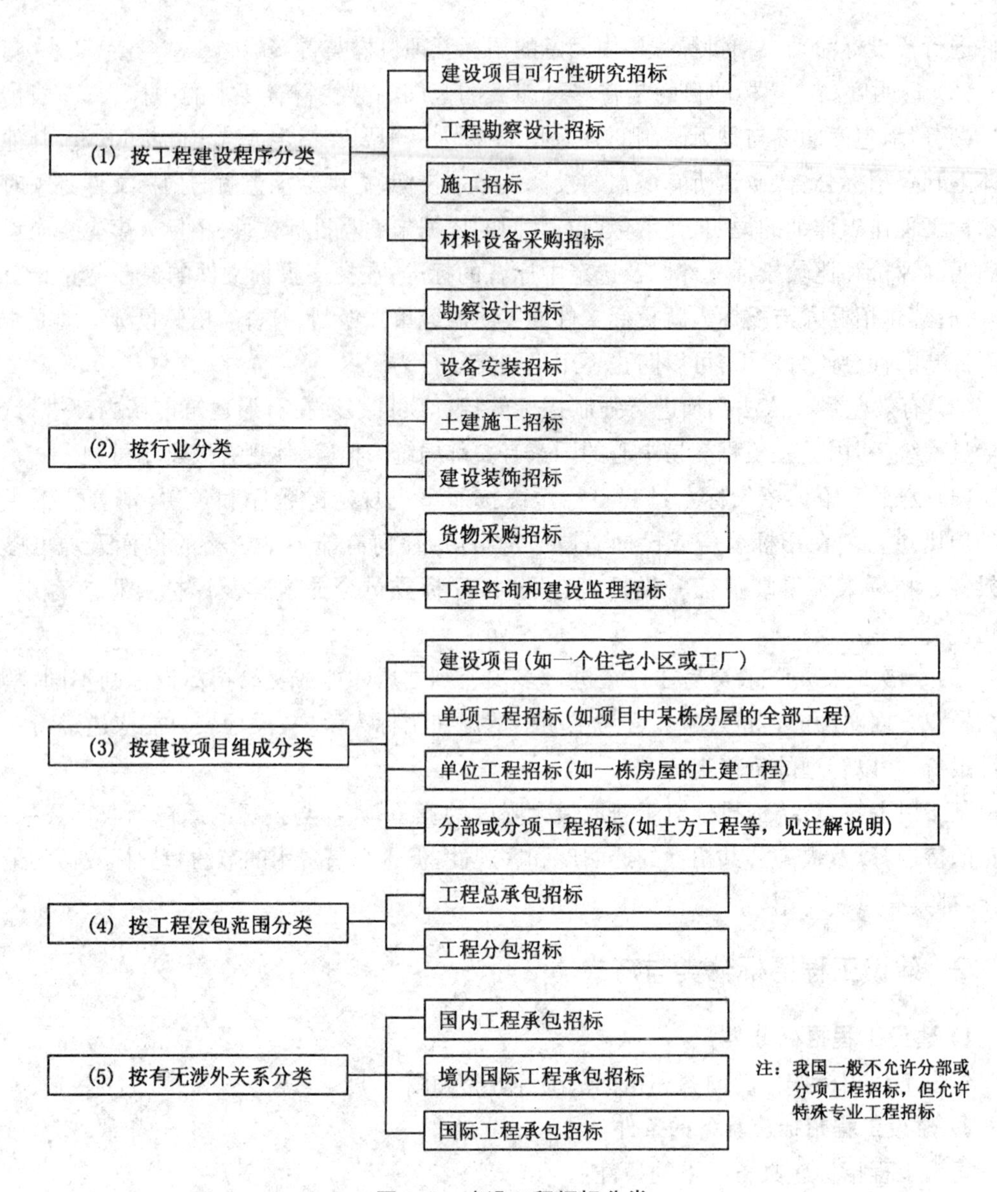

图 2.1 建设工程招标分类

表 2.1 工程招标条件

招标类型	招标条件中宜侧重的事项
勘察设计招标	(1) 设计任务书或可行性研究报告等已批准； (2) 已取得可靠的设计资料
施工招标	(1) 建设工程已列入年度投资计划； (2) 建设资金已按规定存入银行； (3) 施工前期工作已基本完成； (4) 有正式设计院设计的施工图纸和设计文件
建设监理招标	(1) 设计任务书或初步设计已经批准； (2) 建设项目的主要技术工艺要求已经确定

（续表）

招标类型	招标条件中宜侧重的事项
材料设备供应招标	(1) 建设项目已列入年度投资计划； (2) 建设资金已按规定存入银行； (3) 已有批准的初步设计或施工图设计所付的设备清单
工程总承包招标	(1) 设计任务书已批准； (2) 建设资金和场地已落实

3) 招标方式

招标投标方式是招标的基本方式，决定着招标投标的竞争程度，也是防止不正当交易的重要手段。总体来看，目前世界各国和有关国际组织的有关招标法律、规则都规定了公开招标、邀请招标、议标 3 种招标投标方式。《中华人民共和国招标投标法》只确认两种招标方式，即公开招标和邀请招标，对于依法强制招标项目，议标招标方式已不再被法律认同。

(1) 公开招标(Open Tendering)

公开招标，又叫竞争性招标，即由招标人在报刊、电子网络或其他媒体上刊登招标公告，吸引众多潜在投标人参加投标竞争，招标人从中择优选择中标人的招标方式。按照竞争程度，公开招标可分为国际竞争性招标和国内竞争性招标。

① 国际竞争性招标(International Competitive Tendering)

在世界范围内进行招标，国内外合格的投标人均可以投标。要求制作完整的英文标书，在国际上通过各种宣传媒介刊登招标公告。世界银行对中国工业项目限额凡在 100 万美元以上，均应采用国际竞争性招标来进行。

② 国内竞争性招标(National Competitive Tendering)

在国内进行招标，用本国语言编写标书，只在国内的媒体上登出广告，公开出售标书，公开开标。适用于合同金额较小、劳动密集型、商品成本较低而运费较高、当地价格明显低于国际市场等项目的招标。从国内招标工程建设可以大大节省时间，而且这种便利将对项目的实施具有重要的意义。在国内竞争性招标的情况下，如果外国公司愿意参加，则应允许他们按照国内竞争性招标参加投标，不应人为地设置障碍，妨碍其公平竞争。

(2) 邀请招标

也称有限竞争性招标(Restricted Tendering)或选择性招标(Selective Tendering)，即由招标人选择一定数目的承包商，向其发出投标邀请书，邀请他们参加投标竞争。其优点在于：经过选择的投标单位在施工经验、技术力量、经济和信誉上都比较可靠，因而一般都能保证进度和质量要求。此外，参加投标的承包商数量少，因而招标时间相对缩短，招标费用也较少。

招标人采用邀请招标方式的，应当向 3 个以上具备承担招标项目能力、资信良好的法人或其他组织发出投标邀请书。

(3) 公开招标与邀请招标的区别

① 招标信息的发布方式不同。公开招标是利用招标公告发布招标信息，而邀请招标

则是采用向3家以上具备实施能力的投标人发出投标邀请书,请他们参与投标竞争。

② 对投标人的资格审查时间不同。进行公开招标时,由于投标响应者较多,为了保证投标人具备相应的实施能力,以及缩短评标时间,突出投标的竞争性,通常设置资格预审程序。而邀请招标由于竞争范围较小,且招标人对邀请对象的能力有所了解,不需要再进行资格预审,但评标阶段还要对各投标人的资格和能力进行审查和比较,通常称为资格后审。

③ 适用条件。公开招标方式广泛适用。在公开招标估计响应者少,达不到预期目的的情况下,可以采用邀请招标方式委托建设任务。

4) 自行组织招标与委托招标

(1) 自行组织招标

依法必须进行施工招标的工程,招标人自行办理施工招标事宜的,除应当具有编制招标文件和组织评标的能力,还应具备下述条件:

① 有专门的施工招标组织机构。

② 有与工程规模、复杂程度相适应并具有同类工程施工招标经验、熟悉有关工程施工招标法律法规的工程技术、概预算及工程管理的专业人员。

不具备上述条件的,招标人应当委托具有相应资格的工程招标代理机构代理施工招标。

(2) 委托招标代理机构组织招标

招标单位可以自行组织招标,也可以委托招标代理机构组织招标。招标人有权自行选择招标代理机构,委托其办理招标事宜,任何单位和个人不得以任何方式为招标人指定招标代理机构。

2.3 建设工程招标工作内容

2.3.1 建设工程招标前期工作内容

建设工程招标前期工作由招标人完成,主要工作包括以下几个方面:

1) 拟定招标内容

建设工程招标,可以是整个建设过程各个阶段的全部工作,也可以是其中某个阶段的工作,或是某一个阶段中某一专项工作。

(1) 工程建设总承包招标

工程建设总承包招标是建设项目立项后,对建设全过程的实施进行的招标,包括工程勘察设计、设备询价与选购、材料订货、组织工程施工,直至试车、交付使用的招标承包。即通常所说的“交钥匙”工程招标。这种承包方式主要适用于大型住宅区和大中型项目的建设。招标人提出功能要求和竣工期限,建设项目各阶段的全部工作都由一个总承包单位负责完成。

实行总承包招标的项目必须具备下列条件：

① 有正式批准的项目建议书和可行性研究报告。

② 建设资金来源已经落实。

③ 工程建设项目的地点、工艺路线、主要设备造型、技术经济指标等已经确定。

④ 招标申请报告已经批准。

（2）设计招标

工程建设实行设计招标，旨在优化设计方案，择优选择设计单位，可以是一次性总招标，也可以分单项、分专业招标。

实行设计招标的建设项目必须具备以下条件：

① 有正式批准的项目建议书和可行性研究报告。

② 具有设计所必需的基础资料。

③ 招标申请报告已经批准。

（3）工程施工招标

施工招标有施工全部工程招标、单项工程招标、专业工程招标等形式。工程承包可采取全部包工包料、部分包工包料或包工不包料。

招标承包的工程，承包人不得将整个工程分包出去，部分工程分包出去也必须征得工程师（监理单位或业主代表）的书面同意。分包出去的工程其责任由总包负责。

建设项目施工招标必须具备下列条件：

① 项目列入国家或地方基本建设计划。

② 项目应具备相应设计深度的图纸及概算。

③ 项目总投资及年度投资资金有保证，项目设备供应及施工材料订货与到货落到实处。

④ 项目施工现场应做到路通、水通、电通、通讯通、风（气）通、场地平，并具备工作条件。

⑤ 有政府主管部门签发的建筑许可证。

（4）设备材料供应招标

大中型建设项目设备招标，视项目设备的不同情况，可以由业主直接向设备供应商招标，也可以委托设备成套管理机构或工程承包单位招标。招标的方式可以是单项设备招标，也可以按分项工程或整个项目所需设备一次性招标。

建设项目设备招标必须具备下列条件：

① 已正式列入建设计划。

② 具有批准的初步设计或设计单位确认的设备清单，大型专用设备预安排应具有批准的设计任务书。

③ 投资及建设进度安排已落实。

2）工程报建

（1）建设工程项目的立项批准文件或年度投资计划下达后，按照《工程建设项目报建管理法》规定具备条件的，须向建设行政主管部门报建备案。

(2) 建设工程项目报建范围：各类房屋建筑（包括新建、改造、扩建、翻建、大修等）、土木工程（包括道路、桥梁、房屋基础打桩）、设备安装、管道线路敷设、装饰装修等建设工程。

(3) 建设工程报建内容主要包括工程名称、建设地点、投资规模、资金来源、当年投资额、工程规模、结构类型、发包方式、计划开竣工日期、工程筹建情况等。

(4) 办理工程报建时应交验的文件资料。

① 立项批准文件或年度投资计划。

② 固定资产投资许可证。

③ 建设工程规划许可证。

④ 资金证明。

(5) 工程报建程序。建设单位填写统一格式的"建设工程项目报建登记表"，有上级主管部门的需经其批准同意后，连同应交验的文件资料一并报建设行政主管部门。建设工程项目报建备案后，具备了招标文件的建设工程项目，可开始办理建设单位资质审查。建设项目的立项文件获得批准后，招标人需向建设行政主管部门履行建设项目报建手续。只有报建申请批准后，才可以开始项目的建设。

3) 招标备案

自行办理招标的，招标人发布招标公告或投标邀请书5日前，应向建设行政主管部门办理招标备案，建设行政主管部门自收到备案资料之日起5个工作日内没有异议的，招标人可发布招标公告或投标邀请书；不具备自行招标条件的，应委托招标代理机构代理招标事宜。

办理招标备案应提交以下资料：

(1) 建设项目的年度投资计划和工程项目报建备案登记表。

(2) 建设工程招标备案登记表。

(3) 项目法人单位的法人资格证明书和授权委托书。

(4) 招标公告或投标邀请书。

(5) 招标机构或招标代理公司有关工程技术、造价、招标人员名称。

4) 选择招标方式

招标方式分为公开招标和邀请招标两种方式。公开招标是指招标人以公开发布招标公告的方式邀请不特定的、具备资格的投标人参加投标，并按《中华人民共和国招标投标法》和有关招标投标法律法规、规章的规定，择优选定中标人。邀请招标是指招标人以投标邀请书的方式邀请特定的、具备资格的投标人参加投标，并按《中华人民共和国招标投标法》和有关招标投标法律法规、规章的规定，择优选定中标人。招标方式的选择应符合有关法规的规定，并经招标管理机构同意。

5) 编制资格预审文件

资格审查分为资格预审和资格后审。采用资格预审的工程项目，招标人可参照"资格预审文件范本”编写资格预审文件。资格预审文件应包括以下主要内容：

(1) 资格预审申请人须知。

(2) 资格预审申请书格式。

(3) 资格预审评审标准或方法。

6) 编制招标文件

招标文件的主要内容通常包括：

(1) 投标须知。

(2) 招标工程的技术要求和设计文件。

(3) 采用工程量清单招标的，应提供工程量清单。

(4) 投标函的格式及附录。

(5) 拟签订合同的主要条款。

(6) 要求投标人提交的其他材料。

招标人编写的招标文件在向投标人发放的同时应向建设行政主管部门备案。建设行政主管部门发现招标文件有违反法律、法规内容的，责令其改正。

7) 编制招标控制价

招标人根据项目的招标特点，招标前可以预设招标控制价。招标控制价是招标人控制投资、掌握招标项目造价的重要手段，招标控制价在计算时应科学合理、计算准确和全面。

招标控制价由招标人自行编制或委托具有编制招标控制价资格和能力的中介咨询服务机构代理编制。

2.3.2 建设工程招标中期工作内容

1) 发布招标公告或投标邀请书

招标备案后根据招标方式，发布招标公告或投标邀请书。招标人根据工程规模、结构复杂程度或技术难度等具体情况可以采取资格预审或资格后审。实行资格预审的工程，招标人应当在招标公告或投标邀请书中明确资格预审的条件和获取资格预审文件的时间、地点等事项。

实行公开招标的工程项目，招标公告须在国家和省(直辖市、自治区)规定的报刊或信息网等媒介上公开发布。实行邀请招标的工程项目，招标人可以向 3 个以上符合资质条件的投标人发出投标邀请书。

招标公告或投标邀请函的具体格式可由招标人自定，内容一般包括：招标单位名称；建设项目资金来源；工程项目概况和本次招标工作范围的简要介绍；购买资格预审文件的地点、时间和价格等有关事项。

2) 资格预审文件的编撰与递交

(1) 资格预审文件的编制

投标申请人应按照“资格预审文件”要求的格式，如实填报相关内容。编制完成后，须经投标人法定代表人签字并加盖投标人公章、法定代表人印鉴。

(2) 资格预审文件的递交

资格预审文件编制完成后，须按规定进行密封，在要求的时间内报送招标人。

3) 资格预审

(1) 资格审查

采用资格预审的招标项目，招标人编制资格预审文件，向投标申请人发放。

对潜在投标人进行资格审查，主要考察该企业及施工项目部的总体能力是否具备完成招标工作所要求的条件。公开招标时设置资格预审程序，一是保证投标人在资质和能力等方面能够满足完成招标工作的要求；二是通过评审优选出综合实力较强的投标人，再请他们参加投标竞争，以减少评标的工作量。

(2) 发放资格预审合格通知书

合格投标人确定后，招标人向资格预审合格的投标人发出资格预审合格通知书。投标人在收到资格预审合格通知书后，应以书面形式予以确认是否参加投标，并在规定的地点和时间领取或购买招标文件和有关技术资料。只有通过资格预审的申请投标人才有资格参与下一阶段的投标竞争。

4) 发售招标文件

(1) 招标文件的发售

招标人将向合格的投标人发放招标文件。投标人收到招标文件、图纸和有关资料后，应认真核对，核对无误后应以书面形式予以确认。

招标人对于发出的招标文件可以酌收工本费，但不得以此牟利。对于其中的设计文件，招标人可以酌收押金；在确定中标人后，对于将设计文件予以退还的，招标人将其押金退还。

(2) 招标文件澄清或修改

投标人收到招标文件、图纸和有关资料后，若有疑问或不清的问题需要解答、解释，应在收到招标文件后在规定的时间内以书面形式向招标人提出，招标人应以书面形式或在答疑会上予以解答。

招标人对招标文件所做的任何澄清或修改，须报建设行政主管部门备案，并在投标截止日期 15 日前发给获得招标文件的投标人。投标人收到招标文件的澄清或修改内容应以书面形式予以确认。

招标文件的澄清或修改内容作为招标文件的组成部分，对招标人和投标人起约束作用。

5) 踏勘现场

(1) 踏勘现场

其目的在于让投标人了解工程现场场地情况和周围环境情况等，以便投标人编制施工组织设计或施工方案，以及获取计算各种措施费用所必要的信息。

招标人在投标须知规定的时间组织投标人自费进行现场考察。

投标人在踏勘现场中如有疑问，应在答疑会前以书面形式向招标人提出。投标人踏勘现场的疑问，招标人可以书面形式答复，也可以在答疑会上答复。

(2) 答疑会

在招标文件中规定的时间和地点，由招标人主持召开答疑会。

① 答疑会的目的在于招标人解答投标人提出的招标文件和踏勘现场中的疑问问题。

② 答疑会由招标人组织并主持召开。解答的疑问包括会议前由投标人书面提出的和在答疑会上口头提出的质疑。

③ 答疑会结束后，由招标人整理会议记录和解答内容（包括会上口头提出的询问和解答），以书面形式将所有问题及解答向获得招标文件的投标人发放。会议记录作为招标文件的组成部分，内容若与已发放的招标文件有不一致之处，以会议记录的解答为准。

④ 问题及解答纪要同时须向建设行政主管部门备案。

6) 投标文件的编制

(1) 编制投标文件的准备工作

① 投标人领取招标文件、图纸和有关技术资料后，应仔细阅读研究上述文件。如有不清、不理解或疑问，可以在收到招标文件后以书面形式向招标人提出。

② 为编制好投标文件和投标报价，应收集现行计价文件，以及人工、机械、材料和设备价格信息。

③ 根据建设项目的地理环境和现场情况，合理配备施工管理人员和机械设备，合理安排施工进度计划，科学编制施工组织设计或施工方案。

(2) 投标文件的编制

① 在编制投标文件时应按招标文件的要求填写，投标报价应按招标文件中要求的各种因素和计算依据，并按招标文件要求办理提交投标担保。

② 投标文件编制完成后应仔细整理、核对，按招标文件的规定进行编制，并提供足够份数的投标文件副本。

③ 投标文件应按招标文件中规定的要求密封、标志。

7) 投标文件的递交与接收

(1) 投标文件的递交

投标人在投标截止时间前按规定时间、地点将投标文件递交至招标人。在开标前，任何单位和个人均不得开启投标文件。

投标截止时间之前，投标人可以对所递交的投标文件进行修改或撤回。

招标人可以在招标文件中要求提交投标保证金或者投标保函，投标人应当按照招标文件要求的方式和金额，将投标定金或者投标保函随投标文件提交招标人。

(2) 投标文件的接收

① 在投标截止时间前，招标人应做好投标文件的接收工作，并做好接收记录。

② 招标人应将所接收的投标文件在开标前妥善保存；在规定的投标截止时间以后递

交的投标文件，将不予接收或原封退回。

2.3.3 建设工程招标后期工作内容

1）开标

（1）开标的时间和地点。开标可在招标文件确定的投标截止时间的同一时间公开进行；开标地点应是在招标文件中规定的地点；开标时投标人的法定代表人或授权代理人应参加开标会议。

（2）开标会议。公开招标和邀请招标均应举行开标会议，体现招标的公平、公正和公开原则。开标会议由招标人组织并主持，可以邀请公证部门对开标过程进行公证。招标人应对开标会议做好签到记录，以证明投标人出席开标会议。

启封投标文件后，按报送投标文件时间先后的逆顺序进行唱标，当众宣读有效投标的投标人名称、投标报价、工期、质量、主要材料用量，以及招标人认为有必要的内容。但提交合格"撤回通知"和逾期送达的投标文件不予启封。

招标人应对唱标内容做好记录，并请投标人法定代表人或授权代理人签字确认。

2）评标

评标由评标委员会按照招标文件中明确的评标定标方法进行。

（1）评标委员会的建立

评标委员会成员由招标人和招标人邀请的有关经济、技术专家组成，评标委员会是负责评标的临时组织。有关经济、技术专家应从建设行政主管部门及其他有关政府部门确定的专家名册或者工程招标代理机构的专家库内相关专业的专家名单中随机抽取，随机抽取的评委人员如与招标人或投标人有利害关系的应重新抽取。招标人、招标代理机构以外的经济、技术专家人数不少于评标委员会总人数的2/3。

（2）评标

① 投标文件的符合性鉴定。评标委员会应对投标文件进行符合性鉴定，核查投标文件是否按照招标文件的规定和要求编制、签署；投标文件是否实质上响应招标文件的要求。

② 技术标及商务标评审。评标委员会应按招标文件规定的评标定标方法，对投标人的报价、工期、质量、主要材料用量、施工方案或组织设计、以往业绩、社会信誉、优惠条件（如果有）等方面进行评审。

③ 投标文件的澄清、答辩。必要时，评标委员会可要求投标人澄清其投标文件或答辩。投标文件的答辩一般召开答辩会，分别对投标人进行答辩。先以口头形式询问并解答，随后在规定的时间内投标人以书面形式予以确认。澄清或答辩问题的答复作为投标文件的组成部分，但澄清的问题不应更改投标价格或投标的实质性内容。

3）资格后审

资格后审也叫细审，主要是对投标人是否胜任，机构是否健全，有无良好信誉，有无类似工程经历，人员是否合格，机械设备是否适用，资金是否足够周转等方面作实质性的审核，以保证将来招标公司、业主与中标人签订的合同的履行。未进行资格预审的招标项目，在确定中标候选人前，评标委员会须对投标人的资格进行审查，招标人应当在招标文件中载明对投标人资格要求的条件、标准和方法，投标人只有符合招标文件要求的资质条件时，方可被确定为中标候选人或中标人。

资格审查由评标委员会负责，在截标的同时进行。招标监管人员负责全程监督和服务。评标委员会严格对照招标文件中要求的投标人资格条件，审核判断投标人是否满足该资格条件。

审查过程中如出现疑问，评标委员可要求投标人进行澄清说明，并根据招标公告设置的条件要求进行判断；如出现投标人资格不符合招标公告设置条件的，应当向投标人说明情况，并允许投标人答辩，记录有关情况。

全部投标人的资格审查材料审查完毕后，评标委员会出具资格审查报告。资格审查合格投标人少于 3 家的，本次招标失败，不进行后续招标投标程序。

招标人邀请所有投标人参加开标会。在开标会开始时，招标人向参会的投标人宣布资格审查结果。资格审查合格的投标人，方可进入后续开标程序；资格审查不合格的投标人，投标文件不予受理。

4）评标报告

评标委员会按照招标文件中规定的评标定标方法完成评标后，编制评标报告，向招标人推选中标候选人或确定中标人；评标报告中应阐明评标委员会对各投标人投标文件的评审和比较意见。评标报告应包括以下内容：

（1）评标定标方法。

（2）对投标人的资格审查情况。

（3）投标文件的符合性鉴定情况。

（4）投标报价审核情况。

（5）对商务标和技术标的评审、分析、论证及评估情况。

（6）投标文件问题的澄清（如有）。

（7）中标候选人推荐或结果情况。

5）招标投标情况备案

依法必须进行招标的项目，招标人应将工程招标、开标、评标情况，根据评标委员会编写的评标报告编制招标投标情况书面报告，并在自确定中标人之日起 15 日内，将招标投标情况书面报告和有关招标投标情况备案资料、中标人的投标文件等向建设行政主管部门备案。

6）发出中标通知书

建设行政主管部门自接到招标情况书面报告和招标投标备案资料之日起 5 个工作日内未提出异议的，招标人向中标人发放中标通知书。

招标人向中标人发出的“中标通知书”应包括招标人名称、建设地点、工程名称、中标人名称、中标标底、中标工期、质量标准等主要内容。向中标人发出“中标通知书”的同时将中标结果通知所有未中标的投标人。

7) 签订合同

(1) 中标通知书对招标人和中标人均具有法律效力。中标通知书发出后,招标人改变中标结果的,或者中标人放弃中标项目的,应依法承担法律责任。

(2) 招标人和中标人应当自中标通知书发出之日起30日内,按照招标文件和中标人的投标文件订立书面合同。招标人和中标人不得再行订立背离合同实质性内容的其他协议。招标文件要求中标人提交履约保证金的,中标人应当提交。

2.4 建设工程招标代理

2.4.1 建设工程招标代理机构与专业人员

招标代理机构是依法设立、接受被代理人的委托,从事招标代理业务并提供相关服务的社会中介组织。建设工程招标代理的被代理人是指工程项目的所有者或经营者,代理机构则是法律定义的一种代理人。

1) 招标代理专业人员的资格及认定

招标代理专业人员,应具有专门的技术、经济以及法律等知识和经验,经专门机构组织培训和考核后,取得法定的代理资格。根据《中华人民共和国招标投标法》的要求,招标代理专业人员应有能力编制招标文件和组织评标活动。招标代理人员中的技术、经济等方面的专家应当是从事相关领域工作满8年并具有高级职称或者具有同等专业水平。法律规定,招标代理人员资格认定工作由国务院有关部门或者省、自治区、直辖市人民政府有关部门负责主持。

2) 招标代理人员应具备的条件

招标代理专业人员是一种复合型人才,作为岗位职业人员应具备以下条件:

(1) 具有较高的学历和多学科工程专业知识。

(2) 有工程造价的专业知识。

(3) 有工程招标投标与合同等相关的法律事务处理能力。

(4) 有良好的语言表达和协调各方办事的才能。

(5) 掌握信息管理知识和技能。

3) 建设工程招标代理人员基本技能

(1) 工程招标代理人员的基本技能要求

① 具有工程招标咨询及策划的技能。

② 具有编制工程招标文件(含标底)的能力,并能协助委托人向主管部门办理工程招标的有关手续。

③ 具有组织现场踏勘,解答工程现场条件的能力。

④ 能参与工程招标答疑。

⑤ 具有参与工程招标的开标、评标、决标工作的能力。

⑥ 具有按不同合同形式拟定工程合同的能力。

(2) 物资招标代理人员的基本技能要求

① 具有物资招标咨询及策划的技能。

② 具有编制物资招标文件,协助业主向主管部门办理物资招标有关手续的能力。

③ 掌握大宗材料、大型设备的规格、性能、主要参数等数据的使用功能知识。

④ 具有参与物资招标的开标、评标、决标工作的能力。

⑤ 具有按不同合同形式拟订物资合同的能力。

(3) 服务招标代理人员的基本技能

① 具有服务招标咨询及策划的技能。

② 具有编制服务招标文件,协助业主向主管部门办理服务招标的有关手续的能力。

③ 有参与服务招标的开标、评标、决标工作的能力。

④ 熟悉工程建设中的设计、勘探、监理基本原理。

⑤ 具有按不同合同形式拟订工程合同的能力。

4) 招标代理专业人员的权利

(1) 接受委托,组织开展工程建设项目招标代理工作。

(2) 代理工作中有签名盖章权,并承担相应的法律和经济责任。

(3) 有权对违反国家、地方有关法律、法规和技术规范的行为提出劝告、改正或中止代理工作。

5) 招标代理专业人员的义务

(1) 依据委托人在委托合同中的授权,恪尽职守,认真工作,并及时、全面地向委托人报告工作。

(2) 保守工作中技术和经济秘密。

(3) 接受继续教育,不断更新知识,提高工作水平。

2.4.2 建设工程招标代理管理

为加强工程建设招标代理的管理,规范工程招标代理机构的行为,保证工程招标投标活动合法、有序地进行,全国省、市及县(市)各级建设行政主管部门根据国家有关法律、法规和规章,制定建设工程招标代理管理规定。所有工程招标代理机构从事招标代理活动,均要在建设工程招投标管理机构的监督管理下完成。

1) 省级建设行政主管部门的主要职责

(1) 贯彻有关建设工程招标代理的法律、法规、规章和方针、政策,制定具体实施管理办法。

(2) 负责全省工程招标代理机构行业的管理。

(3) 负责对工程招标代理机构的招标代理专职人员进行培训、考核。

(4) 依法查处工程招标代理中的违法违规行为。

2) 各市、县(市)建设行政主管部门的主要职责

(1) 贯彻有关建设工程招标代理的法律、法规、规章和方针、政策。

(2) 负责本行政区工程招标代理机构的日常考核和动态管理。

(3) 依法查处工程招标代理中的违法违规行为,上报处理结果。

3) 招标代理工作要求

(1) 工程招标代理机构从事的招标代理活动,必须在其资质允许的范围内与招标人签订书面委托代理合同,并取得招标人的授权委托书。

(2) 从事工程招标代理业务的人员,必须经过法律、法规和业务知识培训,取得相应的培训资格证书,并持证上岗。

(3) 招标代理机构应当以自己的力量完成招标代理工作,组织编制及解释招标文件内容,严格执行招标程序,接受有关部门的指导和监督,维护招标人和投标人的合法权益。

(4) 工程招标代理机构在招标人委托的权限范围内办理有关招标事宜的各类文书,工程招标代理机构都应当存档保留。

(5) 工程招标代理机构在受招标人委托组织评标时,应当从各级建设行政主管部门提供的评标专家名册中采用随机抽取的方式确定评标专家。各级建设行政主管部门的评标专家名册应当吸收工程招标代理机构专家库中符合条件的评委。

4) 招标代理主要工作内容

(1) 拟定招标方案。

(2) 拟定招标公告或者发出投标邀请书。

(3) 审查潜在投标人资格。

(4) 编制招标文件。

(5) 组织现场踏勘和答疑。

(6) 编制标底。

(7) 组织开标、评标。

(8) 草拟工程合同。

(9) 与招标有关的其他事宜。

5) 招标代理执业规范

(1) 不得无正当理由转让、转包招标代理业务。

(2) 不得无招标代理资质证书或超越资质证书规定的范围承接招标代理业务。

(3) 不得收受贿赂、索取回扣或谋取其他不正当利益。

(4) 不得代理尚不具备依法招标条件的工程项目。

(5) 不得以不合理、不合法的条件限制或排斥潜在投标人。

(6) 不得利用执业之便泄露秘密,徇私舞弊,谋取不正当利益。

(7) 不得背离职业道德,无原则地附和招标人的违法违规要求和行为。

(8) 不得在同一项目中同时接受招标人和投标人的委托,或者受 2 个以上投标人的委托参与同一项目的招标投标活动。

(9) 不得有法律、法规、规章禁止的其他行为。

2.4.3 招标代理公司信用体系建设

2014 年 6 月国务院印发的《社会信用体系建设规划纲要(2014—2020)》指出，推进工程建设市场信用体系建设。同时要求扩大招标投标信用信息公开和共享范围，建立涵盖招标投标情况的信用评价指标和评价标准体系，健全招标投标信用信息公开和共享制度。进一步贯彻落实招标投标违法行为记录公告制度，推动完善奖惩联动机制。依托电子招标投标系统及其公共服务平台，实现招标投标和合同履行等信用信息的互联互通、实时交换和整合共享。鼓励市场主体运用基本信用信息和第三方信用评价结果，并将其作为投标人资格审查、评标、定标和合同签订的重要依据。

《招标投标法实施条例》规定，国家建立招标投标信用制度。有关行政监督部门应当依法公告对招标人、招标代理机构、投标人、评标委员会成员等当事人违法行为的行政处理决定。

(1) 建筑市场诚信行为信息的分类

2007 年 1 月原建设部发布的《建筑市场诚信行为信息管理办法》规定，建筑市场诚信行为信息分为良好行为记录和不良行为记录两大类。

① 良好行为记录

良好行为记录是指建筑市场主体在工程建设过程中严格遵守有关工程建设的法律、法规、规章或强制性标准，行为规范，诚信经营，自觉维护建筑市场秩序，受到各级建设行政主管部门和相关专业部门的奖励和表彰所形成的良好行为记录。

② 不良行为记录

不良行为记录是指建筑市场主体在工程建设过程中违反有关工程建设的法律、法规、或强制性标准和执业行为规范，经县级以上建设行政主管部门或者委托的执法监督机构查实和行政处罚所形成的不良行为记录。

2008 年 6 月国家发展和改革委员会等 10 部门发布的《招投标违法行为记录公告暂行办法》中规定，招标投标违法行为记录，是指有关行政主管部门在依法履行职责过程中，对招标投标当事人违法行为所作行政处理决定的记录。

(2) 企业资信等级符号及含义

企业资信等级符号及含义如表 2.1 所示。

表 2.1 企业资信等级符号及含义

符号	含义
AAA	企业各项素质十分优秀，表现出极强的控制风险能力，可以确信能够出色地完成与客户的交易和服务，能够充分保障客户的利益
AA	企业的各项素质比较优秀，表现出很强的控制风险能力，可以确信能够较好地如约完成与客户的交易和服务，能够较充分地保障客户利益

（续表）

符号	含义
A	企业的主要素质方面较好，表现出较强的控制风险能力，能够较好地如约完成与客户的交易和服务，可以比较有效地保障客户利益
BBB	企业的各项素质多数较正常，难于证明其控制风险的能力和对客户的履约能力，对客户利益的保障不能令人信服
BB	企业的各项素质多数较正常，难于证明其控制风险的能力和对客户的履约能力，对客户利益的保障不能令人信服
B	企业的主要素质方面较差，无法证明其控制风险的能力和对客户的履约能力，不能相信其能够保障客户利益
CCC	企业的各项素质差，风险控制能力和对客户的履约能力差，有可能不能保障客户的利益
CC	企业的各项素质很差，风险控制能力和对客户的履约能力很差，很有可能不能保障客户的利益
C	企业的各项素质已经出现风险，风险失控并出现违约，事实上已经不能保障客户的利益

（3）信用评级申报条件

① 企业成立 2 年以上；

② 企业经营近 3 年内无失信被执行人记录；

③ 企业经营近 3 年内无环保、质监等重大行政处罚记录；

④ 上一年度资产负债率小于 90%。

建设咨询服务业协会和建筑业协会组织有关专家对招标代理机构的经营状况、管理体制、内部管理，招标代理从业人员的执业能力、职业道德、履职情况以及其他遵守法律法规、规章和有关规定等情况进行信用等级评价。

（4）江苏省工程招标代理机构及从业人员信用管理办法

为规范招标代理机构及其从业人员行为，提高招标代理工作水平，配合建筑市场信用体系建设，根据《中华人民共和国招标投标法》《工程建设项目招标代理机构资格认定办法》（建设部第 79 号令）等相关法律、法规，制定本办法。

信用评价实现了对招标代理机构的动态管理，定期向社会公布考核等级，也是健全完善工程建设项目招标代理行业信用体系，保障招标代理活动当事人合法权益的重要举措。

招标投标行业开展信用体系建设，对于落实国务院社会信用体系建设规划纲要，完善招标代理机构守信激励、失信惩戒机制有着积极的实践意义。公司也将以中招标开展信用评级工作为契机，认真总结，率先垂范，夯实信用基础，为招标投标行业转型升级，健康持续发展做出新贡献。

2.4.4 建设工程招标委托代理合同

1）委托合同与代理合同

我国《合同法》第三百九十六条规定："委托合同是委托人和受托人约定，由受托人处理委托人事务的合同。"代理合同则是委托合同的一种类型，二者存在着从属关系。从法学的角度看，代理合同具有委托合同的基本法律特征，代理合同的委托人就是被代理人，受托人就是代理人。委托关系是产生代理关系的主要原因和基础，因此委托关系的内容决定代理关系的内容。

但是委托合同与代理合同之间还存在着区别：

第一，性质上有所区别。委托属于对外关系，主要表现委托人与受托人之间的关系；而代理则是一种双重或递进式法律关系，它不仅表现委托人与受托人之间的关系，还反映委托人与受托人之外的第三人之间的关系。

第二，适用范围上的区别。委托关系中受托人的行为包括一切合法的事实行为，如代办行为、管理行为、中介行为、行纪行为等；而代理关系中受托人的代理行为不包括事实行为，只能是以委托人名义进行以设立、变更、终止法律关系等为实施目的的行为。如代理签订各种经济合同、代理工程招标等。

第三，效力上的区别。委托合同受托人一般对办理受托事务实施的行为独立承担法律责任，如果受托人实施的是违法行为或侵权行为，则属于无效行为；而代理合同委托人要对受托人实施的代理行为承担法律责任或负连带责任。

第四，成立条件上的区别。委托合同成立需要委托人和受托人分别作出独立的意思表示并达成一致后生效，即委托人发出委托事项要约，受托人表明接受委托事项的承诺；而代理合同成立，委托人授予代理权是单方法律行为，无须受托人同意。

第五，涵盖内容上的区别。委托与代理既有交叉内容也有不相关的内容。代理除委托代理外还有法定代理和指定代理；委托除委托代理事项外还有委托非代理事项。

2）建设工程招标委托代理合同示例

建设工程招标代理委托合同

项目名称：

委托单位(甲方)：(公章)

代理单位(乙方)：工程招标代理有限公司(公章)

合同签订日期：　　年　月　日

委托方将项目的招标事宜委托乙方代理，依据《中华人民共和国招标投标法》及有关法律、法规的规定，合同双方经协商一致，签订本合同。

一、代理业务的内容、形式

1. 甲方委托乙方组织建设工程招标活动。

2. 工程概况：

3. 本次招标范围：

(1) 招标代理的内容：填写申请表格，编制招标文件(包括编制资格预审文件)；审查投标人资格；组织投标人踏勘现场和答疑；组织开标、评标、定标；提供招标前期咨询等业务。

(2) 招标代理的形式：

二、工作条件和协作事项

1. 建设工程规划临时许可证、建设项目资金来源证明等(详见《办理建设工程招标投标需提交的资料》清单)。

2. 委托方提供能够满足施工标价计算要求的施工图纸及技术资料;或者经符合资质条件的工程造价咨询机构编制的建设项目投资概预算。

3. 乙方代理过程中,遵守国家、地方有关工程建设招标、投标法规,坚持公开、公平、公正和诚实信用的原则,按照有关程序规定进行,接受招标监督管理部门的监督。

4. 委托代理人在签订本合同时,应出具委托证书。

三、委托期限

本合同自签订之日起执行,中标通知书签发后自行废止。

四、费用支付方式及日期

1. 本工程造价为人民币(大写),收取代理费用合计人民币(大写)。付款方式为现金或转账,代理费用应在开标前全部付清。代理费用不包含编制标底的费用、资格预审费用及评标专家费用。

2. 投标单位购买标书每份工本费计人民币元(大写),所得归乙方。

五、违约责任

1. 双方都必须严格遵守签订的代理合同条款、不得违约。

2. 委托方应提供真实可靠的相关资料,及按第四款第一条约定支付代理费用,否则一切责任由委托方自负。

3. 双方在合同执行过程中出现争议,可协商解决,也可由相关部门进行调解。

4. 双方对代理合同条款变更时必须另签补充合同条款,补充合同条款作为本代理合同的组成部分与主合同具有同等的法律效力。

5. 本合同一式三份,甲方一份,乙方一份,报招标管理机构一份。

六、双方协议的其他条款

委托方(甲方):	代理方(乙方):
法定代表人(签章):	法定代表人(签章):
单位地址:	单位地址:
联系电话:	联系电话:
邮政编码:	邮政编码:
开户银行:	开户银行:
银行账号:	银行账号:
签订日期:	年 月 日

3 建设工程招标法律制度

3.1 建设工程招标相关法律基础

3.1.1 概述

工程建设是一项综合性的技术经济活动，涉及面广，工期长，工程的参加单位和协作单位多，在工程实施中必须加强各方的配合与协作。我国已制定了大量法律法规，逐步将我国经济建设纳入法制轨道。作为经济建设活动中不可或缺的工程建设活动的法律环境也日趋完善。

由于工程建设涉及面广，内容复杂，因此它所涉及的法律法规也错综复杂，既有程序法，也有实体法；既有经济方面的，也有行政管理方面的。这里主要介绍经济法基本知识及工程建设过程中所涉及的其他相关法律规定。

1）法的基础知识

（1）法的概念

法是由国家制定或认可，体现统治阶级意志和社会公正价值目标，并由国家政权强制力保证实施的社会规范的总和。法属于社会上层建筑范畴。

（2）我国社会主义法的渊源

法的渊源即法的表现形式。我国法的渊源主要有宪法、法律、行政法规、地方性法规、民族自治地方条例和单行条例、特别行政区法律。其中，宪法是国家的根本大法。宪法、法律、特别行政区法律由全国人大制定，行政法规由国务院制定，地方性法规、民族自治地方条例和单行条例由地区人大制定并报全国人大备案。地方性法规不得同宪法、法律、行政法规相抵触。

（3）我国的法律体系

法律体系是指按照一定的标准划分并组成的法律的整体结构。法律体系是由不同的法律部门组成的。我国的法律体系包括：①宪法；②民法；③刑法；④行政法；⑤经济法；⑥劳动法和社会保障法；⑦环境法；⑧婚姻法；⑨军事法；⑩诉讼法。

2）经济法

（1）经济法的概念

经济法是国家法律体系中一个独立的法律系统。它是调整国家经济管理机关、社会组织和具有合法资格的生产经营者在经济管理、经济协作以及市场运行中所发生的经济关系的法律规范的总称。

(2) 经济法的调整对象

法律的调整对象即一部法律所调整的法律关系。经济法的调整对象主要包括以下四方面的社会经济关系：①国民收入分配关系；②国有财产关系；③宏观经济调控关系；④市场竞争关系。

(3) 经济法规体系

我国经济法规体系是由若干相互独立、相互联系的法律规范组成的法律群体，按其性质的不同，可分为：

① 宏观经济调控法。主要研究计划、财政、金融和投资等方面的法制问题，包括投资法、土地法、会计法、审计法等。

② 经济组织法。主要研究企业法制问题，包括企业法、公司法等。

③ 市场运行法。主要研究竞争、消费者权益保护、产品质量、证券和票据等方面的法制问题，包括招标投标法、合同法、反不正当竞争法等。

④ 社会保障法。主要研究社会保障资金、机构和管理等方面的法制问题。

(4) 经济法律关系

经济法律关系是指由经济法律所确认和保护的、具有直接经济内容的权利义务关系。经济法律关系由国家政权强制力予以保障。经济法律关系要素包括：

① 主体

经济法律关系主体是指经济法律关系的参与者，即经济权利的享有者及经济义务和责任的承担者。具体包括：

a. 国家。国家是重要的经济法主体。其中，国家机关是具体的经济法主体。这里所说的国家机关主要指与经济和经济管理有关的国家机关。

b. 企业。企业是市场交易和竞争的主体，也是重要的经济法主体。

c. 个体经营户、农村承包经营户。他们是特殊的生产者和经营者，在生产经营活动中发生的经济关系，在一定意义上，也要纳入经济法的调整范围，因而成为经济法主体。

d. 公民。在一般情况下，公民作为自然人只是民事法律关系的主体，但在一定范围内，如在税收关系、投资关系中，公民也可以成为经济法主体。

② 经济法律关系内容

经济法律关系内容是指经济法主体所享有的经济权利和承担的经济义务。

经济权利是指经济法主体在经济活动和经济管理活动中享有的，从事某种行为和不行为的资格和能力。具体包括：

a. 财产所有权。这里主要指国家财产所有权。

b. 经济管理权。主要指国家在宏观经济方面实施综合调控、经济监督和市场执法的权利。

c. 经营权。经营权是企业以财产和非财产的手段进行营利性活动的权利，它是企业和一切生产经营者特有的权利。

d. 分配权。指经济法主体在国民收入分配中，有取得自己应得份额的权利。

经济义务是指经济法主体必须通过自己的行为和不行为以满足社会和他人的权益要求的责任。经济义务可分为法定义务和约定义务。

③ 经济法律关系客体

经济法律关系客体是指经济法主体的权利义务所指向的对象，包括物质性财产、非物质性财产、经济行为。

3.1.2 民法通则

民法有广义和狭义之分。广义的民法是指调整平等主体的法人之间、公民之间以及法人与公民之间的财产关系和人身关系的法律规范的总称。从狭义上讲，是指 1986 年 4 月 12 日六届全国人大四次会议通过，1987 年 1 月 1 日实施的《中华人民共和国民法通则》（下面简称《民法通则》）。

1) 民法的调整范围

根据《民法通则》的规定，我国民法只调整发生在平等主体的公民之间、法人之间、公民和法人之间的横向经济关系，而纵向经济关系则由行政法和经济法调整。民法调整的经济关系有以下两个方面：

(1) 财产关系

财产关系也称为经济关系，是人们在生产、分配、交换和消费过程中所形成的具有经济内容的社会关系。其特征包括：

① 主体平等。即主体之间在法律地位上是平等的，没有上下级、命令与服从的隶属关系。

② 当事人的意思表示自愿，不得强迫。

③ 在通常情况下，都要求等价有偿进行。

(2) 人身关系

即与特定人身不可分离而没有直接财产内容的社会关系，通常表现为生命、健康、人身自由、姓名、名誉、荣誉等权利而产生的人身关系，以及知识产权中的人身关系。其特征包括：

① 具有人身属性。

② 不具有财产内容，不能以金钱来衡量。

③ 人身关系中一部分与财产没有关系，有一部分与财产有密切关系。

2) 民法的基本原则

民法的基本原则是民事立法、司法以及民事活动所应遵循的准则。我国《民法通则》规定了 8 个方面的原则：

(1) 平等原则

当事人民事地位平等是我国民法首要和核心的原则。其含义是：

① 任何民事主体在民事关系中的法律地位是平等的。

② 民事主体在民事活动中平等享受民事权利和承担民事义务。

③ 民事主体所享有的民事权利平等地受法律保护。

(2) 自愿原则

当事人在民事活动中必须自主自愿，不得以任何手段强制对方。自愿原则是平等原则的体现，它包括：

① 当事人有依法进行或不进行某种民事活动的自由，他人不得干预或强迫。

② 当事人有选择行为相对人、行为内容和行为方式的自由。

(3) 公平原则

公平是指公正、平允、合情合理，应使各方当事人利益得到相同对待，具体表现为：

① 民事主体参加民事活动的机会均等。

② 民事主体在民事权利的享有和民事义务的承担上要对等。

③ 民事主体在承担民事责任上要合理。

(4) 等价有偿原则

这是市场经济下商品交换价值规律的客观要求，也是民法平等原则在财产权利和财产流通中的体现，同时也是社会主义物质利益原则和经济核算原则的要求。其内容是：在有偿民事法律关系中，当事人一方取得对方财产或得到对方服务应当向对方支付与财产或劳务相等的价款或酬金。

(5) 诚实信用原则

是指当事人在民事活动中要实事求是，讲究信誉和道德，恪守诺言，履行义务。

(6) 保护合法民事权益原则

即民事主体的合法民事权益受到法律的充分保护。其基本含义有 3 点：

① 任何当事人的合法民事权益均受到法律保护。

② 当事人的合法民事权益受到非法侵犯时都有权向法院起诉，请求法律保护。

③ 任何人不得侵犯他人的合法民事权益，否则要承担相应的民事责任，甚至受到法律的制裁。

(7) 遵守国家法律和政策

民事活动必须遵守国家法律，在法律规定范围内活动。若法律一时还未明确规定，则应遵守国家政策。

(8) 维护国家和社会利益

民事活动应当遵守社会公德，不得损害社会公共利益、破坏国家经济计划、扰乱社会经济秩序。

3) 民法的适用范围

(1) 民法对人的适用范围

根据我国《民法通则》规定，我国民法适用于我国公民、法人以及在我国领域内的外国人、无国籍人、外国法人和一切中外合资、合作的企业法人。

(2) 民法在空间上的适用范围

即民法在我国领土、领海、领空的效力。根据《民法通则》规定，我国民法在我国领土、领海、领空均具有法律约束力，在我国领域内的民事活动均应遵照执行。

(3) 民法在时间上的适用范围

民事法规实施时间即民事法规生效时间。根据《民法通则》规定，《民法通则》自 1987 年 1 月 1 日起执行。

3.1.3 仲裁法

1) 仲裁的概念和特点

(1) 仲裁的概念

仲裁是指当事人将双方之间发生的争议交由仲裁机关作出裁决，对裁决的决议双方有义务执行。

(2) 仲裁的特点

仲裁是解决经济纠纷或争议的一种基本方式，具有程序简便、方便灵活、处理及时等特点。仲裁有如下特点：

① 提交仲裁的双方当事人是处于平等地位的主体，是以双方自愿为前提。

② 仲裁的客体是当事人之间发生的一定范围内的争议。

③ 仲裁机关是依法成立的专门机构，它既不是行政机关，也不是司法机关。

④ 仲裁裁决依法具有强制执行的效力，对仲裁结果，一方当事人不履行的，另一方可以按照民事诉讼法的有关规定向法院申请强制执行。

⑤ 仲裁实行一裁终局制，即仲裁一旦依法作出后，当事人就同一纠纷再申请仲裁或向法院提起诉讼的，仲裁机关和法院依法不予受理。

2) 仲裁法

仲裁法是国家制定和确认的关于仲裁制度的法律规范的总和，这里主要指 2017 年修正，2018 年 1 月 1 日起施行的《中华人民共和国仲裁法》。其基本内容包括仲裁协议、仲裁组织、仲裁程序、仲裁裁决及执行等。

3) 仲裁协议

(1) 概念

仲裁协议是指当事人根据仲裁法的规定，为解决双方的纠纷而达成的提请仲裁机关进行裁决的协议。

当事人可以事先在合同中订立仲裁条款，也可以在纠纷发生前或发生后以书面形式达成仲裁协议。仲裁协议无统一格式，但必须包括有请求仲裁的意思表示、商定的仲裁事项及选定的仲裁机关等内容。

仲裁协议是仲裁机关受理当事人仲裁申请的必要条件，没有仲裁协议，仲裁机关不能受理仲裁申请。

(2) 仲裁协议的效力

仲裁协议独立存在，合同的变更、解除、终止或无效，不影响仲裁协议的效力。但有下列情况之一的，仲裁协议无效：

① 仲裁协议对仲裁事项或者仲裁委员会没有约定或者约定不明确且经当事人补充商议而又未达成补充协议的。

② 约定的仲裁事项超出法律规定的仲裁范围的，如《仲裁法》规定，对婚姻、收养、监护、抚养、继承纠纷及依法应当由行政机关处理的行政争议不能仲裁。

③ 无民事行为能力人或者限制民事行为能力人订立的仲裁协议。

④ 一方采取胁迫手段，迫使对方订立仲裁协议的。

4）仲裁程序

（1）申请

当事人申请仲裁，应当符合下列条件：

① 有仲裁协议。

② 有具体的仲裁请求和事实、理由。

③ 属于仲裁委员会的受理范围。

申请仲裁时，应当向仲裁委员会递交仲裁协议、仲裁申请书及其他有关材料。仲裁申请书应写明当事人的具体情况、仲裁请求及所依据的事实和理由、证据和证据来源、证人姓名和住所等情况。

（2）受理

仲裁委员会收到当事人的仲裁申请书后应进行审查，并在收到申请书之日起5日内通知当事人是否予以受理。如不予受理，一并说明理由。

（3）开庭和裁决

仲裁一般应开庭进行，但当事人协议不开庭的可不开庭，而由仲裁庭依据仲裁申请书、答辩书以及其他材料作出裁决。

开庭应当根据仲裁法的规定和仲裁规则进行，一般经过调查、辩论、调解、裁决等阶段。

仲裁庭作出裁决前，可以先行调解。调解成功的，调解书经双方当事人签收后即发生法律效力。当事人不愿调解或者当事人在签收调解书前反悔的，仲裁庭应当及时做出裁决。裁决书自作出之日起发生法律效力。

5）申请撤销仲裁裁决

根据《仲裁法》规定，当事人有证据证明裁决有下列情况之一的，可以向仲裁委员会所在地的中级人民法院申请撤销裁决：

（1）没有仲裁协议的。

（2）裁决的事项不属于仲裁协议的范围或者仲裁委员会无权仲裁的。

（3）仲裁庭的组成或者仲裁程序违反法定程序的。

（4）裁决所依据的证据是伪造的。

（5）对方当事人隐瞒了足以影响公正裁决的证据的。

(6) 仲裁员在仲裁该案时有索贿受贿、徇私舞弊、枉法裁决行为的。

申请撤销裁决的，应当在收到裁决书之日起 6 个月内提出。法院受理申请后，应在收到申请之日起 2 个月内作出撤销裁决或者驳回申请的裁定。

6) 仲裁裁决的执行

《仲裁法》规定，当事人应当自觉履行裁决，如果一方当事人不履行的，另一方当事人有权按照民事诉讼法的有关规定向法院申请执行。

但是，如果被申请人提出证据证明仲裁裁决有下列情况之一的，经法院组成合议庭审查核实，裁定不予执行：

(1) 当事人在合同中没有订有仲裁条款或者事后没有达成书面仲裁协议的。

(2) 裁决的事项不属于仲裁协议的范围或者仲裁机关无权仲裁的。

(3) 仲裁庭的组成或者仲裁程序违反法定程序的。

(4) 认定事实的主要证据不足的。

(5) 适用法律确有错误的。

(6) 仲裁员在仲裁该案时有索贿受贿、徇私舞弊、枉法裁决行为的。

仲裁裁决被法院裁定不予执行的，当事人可以根据双方达成的书面仲裁协议重新申请仲裁，也可以向法院提起诉讼。

3.1.4 担保法

1) 担保概述

(1) 担保的概念

担保是债权人与债务人或者第三人根据法律规定或约定而实施的，以保证债权得以实现为目的的民事法律行为。在担保法律关系中，债权人称为担保权人，债务人称为被担保人，第三人称为担保人。

担保制度是民法的重要组成部分。《中华人民共和国担保法》(以下简称《担保法》)于 1995 年 6 月 30 日由全国人大十四次会议通过，1995 年 10 月 1 日起正式实施。《担保法》的实施，对规范担保行为和担保方法，减少经济活动中不安全因素、保障债权实现、维护正常的经济秩序、促进社会主义市场经济健康发展具有重要意义。

(2) 担保的特点

① 附随性。担保是为担保债权的受偿而由债务人或者第三人另外提供的，具有从属于被担保债权的属性。随着主债权的存在、转移或消灭而存在、转移或消灭。

② 补充性。担保的补充性是指债权人所享有的担保权，对于债权的实现仅具有补充意义。只有在债务人不履行或者不能履行债务时，债权人才能行使担保权。同时，债权人实现其担保，应当先为主债权的清偿要求，在主债权的清偿要求不能满足时才可以实现其担保。

(3) 担保的分类

① 法定担保。法定担保是指依照法律规定而直接成立并发生效力的担保方式。法定担保主要有优先权和留置担保等。如合同法中承揽合同、运输合同设定了留置担保制

度，建设工程合同中规定了优先权制度。

② 约定担保。约定担保又称意定担保，是指依照当事人的意思表示而成立并发生效力的担保方式。约定担保可以充分表达担保关系当事人的意思，具有较广泛的适用余地。担保法中保证担保、抵押担保、定金担保等，均为约定担保。

(4) 担保的形式

我国《担保法》规定的担保有保证、抵押、质押、留置和定金5种形式。

2) 保证

(1) 保证的概念

保证是指保证人和债权人约定，当债务人不履行债务时，保证人按照约定履行债务或者承担责任的行为。

(2) 保证人

为了能够保障债权得到实现，保证人必须是具备相应民事行为能力的法人、自然人或其他组织。下述单位不可以作保证人：

① 国家机关不得为保证人，但经国务院批准为使用外国政府或者国际经济组织贷款进行转贷的除外。

② 学校、幼儿园、医院等以公益为目的的事业单位、社会团体不得为保证人。

③ 企业法人的分支机构除非有法人书面授权，否则不得为保证人。

(3) 保证合同

招标人与债权人应当以书面形式订立保证合同。保证合同应当包括以下内容：

① 被保证的主债权种类、数量。

② 债务人履行债务的期限。

③ 保证的方式。

④ 保证担保的范围。

⑤ 保证的期限。

⑥ 双方认为需要约定的其他事项。

保证合同不完全具备上述规定内容的，可以补正。

(4) 保证的方式

① 一般保证。一般保证是指债权人和保证人约定，在债务人不能履行债务时，由保证人承担保证责任的保证方式。一般保证的保证人对债权人享有先诉抗辩权。债权人在被担保的债权未经审判或者仲裁，并就债务人财产依法强制执行仍不能履行债务前，保证人可以拒绝承担保证责任。

② 连带保证。连带保证是指保证人和主债务人对债权人承担连带清偿责任。在主债务人不能履行债务时，债权人可以请求主债务人履行债务，也可以请求保证人承担保证责任。连带保证一般发生在与当事人的约定，但是，如果当事人对保证方式没有约定或者约定不明确的，按连带保证承担保证责任。

③ 保证范围。包括主债权及利息、违约金、损害赔偿金和实现债权的费用。保证合

同另有约定的，按照约定。当事人对保证范围无约定或约定不明确的，保证人应对全部债权承担责任。

④ 保证期间。一般保证的保证人与债权人未约定保证期间的，保证期间为主债务履行期届满之日起 6 个月。在合同约定的保证期间或上述规定的保证期间，债权人未对债务人提起诉讼或者申请仲裁的，保证人免除保证责任；债权人已提起诉讼或者申请仲裁的，保证期间适用诉讼时效中断的规定。连带保证的保证人与债权人未约定保证期限的，债权人有权自主债务履行期届满之日起 6 个月内要求保证人承担保证责任。在合同约定或法律规定的保证期间，债权人未要求保证人承担保证责任的，保证人免除保证责任。

3）抵押

（1）抵押的概念

抵押是指债务人或第三人不转移对抵押财产的占有，将该财产作为债权的担保。债务人不履行债务时，债权人有权依法以该财产折价或者以拍卖、变卖该财产的价款优先受偿。

（2）可以抵押的财产

抵押可以设定于动产、不动产以及不动产财产权利之上。但是，抵押权并非可以设定于任何财产之上。根据《担保法》规定，下列财产可以抵押：

① 抵押人所有的房屋和其他地上定着物。

② 抵押人所有的机器、交通运输工具和其他财产。

③ 抵押人依法有权处理的国有的土地使用权、房屋和其他地上定着物。

④ 抵押人依法有权处理的国有的机器、交通运输工具和其他财产。

⑤ 抵押人依法承包并经发包方同意抵押的荒山、荒沟、荒丘、荒滩等荒地的土地使用权。

⑥ 依法可以抵押的其他财产。

⑦ 在建工程。根据 1997 年 5 月 9 日建设部颁布的第 56 号令实施《城市房地产抵押管理办法》，明确在建工程可以抵押。

（3）禁止抵押的财产

① 土地所有权。

② 耕地、宅基地、自留地、自留山等集体所有的土地使用权，但上述可以抵押的财产第⑤项及以乡村企业等建筑物抵押的除外。

③ 学校、幼儿园、医院等以公益为目的的事业单位、社会团体的教育设施、医疗设施和其他社会公益设施。

④ 所有权、使用权不明或者有争议的财产。

⑤ 依法被查封、扣押、监管的财产。

⑥ 依法不得抵押的其他财产。

（4）抵押权设定的形式

按照我国法律规定，抵押权应当依照当事人订立的抵押合同而设定，即以抵押作为履行合同的担保，应当依据法律规定订立抵押合同并办理抵押登记。

(5) 抵押权的实现

债务履行期届满后，抵押权人的债权未受清偿的，双方可以通过协商，通过以下方式实现债权：

① 折价。折价方式是指债务履行期届满后债务人不能履行债务的，由抵押权人与抵押人协商，参照市场价格将抵押物作价，将抵押物的所有权转移给抵押权人，使债权得以实现。

② 拍卖。拍卖方式是指以公开竞争的形式将标的物卖给出价最高的买者。拍卖方式能最大限度地体现拍卖物(抵押物)的价值，对维护抵押人和债权人的利益都较为充分。拍卖应当遵循《中华人民共和国拍卖法》的规定。

③ 变卖。变卖方式是指生活中一般的买卖方式。为了防止变卖价格过低而损害抵押人利益，《担保法》规定变卖抵押物应当参照市场价格。

如果抵押权人与抵押人达不成协议的，抵押权人可以向人民法院提起诉讼。

4) 质押

(1) 质押的概念

质押是指债务人或第三人将动产或财产权利移交债权人占有，将该动产或财产权利作为债权的担保。债务人不履行债务时，债权人有权依法以该财产折价或者以拍卖、变卖该财产的价款优先受偿。

(2) 质押的种类

① 动产质押。动产质押是指作为债权担保的动产由债权人占有，以动产作为质押物的质押。

② 权利质押。权利质押是指以各种有价证券债权以及股东权、知识产权中的财产权作为质押物的质押。

5) 留置

(1) 留置的概念

留置是指债权人按照合同约定占有债务人的动产，债务人不按照合同约定的期限履行债务的，债权人有权依法留置该财产，以该财产折价或以拍卖、变卖该财产所得的价款优先受偿。

由于土木工程属于不动产，因此，在土木工程施工合同中，承包人不能以发包人在约定的期限内没有支付工程款为由将该工程留置，而应当根据《合同法》第 286 条规定行使建设工程优先权。

(2) 留置担保范围

留置担保范围包括主债权及利息、违约金、损害赔偿金、留置物保管费用和实现留置权的费用。

(3) 留置期限

债权人与债务人应在合同中约定债权人留置财产后，债务人应在不少于 2 个月的期限内履行债务。债权人与债务人未在合同中约定的,债权人留置债务人的财产后,应确定2个月以上的期限,通知债务人在该期限内履行债务。

6) 定金

(1) 定金的概念及法律特征

定金是指当事人一方为了担保合同的履行,在履行债务前按照合同约定向对方支付一定数额的货币。定金具有以下法律特征:

① 定金是合同成立的证明。给付和收受定金的事实,是认定合同成立的依据。

② 定金具有双向担保性。给付定金一方不履行合同的,无权请求返还定金;接受定金一方不履行合同的,应当双倍返还定金。

③ 定金是一种预先给付,具有预付款的性质。如果合同得以正确履行,定金可以冲抵应付款的一部分,也可以收回。但定金与单纯的预付款有本质的区别,预付款不是合同的担保形式,不具有定金的法律意义。

(2) 定金合同

定金应以书面形式约定。当事人在定金合同中应当约定交付定金的期限和数额。定金合同从实际交付定金之日起生效;定金数额最高不得超过主合同标的额的20%。

定金合同系主合同的从合同,可以在主合同之外另外订立,也可以在主合同中单列条款进行约定。

(3) 定金的生效时间

定金合同是一种实践合同,当事人双方依法签订合同后,必须交付定金后合同才能生效,当事人之间的定金担保法律关系才依法确定。

3.1.5 保险法

1) 概述

保险是指投保人根据合同约定,向保险人支付保险费,保险人对于合同约定的可能发生的事故因其发生所造成的财产损失承担赔偿保险金责任,或者当被保险人死亡、伤残、疾病或者达到合同约定的年龄、期限时,承担给付保险金责任的行为。

保险是一种特殊的经济补偿制度,其功能在于分散危险、消化损失,通过建立基金,对特定危险事故或特定事件导致的损失给予经济上补偿的一种经济互助形式。

按照不同的划分标准,保险可分为:

(1) 按保险设立是否以营利为目的,保险可分为社会保险和商业保险。社会保险属于法定保险,是国家基于社会保障政策的需要,不以营利为目的而举办的福利保险,其费用主要来源于国家财政资金或企事业单位资金和经费。商业保险是社会保险以外的普通保险,它以营利为目的,其资金主要来源于投保人交纳的保险费。

(2) 按标的,保险可分为财产保险和人身保险。财产保险又可分为普通财产保险、农业保险、保证保险、责任保险和信用保险等。人身保险分为人身意外伤害保险、健康保险和人寿保险等。

(3) 按保险责任发生的效力依据,保险可分为自愿保险和强制保险。对于法定保险必须强制进行保险。

(4) 按保险人是否转移保险责任,保险可分为原保险和再保险。

2) 保险法

保险法是调整保险活动中,保险人与投保人、被保险人以及受益人之间法律关系的法律规范的总称。这里主要是指于2015年修正的《中华人民共和国保险法》。(以下简称《保险法》)

3) 保险合同

保险合同是投保人与保险人约定保险权利义务关系的协议。与其他合同相比,保险合同有自己的一些特殊性,表现为保险合同是双务有偿合同,是要式合同、补偿性或给付性合同。

订立保险合同,保险人应当向投保人说明保险合同的条款内容,并可以就保险标的或被保险人的有关情况提出询问,否则应当如实告知。

在保险合同有效期内,投保人和保险人经协商同意,可以变更保险合同的有关内容。变更保险合同的,应当由保险人在原保险单或其他保险凭证上批注或者附贴批单,或者由投保人和保险人订立变更的书面协议。

4) 财产保险合同

财产保险合同是以财产及其有关利益为保险标的的保险合同。财产保险的目的在于弥补事故损害所造成的损失。

(1) 保险事故

保险事故应在合同中约定。保险事故通常包括一切引起保险标的损失的不可预料的事故和不可抗力事件,投保人和被保险人及其代理人、受雇人的过失行为,以及引起保险标的损失的战争和军事行动等。

在保险合同成立前造成保险标的损害的事故,投保人或被保险人故意造成保险标的损害的事故,投保人未如实告知而造成的事故,被保险人不履行防灾减损义务而造成和增加的保险标的的损失等,不构成保险事故。

保险事故发生后,被保险人应履行防灾减损义务,所支付的必要的、合理的费用由保险人承担;保险人所承担的数额在保险标的损失赔偿金额以外另行计算,但最高不超过保险金额的数额。

(2) 保险责任

保险人承担保险责任,必须在保险合同有效期内,且保险事故已经发生。保险人承担的保险责任,以保险合同约定的金额为限。保险金额不得超过保险标的的价值。

投保人、被保险人或受益人知道保险事故发生后,应当及时通知保险人。财产保险的被保险人或受益人,对保险人请求赔偿或者给付保险金的权利,自其知道保险事故发生之日起2年不行使而消灭。

(3) 保险代位求偿权

我国《保险法》规定，因第三者对保险标的的损害而造成保险事故的，保险人自向被保险人赔偿保险金之日起，在赔偿范围内代位行使被保险人对第三者请求赔偿的权利。

由于被保险人的过错致使保险人不能行使代位请求赔偿权利的，保险人可以相应扣减保险赔偿金。在保险人向第三者行使代位请求赔偿权利时，被保险人应当向保险人提供必要的文件和其所知道的有关情况。

保险事故发生后，保险人未赔偿保险金之前，被保险人放弃对第三者的请求赔偿的权利的，保险人不承担保险赔偿金责任。保险人向被保险人赔偿保险金后，被保险人未经保险人同意放弃对第三者的请求赔偿的权利的，该行为无效。

3.2 招标投标法律制度

3.2.1 招标投标法概述

1）招标投标法的目的与作用

《中华人民共和国招标投标法》(以下简称《招标投标法》)于1999年8月30日经九届全国人大常委会第十一次会议通过，于2000年1月1日起实施，根据2017年12月27日第十二届全国人民代表大会常务委员会第三十一次会议《关于修改〈中华人民共和国招标投标法〉、〈中华人民共和国计量法〉的决定》修正。《招标投标法》是规范招标投标行为的基本法，也是规范市场主体行为的重要法律。它的颁布和实施，是我国建设工程交易方式的改革。

《招标投标法》颁布实施后，国务院有关部门陆续颁布了一系列招投标配套法规，如《自行招标试行办法》《评标委员会和评标办法的暂行规定》《招标公告发布暂行办法》等，两者共同构成我国招投标法律体系最重要的组成部分。

《招标投标法》第一条规定："为了规范招标投标活动，保护国家利益、社会公共利益和招标投标活动当事人的合法权益，提高经济效益，保证项目质量，制定本法。"

(1)《招标投标法》进一步规范招标投标活动

《招标投标法》在以下几方面对招标投标活动进一步规范：一是明确规定了必须进行招标的范围；二是招标投标活动应当遵循公开、公平、公正和诚实信用的原则；三是对招标投标活动的行政监督管理作出规定；四是招标方式的规定；五是招标代理机构的规定；六是招标投标程序的具体规定；七是关于法律责任的规定。通过以上各项规定对招标投标活动予以规范，使招标投标活动有法可依。

(2) 保护国家利益、社会公共利益和招标投标活动当事人的合法权益

《招标投标法》第三条规定，大型基础设施、公用事业等关系社会公共利益、公众安全的项目；全部或者部分使用国有资金投资或者国家融资的项目；使用国际组织或者外国政府贷款、援助资金的项目等，实施工程项目建设，包括项目的勘察、设计、施工、监理以及与工程建设有关的重要设备、材料等的采购，必须进行招标。

(3) 保证建设工程质量

招标人实行招标采购的目的是要通过招标投标程序选择最恰当的投标人,与之订立项目承包合同。招标人希望对项目投入最少的资金且中标人能够保质保量地完成项目承包任务。质量上的要求在工程建设领域尤其重要。一项不合格、质量低劣的工程项目,它所带来的后果常常是不堪设想的,甚至会造成人民生命、财产的重大损失。依法施行建设工程项目招标投标制,有利于运用市场经济的杠杆,进行公开、公平的竞争,以求达到保证建设工程质量的目的。

2) 招标投标的原则及其行政监督

(1) 招标投标活动应当遵循的原则

《招标投标法》规定:"招标投标活动应当遵循公开、公平、公正和诚实信用的原则。"

① 公开原则。公开原则,是指招标投标的程序要有透明度,招标人应当将招标信息公布于众,以吸引投标人做出积极反应。在招标采购制度中,公开原则要贯穿于整个招标投标程序中。有关招标投标的法律和程序应当公布于众。依法必须进行招标的项目的招标人采用公开招标方式的,应当通过国家指定的报刊、信息网络或者其他媒介发布招标公告。招标人须对潜在的投标人进行资格审查的,应当明确资格审查的标准,国家对投标人的资格条件有规定的,依照其规定。

② 公平原则。公平原则,是指所有投标人在招标投标活动中机会都是平等的,所有投标人享有同等的权利,要一视同仁,不得对投标人实行歧视待遇。

③ 公正原则。公正原则,是要求客观地按照事先公布的条件和标准对待各投标人。招标人实行资格预审的,招标人应当按照资格预审文件载明的标准和方法对潜在的投标人进行评审和比较。总之,公正原则是指对待所有的投标人的条件和标准要公正。只有这样,对各投标人才是公平的。

④ 诚实信用原则。诚实信用原则,是市场经济交易当事人应当严格遵循的道德准则。在我国,诚实信用原则是民法、合同法的一项基本原则。它是指民事主体在从事民事活动时,应当诚实守信,以善意的方式履行其义务,不得滥用权力及规避法律或者合同规定的义务。另外,诚实信用原则要求维持当事人之间的利益以及当事人利益与社会利益的平衡。

(2) 招标投标活动的行政监督管理

行政监督管理,是指国家行政机关和行使行政管理权的单位对于所监督的对象执行法律、法规、行政决定的情况所进行的调查、统计、监察、督促并提出处理意见的行政行为。

为了保证招标投标活动依照法律规定进行,需要行政机关对其进行有效的监督,并对违法行为依法查处。《招标投标法》第七条第一款规定:"招标投标活动及其当事人应当接受依法实施的监督。"第二款规定:"有关行政监督部门依法对招标投标活动实施监督,依法查处招标投标活动中的违法行为。"

(3) "规避招标"及"非法干涉"的有关规定

① 任何单位和个人不得违法规避招标。《招标投标法》第四条规定:"任何单位和个人不得将依照本法规定必须进行招标的项目化整为零或者以其他任何方式规避招标。"

② 招标投标活动不受非法干涉。有的招标人既是管理者，又是经营者；有的单位排斥本地区、本系统以外的投标人参加投标。因此，《招标投标法》第六条规定："依法必须进行招标的项目，其招标投标活动不受地区或者部门的限制。任何单位和个人不得违法限制或者排斥本地区、本系统以外的法人或者其他组织参加投标，不得以任何方式非法干涉招标投标活动。"

3.2.2 建设工程招标

1) 招标人

招标人，是指依照《招标投标法》的规定提出招标项目、进行招标的法人或者其他组织。

(1) 招标人的权利

依照《招标投标法》的规定，招标人主要有以下权利：

① 招标人有权自行选择招标代理机构，委托其办理招标事宜。招标人具有编制招标文件和组织评标能力的，可以自行办理招标事宜。

② 自由选定招标代理机构并核验其资质证明。

③ 招标人可以根据招标项目本身的要求，在招标公告或者投标邀请书中，要求潜在投标人提供有关资质证明文件和业绩情况，并对潜在投标人进行资格审查；国家对投标人的资格条件有规定的，依照其规定。

④ 在招标文件要求提交投标文件截止时间至少15日前，招标人可以以书面形式对已发出的招标文件进行必要的澄清或者修改。该澄清或者修改的内容为招标文件的组成部分。

⑤ 招标人有权拒绝在招标文件要求提交投标文件截止时间后送达的投标文件。

⑥ 开标由招标人主持。

⑦ 招标人根据评标委员会提出的书面评标报告和推荐的中标候选人中确定中标人。招标人也可以授权评标委员会直接确定中标人。

(2) 招标人的义务

依照《招标投标法》的规定，招标人主要有以下义务：

① 招标人委托招标代理机构时，应当向其提供招标所需要的有关资料并支付委托费。

② 招标人不得以不合理的条件限制或者排斥潜在投标人，不得对潜在投标人实行歧视待遇。

③ 招标文件不得要求或者标明特定的生产供应者以及含有倾向或者排斥潜在投标人的其他内容。

④ 招标人不得向他人透露已获取招标文件的潜在投标人的名称、数量以及可能影响公平竞争的有关招标投标的其他情况。招标人设有标底的，标底必须保密。

⑤ 招标人应当确定投标人编制投标文件所需要的合理时间；但是，依法必须进行招

标的项目,自招标文件开始发出之日起至投标人提交投标文件截止之日止,最短不得少于20日。

⑥ 招标人在招标文件要求提交投标文件的截止时间前所收到的所有投标文件,开标时都应当当众予以拆封、宣读。

⑦ 招标人应当采取必要的措施,保证评标在严格保密的情况下进行。

⑧ 中标人确定后,招标人应当向中标人发出中标通知书,并同时将中标结果通知所有未中标的投标人。

⑨ 招标人和中标人应当自中标通知书发出之日起30日内,按照招标文件和中标人的投标文件订立书面合同。

2) 招标代理机构

《招标投标法》第十二条至第十五条,对招标代理机构的性质、招标代理机构应当具备的条件、招标人与招标代理机构的关系等作了专门的规定。2018年住建部发文取消了招标代理机构资格认定办法,即对招标代理机构不再有资质要求。

3) 招标公告与投标邀请书

(1) 招标公告

招标公告是指采用公开招标方式的招标人(包括招标代理机构)向所有潜在的投标人发出的一种广泛的通告。

(2) 招标公告的传播媒介

招标信息的公布可以凭借报刊、广播等形式进行。依照《招标投标法》第十六条第一款的规定:"招标人采用公开招标方式的,应当发布招标公告。依法必须进行招标项目的招标公告,应当通过国家指定的报刊、信息网络或者其他媒介发布。"

① 投标邀请书。投标邀请书,是指采用邀请招标方式的招标人,向3个以上具备承担招标项目能力、资信良好的特定的法人或者其他组织发出的投标邀请的通知。《招标投标法》第十七条第一款对投标邀请书作了规定:"招标人采用邀请招标方式的,应当向三个以上具备承担招标项目的能力、资信良好的特定的法人或者其他组织发出投标邀请书。"

② 招标公告和投标邀请书的内容。《招标投标法》第十六条第二款规定:"招标公告应当载明招标人的名称和地址,招标项目的性质、数量、实施地点和时间以及获取招标文件的办法等事项。"该法第十七条第二款又规定:"投标邀请书应当载明本法第十六条第二款规定的事项。"

4) 资格预审

资格预审,是指招标人在招标开始之前或者开始初期,由招标人对申请参加的投标人进行资格审查。认定合格后的潜在投标人,得以参加投标。一般来说,对于大中型建设项目、"交钥匙"项目和技术复杂的项目,资格预审程序是必不可少的。

(1) 资格预审的作用

① 招标人可以通过资格预审程序了解潜在投标人的资信状况。

② 资格预审可以降低招标人的采购成本,提高招标工作的效率。

③ 通过资格预审，招标人可以了解到潜在的投标人对项目的招标有多大兴趣。如果潜在投标人的兴趣大大低于投标人的预料，招标人可以修改招标条款，以吸引更多的投标人参加竞争。

④ 资格预审可吸引实力雄厚的承包商或者供应商进行投标。而通过资格预审程序，不合格的承包商或者供应商便会被筛选掉。这样，真正有实力的承包商和供应商也愿意参加合格的投标人之间的竞争。

(2) 资格预审的程序

资格预审主要包括以下几个程序：一是资格预审公告；二是编制、发出资格预审文件；三是对投标人资格的审查和确定合格投标人名单。

① 资格预审公告。是指招标人向潜在投标人发出的参加资格预审的广泛邀请。该公告应当在国家或地方指定的报刊、网络或其他媒介上发布。

② 发出资格预审文件。资格预审公告后，招标人向申请参加资格预审的申请人发放或者出售资格审查文件。资格审查是对潜在投标人的生产经营能力、技术水平及资信能力、财务状况等的考查。

③ 对潜在投标人(即申请人)资格的审查和评定。招标人在规定的时间内，按照资格预审文件中规定的标准和方法，对提交资格预审申请书的潜在投标人资格进行审查。剔除不合格的申请人，只有经过资格预审合格的潜在投标人才有权参加投标。

(3) 资格复审和资格后审

资格复审，是为了使招标人能够确定投标人在资格预审时提交的资格材料是否仍然有效和正确。如果发现承包商和供应商有不轨行为，比如做假账、违约或者作弊，招标人可以中止或者取消承包商或供应商的投标资格。

资格后审，是在确定中标后，对中标人是否有能力履行合同义务进行的资格审查。

5) 招标文件

《招标投标法》第十九条规定："招标人应当根据招标项目的特点和需要编制招标文件。招标文件应当包括招标项目的技术要求、对投标人资格审查的标准、投标报价要求和评标标准等所有实质性要求和条件以及拟签订合同的主要条款。""国家对招标项目的技术、标准有规定的，招标人应当按照其规定在招标文件中提出相应要求。""招标项目需要划分标段、确定工期的，招标人应当合理划分标段、确定工期，并在招标文件中载明。"

(1) 招标文件的内容

招标文件可以分为以下几大部分内容：第一部分是对投标人的要求，包括招标公告、投标人须知、标准、规格或者工程技术规范、合同条件等；第二部分是对投标文件格式的要求，包括投标人应当填写的报价单、投标书、授权书和投标保证金等格式；第三部分是对中标人的要求，包括履约担保、合同或者协议书等内容。

(2) 招标文件的作用

① 招标文件是投标人准备投标文件和参加投标的依据。

② 招标文件是招标投标活动当事人的行为准则和评标的重要依据。

③ 招标文件是招标人和投标人订立合同的基础。

(3) 招标人的保密义务

《招标投标法》第二十二条规定："招标人不得向他人透露已获取招标文件的潜在投标人的名称、数量以及可能影响公平竞争的有关招标投标的其他情况。""招标人设有标底的,标底必须保密。"

3.2.3 建设工程投标

建设工程投标,是指潜在投标人依据有关规定和招标单位拟定的招标文件参与竞争,预期取得建设工程项目任务,以期与招标人达成协议的经济法律活动。《招标投标法》第二十五条规定："投标人是响应招标、参加投标竞争的法人或者其他组织。"所谓响应招标,主要是指投标人对招标文件中提出的实质性要求和条件作出响应。

1) 对投标人的资格要求

《招标投标法》第二十六条规定："投标人应当具备承担招标项目的能力;国家有关规定对投标人资格条件或者招标文件对投标人资格条件有规定的,投标人应当具备规定的资格条件。"

(1) 投标人应当具备承担招标项目的能力。就建筑施工企业来说,这种能力主要体现在企业资质等级以及项目经理的资格等级上。

(2) 对投标人资质、资格的要求,招标人在招标文件中对投标人的资质、资格条件有规定的,投标人应当符合招标文件规定的资质、资格条件;国家对投标人的资质、资格条件有规定的,依照其规定;招标文件要求与国家有关规定不符时应征得招投标监管部门认可。

2) 投标前期工作

对投标人而言,投标前的准备工作十分重要,这对投标人能否顺利中标有着直接的影响。投标前,投标人需要做好投标方案策划,因为参加投标往往需要耗费大量的金钱和时间,而这些代价都需要由投标人来承担。

(1) 调查研究,收集投标信息

调研法律、自然条件、市场情况、工程项目、业主信用、材料和设备供应、企业内部以及竞争对手等方面的相关资料。

(2) 建立投标团队

投标团队的人员要经过特别选拔。投标的工作人员主要由市场营销、工程和科研、生产和施工、采购、财务等各方面的人员组成。

(3) 准备资格预审材料

资格预审,是由招标人对申请参加投标的潜在投标人进行资质条件、业绩、信誉、技术、资金等多方面情况的资格审查。认定合格后的潜在投标人,才可以参加投标。

(4) 开具投标保函

投标人保证其投标被接受后对其投标书中规定的责任不得撤销或者反悔。否则,招标人将没收投标保证金。

(5) 现场踏勘

现场踏勘的目的在于使投标人了解工程场地和周围环境情况，以获取有用的信息并据此作出关于投标策略和投标价格的决定。现场踏勘是投标人报价前的重要工作。

3) 投标文件

投标文件的编制是一个复杂的过程。投标人制作投标文件前，应首先对招标文件进行分析和研究。《招标投标法》第二十七条第一款规定："投标人应当按照招标文件的要求编制投标文件。投标文件应当对招标文件提出的实质性要求和条件作出响应。"

(1) 投标文件的送达

投标人应当在招标文件要求提交投标文件的截止时间前，将投标文件送达投标地点。招标人收到投标文件后，应当签收保存，不得开启。投标人少于3个的，招标人应当依照本法重新招标；在招标文件要求提交投标文件的截止时间后送达的投标文件，招标人应当拒收。

(2) 投标文件的补充、修改或者撤回

投标人在招标文件要求提交投标文件的截止时间前，可以补充、修改或者撤回已提交的投标文件，并书面通知招标人。补充、修改的内容为投标文件的组成部分。

4) 联合体共同投标

(1) 联合体共同投标的概念

联合体共同投标，是指2个以上法人或者其他组织自愿组成一个联合体，以一个投标人的身份共同投标的法律行为。由此可见，所谓联合体共同投标，是指由2个以上的法人或者其他组织共同组成非法人的联合体，以该联合体的名义即一个投标人的身份共同投标的组织方式。

(2) 联合体共同投标的特征

联合体共同投标具有以下基本特征：

① 该联合体的主体包括2个以上的法人或者其他组织。

② 该联合体的各组成单位通过签订共同投标协议来约定彼此的行为。

③ 该联合体以一个投标人的身份共同投标。就中标项目向投标人承担连带责任。

(3) 联合体的资质等级

《招标投标法》第三十一条第二款规定："联合体各方均应当具备承担招标项目的相应能力；国家有关规定或者招标文件对投标人资格条件有规定的，联合体各方均应当具备规定的相应资格条件。由同一专业的单位组成的联合体，按照资质等级较低的单位确定资质等级。"

5) 投标人不得从事的行为

(1) 投标人不得相互串通投标或者与招标人串通投标

《招标投标法》第三十二条第一款规定："投标人不得相互串通投标报价，不得排挤其他投标人的公平竞争，损害招标人或者其他投标人的合法权益。"第二款规定："投标人不得与招标人串通投标,损害国家利益、社会公共利益或者他人的合法权益。”《反不正当竞争法》第十五条规定:“投标者不得串通投标,抬高标价或者压低标价。”“投标者和招标者不得相互勾结,排挤对手的公平竞争。”

(2) 投标人不得以行贿的手段谋取中标

《招标投标法》第三十二条第三款规定:“禁止投标人以向招标人或者评标委员会成员行贿的手段谋取中标。”

(3) 投标人不得以低于成本的报价竞标和骗取中标

《招标投标法》第三十三条规定:“投标人不得以低于成本的报价竞标,也不得以他人名义投标或者以其他方式弄虚作假,骗取中标。”

3.2.4 开标、评标和中标

1) 开标

(1) 开标的时间和地点

《招标投标法》第三十四条规定:“开标应当在招标文件确定的提交投标文件截止时间的同一时间公开进行;开标地点应当为招标文件中预先确定的地点。”

① 开标的时间。所谓开标,是指招标人将所有投标人的报价启封揭晓。

在有些情况下,可以暂缓或者推迟开标时间。如招标文件发售后对原招标文件作了变更或补充;开标前,发现有足以影响采购公正性的违法或者不正当行为;招标人接到质疑或者诉讼;出现突发事件等。

② 开标的地点。招标人应当在招标文件中对开标地点作出明确、具体的规定,以便投标人及相关人员按照招标文件规定的开标时间到达开标地点。

(2) 开标会的主持人与参加者

《招标投标法》第三十五条规定:“开标由招标人主持,邀请所有投标人参加。”

① 开标主持者。开标由招标人主持,招标代理机构也可以代理招标人主持。

② 开标会的参加者。所有投标人、评标委员会委员和其他有关单位的代表应邀出席开标会。不管邀请与否,投标人或者他们的代表有权出席开标会。也可以不邀请评委出席开标会,评委直接进入评标程序。

(3) 开标程序

《招标投标法》第三十六条规定:“开标时,由投标人或者其推选的代表检查投标文件的密封情况,也可以由招标人委托的公证机关检查并公证;经确认无误后,由工作人员当众拆封,宣读投标人名称、投标价格和投标文件的其他主要内容。”“招标人在招标文件要求提交投标文件的截止时间前收到所有投标文件,开标时都应当当众予以拆封、宣读。”“开标过程应当记录,并存档备查。”

2) 评标

(1) 评标委员会

《招标投标法》第三十七条规定:“评标由招标人依法组建的评标委员会负责。”“依法必须进行招标的项目，其评标委员会由招标人的代表和有关技术、经济等方面的专家组成，成员人数为5人以上单数，其中技术、经济等方面的专家不得少于成员总数的三分之二。”“前款专家应当从事相关领域工作满8年并具有高级职称或者具有同等专业水平，由招标人从国务院有关部门或者省、自治区、直辖市人民政府有关部门提供的专家名册或者招标代理机构的专家库内的相关专业的专家名单中确定；一般招标项目可以采取随机抽取方式，特殊招标项目可以由招标人直接确定。”“与投标人有利害关系的人不得进入相关项目的评标委员会；已经进入的应当更换。”

评标委员会的技术、经济等方面的专家应当符合以下条件：

① 应当从事相关领域工作满8年。

② 必须具有高级职称或者具有同等专业水平。

③ 对招标采购具有法律方面相应的知识，并有参加招标投标活动的实践经验。

④ 具有良好的职业道德，能够认真、公正地履行职责。

下列人员没有资格参加评标委员会：

① 任何受投标人或者投标人下属机构或者代表雇用的人。

② 与任何投标人有合同关系的或者以任何方式有业务联系的人以及上述人员的亲属、业务合伙人。

③ 任何因在招标或者有关过程中徇私舞弊正受处分的人或者有任何刑事犯罪的人。

(2) 评标程序与方法

《招标投标法》第四十条规定：“评标委员会应当按照招标文件确定的评标标准和方法，对投标文件进行评审和比较；设有标底的，应当参考标底。评标委员会完成评标后，应当向招标人提出书面评标报告，并推荐合格的中标候选人。”“招标人根据评标委员会提出的书面评标报告和推荐的中标候选人确定中标人。招标人也可以授权评标委员会直接确定中标人。”“国务院对特定招标项目的评标有特别规定的，服从其规定。”

① 评标程序

评标程序一般分为初步评标和详细评标两个阶段。

初步评标的内容主要是：投标人资格是否符合要求，投标文件是否完整，投标人是否按照规定的方式提交投标保证金，投标文件是否基本上符合招标文件的要求等；初步评标完成后，即应进行详细评标。只有在初评中确定为基本合格的投标人，才可以进入详细评标阶段。评标标准和方法由招标文件确定。

② 评标中的澄清

《招标投标法》第三十九条规定：“评标委员会可以要求投标人对投标文件中含义不明确的内容作必要的澄清或者说明，但是澄清或者说明不得超出投标文件的范围或者改变投标文件的实质性内容。”

评标委员会要求投标人对投标文件的相关内容作出澄清或者说明，其目的是有利于评标委员会对投标文件的审查、评审和比较。

评标委员会可以要求投标人对投标文件中含义不明确的内容作必要的澄清或者说

明，但这些澄清或者说明是限制在一定范围内的。

3）中标

（1）中标人的确定权

评标委员会经过对投标人的投标文件进行初步评标和详细评标以后，评标委员会要编制书面评标报告。招标人根据评标委员会提出的书面评标报告和推荐的中标候选人确定中标人。招标人如果认为有必要，也可以将确定中标人的权力授权给评标委员会。

（2）中标人应当符合的条件

《招标投标法》第四十一条规定："中标人的投标应当符合下列条件之一：①能够最大限度地满足招标文件中规定的各项综合评标标准；②能够满足招标文件的实质性要求，并且经评审的投标价格最低；但是投标价格低于成本的除外。"

（3）否决所有投标

《招标投标法》第四十二条规定："评标委员会经评审，认为所有投标都不符合招标文件要求的，可以否决所有投标。""所有投标被否决的，招标人应当依照本法重新招标。"

（4）招标人与投标人在确定中标人之前不得就投标实质性内容谈判

《招标投标法》第四十三条规定："在确定中标人前，招标人不得与投标人就投标价格、投标方案等实质性内容进行谈判。"

（5）中标通知书的发出及其法律效力

① 中标通知书的发出。《招标投标法》第四十五条第一款规定："中标人确定后，招标人应当向中标人发出中标通知书，并同时将中标结果通知所有未中标的投标人。"

② 中标通知书的法律效力。《招标投标法》第四十五条第二款规定："中标通知书对招标人和中标人具有法律效力。中标通知书发出后，招标人改变中标结果的，或者中标人放弃中标项目的，应当依法承担法律责任。"

4）合同订立

（1）合同订立的时间和形式

《招标投标法》第四十六条第一款规定："招标人和中标人应当自中标通知书发出之日起三十日内，按照招标文件和中标人的投标文件订立书面合同。招标人和中标人不得再订立背离合同实质性内容的其他协议。"

招标人和中标人应当在法定期限内按照招标文件和中标人的投标文件订立书面合同。当事人采取合同形式订立合同的，自双方当事人签字或者盖章时合同成立。

（2）履约保证金

中标通知书发出后，除不可抗力外，招标人改变中标结果，由其他投标人中标的，或者随着宣布取消项目招标的，应当适用定金罚则返还中标人提交的投标保证金，给中标人造成损失超过定金罚则返还的投标保证金数额的，还应对超过部分给予赔偿；未提交投标保证金的，对中标人的损失承担赔偿责任。如果中标人放弃中标项目的承包工程，则招标人对其提交的投标保证金不予退还，给招标人造成的损失超过投标保证金数额的，还应当对超过部分予以赔偿；未提交投标保证金的，对招标人的损失承担赔偿责任。招标人或中标人承担的上述法律责任属于《合同法》中规定的缔约过失责任。

3.2.5 招标投标法关于法律责任的规定

我国《招标投标法》第四十九条至第六十四条中，关于招标人、投标人以及其他相关人的法律责任作了专门的规定。

1) 招标人的责任

(1) 必须进行招标的项目不招标，将项目化整为零或以其他任何方式规避招标的，责令限期改正，可以处以项目合同金额5%以上10%以下的罚款；对全部或部分使用国有资金的项目，可以暂停执行或者暂停资金拨付；对单位直接负责的主管人员和其他直接责任人员依法给予处分。

(2) 以不合理条件限制或排斥潜在投标人，对潜在投标人实行歧视待遇，强制投标人组成联合体共同投标，或者限制投标人之间竞争的，责令改正。可以处1万元以上5万元以下的罚款。

(3) 向他人透露已获取招标文件潜在投标人的名称、数量或者可能影响公平竞争的有关其他情况，或者泄露标底的，给予警告，并可以处1万元以上10万元以下的罚款；对单位直接负责的主管人员和其他直接责任人员依法给予处分；构成犯罪的，依法追究刑事责任。如果影响中标结果的，则中标无效。

(4) 违反《招标投标法》规定的定标程序，与投标人就投标价格、投标方案等实质性内容进行谈判的，给予警告，对单位直接负责的主管人员和其他直接责任人员依法给予处分。如果影响中标结果的，则中标无效。

(5) 在评标委员会依法推荐的中标候选人之外确定中标人，依法必须进行招标项目在所有投标被评标委员会否决后自行确定中标人的，则中标无效。责令改正，可以处中标项目金额5%以上10%以下的罚款。

2) 投标人的责任

(1) 投标人相互串通投标或与招标人串通投标，投标人以向招标人或评标委员会成员行贿的手段谋取中标的，中标无效。处中标项目金额5‰以上10‰以下的罚款；对单位直接负责的主管人员和其他直接责任人员处单位罚款数额5%以上10%以下的罚款；有违法所得的，并处没收违法所得；情节严重的，取消其1～2年内参加依法必须进行招标的项目的投标资格并予以公告，直至由工商行政管理机关吊销其营业执照；构成犯罪的，依法追究刑事责任。给他人造成损失的，依法承担赔偿责任。

(2) 以他人名义投标或以其他方式弄虚作假骗取中标的，则中标无效。给招标人造成经济损失的，依法承担赔偿责任；构成犯罪的，依法追究刑事责任。有上述行为但未构成犯罪的，处中标项目金额5‰以上10‰以下的罚款，对单位直接负责的主管人员和其他直接责任人员处单位罚款数额5%以上10%以下的罚款；有违法所得的，并处没收违法所得；情节严重的，取消其1～3年内参加依法必须进行招标项目的投标资格并予以公告，直至由工商行政管理机关吊销其营业执照。

(3) 将中标项目转让给他人,将中标项目肢解后分别转让给他人,将中标项目的部分主体、关键性工作分包给他人,或分包人再次分包的,则转让、分包无效。处转让、分包项目金额5‰以上10‰以下的罚款;有违法所得的,并处没收违法所得;可以责令停业整顿;情节严重的,由工商行政管理机关吊销其营业执照。

(4) 中标人不履行与招标人订立的合同,则履约保证金不予退还。给招标人造成的损失超过履约保证金数额的,还应当对超过部分予以赔偿;没有提交履约保证金的,应当对招标人的损失承担赔偿责任。不按照与招标人订立的合同履行义务,情节严重的,取消其2~5年内参加依法必须进行招标项目的投标资格并予以公告,直至由工商行政管理机关吊销其营业执照。

3) 其他相关人的责任

(1) 招标代理机构泄露应当保密的与招标活动有关的情况和资料的,或者与招标人、投标人串通损害国家利益、社会公共利益或他人合法权益的,处以5万元以上25万元以下的罚款;对单位直接负责的主管人员或其他直接责任人员处单位罚款数额5%以上10%以下的罚款;有违法所得的,并处没收违法所得;情节严重的,暂停直至取消招标代理资格;构成犯罪的,依法追究刑事责任。如果影响中标结果的,中标无效。

(2) 评标委员会成员收受投标人的财物或其他好处,评标委员会成员或参加评标的有关工作人员向他人透露对招标文件的评审和比较、中标候选人的推荐,以及与评标有关的其他情况的,给予警告,没收收受的财物,可以并处3 000元以上50 000元以下的罚款;对有上述违法行为的评标委员会成员取消担任评标委员会成员的资格,不得再参加任何依法必须进行招标的项目评标;构成犯罪的,依法追究刑事责任。

(3) 任何单位违反《招标投标法》规定,限制或排斥本地区、本系统以外的法人或其他组织投标,为招标人指定招标代理机构,强制招标人委托招标代理机构办理招标事宜或以其他方式干涉招标投标活动的,对单位直接的主管人员和其他直接责任人员依法给予警告、记过、记大过的处分。情节较重的,依法给予降级、撤职、开除的处分。个人利用职权进行上述违法行为的,依照上述规定追究责任。

(4) 对招标投标活动依法负有行政监督职责的国家相关工作人员徇私舞弊、滥用职权或玩忽职守,构成犯罪的,依法追究刑事责任;不构成犯罪的,依法给予行政处分。

总之,上述情况中属于中标无效的,应当依据中标条件从其余投标人中重新确定中标人或重新进行招标。

3.3 招标投标配套法规

3.3.1 招标投标法规体系的构成

我国对招标投标有较为完整的法规体系。除国家法律外,国务院办公厅对有关部门的招标投标监督职责进行了分工，国家发改委负责指导和协调全国的招标投标工作，各有关行政部门负责相应范围招标投标活动的监督执法。国家发改委、建设部、水利部、交通部、铁道部、信息产业部、民航局经常联合发布规章，对招标投标中的有关事项作出统一规定。各部门针对本部门的工作特点，发布有关规章。地方政府针对地方特点制订招标投标管理条例等规章制度。这一切构成了我国建设工程招标投标法规体系，有效地规范了招标投标活动。部分法规示例如表3.1。

表3.1 招标投标法规体系(部分)

序号	类别	名称	颁布与实施
1	国家法律	《中华人民共和国招标投标法》	国家主席第21号令，2017.12.27修订
2		《中华人民共和国政府采购法》	国家主席第68号令，2014.12.31修订
3	国家发改委规章	《必须招标的工程项目规定》	国家发改委第16号令，2018.6.1起施行
4		《必须招标的基础设施和公用事业项目范围规定》	发改委〔2018〕843号文，2018.6.6颁布
5	若干部委局联合规章	《工程建设项目勘察设计招标投标办法》	2003年6月12日国家发展和改革委员会、建设部、铁道部、交通部、信息产业部、水利部、中国民用航空总局、国家广播电影电视总局第2号令发布
6		《关于进一步规范电子招标投标系统建设运营的通知》	国家发展改革委、工业和信息化部、住房和城乡建设部、交通运输部、水利部、商务部，发改法规〔2014〕1925号
7	建设部规章	《房屋建筑和市政基础设施工程施工招标投标管理办法》	2001年6月1日建设部令第89号发布，根据2018年9月28日住房和城乡建设部令第43号修正
8		《建筑工程设计招标投标管理办法》	中华人民共和国住房和城乡建设部令第33号，2017.5.1生效
9	地方规章(以江苏为例)	《江苏省国有资金投资工程建设项目招标投标管理办法》	江苏省政府令第120号，自2018.4.1起施行

3.3.2 招标投标配套法规示例

招标投标配套法规涉及相关部门、地方对招标投标各个环节的规定，内容十分广泛，这些详细具体的规定是招标投标法的补充和完善，对于实施招标投标活动的监管具有十分重要的作用，现摘选部分内容介绍如下。

1) 评标专家与评标专家库

为了加强对评标专家和评标专家库的监督管理，健全评标专家库制度，国家发改委根据《关于废止和修改部分招标投标规章和规范性文件的决定》2013年第23号令修订了《评标专家和评标专家库管理暂行办法》。

评标专家库由省级(含，下同)以上人民政府有关部门或者依法成立的招标代理机构依照《招标投标法》《招标投标法实施条例》以及国家统一的评标专家专业分类标准和管理办法的规定自主组建。评标专家库的组建活动应当公开，接受公众监督。省级人民政府、省级以上人民政府有关部门、招标代理机构应当加强对其所建评标专家库及评标专家的管理，但不得以任何名义非法控制、干预或者影响评标专家的具体评标活动。政府投资项目的评标专家，必须从政府或者政府有关部门组建的评标专家库中抽取。省级人民政府、省级以上人民政府有关部门组建评标专家库，应当有利于打破地区封锁，实现评标专家资源共享。省级人民政府和国务院有关部门应当组建跨部门、跨地区的综合评标专家库。

(1) 入选评标专家库的专家，必须具备如下条件：

① 从事相关专业领域工作满八年并具有高级职称或同等专业水平。

② 熟悉有关招标投标的法律法规。

③ 能够认真、公正、诚实、廉洁地履行职责。

④ 身体健康，能够承担评标工作。

⑤ 法规规章规定的其他条件。

(2) 评标专家库应当具备的条件

① 具有符合本办法第七条规定条件的评标专家，专家总数不得少于 500 人。

② 有满足评标需要的专业分类。

③ 有满足异地抽取、随机抽取评标专家需要的必要设施和条件。

④ 有负责日常维护管理的专门机构和人员。

(3) 评标专家的权利

① 接受招标人或其招标代理机构聘请，担任评标委员会成员。

② 依法对投标文件进行独立评审，提出评审意见，不受任何单位或者个人的干预。

③ 接受参加评标活动的劳务报酬。

④ 法律、行政法规规定的其他权利。

(4) 评标专家负有的义务

① 有《招标投标法》第三十七条和《评标委员会和评标方法暂行规定》第十二条规定情形之一的，应当主动提出回避。

② 遵守评标工作纪律，不得私下接触投标人，不得收受他人的财物或者其他好处，不得透露对投标文件的评审和比较、中标候选人的推荐情况以及与评标有关的其他情况。

③ 客观公正地进行评标。

④ 协助、配合有关行政监督部门的监督、检查。

⑤ 法律、行政法规规定的其他义务。

(5) 对评标专家的管理要求

评标专家有下列情形之一的，由有关行政监督部门责令改正；情节严重的，禁止其在一定期限内参加依法必须进行招标的项目的评标；情节特别严重的，取消其担任评标委员会成员的资格：

① 应当回避而不回避。

② 擅离职守。

③ 不按照招标文件规定的评标标准和方法评标。

④ 私下接触投标人。

⑤ 向招标人征询确定中标人的意向或者接受任何单位或者个人明示或者暗示提出的倾向或者排斥特定投标人的要求。

⑥ 对依法应当否决的投标不提出否决意见。

⑦ 暗示或者诱导投标人作出澄清、说明或者接受投标人主动提出的澄清、说明。

⑧ 其他不客观、不公正履行职务的行为。

2) 评标委员会与评标方法

根据2013年3月11日《关于废止和修改部分招标投标规章和规范性文件的决定》(2013年第23号令)修改了2001年制定的《评标委员会和评标方法暂行规定》(国家发展计划委员会、国家经济贸易委员会、建设部、铁道部、交通部、信息产业部、水利部令第12号)。

(1) 评标委员会的组成

评标委员会依法组建,负责评标活动,向招标人推荐中标候选人或者根据招标人的授权直接确定中标人。评标委员会由招标人负责组建。

评标委员会成员名单一般应于开标前确定。评标委员会成员名单在中标结果确定前应当保密。

评标委员会由招标人或其委托的招标代理机构熟悉相关业务的代表,以及有关技术、经济等方面的专家组成,成员人数为五人以上单数,其中技术、经济等方面的专家不得少于成员总数的三分之二。

评标委员会设负责人的,评标委员会负责人由评标委员会成员推举产生或者由招标人确定。评标委员会负责人与评标委员会的其他成员有同等的表决权。

(2) 评标专家

评标委员会的专家成员应当从依法组建的专家库内的相关专家名单中确定。

按前款规定确定评标专家,可以采取随机抽取或者直接确定的方式。一般项目,可以采取随机抽取的方式;技术复杂、专业性强或者国家有特殊要求的招标项目,采取随机抽取方式确定的专家难以保证胜任的,可以由招标人直接确定。

评标专家应符合下列条件:

① 从事相关专业领域工作满八年并具有高级职称或者同等专业水平。

② 熟悉有关招标投标的法律法规,并具有与招标项目相关的实践经验。

③ 能够认真、公正、诚实、廉洁地履行职责。

有下列情形之一的,不得担任评标委员会成员:

① 投标人或者投标主要负责人的近亲属。

② 项目主管部门或者行政监督部门的人员。

③ 与投标人有经济利益关系,可能影响对投标公正评审的。

④ 曾因在招标、评标以及其他与招标投标有关活动中从事违法行为而受过行政处罚或刑事处罚的。

评标委员会成员有前款规定情形之一的，应当主动提出回避。

评标委员会成员应当客观、公正地履行职责，遵守职业道德，对所提出的评审意见承担个人责任。

评标委员会成员不得与任何投标人或者与招标结果有利害关系的人进行私下接触，不得收受投标人、中介人、其他利害关系人的财物或者其他好处，不得向招标人征询其确定中标人的意向，不得接受任何单位或者个人明示或者暗示提出的倾向或者排斥特定投标人的要求，不得有其他不客观、不公正履行职务的行为。

评标委员会成员和与评标活动有关的工作人员不得透露对投标文件的评审和比较、中标候选人的推荐情况以及与评标有关的其他情况。

前款所称与评标活动有关的工作人员，是指评标委员会成员以外的因参与评标监督工作或者事务性工作而知悉有关评标情况的所有人员。

(3) 评标的准备与初步评审

评标委员会成员应当编制供评标使用的相应表格，认真研究招标文件，至少应了解和熟悉以下内容：

① 招标的目标。

② 招标项目的范围和性质。

③ 招标文件中规定的主要技术要求、标准和商务条款。

④ 招标文件规定的评标标准、评标方法和在评标过程中考虑的相关因素。

招标人或者其委托的招标代理机构应当向评标委员会提供评标所需的重要信息和数据，但不得带有明示或者暗示倾向或者排斥特定投标人的信息。

招标人设有标底的，标底在开标前应当保密，并在评标时作为参考。

评标委员会应当根据招标文件规定的评标标准和方法，对投标文件进行系统的评审和比较。招标文件中没有规定的标准和方法不得作为评标的依据。

招标文件中规定的评标标准和评标方法应当合理，不得含有倾向或者排斥潜在投标人的内容，不得妨碍或者限制投标人之间的竞争。

评标委员会应当按照投标报价的高低或者招标文件规定的其他方法对投标文件排序。以多种货币报价的，应当按照中国银行在开标日公布的汇率中间价换算成人民币。

招标文件应当对汇率标准和汇率风险作出规定。未作规定的，汇率风险由投标人承担。

评标委员会可以书面方式要求投标人对投标文件中含义不明确、对同类问题表述不一致或者有明显文字和计算错误的内容作必要的澄清、说明或者补正。澄清、说明或者补正应以书面方式进行并不得超出投标文件的范围或者改变投标文件的实质性内容。

投标文件中的大写金额和小写金额不一致的，以大写金额为准；总价金额与单价金额不一致的，以单价金额为准，但单价金额小数点有明显错误的除外；对不同文字文本投标文件的解释发生异议的，以中文文本为准。

在评标过程中，评标委员会发现投标人以他人的名义投标、串通投标、以行贿手段谋取中标或者以其他弄虚作假方式投标的，应当否决该投标人的投标。

在评标过程中，评标委员会发现投标人的报价明显低于其他投标报价或者在设有标底时明显低于标底，使得其投标报价可能低于其个别成本的，应当要求该投标人作出书面说明并提供相关证明材料。投标人不能合理说明或者不能提供相关证明材料的，由评标委员会认定该投标人以低于成本报价竞标，应当否决其投标。

投标人资格条件不符合国家有关规定和招标文件要求的，或者拒不按照要求对投标文件进行澄清、说明或者补正的，评标委员会可以否决其投标。

评标委员会应当审查每一投标文件是否对招标文件提出的所有实质性要求和条件作出响应。未能在实质上响应的投标，应当予以否决。

(4) 投标偏差

评标委员会应当根据招标文件，审查并逐项列出投标文件的全部投标偏差。

投标偏差分为重大偏差和细微偏差。

下列情况属于重大偏差：

① 没有按照招标文件要求提供投标担保或者所提供的投标担保有瑕疵。

② 投标文件没有投标人授权代表签字和加盖公章。

③ 投标文件载明的招标项目完成期限超过招标文件规定的期限。

④ 明显不符合技术规格、技术标准的要求。

⑤ 投标文件载明的货物包装方式、检验标准和方法等不符合招标文件的要求。

⑥ 投标文件附有招标人不能接受的条件。

⑦ 不符合招标文件中规定的其他实质性要求。

投标文件有上述情形之一的，为未能对招标文件作出实质性响应，并按本规定第二十三条规定作否决投标处理。招标文件对重大偏差另有规定的，从其规定。

细微偏差是指投标文件在实质上响应招标文件要求，但在个别地方存在漏项或者提供了不完整的技术信息和数据等情况，并且补正这些遗漏或者不完整不会对其他投标人造成不公平的结果。细微偏差不影响投标文件的有效性。

评标委员会应当书面要求存在细微偏差的投标人在评标结束前予以补正。拒不补正的，在详细评审时可以对细微偏差作不利于该投标人的量化，量化标准应当在招标文件中规定。

(5) 详细评审

详细评审可分为两个步骤进行。首先，对各投标书进行技术和商务方面的审查，评定其合理性；其次，评标委员会认为必要时可以单独约请投标人对标书中的内容作必要的说明，在对标书审查的基础上，评标委员会评定各投标书的优劣，并写出评标报告。

评标方法包括经评审的最低投标价法、综合评估法或者法律、行政法规允许的其他评标方法。经评审的最低投标法一般适用于具有通用技术、性能标准或者招标人对其技术、性能没有特殊要求的招标项目。不宜采用经评审的最低投标价法的招标项目，一般应当采取综合评估法进行评审。

3) 建设工程招标投标活动投诉处理

为建立公正、高效的招标投诉处理机制，规范招投标活动，保护国家利益、社会公共利益和招投标当事人的合法权益，依据《中华人民共和国招标投标法》第六十五条规定，制定国家七部委第11号令《工程建设项目招标投标活动投诉处理办法》，根据2013年3月11日《关于废止和修改部分招标投标规章和规范性文件的决定》2013年第23号令修正。

招标投标投诉处理办法适用于工程建设项目招标投标活动的投诉及其处理活动。

招标投标活动，包括招标、投标、开标、评标、中标以及签订合同等各阶段。

投标人和其他利害关系人认为招标投标活动不符合法律、法规和规章规定的，有权依法向有关行政监督部门投诉。

(1) 投诉书

投诉人投诉时，应当提交投诉书。投诉书应当包括下列内容：

① 投诉人的名称、地址及有效联系方式。

② 被投诉人的名称、地址及有效联系方式。

③ 投诉事项的基本事实。

④ 相关请求及主张。

⑤ 有效线索和相关证明材料。

投诉人是法人的，投诉书必须由其法定代表人或者授权代表签字并盖章；其他组织或者个人投诉的，投诉书必须由其主要负责人或者投诉人本人签字，并附有效身份证明复印件。

投诉书有关材料是外文的，投诉人应当同时提供其中文译本。

投诉人不得以投诉为名排挤竞争对象，不得进行虚假、恶意投诉，阻碍招标投标活动的正常进行。

投诉人应当在知道或者应当知道其权益受到侵害之日起10日内提出书面投诉。

投诉人可以直接投诉，也可以委托代理人办理投诉事务。代理人办理投诉事务时，应将授权委托书连同投诉书一并提交给行政监督部门。授权委托书应当明确有关委托代理权限和事项。

(2) 投诉书处理

行政监督部门收到投诉书后，应当在3日内进行审查，视情况分别作出以下处理决定：

① 不符合投诉处理条件的，决定不予受理，并将不予受理的理由书面告知投诉人。

② 对符合投诉处理条件，但不属于本部门受理的投诉，书面告知投诉人向其他行政监督部门提出投诉；对于符合投诉处理条件并决定受理的，收到投诉书之日即为正式受理。

有下列情形之一的投诉，不予受理：

① 投诉人不是所投诉招标投标活动的参与者，或者与投诉项目无任何利害关系。

② 投诉事项不具体，且未提供有效线索，难以查证的。

③ 投诉书未署具投诉人真实姓名、签字和有效联系方式的；以法人名义投诉的，投诉书未经法定代表人签字并加盖公章的。

④ 超过投诉时效的。

⑤ 已经作出处理决定，并且投诉人没有提出新的证据的。

⑥ 投诉事项已进入行政复议或者行政诉讼程序的。

行政监督部门负责投诉处理的工作人员，有下列情形之一的，应当主动回避：

① 近亲属是被投诉人、投诉人，或者是被投诉人、投诉人的主要负责人。

② 在近 3 年内本人曾经在被投诉人单位担任高级管理职务。

③ 与被投诉人、投诉人有其他利害关系，可能影响对投诉事项公正处理的。

(3) 投诉处理决定

行政监督部门应当根据调查和取证情况，对投诉事项进行审查，按照下列规定作出处理决定：

① 投诉缺乏事实根据或者法律依据的，驳回投诉。

② 投诉情况属实，招标投标活动确实存在违法行为的，依据《招标投标法》及其他有关法规、规章作出处罚。

负责受理投诉的行政监督部门应当自受理投诉之日起 30 日内对投诉事项作出处理决定，并以书面形式通知投诉人、被投诉人和其他与投诉处理结果有关的当事人。

情况复杂，不能在规定期限内作出处理决定的，经本部门负责人批准，可以适当延长，并告知投诉人和被投诉人。

投诉处理决定应当包括下列主要内容：

① 投诉人和被投诉人的名称、住址。

② 投诉人的投诉事项及主张。

③ 被投诉人的答辩及请求。

④ 调查认定的基本事实。

⑤ 行政监督部门的处理意见及依据。

4 EPC 项目招标

4.1 工程总承包招标概述

在建设工程产业长期发展过程中，业主对建设工程服务的综合性和集成性要求越来越高，逐步形成了 EPC 项目总承包模式。作为当下较为火热的发承包模式，EPC 模式对于深化工程建设项目改革，提高工程管理水平，保证工程质量，节省项目投资，适应社会主义市场经济发展有着重要的意义。

目前，基于工程总承包招投标在石化、化工、电力、冶金等专业工程领域应用得较多，而在房建工程中运用得很少，这并不能满足当今时代的要求。因此，在实践中，应当根据项目特点，恰当地采用工程总承包模式，做好相关的准备工作，深化设计，发挥政策的积极引导作用，努力促进招标活动的顺利开展，切实提高工程质量。

本节根据国家法律法规和《建设项目工程总承包管理规范》《省政府关于促进建筑业改革发展的意见》(苏政发〔2017〕151 号)，结合《江苏省房屋建筑和市政基础设施项目工程总承包招标投标暂行规定》对 EPC 工程总承包招标进行介绍。

4.1.1 EPC 工程总承包含义

EPC(Engineering-Procurement-Construction)，即“设计—采购—施工”模式，又称交钥匙工程总承包模式。业主与工程总承包商签订工程总承包合同，把建设项目的设计、采购、施工和调试服务工作全部委托给工程总承包商负责组织实施，业主只负责整体的、原则的、目标的管理和控制。设计、采购和施工的组织实施采用统一策划、统一组织、统一指挥、统一协调和全过程控制。在 EPC 模式中，Engineering 不仅包括具体的设计工作，还可能包括整个建设工程内容的总体策划以及整个建设工程实施组织管理的策划和具体工作；Procurement 也不是一般意义上的建筑设备、材料的采购，而更多地是指专业设备、材料的采购；Construction 应译为“建设”，其内容包括施工、安装、试车、技术培训等。

4.1.2 EPC 工程总承包特点

(1) 充分发挥了市场机制的作用，促使总承包企业寻求经济、有效的方法实施项目，较好地解决了设计、采购、施工、试运行整个过程中不同环节存在的矛盾，达到优质高效、降低成本的效果。

(2) 有效缩短整个工程项目工期;"单一责任制"的工程项目一旦出现质量问题,可迅速明确责任,易于追究。

(3) 减少业主多头管理的负担,降低业主多方协调设计单位、施工单位的工作量;EPC合同一般为固定总价合同,有利于业主控制工程总投资。

4.2 EPC工程总承包招标

建设单位可根据项目特点,分别在可行性研究或者方案设计完成后,以工程投资估算为经济控制指标,以限额设计为控制手段,按照相关技术规范、标准和确定的建设规模、建设标准、功能需求、投资限额、工程质量和进度等要求,进行工程总承包招标。项目初步设计完成后,不宜采用工程总承包方式发包。

4.2.1 EPC工程总承包的投标条件

EPC工程总承包招标在设置投标条件时可淡化资质管理,实行能力认可,在工程实施过程中回归资质管理,由有相应资质的单位分别承担设计、施工任务。招标人可按下列方式之一设置投标条件:

(1) 具有工程总承包管理能力的企业,可以是设计、施工、开发商或其他项目管理单位。

(2) 具有相应资质等级的设计、施工或项目管理单位独立或组成联合体投标。

由于目前建筑市场上具有工程总承包业绩的单位较少,在招标时不宜将工程总承包业绩作为投标条件,以促进工程总承包行业的发展。

需要注意的是,承担招标项目的项目申请书、项目建议书或者可行性研究报告编制,以及承担方案设计的单位及其附属机构(单位),可以参与该项目的工程总承包投标,但应当将其承担工作的全部成果文件提交招标人公布,供所有潜在投标人参考。

工程总承包项目的代建单位、项目管理单位、全过程工程咨询单位、监理单位、招标代理单位或者与前述单位有利害关系的单位,不得参与该项目工程总承包投标。

4.2.2 EPC工程总承包招标需求

EPC工程总承包招标可以在完成概念方案设计之后进行,也可以在完成方案设计之后进行,即方案未定的EPC工程总承包招标和方案已定的EPC工程总承包招标。无论哪种方式,一般应至少明确以下招标需求:

(1) 提供齐全的地质勘查资料、城乡规划和城市设计对项目的基本要求、可行性研究报告(方案设计)等基础资料,便于投标人准确理解招标需求、合理评估工程风险。

(2) 明确招标的内容及范围、功能、投资限额、质量、安全、工期、验收等量化指标;细化设计指标要点;细化建设标准;细化主要材料设备的参数、指标和品牌档次;明确有关技术标准等，便于投标人科学、合理、准确、有深度、有针对性地编制投标文件。

(3) 明确投标文件编制要求。明确设计文件、项目管理组织方案的编制深度，工程总承包报价的编制方法和要求。

(4) 明确未中标方案补偿办法。

(5) 在工程总承包合同中明确再发包的规定和要求，以及工程允许分包的专业及范围、工程总承包风险的合理分担范围。

(6) 明确是否采取装配式建造方式、BIM 技术等。

(7) 技术创新、节能环保等方面的要求。

4.2.3 适用于 EPC 工程总承包的招标规模及招标范围

《建设项目工程总承包管理规范》要求，政府投资项目、装配式项目或采用 BIM 建造技术的项目应积极采用工程总承包。

下列江苏省房屋建筑和市政基础设施项目，可以实行工程总承包：

(1) 单项合同估算价在 1 亿元及以上且技术复杂的单项工程。

(2) 单独立项的单项合同估算价在 5 000 万元及以上的建筑装饰装修、建筑幕墙、钢结构等专业工程。

(3) 单独立项的单项合同估算价在 2 000 万元及以上的建筑智能化、消防设施、古建、非临时性布展等专业工程。

(4) 列入地方人民政府重点工程且对建设周期等有特殊要求的其他项目。

(5) 其他地方人民政府认为有必要实施工程总承包模式的项目。

招标范围一般包括工程概况、建设范围、主要功能、建筑物名称、单体工程结构类型以及工期、质量、安全、环保要求等。当然，对于房屋建筑工程来说，还包括功能描述、设计要求、技术标准、建筑面积、建筑物高度、容积率等指标。对于 EPC 项目来说，因为要签订总价合同，招标范围就显得尤为重要，为了慎重起见，除了文字描述以外，通常都附有单体建设项目清单。

4.3 投标人资格审查

工程总承包招标可以采用合格制资格预审或者资格后审，不得采用有限数量制资格预审。

4.3.1 资格预审

(1) 资格审查

采用资格预审的招标项目，招标人编制资格预审文件，向投标申请人发放。

对潜在投标人进行资格审查，主要考察该企业及施工项目部的总体能力是否具备完成招标工作所要求的条件。公开招标时设置资格预审程序，一是保证投标人在资质和能力等方面能够满足完成招标工作的要求；二是通过评审优选出综合实力较强的投标人，再请他们参加投标竞争，以减少评标的工作量。

(2) 发放资格预审合格通知书

合格投标人确定后，招标人向资格预审合格的投标人发出资格预审合格通知书。投标人在收到资格预审合格通知书后，应以书面形式予以确认是否参加投标，并在规定的地点和时间领取或购买招标文件和有关技术资料。只有通过资格预审的申请投标人才有资格参与下一阶段的投标竞争。

4.3.2 资格后审

招标人应当在招标文件中载明对投标人资格要求的条件、标准和方法，投标人只有符合招标文件要求的资质条件时，方可被确定为中标候选人或中标人。

投标人资格要求

(1) 企业应当具备下列资质条件之一：①设计资质要求；②施工资质要求。

(2) 企业应当具有以下类似工程业绩之一：①总承包业绩要求；②设计业绩要求；③施工业绩要求。

(3) 项目经理应当具备下列资格条件之一：①注册建筑师、注册结构工程师、注册建造师等工程建设类注册执业资格；②高级专业技术职称。

(4) 项目经理应当具有以下类似工程业绩之一：①总承包业绩要求；②设计业绩要求；③施工业绩要求。

(5) 项目管理机构：由招标人根据《建设项目工程总承包管理规范》(GB/T 50358—2017)予以明确。

(6) 其他要求。

4.4 EPC工程总承包招标文件组成及编制要点

招标文件是全面体现业主项目意图的重要文件，是对EPC模式进行事前控制以及保证项目顺利实施的关键。要发挥EPC模式的特点，防范其存在的风险，都可通过招标文件来体现。

4.4.1 EPC招标文件组成

EPC招标文件一般包括：

(1) 招标公告。

(2) 投标人须知。

(3) 评标办法。

(4) 合同条款及格式。

(5) 发包人要求。

(6) 发包人提供的资料和条件。

(7) 投标文件格式。

(8) 投标人须知前附表规定的其他资料。

EPC 招标文件结构见图 4.1。

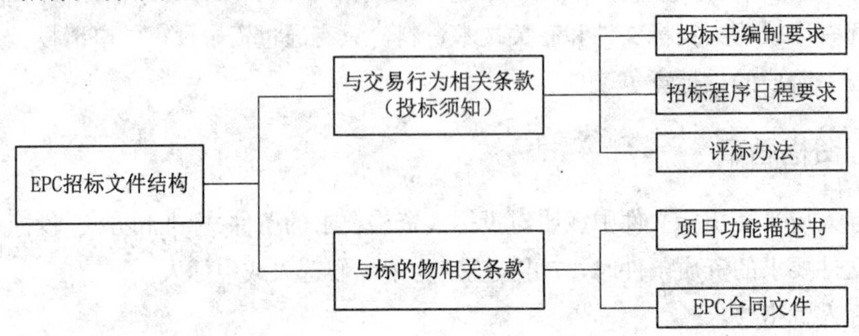

图 4.1 EPC 招标文件结构示意

4.4.2 招标文件的编制要点

1) 项目功能描述书

项目功能描述书是 EPC 招标文件中的核心组成部分，是 EPC 承包商投标的基本依据。其主要作用是取代了原有施工招标文件的图纸和设计规范，确定了 EPC 项目的工作范围和建设标准。功能描述书往往也是 EPC 招标文件策划的重点难点，其质量的好坏往往影响到工程实施各项目标的实现，尤其是闭口合同总价包干的实现。功能描述包括但不限于以下几个方面：

(1) 项目背景与工程概况。主要包括政治、经济、社会等各方面背景；建设本项目的必要性与可行性；工程地质、水文、气象条件及现场状况等。

(2) 工作范围。在招标文件中应明确划分双方的工作范围和责权，从而避免在合同执行过程中引起不必要的扯皮。工作内容至少应从总体建筑要求、单体建筑要求以及各种工作内容三个方面明确承包商的工作范围。具体内容见表 4.1。

表 4.1 EPC 总承包商工作范围

总体建筑要求	场地建设(人流、停车空间、排水设施、公用设施)；建筑物总平面布置(建筑物的总体关系、规模、建设地点、总体结构、主要设备)；建筑物的系统需求(材料、设备)；应用 WBS 对总体项目进行建筑单体分解
单体建筑要求	单体建筑建设要求(建筑物的组织、建设标准、建设规模，拟建设施的用途、朝向)；室内设计(用户的要求、功能、尺度、关系、条件)；空间确定和面积分配；本空间与相邻空间的组织关系
各种工作内容	土方工程；结构工程；房建工程；电气工程；供水排水工程；消防工程；供热、通风与空调工程

(3) 技术要求。一方面应明确整个项目的工艺流程、对设备制造和安装的要求、对于永久工程的建设标准和要求等;另一方面应明确提出各项性能保证值、考核标准、业主在项目管理方面的要求等。

(4) 进度计划。进度计划的确定不仅关系到能否利用EPC模式达到设计、采购与施工深度交叉缩短工期的目的,而且关系到项目能否按期投产并取得经济效益。因此,在招标文件中应对时间进度按照里程碑计划具体约定,包括关键长周期设备采购、大型设备吊装、中间交接、联动试车、投料试车等。

2) 投资控制

(1) 固定总价。业主委托设计单位进行基础设计或由专业工程公司进行基础设计,完成工艺、设备、管道、电器、控制等基础设计工作,并以此作为承包商投标的依据。这种既定方案的EPC招标有利于业主控制项目投资。采用既定方案的固定总价方式,基本锁定项目投资成本,即以经评审的基础设计或投标技术方案为基础,核算承包总价。合同价格在实施阶段的调整幅度很小,如果出现变更,则所有变更申请均应由业主确认后方可实施。

(2) 分项报价。在EPC招标文件中应要求承包商填报分项价格,并尽可能细化到工程量估价报价,这样有利于提高各承包报价的可比性和合理性。工程总承包报价表可如表4.2所示。

表4.2 工程总承包报价表

序号	分项名称	范围、规模	工作内容	投标报价	备注
1	工程设计费				
1.1	工程设计				
1.2	……				
2	工程采购费(如有)				
2.1	工程采购费				
2.2	……				
3	工程施工费				
3.1	工程施工费				
3.2	……				
工程总承包报价					

3) 评标办法

评标办法是EPC招标文件的核心内容,《工程总承包招标文件示范文本》提供了三种评标办法供招标人根据招标项目具体特点和实际需要选择使用,具体评审因素的评审标准、分值和权重等由招标人根据有关规定和招标项目具体情况确定。

(1) 适用于可行性研究完成阶段进行招标的评标办法

表 4.3　可行性研究完成阶段进行招标的评标办法

<table>
<tr><td colspan="3">分值构成(总分 100 分)</td><td>方案设计文件：≤40 分
工程总承包报价：≥45 分
项目管理组织方案：≤12 分
工程业绩：≤3 分</td></tr>
<tr><td colspan="3">评标基准价计算方法</td><td>以有效投标文件的最低评标价为评标基准价</td></tr>
<tr><td colspan="3">投标报价的偏差率计算公式</td><td>$偏差率=100\% \times \frac{投标人报价-评标基准价}{评标基准价}$</td></tr>
<tr><td>序号</td><td>评审项</td><td>评分因素(偏差率)</td><td>评分标准</td></tr>
<tr><td rowspan="7">1</td><td rowspan="7">1.1　方案设计文件(≤40 分、适用于房屋建筑工程)</td><td>1. 设计说明(2～5 分)</td><td>1. 设计说明能对项目解读充分,理解深刻,分析准确,构思新颖;
2. 项目规划设计各项指标满足任务书及规划设计要求且科学、合理;
3. 技术指标满足任务书要求,符合规划要求;
4. 各专业设计说明;
5. 投资估算与经济评价</td></tr>
<tr><td>2. 总平面布局(8～12 分)</td><td>1. 功能介绍、规划构思与布局新颖、合理;
2. 合理利用土地;与周边环境协调;
3. 满足交通流线及开口要求;
4. 停车位布局合理可行;
5. 满足消防间距要求、满足日照间距要求;
6. 总平面布局、竖向设计符合规划要求</td></tr>
<tr><td>3. 建筑功能(8～12 分)</td><td>1. 项目功能要求满足设计功能、满足任务书要求;
2. 工业项目工艺设计、设备设计符合设计任务书要求,且先进合理;
3. 对项目的设计思路把握准确、设计合理;
4. 功能分区明确,交通组织合理;
5. 室内空间的经济性、合理性及创新性比较</td></tr>
<tr><td>4. 建筑造型(3～6 分)</td><td>1. 建筑创意、空间处理合理;
2. 立面造型、比例尺度和谐美观;
3. 建筑的功能与形式统一,与周围环境相协调,能够很好地体现建筑风格;
4. 对设计的规划分析图、鸟瞰图、透视图、平立剖面图、交通分析图、模型等进行评比</td></tr>
<tr><td>5. 绿色建筑(含建筑节能)与建筑产业化设计(1～3 分)</td><td>1. 采用科学合理的绿色建筑(建筑节能)措施;
2. 提出切实可行的生态建筑理念与措施;
3. 符合国家及地方的有关绿色建筑标准;
4. 工程采用装配式技术</td></tr>
<tr><td>6. 设计深度(1～2 分)</td><td>1. 符合设计任务书要求;
2. 符合国家规定的《建筑工程设计文件编制深度规定》</td></tr>
<tr><td colspan="2">注:招标人可以根据项目具体情况适当选择增减评标因素,但“评审项”分值不得调整;招标人也可以在招标文件中细化明确评分标准的内容,但一般不得突破各评分因素的规定分值</td></tr>
</table>

（续表）

序号	评审项	评分因素（偏差率）	评分标准
1	1.2 方案设计文件（≤40分，适用于园林和景观等市政工程）	1. 设计说明（4～8分）	1. 设计说明能对项目解读充分，理解深刻，分析准确，构思新颖； 2. 项目规划设计各项指标满足任务书及规划设计要求且科学、合理； 3. 技术指标满足任务书要求，符合规划要求； 4. 设计理念、各专业（附属）工程设计说明
		2. 技术方案（9～18分）	1. 总体布置方案、节点方案； 2. 专业（附属）工程设计方案； 3. 设计依据的技术标准、采用的设计指标等； 4. 环境影响分析
		3. 设计深度（3～6分）	1. 符合设计任务书要求； 2. 符合国家规定的《市政公用工程设计文件编制深度规定》
		4. 绿色设计与新技术应用（1～3分）	1. 提出切实可行的生态理念与措施； 2. 符合国家及地方的有关绿色标准； 3. 采用的新技术、新材料、新工艺等
		5. 经济分析（3～5分）	1. 估算文件编制内容完整、合理； 2. 符合设计说明书要求； 3. 符合国家法律法规及规范标准的规定； 4. 符合地方政府有关的政策文件规定
		注：招标人可根据项目的实际情况选择增加上述各评分因素，但“评审项”分值不得调整；也可在招标文件中细化明确评分标准的内容，但一般不得突破各评分因素的规定分值	
2	工程总承包报价（≥45分）	报价评审（包括设计费、设备费和施工费的工程总造价）（≥45分）	以有效投标文件的最低评标价为评标基准价。投标报价等于评标基准价的得满分，每高1%的所扣分值不少于0.5分。偏离不足1%的，按照插入法计算得分
			说明： 1. 评标价指经澄清、补正和修正算术计算错误的投标报价； 2. 有效投标文件是指未被评标委员会判定为无效标的投标文件
3	项目管理组织方案（≤12分）	1. 总体概述（1～2分）	对工程总承包的总体设想、组织形式、各项管理目标及控制措施等内容进行评分
		2. 设计管理方案（≤1分）	对设计执行计划、设计组织实施方案、设计控制措施、设计收尾等内容进行评分
		3. 施工管理方案（1～2分）	对施工执行计划、施工进度控制、施工费用控制、施工质量控制、施工安全管理、施工现场管理、施工变更管理等内容进行评分
		4. 采购管理方案（≤1分）	对采购工作程序、采购执行计划、采买、催交与检验、运输与交付、采购变更管理、仓储管理等内容进行评分

(续表)

序号	评审项	评分因素(偏差率)	评分标准
3	项目管理组织方案(≤12分)	5. 项目管理机构(2～3分)	对工程总承包项目经理、设计负责人、施工项目经理、项目管理机构人员配置情况及取得的专业类别、技术职称级别、岗位证书、执业资格、工作经历等,招标文件中明确一定的标准进行评分
		6. 建筑信息模型(BIM)技术(≤1分)	对建筑信息模型(BIM)技术的使用等内容进行评分
		7. 工程总承包项目经理陈述及答辩(≤2分)	招标人可以要求投标工程总承包项目经理在评标环节陈述项目管理组织方案的主要内容或者现场回答评标委员会提出的问题(以书面为主),评分分值控制在2分以内。评标委员会拟定答辩题目时,应同时明确答案及得分点
		注：1. 招标人可根据项目的实际情况选择增加上述各评分因素,但“评审项”分值不得调整;也可在招标文件中细化明确评分标准的内容,但一般不得突破各评分因素的规定分值; 2. 项目管理组织方案总篇幅一般不超过100页(技术特别复杂的工程可适当增加),具体篇幅(字数)要求及扣分标准,招标人应在招标文件中明确; 3. 项目管理组织方案各评分点得分应当取所有技术标评委评分中分别去掉一个最高和最低评分后的平均值为最终得分。项目管理组织方案中(项目管理机构评分点除外)除缺少相应内容的评审要点不得分外,其他各项评审要点得分不应低于该评审要点满分的70%	
4	工程业绩(≤3分)	1. 投标企业类似工程业绩(≤1分)	对企业承担过类似及以上的工程总承包业绩加分,累计不超过1分[其类似工程执行苏建规字(2017)1号文的相应规定,招标文件中应当明确投标企业承担过单个类似及以上工程的分值] 注：联合体承担过的工程总承包业绩分值计算方法为：牵头方按该项分值的100%记取、参与方按该项分值的60%记取
		2. 投标工程总承包项目经理类似工程业绩(≤2分)	对工程总承包项目经理承担过类似及以上的工程总承包业绩加分,累计不超过2分[其类似工程执行苏建规字(2017)1号文的相应规定,招标文件中应当明确投标工程总承包项目经理承担过单个类似及以上工程的分值]

(2) 适用于方案设计完成之后进行招标的评标办法

表4.4 方案设计完成之后进行招标的评标方法

分值构成(总分100分)	初步设计文件：≤30分 工程总承包报价：≥54分 项目管理组织方案：≤13分 工程业绩：≤3分
评标基准价计算方法	以有效投标文件的最低评标价为评标基准价
投标报价的偏差率计算公式	偏差率$=100\%\times\frac{\text{投标人报价}-\text{评标基准价}}{\text{评标基准价}}$

（续表）

序号	评审项	评分因素(偏差率)	评分标准
1	1.1 初步设计文件(≤30分、适用于房屋建筑工程)	1. 设计说明书(3～6分)	1. 设计说明能对项目的设计方案解读准确，构思新颖； 2. 简述各专业的设计特点和系统组成； 3. 项目设计的各项主要技术经济指标满足招标人功能需求； 4. 项目设计符合国家规范标准及地方规划要求
		2. 总平面设计(3～6分)	1. 总平面设计构思及指导思想； 2. 总平面设计结合自然环境和地域文脉，综合考虑地形、地质、日照、通风、防火、卫生、交通及环境保护等要求进行总体布局，使其满足使用功能、城市规划要求； 3. 总平面设计技术安全、经济合理性、节能、节地、节水、节材等
		3. 建筑设计(2～4分)	1. 建筑设计各项内容完整合理并满足设计任务书要求； 2. 建筑设计符合国家规范标准及地方规划要求； 3. 各项经济技术指标满足招标人功能需求
		4. 结构设计(2～4分)	1. 结构设计各项内容完整合理并符合设计任务书要求； 2. 结构设计符合国家规范标准要求； 3. 结构布置图和计算书符合国家法律法规及规范标准要求
		5. 设备设计(建筑电气、给水排水、供暖通风与空气调节、热能动力等专项设计，每个专业工程1～2分)	1. 各专业设计内容完整合理并满足设计任务书要求； 2. 各专业设计符合国家规范标准及地方规划要求； 3. 各专业设计的经济技术指标满足招标人功能需求
		6. 新技术、新材料、新设备和新结构应用(1～2分)	对采用新技术、新材料、新设备和新结构的情况进行评分
		7. 绿色建筑与建筑产业化设计(1～2分)	1. 采用科学合理的绿色建筑(建筑节能)措施； 2. 提出切实可行的生态建筑理念与措施； 3. 符合国家及地方的有关绿色建筑标准； 4. 工程采用装配式技术
		8. 经济分析(1～2分)	1. 概算文件编制内容完整、合理； 2. 符合设计说明书要求； 3. 符合国家法律法规及规范标准的规定； 4. 符合地方政府有关的政策文件规定
		9. 设计深度(1～2分)	1. 符合设计任务书要求； 2. 符合国家规定的《建筑工程设计文件编制深度规定》
		注：招标人可根据项目的实际情况选择增加上述各评分因素，但“评审项”分值不得调整；也可在招标文件中细化明确评分标准的内容，但一般不得突破各评分因素的规定分值	

（续表）

序号	评审项	评分因素(偏差率)	评分标准
1	1.2 初步设计文件(≤30分、适用于市政工程)	1. 设计说明书(3～6分)	1. 设计说明能对项目的设计方案解读准确,构思新颖; 2. 简述各专业(附属)工程的设计特点; 3. 项目设计的各项主要技术指标满足招标人功能需求; 4. 项目设计符合国家规范标准及地方规划要求
		2. 技术方案(6～12分)	1. 总体布置(总平面设计); 2. 设计原则; 2. 设计依据; 4. 各专项(附属)工程设计方案
		3. 设计深度(3～6分)	1. 符合设计任务书要求; 2. 符合国家规定的《市政公用工程设计文件编制深度规定》
		4. 绿色设计与新技术应用(1～2分)	1. 提出切实可行的生态理念与措施; 2. 符合国家及地方的有关绿色标准; 3. 采用的新技术、新材料、新设备、新工艺等
		5. 经济分析(2～4分)	1. 概算文件编制内容完整、合理; 2. 符合设计说明书; 3. 符合国家法律法规及规范标准; 4. 符合地方政府有关的政策文件规定
		注:招标人可根据项目的实际情况选择增加上述各评分因素,但“评审项”分值不得调整;也可在招标文件中细化明确评分标准的内容,但一般不得突破各评分因素的规定分值	
2	工程总承包报价(≥54分)	报价评审(包括设计费、设备费和施工费的工程总造价)(≥54分)	以有效投标文件的最低评标价为评标基准价。投标报价等于评标基准价的得满分,每高1%的所扣分值不少于0.5分。偏离不足1%的,按照插入法计算得分
			说明:1. 评标价指经澄清、补正和修正算术计算错误的投标报价 2. 有效投标文件是指未被评标委员会判定为无效标的投标文件
3	项目管理组织方案(≤13分)	1. 总体概述(1～2分)	对工程总承包的总体设想、组织形式、各项管理目标及控制措施、设计、施工实施计划等内容进行评分
		2. 采购管理方案(≤1分)	对采购工作程序、采购执行计划、采买、催交与检验、运输与交付、采购变更管理、仓储管理等内容进行评分
		3. 施工平面布置规划(≤1分)	对施工现场平面布置和临时设施、临时道路布置等内容进行评分
		4. 施工的重点难点(1～2分)	对关键施工技术、工艺及工程项目实施的重点、难点和解决方案等内容进行评分
		5. 施工资源投入计划(≤1分)	对劳动力、机械设备和材料投入计划进行评分

（续表）

序号	评审项	评分因素（偏差率）	评分标准
3	项目管理组织方案（≤13分）	6. 项目管理机构（1～3分）	对工程总承包项目经理、设计负责人、施工项目经理、项目管理机构人员配置情况及取得的专业类别、技术职称级别、岗位证书、执业资格、工作经历等，招标文件中明确一定的标准进行评分
		7. 新技术、新产品、新工艺、新材料（≤1分）	对采用新技术、新产品、新工艺、新材料的情况进行评分
		8. 建筑信息模型（BIM）技术（≤1分）	对建筑信息模型（BIM）技术的使用等内容进行评分
		9. 工程总承包项目经理陈述及答辩（≤1分）	招标人可以要求投标工程总承包项目经理在评标环节陈述项目管理组织方案的主要内容或者现场回答评标委员会提出的问题（以书面为主），评分分值控制在2分以内。评标委员会拟定答辩题目时，应同时明确答案及得分点
		注：1. 招标人可根据项目的实际情况选择增加上述各评分因素，但“评审项”分值不得调整；也可在招标文件中细化明确评分标准的内容，但一般不得突破各评分因素的规定分值； 2. 项目管理组织方案总篇幅一般不超过100页（技术特别复杂的工程可适当增加），具体篇幅（字数）要求及扣分标准，招标人应在招标文件中明确； 3. 项目管理组织方案各评分点得分应当取所有技术标评委评分中分别去掉一个最高和最低评分后的平均值为最终得分。项目管理组织方案中（项目管理机构评分点除外）除缺少相应内容的评审要点不得分外，其他各项评审要点得分不应低于该评审要点满分的70%	
4	工程业绩（≤3分）	1. 投标企业类似工程业绩（≤1分）	对企业承担过类似及以上的工程总承包业绩加分，累计不超过1分[其类似工程执行苏建规字（2017）1号文的相应规定，招标文件中应当明确投标企业承担过单个类似及以上工程的分值] 注：联合体承担过的工程总承包业绩分值计算方法为：牵头方按该项分值的100%记取、参与方按该项分值的60%记取
		2. 投标工程总承包项目经理类似工程业绩（≤2分）	对工程总承包项目经理承担过类似及以上的工程总承包业绩加分，累计不超过2分[其类似工程执行苏建规字（2017）1号文的相应规定，招标文件中应当明确投标工程总承包项目经理承担过单个类似及以上工程的分值]

（3）适用于专业工程招标的评标办法

表 4.5　专业工程招标的评标方法

分值构成(总分 100 分)			专业工程设计文件：≤20 分 投标报价：≥68 分 项目管理组织方案：≤10 分 工程业绩：≤2 分
评标基准价计算方法			以有效投标文件的最低评标价为评标基准价
投标报价的偏差率计算公式			偏差率$=100\% \times \dfrac{\text{投标人报价}-\text{评标基准价}}{\text{评标基准价}}$
序号	评分项	评分因素(偏差率)	评分标准
1	专业工程设计文件(≤20 分)	1. 设计说明(2～5 分)	1. 设计说明能对项目的设计方案解读准确，构思新颖； 2. 项目设计的各项主要技术经济指标满足招标人功能需求； 3. 项目设计符合国家规范标准及地方规划要求
		2. 专业工程设计文件(5～10 分)	1. 设计文件满足设计任务书要求； 2. 设计文件符合国家规范标准及地方规划要求； 3. 对工程设计文件的先进性、完整性、实用性以及工程造价等方面进行评比； 4. 与建筑的协调性
		3. 新技术、新材料、新设备和新结构应用(1～2 分)	对采用新技术、新材料、新设备和新结构的内容进行评比
		4. 绿色设计和装配化(≤1 分)	1. 采用科学合理的绿色建筑(建筑节能)措施； 2. 提出切实可行的生态建筑理念与措施，符合国家及地方的有关绿色建筑标准； 3. 对装配式建筑设计先进性、合理性、规范符合性进行评比
		5. 设计深度(1～2 分)	1. 符合设计任务书要求； 2. 符合国家规定的《建筑工程设计文件编制深度规定》
		注：招标人可根据项目的实际情况选择增加上述各评分因素，但“评审项”分值不得调整；也可在招标文件中细化明确评分标准的内容，但一般不得突破各评分因素的规定分值	
2	投标报价(≥68 分)	报价评审(包括设计费、工程费)(≥68 分)	以有效投标文件的最低评标价为评标基准价。投标报价等于评标基准价的得满分，每高 1%的所扣分值不少于 0.5 分。偏离不足 1%的，按照插入法计算得分
			说明： 1. 评标价指经澄清、补正和修正算术计算错误的投标报价； 2. 有效投标文件是指未被评标委员会判定为无效标的投标文件

（续表）

序号	评审项	评分因素(偏差率)	评分标准
3	项目管理组织方案(≤10分)	1. 总体概述(1～2分)	对工程总承包的总体设想、组织形式、各项管理目标及控制措施、设计、施工实施计划等内容进行评分
		2. 施工的重点难点(1～2分)	对关键施工技术、工艺及工程项目实施的重点、难点和解决方案等内容进行评分
		3. 施工资源投入计划(≤1分)	对劳动力、机械设备和材料投入计划进行评分
		4. 新技术、新产品、新工艺、新材料应用(≤1分)	对采用新技术、新产品、新工艺、新材料的情况进行评分
		5. 工程总承包项目经理陈述及答辩(≤2分)	招标人可以要求投标工程总承包项目经理在评标环节陈述项目管理组织方案的主要内容或者现场回答评标委员会提出的问题(以书面为主)，评分分值控制在2分以内。评标委员会拟定答辩题目时，应同时明确答案及得分点
		6. 项目管理机构(1～2分)	对工程总承包项目经理、设计负责人、施工项目经理、项目管理机构人员配置情况及取得的专业类别、技术职称级别、岗位证书、执业资格、工作经历等，招标文件中明确一定的标准进行评分
		注：1. 招标人可根据项目的实际情况选择增加上述各评分因素，但“评审项”分值不得调整；也可在招标文件中细化明确评分标准的内容，但一般不得突破各评分因素的规定分值； 2. 项目管理组织方案总篇幅一般不超过100页(技术特别复杂的工程可适当增加)，具体篇幅(字数)要求及扣分标准，招标人应在招标文件中明确； 3. 项目管理组织方案各评分点得分应当取所有技术标评委评分中分别去掉一个最高和最低评分后的平均值为最终得分。项目管理组织方案中(项目管理机构评分点除外)除缺少相应内容的评审要点不得分外，其他各项评审要点得分不应低于该评审要点满分的70%	
4	工程业绩(≤2分)	1. 投标企业类似工程业绩(≤1分)	对企业承担过类似及以上的工程总承包业绩加分，累计不超过1分[其类似工程执行苏建规字(2017)1号文的相应规定，招标文件中应当明确投标企业承担过单个类似及以上工程的分值] 注：联合体承担过的工程总承包业绩分值计算方法为：牵头方按该项分值的100%记取、参与方按该项分值的60%记取
		2. 投标工程总承包项目经理类似工程业绩(≤1分)	对工程总承包项目经理承担过类似及以上的工程总承包业绩加分，累计不超过2分[其类似工程执行苏建规字(2017)1号文的相应规定，招标文件中应当明确投标工程总承包项目经理承担过单个类似及以上工程的分值]

4.5 EPC合同示范文本介绍及合同编制要点

EPC招标文件中,合同条款的制定十分重要,招标代理机构在编制这部分内容时应慎重而全面。

EPC合同主要采用《建设项目工程总承包合同示范文本(试行)》(以下简称《示范文本》),该示范文本旨在规范建设项目工程总承包合同当事人的签约行为,维护合同当事人的合法权益。

4.5.1 《示范文本》介绍

1)《示范文本》组成

(1) 合同协议书

根据《合同法》的规定,合同协议书是双方当事人对合同基本权利、义务的集中表述,主要包括:建设项目的功能、规模、标准和工期的要求、合同价格及支付方式等内容。合同协议书的其他内容,一般包括合同当事人要求提供的主要技术条件的附件及合同协议书生效的条件等。

(2) 通用条款

通用条款是合同双方当事人根据《建筑法》《合同法》以及有关行政法规的规定,就工程建设的实施阶段及其相关事项,双方的权利、义务作出的原则性约定。其中包括:核心条款,保障条款,合同执行阶段的干系人条款,违约、索赔和争议条款,不可抗力条款,合同解除条款,合同生效与合同终止条款以及补充条款。

(3) 专用条款

专用条款是合同双方当事人根据不同建设项目合同执行过程中可能出现的具体情况,通过谈判、协商对相应通用条款的原则性约定细化、完善、补充、修改或另行约定的条款。

2)《示范文本》的适用范围

《示范文本》适用于建设项目工程总承包承发包方式。"工程总承包"是指承包人受发包人委托,按照合同约定对工程建设项目的设计、采购、施工(含竣工试验)、试运行等实施阶段,实行全过程或若干阶段的工程承包。为此,在《示范文本》的条款设置中,将"技术与设计、工程物资、施工、竣工试验、工程接收、竣工后试验"等工程建设实施阶段相关工作内容皆分别作为一条独立条款,发包人可根据发包建设项目实施阶段的具体内容和要求,确定对相关建设实施阶段和工作内容的取舍。

3)《示范文本》的性质

《示范文本》为非强制性使用文本。合同双方当事人可依照《示范文本》订立合同,并按法律规定和合同约定承担相应的法律责任。

4.5.2 EPC合同编制要点

(1) 关键设备的采购

对于有条件的业主,可以在合同中明确约定自行采购部分关键设备或委托第三方采购部分关键设备,同时应建立相应的采购、存储和运输系统,保证所采购设备的质量,避免因业主自行采购部分关键设备而引起与承包商之间关于质量、进度等方面的不必要纠纷。

业主也可以利用合同条款中的保护伞协议保留部分采购权利。保护伞协议中会固定供货商的供货范围、服务内容、协议条款及单价,但不固定数量。在招标时,投标人同意业主将该协议作为项目总承包合同内容的一部分转让于本项目EPC承包商,并为本项目提供货物及相关服务,执行将来EPC承包商所下达的订货订单,将来的订货合同条款和技术要求不低于与招标人达成的保护伞协议中的条款。据有关资料显示,对于成本较高的标准设备和DCS、ESD等全厂性设备,采用保护伞协议可以实现全厂的标准化和整体集成。但也应注意到,过度使用保护伞协议也会带来一定风险:保护伞协议范围过大,难以保证采购进度,会削弱EPC承包商的积极性;保护伞协议的技术要求不明确,往往会造成业主和EPC承包商的大量争议。

(2) 设计变更控制

EPC承包商应以基础设计或投标技术文件为基础进行项目详细设计,对设计的可靠性、适用性及设备选型负责。业主负责对变更的原因、工程量、投资进行把关,所有变更方案经业主批准后方可实施。由于EPC合同是固定总价合同,对于合同规定的承包商设计范围内的变更,费用均不作调整;对于承包商设计范围外或业主提出的变更,费用可作一定幅度的调整,但是该部分费用不宜过大,以保证项目总投资不超出经批准的设计概算,实现既定的投资控制目标。

(3) 设计优化

设计优化是指EPC承包商在满足基础设计的技术、工艺要求的前提下,为达到节省投资的目的,寻求最优设计方案的一系列工作。在合同条款及附件中应明确约定鼓励承包商通过新设计、新方案、新材料及以往工程经验等途径进行设计优化。业主在批准承包商的设计优化方案后,应核算节约的投资额,对于节省的投资,双方应按照合同中约定的比例分享或由业主给予承包商一定奖励。

(4) 性能保证与考核

对于工业项目而言,性能保证是指承包商所承包的装置在规定的输入条件下所必须达到合同规定的各项技术经济指标,通过性能考核工作确认。性能考核是指试生产阶段产出合格的产品后,对装置进行生产能力、工艺指标、环保指标、产品质量、设备性能、自控水平、消耗定额及装置的可操作性等是否达到合同及设计要求的全面考核。性能考核是为了验证装置的性能保证值,是装置竣工验收前的重要步骤,项目未经性能考核不得进行竣工验收。因此,业主应在合同及附件中明确约定项目应达到的性能保证值、考核标准及性能考核失败后违约金的数额。

4.6 EPC项目招标文件案例分析

实行总承包管理是国际经济一体化发展的大趋势，其最大优点是设计、施工、采购一体化，减少了中间环节，把人、财、物最佳地组合到建设项目上。建设部出台的相关规定，使工程总承包的模式得到充分肯定，但因相关配套措施没有跟上，工程总承包招标及合同中的合同价、计价方式、结算方式等内容模糊，极易引发合同纠纷，最终危及工程总承包项目整体的成功实施。因此完善合理的计价是EPC项目成功的首要条件。

本节选取的案例是江苏省某市安置房EPC项目总承包招标文件。该招标文件最大的亮点是在江苏省要求固定总价合同的基础上，招标文件编制人通过对一些细节的把控，最大限度地降低了EPC项目计价的风险，对工程造价进行了有效的控制，是一次非常具有实践价值的尝试。下文将着重介绍该招标文件是在哪些方面对工程造价进行控制的。

1）招标控制价的确定及编制依据

（1）招标控制价：40 187.6万元(固定控制单价×暂估面积)(注意暂估二字)。

（2）招标控制价编制依据

招标控制价=安置房工程招标控制价38 126万元+安置房周边的市政配套工程招标控制价2 061.6万元。

安置房工程招标控制价=主体工程(含桩基)2 200元/米^2×主体工程建筑面积+绿化景观工程200元/米^2×规划用地面积×30%+室外配套工程120元/米^2×主体工程建筑面积+勘察设计(含施工图审查)费23元/米^2×主体工程建筑面积(含优化设计费用、前期设计招标中排名前三名的投标人方案补偿费12万元)。

安置房周边的市政配套工程招标控制价=主干道道路工程(含绿化隔离带、桥涵、给水、雨水、污水、路灯等配套)950元/米^2×主干道道路工程面积+次干道道路工程(含绿化隔离带、给水、雨水、污水、路灯等配套)700元/米^2×次干道道路工程面积+勘察设计(含施工图审查)费20元/米^2×道路面积[含优化设计费用及原设计单位的设计费(中标单价为国家标准的49.5%，设计收费基价以本工程代理单位编制的标底价为工程设计收费的计费额)]。

2）投标报价的编制要求

（1）本项目实行限额设计

安置房工程：主体工程2 200元/米^2(主体工程建筑面积)；绿化景观工程200元/米^2(绿化景观面积：规划用地面积×30%)；室外配套工程120元/米^2(主体工程建筑面积)；勘察设计(含施工图审查)费20元/米^2(主体工程建筑面积)(含优化设计费用、前期设计招标中排名前三名的投标人方案补偿费12万元)。

安置房周边的市政配套工程招标控制价=主干道道路工程(含绿化隔离带、桥涵、给水、雨水、污水、路灯等配套)950元/米^2(主干道道路工程面积)；次干道道路工程(含绿化隔离带、给水、雨水、污水、路灯等配套)700元/米^2(次干道道路工程面积)；勘察设计(含施工图审查)费20元/米^2(道路面积)[含优化设计费用及原设计单位的设计费(中标单价为国家标准的49.5%,设计收费基价以本工程代理单位编制的标底价为工程设计收费的计费额)]。

中标人应当根据限额进行设计,设计成果报招标人审查,中标单位应当无条件根据招标人意见对设计进行修改和完善。施工图若须强制性审图的,中标人应当办理送审手续,审图费用已包括在投标报价中,由中标单位支付。

3) 投标人自行考虑且费用列入投标报价的内容

(1) 在工程实施范围以外的单位、个人和其他可能出现的阻挠施工所发生的费用。

(2) 为了施工现场达到开工要求(包括建筑红线范围内"三通一平")而发生的各项费用及措施费(不包括现场树木、农作物的赔偿费)。

(3) 在工程实施过程中涉及环保、消防、城市卫生、市政、居委会、派出所等相关部门收取的费用。

(4) 在工程施工过程中可能出现的季节、气候等不利因素,由此而发生的各项费用。

(5) 施工噪声及扬尘控制等不可预见因素所涉及的费用。

(6) 中标人为招标人、监理临时搭建或租用办公用房(3间,不少于120平方米),其搭建或租房费用。

(7) 沟形加固的施工。

(8) 施工现场的工地位置、环境、道路、储存空间、装卸条件及任何其他足以使工程成本增加或工期延误所发生的费用。

(9) 协助招标人办理包括但不限于有关立项、财政、建设、规划、国土、环保、排水、排污、交通、消防、供水、供电、煤气、人防、气象等审查报批手续(涉及应由建设单位缴纳的费用由建设单位负责)。

4) 招标人对品牌的要求

(1) 招标人对本工程部分材料或设备提供了推荐品牌(详见招标文件第七章附件,对道路工程中部分专业工程的材料或设备,招标人可在开工前根据实际需要提出品牌要求,承包人须无条件接受,但不调整招标控制价),投标人必须按招标人提供的推荐品牌进行投标报价,中标后必须按招标人提供的推荐品牌之一进行采购,工程结算时不作调整。

(2) 招标人可能因实际情况,调整工程建设规模(包括减少或者增加建筑面积,或者暂缓建设,或者取消本工程),投标人在本工程投标报价时应充分考虑,中标后不得向招标人提出任何索赔。

5) 投标报价的评分标准

(1) 设定招标控制价:40 187.6万元(暂估)。子工程分项限价安置房建设工程:38 126万元,安置房周边的市政配套工程:2 061.6万元。

(2) 确定有效报价:各投标人的投标报价及各子工程分项工程报价小于招标控制价及对应的子工程分项限价为有效报价,否则按废标处理。

无效报价、被宣布为废标的投标报价均不参与评标基准价的计算。

(3) 确定评标基准价：以有效投标文件的评标价算术平均值为A(若有效投标文件<7家时，所有报价取算术平均值为A；若7≤有效投标文件<10家时，去掉其中的一个最高价和一个最低价后取算术平均值为A；若有效投标文件≥10家时，去掉其中的一个最高价、一个次高价、一个最低价和一个次低价后取算术平均值为A)。

评标基准价=A×K，K值在开标时由招标人代表随机抽取确定，K值的取值范围为95%、96%、97%、98%。

说明：

① 评标价指经澄清、补正和修正算术计算错误的投标报价。

② 评标结束后，除确认存在计算错误外，上述评标基准价不因招投标当事人质疑、投诉、复议以及其他任何情形而改变。

③ 有效投标文件是指未被评标委员会判定为无效标的投标文件。

(4) 计算投标报价得分

① 各投标人的投标报价与评标基准价相等得66分。

② 各投标人的投标报价与评标基准价相比较，每上浮1%扣0.9分，下浮1%扣0.6分，不足1%采用插入法，得分采用四舍五入法保留两位小数。

注：评分标准中设置评标基准价，进一步对工程造价进行有效控制。

6) 关于履约担保的规定

承包人提供履约担保的形式、金额及期限的规定：

① 形式：银行汇票或银行保函。

② 金额：合同价的10%[其中，工期履约保证金4%(其中，按期开工保证金2%)，质量履约保证金3%，竣工资料履约保证金1%，安全履约保证金2%]。

③ 承包人按期保质竣工并经验收合格，同时，向发包人递交完整的工程竣工结算资料后，发包人应一次性无息退还履约保证金。承包人不能履行本合同或履行不符合本合同约定的，按本合同约定以履约保证金向发包人支付违约金。保证金不足以支付违约金时，承包人还应按本合同约定向发包人承担违约责任。

7) 市场价格波动导致合同价款调整的规定

本工程只考虑施工期间(指本工程施工图审查报告发出之日至竣工验收合格之日止)主要材料(仅指钢筋、商品砼、商品砂浆)价格波动幅度调整，其波动幅度在5%(含5%)以内的以及除钢筋、商品砼、商品砂浆以外的所有其他材料价格上涨或下降，其价差均由承包人自行承担或收益。主要材料(仅指钢筋、商品砼、商品砂浆)价格波动幅度超出5%的，按下列原则进行调整：

① 以该市造价管理部门发布的材料指导价格为基准(没有指导价的材料由双方确认的市场信息价为准)。

② 材料单价差价的取定：差价为合理施工期同类材料指导价格使用时间的加权平均值与标底编制依据中采用的信息价指定期数中的材料指导价格的差额。

③ 主要材料价格上涨或下降幅度计算方法如下：材料单价差值/标底编制依据中采

用的信息价指定期数中的材料指导价格＊100%。

④ 结算办法：主要材料数量按发包人标底中的数量(图纸会审、设计变更、发包人签证等非承包人原因引起的材料数量另行增加)乘以材料单价差值，并按中标下浮率进行下浮后结算，在工程竣工结算时列税前独立费(只计税金，不计其他费用)进行调整。需扣除5%范围内由承包人自行承担或收益的费用。

⑤ 由于承包人原因引起的工期延误，约定的主要材料价格上涨不予调整；材料价格下跌，应按以上方法进行调整。

8) 工程合同价的确定(暂定合同价概念、标底编制)

(1) 承包人投标时的中标价为工程暂定合同价。

(2) 施工图审查合格后，发包人委托本工程招标代理单位根据施工图编制工程量清单及标底，标底按中标下浮率下浮后作为发包人工程造价控制和工程审计结束前的合同付款依据。

9) 工程结算价确定方式(本招标文件最大的亮点)

(1) 当结算价小于或等于招标控制价×(1+5%)时

工程结算价＝安置房工程结算价＋安置房周边的市政配套工程结算价

安置房工程结算价＝竣工图价格×(1－安置房工程中标下浮率)＋设计费报价(单价)×主体工程建筑面积

安置房工程中标下浮率＝1－安置房工程中标价/安置房工程招标控制价×100%

安置房周边的市政配套工程结算价＝竣工图价格×(1－市政配套工程中标下浮率)＋设计费报价(单价)×道路工程面积

中标下浮率＝1－市政配套工程中标价/市政配套工程招标控制价×100%

(2) 当结算价(各子工程的计算方法同上)大于招标控制价×(1+5%)时

安置房工程结算价＝(招标控制价×1.05－设计费报价×主体工程建筑面积)×(1－中标下浮率)＋设计费报价(单价)×主体工程建筑面积

安置房周边的市政配套工程结算价＝(招标控制价×1.05－设计费报价(单价)×道路工程面积)×(1－中标下浮率)＋设计费报价(单价)×道路工程面积

合同风险有个原则，那就是：谁能最有效地(有能力和经验)预测、防止和控制风险，或能有效地降低风险损失，或能将风险转移给其他方面，则应由他承担相应的风险责任，因为这样控制风险的成本是最低的，对工程总造价的影响是最小的。而合理分配风险是一个技术活。充满霸王条款的EPC合同，绝对不会是一个兼具效率和公平的合同。

江苏省现阶段推行的固定总价合同在实践中存在明显的风险分配不合理。迫切需要找到一种有条件的固定总价，其构建的是介于单价合同与总价合同之间的计价方式，既能保持总价合同对承包方激励作用，又能充分发挥单价合同可对风险作合理分配的优势，以实现承发包双方的共赢。

4.7 深圳福田——首个体系化的工程总承包制度设计

我国早在2003年发布的《关于培育发展工程总承包和工程项目管理企业的指导意见》中就从市场培育的角度对推行工程总承包的重要性和必要性作出了说明。2017年国务院办公厅印发《关于促进建筑业持续健康发展的意见》,明确提出加快推行工程总承包的要求,尤其是政府投资工程应完善建设管理模式,带头推行工程总承包。但到目前为止,国家和地方都尚未形成围绕EPC工程总承包的完整规范的制度设计。

为完善政府投资管理体制,促进政府投资项目工程设计—采购—施工(EPC)—体化,切实提高政府投资总承包项目的建设管理水平和投资效益,当前亟须规范EPC工程总承包管理制度设计,在适用范围、实施流程、管理模式等方面对EPC工程总承包管理制度要素作出明确规定,充分发挥EPC工程总承包的制度绩效。

4.7.1 深圳在工程总承包方面的探索

2016年5月18日,深圳市住房和建设局印发《EPC工程总承包招标工作指导规则(试行)》,对EPC总承包在政府投资项目中的应用进行了探索。

然而,由于我国尚未建立起符合工程总承包发展要求的组织结构和项目管理体系,EPC模式在实践中出现监管不力等诸多问题,如:

(1) 在前期需求尚不明确、投资估算不准确、建设标准不清晰的情况下即组织项目发包,导致设计失去控制,出现概算超匡算、预算超概算、结算超预算现象,最终难以有效把控投资。设计失控导致政府投资项目“三超”问题严重。

(2) 由于设计对采购缺乏引导和管理,设计标准不清导致采购随意性强,承包商在采购过程出现以次充好、转换品牌和规格以达到节约成本实现利润最大化等现象。

(3) 由于缺乏合理的合同机制,导致权责不清、激励约束失衡。项目的发包单位和总承包单位之间的权责关系不清,发包单位仍采取传统DBB模式下的业主管理观念因而处处介入管理,导致项目纠纷多,项目周期不可控地延长。

(4) 工程总承包市场发展尚不成熟,呈现“两张皮现象”,表面以工程总承包承揽工程业务,实质上仍采取设计施工相分离的组织结构和管理体系。

(5) 总承包单位有的另聘设计单位进行设计,有的先自行设计再花钱盖章,有的边设计边施工边修改,导致设计质量无从保证。

针对实践中出现的问题,福田区发改局出台《福田区政府投资项目设计一采购一施工(EPC)工程总承包管理办法(试行)》(以下简称《办法》),明确提出加快推行工程总承包的要求,尤其是政府投资工程应带头推行工程总承包,同时优化福田区政府投资项目EPC工程总承包管理体制机制,促进政府投资项目的建设管理水平和投资效益的双提升。

《办法》一方面对EPC总承包制度作出规范化、体系化的制度设计,规范总承包项目的实施流程，提高项目发包和建设管理水平；另一方面引导EPC总承包的市场发展方向，培育相关市场主体，发展设计—采购—施工一体化的组织结构，以充分发挥EPC总承包制度的效能。

4.7.2 福田版EPC管理办法的9大亮点

1）明确适用范围和介入节点

对适用EPC总承包的项目特点和慎用EPC总承包的项目特点作出了明确规定，严格把控项目准入和实施流程。

《办法》规定总承包项目的介入时点分为三种情况：

一是设计方案达到初步设计深度，要求招标单位带初步方案招标。

二是设计方案达到方案设计深度，要求招标单位带方案设计招标。

三是对建设周期有紧急要求但尚未达到方案设计深度就要发包的情况，要求投标单位带方案设计投标。

《办法》明确了不同情况下的合同计价模式，包括固定总价合同、固定单价合同，以及采用下浮率报价和批复的总概算作为上限价的结算方式。同时也明确了不同计价模式下总承包费用的支付和计量规则。

2）引入责任期的担保机制

总承包项目的实施周期长、风险大，因此将履约担保延长至缺陷责任期，一方面有利于筛选优质总承包单位，为全过程履约风险提供有力保障；另一方面取消建设工程质量保证金，进一步释放总承包商的资金压力，提高项目履约水平。

3）引入保险制度和创新监督机制

建立保险单位预选库，工程质量安全风险管理机构受保险公司委托，确立了其独立第三方地位，行使全过程质量风险审查监督职责。

4）完善总承包合同治理体系

根据总承包项目特点和EPC总承包的不同介入节点，规定不同的计价模式，理清各方权责，实现投资管控和质量效率的多重保障。

5）推行首席责任制

总承包项目的首席责任人推荐具有同类项目丰富经验的专业工程师，明确EPC总承包与施工总承包在统筹人员要求上的不同，强调专业工程师为核心的管理组织模式。

6）明确的法律责任

政府投资项目涉及民事责任、行政责任、刑事责任等多种法律责任，责任落实存在不到位的问题。《办法》结合相关法律法规，进一步明确各方法律责任，落实各方主体责任。《办法》明确列出了依法予以处罚和追究刑事责任的情形。

7）对业主及总包的管理进行了定位

业主负责建设项目整体、原则、目标的管理和控制；总承包商负责统一的策划、组织、指挥、协调和全过程控制。

8) 明确不适宜采用工程总承包模式的项目

对个性化要求较高、情况较复杂、建设需求和标准存在较多变数的项目不宜采用工程总承包模式。

9) 对风险分配进行了规范

《办法》除对业主、总承包的风险分担进行了规范外,还要求以联合体形式参与工程总承包项目的,需提交联合体协议书,协议书要约定利益共享和风险共担等内容。

4.7.3 福田总承包项目合同计价模式的创新

总承包模式合同计价模式:

(1) 采取固定总价合同的,发包单位在明确初步设计方案、建设规模、建设标准和招标控制价后,由总承包单位自行编制估算工程量清单进行竞价。地下工程不纳入总价包干范围,采用模拟工程量的单价合同,按实计量。需约定材料和人工费用调整的,在招标时须固定调差材料和人工在工程总价中的占比,结算时以中标价的工程建安费用乘以占比作为基数,再根据事先约定的调差方法予以调整。

(2) 采取下浮率报价和批复的总概算作为上限价结算方式的,由总承包单位编制投资估算,并采用下浮率的形式进行报价,下浮率参照政府相关取费标准和定额计价。发包单位招标时设定招标下浮上限值,参照上一年度市交易中心公布的同类工程中标下浮率,按±8%合理波动范围设定。总承包单位编制的设计方案经发包单位确认后,编报项目总概算。

(3) 采取固定单价合同的,发包单位在明确方案设计、建设规模和建设标准后,负责编制招标估算工程量清单和招标控制价。总承包单位按招标估算工程量清单填报竞价。总承包合同明确约定投标竞价作为最终结算依据,工程量按实结算。

固定单价合同中的固定单价主要是实体工程中的人工费、材料费、机械费、管理费和适当利润的综合单价。在具体的施工过程中,单价是固定不变的,不会受到各个组成因素的影响。由此可见,固定单价合同中价格的风险是由承包商来承担的,然而量的风险却是由发包方来承担的。工程造价主要是由签订合同时确定的单位价格和实际完成的工程量来决定的,其中实际完成的工作量是时刻在发生变化的,所以工程总价也是在变化的,也就是一种"量变价不变的合同"。

固定单价合同在成本概预算以及风险分配方面具有固定总价合同无可比拟的优势,恰恰可以弥补总承包模式在此方面的不足。因此,总承包模式下采取固定单价合同计价模式是符合总承包发展趋势的。

总的来说,福田的EPC管理办法是在总结和吸收国内外理论和实践经验的基础上,形成的具有福田特色的EPC总承包制度。该办法在国内是一套比较系统、完整的规范体系,而且具有非常强的实操性,对于各地发展总承包模式有着重要的借鉴意义。

5 建设工程勘察、设计招标

5.1 建设工程勘察、设计招标概述

1) 建设工程勘察、设计招标概念

建设工程勘察，是指根据建设工程的要求，查明、分析、评价建设场地的地质地理环境特征和岩土工程条件，编制建设工程勘察文件的活动。

建设工程设计，是指根据建设工程的要求，对建设工程所需的技术、经济资源、环境等条件综合分析、论证，编制建设工程设计文件的活动。

建设工程勘察、设计招标是指满足招标条件的前提下，建设单位在招标文件中提出项目的设计条件、技术经济指标和实施条件等，由潜在投标单位按照招标文件的条件和要求，提出工程项目的设计方案和实施计划，最终通过开标、评标、定标环节确定中标单位的过程。

2) 建设工程勘察、设计招标的作用

通过招标投标的方式确定勘察、设计单位，可以有效地提高竞争水平，能够集思广益，起到降低工程造价、提高投资效益的作用。

3) 建设工程勘察、设计发包方式

建设工程勘察、设计发包实行招标发包或者直接发包方式。

国有资金投资占控股或者主导地位的工程建设项目，以及国务院发展和改革部门确定的国家重点项目和省、自治区、直辖市人民政府确定的地方重点项目，除了符合可以进行邀请招标条件的项目外，都应当进行公开招标。

依法必须进行公开招标的建设工程的勘察、设计项目，在下列情况下可以进行邀请招标：(1)技术复杂、有特殊要求或者受自然环境限制，只有少量潜在投标人可供选择；(2)采用公开招标方式的费用占项目合同金额的比例过大。

建设工程的勘察、设计具有以下情形之一的，经项目审批、核准部门审批、核准，可以不进行招标发包：(1)涉及国家安全、国家秘密、抢险救灾或者属于利用扶贫资金实行以工代赈、需要使用农民工等特殊情况，不适宜进行招标；(2)主要工艺、技术采用不可替代的专利或者专有技术，或者其建筑艺术造型有特殊要求；(3)采购人依法能够自行勘察、设计；(4)已通过招标方式选定的特许经营项目投资人依法能够自行勘察、设计；(5)技术复杂或专业性强，能够满足条件的勘察设计单位少于三家，不能形成有效竞争；(6)已建成项

目需要改、扩建或者技术改造，由其他单位进行设计影响项目功能配套性；(7)国家规定的其他特殊情形。

4）建设工程勘察、设计招标的特点

建设工程勘察、设计招标不同于工程项目实施阶段的施工招标、材料设备采购招标，主要体现在以下几个方面：

(1) 勘察、设计招标的类型较多

一般工程项目的设计分为总体规划设计、方案(概念)设计、初步设计和施工图设计几个阶段。建设单位可以依据工程建设项目的不同特点，实行勘察设计一次性总体招标；也可以在保证项目完整性、连续性的前提下，按照技术要求实行分段或分项招标。招标类型有：方案(概念)设计招标、施工图设计招标、方案设计＋初步设计＋施工图设计招标等。

(2) 勘察、设计招标的标的物不同

勘察、设计招标与工程施工、工程材料设备招标不同，后者一般有明确标的物，招标时有统一的工程量以及明确的技术要求；而勘察、设计招标时对设计原则、设计依据、功能需求、设计内容、项目投资限额等内容进行要求，并无具体的工程量，无法对标的物进行精准描述，投标人需要发挥自身主观能动性，将对建设项目的设想转变成可实施的方案。勘察、设计招标的寻求的是智力劳动成果。

(3) 开标形式不同

施工以及材料设备招标时，投标人只需要公开宣布各自的投标报价以及招标文件要求的内容；而对于设计招标，开标时不只是宣读投标书的报价，更重要的是由每个投标人在规定的时间内向评标委员会讲解自己的设计意图、设计构想，以使评委尽快熟悉每个投标方案。

(4) 评标原则不同

施工招标评标时，各项评标因素都有明确的标准和规范，评标方法有综合评估法和经评审的最低投标价法；而设计评标时不是追求设计费报价的高低，评标委员会更加关注的是建设方案的可行性、技术的先进性、方案的合理性，以及对工程项目投资效益的影响，评标方法多采用综合评估法。

5）建设工程勘查、设计招标应具备的条件

依据《工程建设项目勘察设计招标投标办法》(九部委 2013 年 23 号令)，依法必须进行勘察、设计招标的工程建设项目，在招标时应当具备下列条件，包括：

(1) 招标人已经依法成立。

(2) 按照国家有关规定需要履行项目审批、核准或者备案手续的，已经审批、核准或者备案。

(3) 勘察设计有相应资金或者资金来源已经落实。

(4) 所必需的勘察设计基础资料已经收集完成。

(5) 法律法规规定的其他条件。

5.2 投标人的资格审查

5.2.1 资格审查的主要内容

1) 企业设计资质审查

设计资质审查是指对投标单位所持有的设计资质证书等级是否符合招标工程项目的级别要求进行审查。例如：取得工程设计综合资质的企业，可以承接各行业、各等级的建设工程设计业务；取得工程设计行业资质的企业，可以承接相应行业相应等级的工程设计业务及本行业范围内同级别的相应专业、专项(设计施工一体化资质除外)工程设计业务；取得工程设计专业资质的企业，可以承接本专业相应等级的专业工程设计业务及同级别的相应专项工程设计业务(设计施工一体化资质除外)；取得工程设计专项资质的企业，可以承接本专项相应等级的专项工程设计业务。

2) 设计能力审查

能力审查包括设计人员的技术力量和主要技术设备两个方面。人员的技术力量主要考查设计主要负责人的能力以及专业设计人员数量、技术职称等是否满足完成设计任务的需要。技术设备主要考查测量、制图等设备种类、数量，能否满足设计的需要。

3) 类似工程经验审查

主要审查设计单位在近三年内是否承担过与招标工程在高度、结构形式、面积、造价等方面相类似的工程设计任务。

5.2.2 资格审查的方法

对于设计投标人的资格审查主要是考察其是否具备规定的合格性条件，是否有能力和充分的条件完成设计任务。要求投标人报送的资格证明材料主要包括以下内容：

(1) 资格证明文件(包括勘察设计资质证书、营业执照)。

(2) 投标申请人简介。

(3) 同类工程设计经验。

(4) 关键设计人员配备。

(5) 近 3 年获奖情况。

(6) 财务情况。

(7) 其他证明材料。

例 5.1 资格审查材料表

(一) 基本情况表

投标人名称			
注册地址		邮政编码	

（续表）

<table>
<tr><td rowspan="2">联系方式</td><td>联系人</td><td colspan="2"></td><td>电话</td><td colspan="2"></td></tr>
<tr><td>传真</td><td colspan="2"></td><td>网址</td><td colspan="2"></td></tr>
<tr><td>法定代表人</td><td>姓名</td><td></td><td>技术职称</td><td></td><td>电话</td><td></td></tr>
<tr><td>技术负责人</td><td>姓名</td><td></td><td>技术职称</td><td></td><td>电话</td><td></td></tr>
<tr><td>企业设计资质证书</td><td colspan="6">类型：　　等级：　　证书号：</td></tr>
<tr><td>质量管理体系证书（如有）</td><td colspan="6">类型：　　等级：　　证书号：</td></tr>
<tr><td>营业执照号</td><td colspan="3"></td><td colspan="3">员工总人数：</td></tr>
<tr><td>注册资本</td><td colspan="3"></td><td rowspan="4">其中</td><td>高级职称人员</td><td></td></tr>
<tr><td>成立日期</td><td colspan="3"></td><td>中级职称人员</td><td></td></tr>
<tr><td>基本账户开户银行</td><td colspan="3"></td><td>技术人员</td><td></td></tr>
<tr><td>基本账户银行账号</td><td colspan="3"></td><td>各类注册人员</td><td></td></tr>
<tr><td>经营范围</td><td colspan="6"></td></tr>
<tr><td>投标人关联企业情况（包括但不限于与投标人法定代表人为同一人或者存在控股、管理关系的不同单位）</td><td colspan="6"></td></tr>
<tr><td>备注</td><td colspan="6"></td></tr>
</table>

（二）近年完成的类似项目情况表

项目名称	
项目所在地	
发包人名称	
发包人地址	
发包人电话	
合同价格	
设计服务期限	
设计内容	
项目负责人	
项目描述	
备注	

（三）正在设计和新承接的项目情况表

项目名称	
项目所在地	
发包人名称	
发包人地址	
发包人电话	
签约合同价	
设计服务期限	
设计内容	
项目负责人	
项目描述	
备注	

（四）拟投入的主要人员汇总表

序号	本项目任职	姓名	职称	专业	执业或职业资格证明			备注
					证书名称	级别	证号	

(五) 主要人员简历表

姓　　名		年龄		执业资格证书 (或上岗证书)名称	
职　　称		学历		拟在本项目任职	
工作年限				从事设计工作年限	
毕业学校	年毕业于　　学校　　专业				

主要工作经历

时　　间	参加过的类似项目	担任职务	发包人及联系电话

5.3 建设工程设计招标文件

5.3.1 建设工程设计招标文件内容

招标人应当根据招标项目的特点和需要编制招标文件。勘察设计招标文件应当包括下列内容：

(1) 投标须知。

(2) 投标文件格式及主要合同条款。

(3) 项目说明书,包括资金来源情况。

(4) 勘察设计范围,对勘察设计进度、阶段和深度要求。

(5) 勘察设计基础资料。

(6) 勘察设计费用支付方式，对未中标人是否给予补偿及补偿标准。

(7) 投标报价要求。

(8) 对投标人资格审查的标准。

(9) 评标标准和方法。

(10) 投标有效期。

经批准的可行性研究报告(包括新建项目的选址报告)和详尽的设计任务书以及较准确的设计基础材料，是编制设计招标文件的主要依据。

建设工程设计招标文件是指导投标人正确投标的依据，其内容不仅要介绍拟建工程项目的特点和设计要求，还要提出有关投标的规定以及确定中标人的方法。主要包括以下几个方面：

1) 投标须知

作为投标人编制投标文件的指南，包括工程名称、工程地址、占地面积、建筑面积等说明，以及招标文件答疑、踏勘现场的时间和地点、投标文件编制要求、投标文件送达的截止时间等。

2) 设计依据文件

属于投标人编制投标文件并完成设计任务应遵循的基本原则和依据的基本资料。包括：①已批准的项目建议书或者可行性研究报告；②工程经济技术要求；③城市规划管理部门确定的规划控制条件和用地红线图。

3) 设计任务书

即对本次设计的具体要求，包括工作内容、设计范围和深度、建筑功能要求，并明确建设项目的总投资限额。

4) 合同条款

合同条款是招标人与未来中标人签订合同的基础，应采用标准化的设计合同，应包括合同通用条款和专用条款。

5) 设计依据

招标文件应提供设计所需要的基础资料，包括：①可供参考的工程地质、水文地质、工程测量等建设场地勘察成果报告；②供水、供电、供气、供热、环保、市政道路等方面的基础资料。

6) 评审原则以及确定中标人的方法

包括评标委员会的组成、评审的因素、采用的评审方法等，便于投标人有针对性地编制投标文件。

7) 投标补偿条款

由于参与勘察设计投标的投标人在制作投标文件的过程中需进行大量的工作，最终是用成果去参加投标，投标成本很大。因此，在勘察设计招标中特别规定了补偿措施。比如“招标人将对递交了满足完整性要求的投标文件的投标人给予补偿。中标人被授予合同，不作补偿；对评标获第 2 名的投标人补偿人民币 A 万元整；对评标获第 3 名的投标人补偿人民币 B 万元整”等等，这样不仅保证了投标的竞争性，而且使未中标的投标人的利益得到了应有的保障。公开招标的，必须在招标公告中明确；邀请招标的，应当在投标邀请书中明确。

8）知识产权的保护及保密条款

投标人在投标文件中提交的设计方案是一种知识产权，有的甚至包括专利成果，招标人或中标人如果采用了其他未中标人投标文件中的技术方案，经常会涉及关于知识产权的法律纠纷，因此在招标文件中应对此有明确规定。例如：招标人或中标人如果采用了其他未中标人投标文件中的技术方案，招标人或中标人应当征得未中标人的书面同意，并支付合理的使用费。同时，招投标双方应分别为对方在投标文件和招标文件中涉及的商业和技术等秘密保密，违者应对由此造成的后果承担责任。

9）有关投标保证金的说明等

5.3.2 设计任务书的主要内容

设计任务书是整个招标文件的核心内容。包括：

（1）设计文件的编制依据。

（2）国家行政主管部门的规划设计要求。

（3）技术经济指标。

（4）平面布局要求。

（5）建筑功能要求。

（6）结构形式要求。

（7）建筑消防要求。

（8）建筑节能要求。

（9）特殊工程方面的要求。

5.3.3 设计招标文件编制原则

设计招标文件的编制应符合以下原则：

1）严谨性

招标文件以书面形式发放给投标单位，文字的表达必须清楚，没有歧义，以免造成不必要的争议。

2）完整性

招标人应当向投标人提供尽可能详细的设计基础资料，如工程所在地的工程地质、水文地质、气象、周围环境条件等，以便投标人的设计方案更切合实际。

3）灵活性

设计招标不同于其他施工招标、材料设备招标，完全是设计人员依靠自身的技术水平、设计经验进行的创新性活动，因此，招标文件的编制要为设计人员留有较大的发挥空间。

5.3.4 设计招标文件范本

××大学新校区规划设计招标文件

第一章 招标公告

一、招标条件

××大学新校区建设工程项目已由××省发展和改革委员会以××教发〔2018〕11号文批准建设，项目招标人（业主）为××大学，建设资金为省预算内教育基建投资及自筹，招标代理机构为××××咨询有限公司。项目已具备招标条件，本公告已经招标投标监管部门备案，现对××大学新校区建设工程方案设计进行公开招标。

二、项目概况与招标范围

1. 项目名称：××大学新校区建设工程方案设计

2. 建设地点：××××。

3. 建设规模：教学大楼总建筑面积约35 000 m²，投资估算约21 000万元；学生活动中心总建筑面积约8 000 m²，投资估算约4 000万元。

4. 招标范围：××大学新校区教学楼、学生活动中心建设工程方案设计，由中标人完成初步设计、施工图设计及后续相关服务工作。

5. 设计周期：总设计周期为120天。合同生效后30天内完成经建设方认可的方案优化设计，方案审定后30天内完成初步设计，初步设计审批后60天内完成施工图设计。

三、投标人资格要求

1. 具备国内经年检合格有效的企业法人营业执照。

2. 具备国家建设行政主管部门核发的工程设计综合甲级资质或建筑行业（建筑工程）甲级资质。

3. 企业近五年内至少承担过一个规模不小于25 000 m²的公共建筑设计项目。

4. 拟任项目设计负责人应具有国家一级注册建筑师资格并具有工程建设类高级及以上技术职称。

5. 企业及项目设计负责人近3年在建设行业无不良行为记录、经济合同纠纷或其他涉嫌违法犯罪的行为。

6. 单位法定代表人为同一人或者存在控股、管理关系的不同单位，不得参加同一标段投标或者未划分标段的同一招标项目投标。

7. 本项目不接受联合体投标。

四、招标文件的获取

投标申请人须由法定代表人或授权委托人于2018年7月4日至2018年7月9日（每日9:00～11:00，15:00～17:00，节假日、公休日除外）持：

（1）法定代表人资格证明书或授权委托书及身份证；

(2) 营业执照(副本);

(3) 资质证书(副本);

(4) 项目负责人注册证、职称证。

以上材料原件及复印件(加盖公章)至本项目招标代理公司(地址：××市开发区××路106号,××大厦19F1908室)购买招标文件,招标文件售价500元/套,售后不退。

五、投标保证金

1. 投标保证金金额：人民币伍万元整。

2. 缴纳时间及方式：于投标截止时间前(以到账为准)由投标人的企业基本账户转账至招标人指定的投标保证金托管账户,转账时须注明项目名称。

3. 招标人指定的投标保证金托管账户：

户名：××工程咨询有限公司

开户行：××银行××分行营业部

账号：××××

六、资格审查方式及评标办法

本项目资格审查方式采用资格后审。评标办法采用综合评分法。

七、投标文件的递交

1. 投标文件递交的截止时间(投标截止时间,下同)及开标时间为2018年8月6日9时30分,地点为：××大学行政楼一楼报告厅。

2. 逾期送达的或者没有送达指定地点的投标文件,招标人不予受理。

八、设计补偿费

未中标补偿：未中标的且评标排名在第二的投标人可获得设计补偿费拾万元整,排名第三的投标人可获得设计补偿费捌万元整,评标排名在第三名之外的投标人按贰万元分别支付设计补偿费(以上均含税)。

九、发布公告的媒介

本招标公告在××招标投标服务平台、××招投标网上发布。

十、联系方式

招标人：××大学

地址：××市延安西路××号

联系人：李先生

联系电话：××××

招标代理人：××工程咨询有限公司

地址：××市开发区××路106号,××大厦19F1908室

联系人：王女士

联系电话(传真)：××××

第二章 投标须知

一、项目情况及设计依据

1. ××教发〔2018〕11号《关于××大学新校区可行性研究报告的批复》。

2. ××市规用地设字〔2018〕007号《××市规划局关于下达建设用地规划设计条件的通知》。

3.《××大学新校区总体规划设计任务书》。

4. ××大学新校区规划用地范围(见光盘)。

二、资金来源：省预算内教育基建投资及自筹。

三、投标资格要求：具体见招标公告。

四、招标会议程及安排

1. 现场考察

时间：2018年7月12日15:00。

地点：××大学行政楼集中前往。

2. 咨询答疑

时间：2018年7月20日16:30。

地点：××大学行政楼一楼报告厅。

五、投标文件递交

1. 投标截止时间：2018年8月6日9:30前。

2. 递交文件地点：××大学行政楼一楼报告厅。

投标截止时间后送达的标书，招标人将拒收；投标截止时间后，投标人少于3个，招标人将重新招标。

六、投标单位承担编制和递交投标文件所涉及的一切费用，包括考察现场、参加咨询答疑会、标前会等所发生的相关费用。

七、每个投标单位限送一个规划设计方案。

八、开标评标过程由××省××市公证处进行公证。

第三章 投标文件

一、投标文件的语言

投标文件、投标人与招标人之间与投标有关的书面文字均使用中文。

二、投标文件的组成

由商务文件、技术文件(方案设计)、方案设计效果图组成。

1. 商务文件(版面为A4缩印本)包括：

(1) 投标函；

(2) 开标一览表；

(3) 法定代表人资格证明书；

(4) 授权委托书(如有);

(5) 商务、技术条款偏离表;

(6) 投标承诺书;

(7) 服务承诺;

(8) 投标人基本情况表;

(9) 项目设计负责人基本情况表;

(10) 拟投入项目设计人员汇总表;

(11) 拟投入主要设计人员简历表;

(12) 投标人基本情况简介;

(13) 投标人提供的质量和进度保证措施等内容。

2. 技术文件(方案设计)(版面为A3缩印本)部分具体包括:方案设计说明书(包括总图、道路、给排水、污水、电力、通信、照明、景观等设计说明);方案设计图纸[包括总平面图,竖向设计图、功能分析图,交通分析图,景观及绿化分析图等,透视图(两个视点及以上),整体鸟瞰图(包括附近已建建筑物),平面图、立面图、剖面图];投资估算。详见"设计任务书"。

3. 方案设计效果图(暗标,评标用,不得有任何显示或隐示投标人名称的文字和标识)部分具体内容包括:方案设计效果图必须能够反映设计构思,提供如反映建筑环境设计及周边真实情况,大小用A1幅面(设计单位认为有必要增加的其他图纸)。CAD绘图按制图规范,图框由各投标人自行设计确定,但不设图签,不得有任何修饰。效果图用牛皮纸包裹密封完好。

三、规划方案设计要求

详见《××大学新校区规划设计任务书》。

四、投标文件的装订和密封

投标文件的装订和密封应符合下列规定:

1. 密封

第1包:商务文件正本壹份、副本叁份(另附开标一览表壹份,单独信封密封粘贴在商务文件外包装密封袋上,用于开标唱标);第2包:技术文件(方案设计)正本壹份;第3包:技术文件(方案设计)副本玖份(暗标);第4包:效果图壹套(暗标)。

以上4包分包单独密封。

2. 标识

第1包密封包装封口处应有投标人法定代表人或投标人法定代表人授权委托人的印鉴(或签字)及投标人的公章,封皮上应注明招标编号、招标项目名称及标段名称、投标人名称。

第2包封皮上仅注明项目名称和"技术文件(方案设计)正本"字样。

第3包、第4包为暗标,供评标使用,用牛皮纸单独密封,且其密封外包装不得有任何文字和标识。

五、对招标文件及项目情况的解释或澄清

对本招标文件或项目情况要求解释或澄清的投标人，须在投标截止期20天前，以书面(包括信函、传真)形式提交招标人，招标人在投标截止期15天前以书面(包括信函、传真)形式送达所有招标文件收受人。

招标人或投标人收到对方书面(包括信函、传真)形式的函件后，应在24小时内以书面(包括信函、传真)形式回函给对方，确认收件无误。

六、投标文件的修改或撤销

投标文件递交给招标人后，不得修改和撤销。

七、投标文件无效的规定

投标文件有下列情形之一的，视为无效：

1. 投标人不具备投标资格。

2. 规划设计方案内容不全，设计方案的图纸、资料未按照招标文件的规定要求出图、装订、密封。

3. 招标文件所规定文件未加盖单位公章及法定代表人或授权人印章，委托代理人未签字。

4. 投标文件书写潦草、字迹模糊不清，难以辨认。

5. 投标书逾期送达。

6. 不符合招标文件要求。

第四章 开标

一、开标时间：2018年8月6日9:30。

如遇特殊情况推迟开标时间，招标人将以书面形式通知所有招标文件收受人。

二、开标地点：××大学行政楼一楼报告厅。

三、开标会议由招标人主持，投标单位的法定代表人(或负责人)或其授权代理人(以身份证确认)出席开标会议。

第五章 评标、定标

一、评标工作由招标人组建评标委员会负责。

二、评审原则

评审标书应遵循如下原则：

1. 规划设计方案应符合设计任务书及国家有关规范、标准的要求。

2. 规划设计方案应富有创意，具有一定的前瞻性，且社会效益、经济效益、环境效益良好。

3. 总平面设计合理，满足各项设计指标，并做到合理利用土地。

4. 投标的规划设计方案应符合招标文件的要求。

三、评标、定标

评标委员会对各投标单位的设计方案进行评审、排名，评选出前2～3名作为入围方案，入围方案由招标人根据实际情况，确定1名为中标方案。如一次性不能确定中标方案，入围方案的投标人按照评标委员会的修改意见进一步修改后由招标人确定1名中标方案。

四、招标人在确定中标方案后，将中标结果书面通知所有投标人，并向中标方案的设计单位发出中标通知书。

五、所有投标方案成果归招标人所有，中标单位须根据招标人及评委建议和其他规划设计方案优点，无偿完善中标方案直至获得招标人所在地政府主管部门批准，并无偿制作提供最终成果的模型(1∶500)。

第六章 本次招标活动的其他说明

一、本次招标活动中发生的招标人与投标人一切纠纷适用中华人民共和国法律、法规。

二、本次投标不接受联合体投标。

三、所有投标人为本项目招投标活动创作的设计成果，在交付招标人后，其载体所有权归招标人，均不再退还，务请投标人自留备份。

四、经本次招投标活动确认的一切有效投标文件的设计成果，招标人享有独家使用该设计成果的权利，招标人有进一步修改和完善的权利，投标人不得再行使用或转让。

五、所有投标人应保证设计成果没有侵害他人合法权益，否则，由此产生的后果，由投标人承担相应的法律责任。

六、以上所述的“设计成果”，系指第三章第二条所列的全部内容。

第七章 ××大学新校区总体规划设计任务书

一、项目名称

××大学新校区规划。

二、学校概况

××大学是一所具有百年办学历史的高校。校园占地面积4 300多亩，建筑总面积120万平方米。学校的发展目标是“国内有地位、国际有影响的高水平教学研究型地方综合性大学”。

三、建设地点及总体规模

××大学新校区位于××市区西南，占地约1 020亩，除拟建240亩左右试验农田外，实际规划面积780亩左右。按全日制在校本科生、研究生5 600人规模进行规划设计，规划建筑面积为21万平方米左右。迁入新校区4个学院(各学院的规模及学科特点见附件4)。2001年学校建成本校民办学院一期工程，目前正在进行本校民办学院二期工程建设。二期工程建成后，本校民办学院占地面积500余亩，建筑面积20万平方米左右，学院学生发展规模为10 000人(见附件6)。考虑到新校区与本校民办学院相毗邻，在新校区规划设计中，应考虑与本校民办学院的关系，充分考虑资源共享。

四、自然状况及建设条件

1. 自然状况

××大学新校区地势平坦，地理位置与自然条件十分优越。用地大致呈梯形，东西长约700米，南北宽约740米，高程为4.6米至5.8米。新校区邻近××大桥，水陆交通便利，西邻本校民办学院及某市居住用地；南界为××路；东界为××路；北界为××市南绕城高架桥公路。详见××大学新校区规划用地范围(附件7)。

2. 建设条件

××市属亚热带湿润气候区，四季分明，气候温和，年均气温16.7℃，年降水量809毫米，年日照时间2 112.7小时，全年无霜期214天。

五、新校区规划指导思想

根据学校“十三五”事业发展目标和远景发展规划，本着前瞻性与务实性相结合的原则，科学合理地进行规划方案设计，做到“整体协调，科学分区；适度超前，留有余地；按群组团，方便实用；以人为本，持续发展”，努力把新校区建成人性化、文化型的精品校园，数字化、智能型的现代校园，生态化、环保型的绿色校园，为学校的进一步发展提供强有力的支撑保障。

六、新校区规划总体要求

新校区规划的总体要求是以人为本、科学合理、功能完备、特色鲜明，既传承历史文化，又具现代特色。大学校园是教书育人和科学研究的场所，是知识产生和传播的源泉，应形成高等学校自身独特的文化氛围，创造高品位校园特色。

1. 通过规划设计的前瞻性、功能的先进性等时代特色的运用，充分体现人性化、网络化、数字化、生态化的特点，做到使用功能合理，公用服务设施齐全，有利于教学科研的发展；有利于师生交流；有利于学科间的交叉渗透和边缘学科的产生、发展；有利于仪器设备、图书资料和基础设施等校园资源的共享和方便管理。

2. 新校区规划分区主要包括教学区、学生生活区、运动区等功能区，要注意处理好各功能分区的关系，各功能区建筑及环境设计应有特色及个性，整体要协调。学院建筑或组团，应充分体现学院特点。同时，考虑与相邻本校民办学院的关系。注重外部开放空间和建筑内部空间的连续。

3. 新校区建筑风格及处理手法应有特色。风格力求简洁、明快、流畅、高雅。规划设计中要突出2～3个“亮点”，可以是具有标志性的建筑(或组团)，也可以是具有特色的空间景观。规划设计强化建筑融于园景的理念，适度布置各类建筑小品和建筑雕塑，营造浓厚的文化氛围和优美的校园环境。

4. 新校区规划应结合校园雨水排放，规划和利用好校园水系、绿化、人造山坡等，着力营造既开放又围合的校园生态环境。注意因地制宜保留现有主要水系，此外校园还应有适当的水面，使之成为一道亮丽的风景。校园水系应与校外自然水系沟通，形成活水水域，为校园增加动感和灵气。并通过校园水系的建立，充分利用好水资源。

5. 教学区、学生生活区等功能区应规划预留今后1～2个学院的建设空间。预留的建设用地应通过适当的绿化过渡。

七、新校区规划具体要求

1. 新校区周边分界线应认真推敲，尽量满足无围墙的要求。在××路和××路上均设置校园出入口。出入口是学校的形象代表，也是从城市到校园的转折点，应与周边环境相协调，同时也要具有鲜明的特色。

2. 交通组织要做到合理、安全，充分体现适度超前的原则；并应充分考虑汽车及自行车停放，有效利用空间。交通道路系统布置应结合环境设计，考虑与本校民办学院的道路系统相衔接，主干路网应简洁、便利。主干路网不仅具有组织交通和合理功能分区的作用，还应成为重要的景观线，要便于大小不同的单体错落布置。道路两侧空间应错落有序，融为一体。

3. 教学区的建筑(或组团)主要安排公共教室、公共实验室、图书信息中心、各学院建筑等。公共教室、公共实验室主要集中安排公共课和专业基础课的教学、实验；各学院建筑或组团主要安排各学院专用教室、实验室、科研用房及院系行政办公用房等。注意有重装备及有废气、废水处理排放等专业要求。图书信息中心应包含图书阅览、学术交流、信息接收与传播、远程教育等功能。

4. 校区绿化、景观与环境设计应考虑多层次绿化，配合水面景观，注意在整体协调的基础上突出重点。新校区建筑以多层为主，并应充分考虑自然通风、采光效果，主要建筑可适当考虑中央空调。充分考虑绿化、景观、水系、道路等与建筑物之间的关系，通过绿化、景观造型，使校园建筑与自然环境融为一体。

5. 运动区主要服务对象为我校师生，适当考虑区域共享、对外开放。大学生活动中心、会堂和风雨操场可考虑合并建设为多功能文体综合馆，并配置相应的停车场等配套设施。要建设一个标准400米跑道田径场(带看台)，篮球场、排球场、网球场、器械场(也称健身长廊)等其他运动场地按规范标准配置。除核心文体活动区域之外，可根据规划要求，适度配置休闲活动区域，满足文体、休闲及各种集会的要求。

6. 学生生活区主要包括学生公寓、室外休闲活动场地以及配套设施。学生公寓的设计应注重环境景观以及内外交往空间设计，充分考虑到育人环境的营造。学生公寓拟以4∶2配置，即本科生四人一间，研究生两人一间。每间单独设卫生间、盥洗室，人均10平方米左右(研究生可适当增加)。公寓均配备家具、电话、电脑和网络接口等，预留热水器、空调管道及摆放位置。规划设计时应充分考虑管理上的方便和高效。

7. 后勤生活服务方面除了满足学校后勤保障和为学生服务功能之外，还应考虑大学生交往、交流场所和空间，主要考虑学生食堂(含对外交流接待餐厅)、浴室、超市、医务室、银行、邮政、后勤管理服务用房等。

8. 在规划设计时，配电、通信、网络、供水、供热、防洪等要规划到位，并留有足够的扩展空间，管道全部采用暗敷设。注意考虑污水、废水、废气的组织处理与排放，最大限度地引入环保、节能、计量概念，强化节水、节电意识。

9. 在规划设计时，要充分考虑现代技术的发展，并按照数字化校园的技术要求，规划设计校园通信、网络设施，使校园网覆盖整个新校区（含本校民办学院），满足教学及教学管理信息化、办公管理信息化以及学生服务信息化的要求。

九、本次规划参考依据

1. ××教发〔2018〕11号《关于××大学扩建新校区可行性研究报告的批复》（因情况变化，其中的面积指标不作为依据）。

2.《普通高等学校建筑规划面积指标（建标191—2018）》。

3. ××市规用地设字〔2018〕007号《××市规划局关于下达建设用地规划设计条件的通知》。

4.《××大学新校区总体规划设计任务书》。

5. 国家颁布的相关设计法规、规范等。

附件：

1. ××教发〔2018〕11号《关于××大学扩建新校区可行性研究报告的批复》。

2. ××市规用地设字〔2018〕007号《××市规划局关于下达建设用地规划设计条件的通知》。

3.《××大学新校区总体规划设计自然条件》。

4. ××大学新校区各院系的规模及学科特点一览表。

5. ××大学新校区规划建设项目情况。

6. 本校民办学院相关情况及资料。

7. ××大学新校区规划用地范围（包括本校民办学院现状）。

5.4 设计招标的开标、评标与定标

5.4.1 开标程序

1）参加开标会议的有关单位、人员签到

按照招标文件规定的时间和地点，招标人代表、投标人代表、公证处以及相关纪律监督部门人员准时参加，并在会议签到簿上签到。

2）按规定时间宣布开标会议开始

开标会议宣布开始后，首先由会议主持人致辞并介绍投标单位、招标人代表以及相关监督人员，然后当众宣读评标原则、纪律以及确定中标人的方法。

3）检查投标文件的密封情况

由招标工作人员对密封完好的投标文件当众拆封。经投标人或者其推选的代表以及应邀出席的有关监督部门或者公证机构的工作人员检查，确认密封情况完好的投标文件，由工作人员在所有到场人员的共同监督下当众拆封，并由招标投标双方代表和监督人员签字。

4）介绍投标文件的内容

在招标人的主持下召开投标文件介绍会，全体评标委员会即相关监督人员和公证人员参加。由投标人按照抽签的顺序，利用模型、效果图、幻灯片等对投标设计方案进行详细的讲解和论述，以期能够使评标委员们更加深入地了解方案的设计构想以及可行性。在一家投标单位“讲标”的同时，其他投标单位必须予以回避。方案介绍的时间一般不超过 45 分钟。所有投标单位方案介绍完毕后，将由评标委员会进行详细评议。

5.4.2 开标时注意事项

1）评标委员会的组成

根据《评标委员会和评标方法暂行规定》（七部委 12 号令），评标委员会由招标人负责组建。鉴于设计招标评标的特殊性，招标人应当聘请本行业的专家组成，评标委员会人数一般为 5 人以上单数，其中技术方面的专家不得少于成员总数的 2/3。但是评标成员存在下列情形的，应当回避：

（1）投标人或者投标人主要负责人的近亲属。

（2）项目主管部门或者行政监督部门人员。

（3）与投标人有经济利益关系，可能影响对投标公正评审的。

（4）曾因在招标、评标以及其他与招标投标有关活动中从事违法行为而受过行政处罚或刑事处罚的人员。

2）检查投标书的有效性

开标时要首先检查投标文件是否符合招标文件中规定的要求，如果存在下列情形之一的，应宣布投标文件无效：

（1）投标文件未经密封的。

（2）无相应资格的注册建筑师签字的。

（3）无投标人公章的。

（4）建筑师未注册或建筑师受聘单位与投标人不符的。

5.4.3 评标原则和评标程序

1）评标原则

设计招标是针对建设项目方案的选择，因此投标设计方案的合理性、经济性、科学性是评选的主要因素，以获得最佳的投资效果。设计费用在工程造价中所占的比例较小，因此不应过分追求设计费用的报价高低。

2）评标程序

对于设计方案的评审由于专业分工较多，因此对评标委员会成员的要求也较高。对于大型复杂的工程设计方案评选，评标委员会通常按专业划分评标小组针对不同的内容进行评审，然后按照评标规则进行量化打分，综合评审得分最高的 2～3 家单位作为推荐的中标候选人。下面介绍较为规范的评标程序以供参考。

(1) 评委按专业分工对所有投标文件中的分项内容进行审查并进行记录。下列部分应由全体评委共同评审：

① 总平面布置图。

② 是否符合城市规划、消防、节能环保要求。

③ 工程投资估算合理性及控制工程造价措施。

④ 设计组织和技术服务。

⑤ 企业资质、类似工程业绩、获奖情况。

⑥ 设计费用报价。

评审主要针对各个投标书提供的设计方案的经济、技术、功能和造型进行评选、评价，分析方案的可行性。

(2) 由投标人澄清问题

评标委员可以针对各个投标设计方案的有关疑问分别邀请投标人进行解答，但是提出的问题不应超出招标文件的范围。由于澄清的目的是为了进一步明确投标单位的设计构想，因此对于投标文件的错误和漏项，不应作为向投标单位提出的问题，评委也不应当向投标单位提出带有暗示性或者诱导性的问题，以保证投标竞争的公正性。

(3) 评分或投票

① 评分。评标委员会的全体评委应当依据招标预定的评分细则，依据自身对于设计方案的评审进行打分。

② 投票。投票可以分为有记名投票和无记名投票。

(4) 评标报告

评审结果确定后，评标委员会应填写评标报告，推荐候选中标单位。评标报告的内容包括：评标委员会的组成，递交投标书的投标单位，各投标方案评审意见，评审结果以及推荐的中标候选人排序，有关澄清、答疑书面纪要。评标委员会应当按排序的高低向招标人推荐 3 个中标候选人。

5.4.4 评审内容

不同的投标书设计方案各不相同，需要评审的内容较多，综合起来可以分为以下方面：

1) 设计方案的合理性

评审的主要内容主要包括：

(1) 设计构想是否可行。

(2) 总体布置是否合理。

(3) 建筑功能布局是否符合招标要求。

(4) 建筑外形、色调是否与周围环境协调。

2) 投资控制

评审的主要内容包括：

(1) 建筑标准是否合理。

(2) 投资控制措施是否可行。

3) 设计经验和社会信誉

投标人的类似工程设计经验以及获奖情况也是考察投标人设计能力的重要方面。

4) 设计报价

在设计方案水平相当的投标人之间进行评选，设计费用报价也是需要考虑的一个因素。

5.4.5 定标与签订合同

1) 设计招标定标

招标评标委员会完成评标后，应当向招标人提出书面评标报告，推荐合格的中标候选人。评标委员会推荐的中标候选人应当限定在1～3人，并标明排列顺序。招标人应在接到评标委员会的书面评标报告后15日内，根据评标委员会的推荐结果确定中标人，或者授权评标委员会直接确定中标人。使用国有资金投资或国家融资的工程建设项目，招标人一般应当确定排名第一的中标候选人为中标人。确定中标人后，招标人应向中标人发放中标通知书。

2) 签订设计合同

招标人和中标人应当自中标通知书发出之日起30日内，按照招标文件和中标人的投标文件订立书面合同。签订合同后，招标人对于未中标的投标人应根据招标文件的约定给予经济补偿。

6 建设工程监理招标

6.1 建设工程监理招标概述

建设工程监理是指具有相应资质的监理单位受工程项目建设单位的委托，依据国家有关工程建设的法律、法规，以及将行政主管部门批准的工程项目建设文件、建设工程委托监理合同，对工程建设实施的专业化监督管理。

自1988年起在工程建设领域实行的工程监理制度，是我国学习国外先进的工程管理经验，在建设工程领域实行的一项重大改革，其目的在于提高建设工程的质量和投资效益。

《建设工程监理范围和规模标准规定》明确规定了必须实行监理的工程有：(1)国家重点建设工程；(2)大中型公用事业工程；(3)成片开发建设的住宅小区工程；(4)利用外国政府或者国际组织贷款、援助资金的工程；(5)国家规定必须实行监理的其他工程。

6.1.1 实行建设工程监理招标的意义

进一步规范招投标活动，是提高工程建设质量的重要措施。我国多年来的实践证明，建设监理制度对提高和保证建设工程质量是十分有效的。为了进一步巩固并完善监理体系，加强建设监理的作用，从而进一步提高建设工程质量，实行强制性监理招标投标的工作势在必行。

进一步规范招投标活动，是完善社会主义市场经济体制的有力措施。由于我国监理业的蓬勃发展，从事监理工作的人员数量也越来越多，形成了一支颇具规模的监理队伍。与此同时，监理业的市场竞争也越发激烈，造成一些不和谐、不规范的现象产生，有的投标人串通投标，以弄虚作假和其他不正当手段骗取中标。由于这种现象的存在，一方面监理企业的利益受到损害，另一方面业主也深受其害，更重要的是还会使建设工程质量得不到保证，这些问题需要通过健全制度、完善机制、强化监督、规范行为来切实加以解决。

6.1.2 建设工程监理招标对监理企业的要求

建设监理实行招标投标，对监理企业的要求提高了。换言之，监理企业必须要适应招标投标制度，了解招标投标的要求，思考如何充实、提高自身的实力。

首先是重视总监理工程师的作用与培养。我国建设监理是实行总监理工程师负责制。总监理工程师是监理项目的责任主体，是实现监理项目的最高责任人。项目总监理工程师既要对业主建设目标负责，又要对监理企业负责，是监理项目实施过程中责、权、利的主体与核心。总监理工程师要负责协调好参建各方的关系，使各方配合密切，协调一致，搞好建设项目的监理全面工作。因此，总监理工程师在建设监理中起着重要的、任何人不可替代的作用。由此可见，监理项目的监理效果及其成败，总监理工程师要承担重大责任。故对总监理工程师自身素质的要求很高，必须是公平公正、廉洁守法、知识渊博、技术过硬、责任心强的复合型人才。

监理企业必须根据其自身的需要，建立有系统的培训制度，制订出总监理工程师队伍的培养计划。其中，选择好的总监理工程师的候选人尤为重要。将善于办实事、有职业道德、素质好、有培养前途的优秀人才选出来，作为后备人选。并根据各人的特点和实际条件制订出各人的培养计划，使其掌握基本专业技术、管理、经济、法律等知识。然后与实践相结合，委派他们去监理项目上锻炼，逐步成长为一名称职的总监理工程师。

其次是创立监理企业的信誉。创建知名度企业是监理公司的目标，以此适应市场的需求。事实上监理竞争的悬念，是业主对监理单位的了解和信任。业主通过多种渠道全面考察监理单位的社会信誉、人员素质、监理能力等，选择值得信赖的监理单位。根据合同法，监理合同属于委托代理合同，委托人授权被委托人代表自己行使某种权利。业主作为建设项目的第一责任人，理所当然地要委托自己了解和信任的单位代理行使监督和管理工作的权利。所以说监理人员都要把建立本监理企业的信誉放在首位，想业主之所想、急业主之所急，做好每项技术服务，建立起一套具有本公司特点的监理管理体系。加强预控措施，提高监理工作的满意度，树立本企业的形象。

6.1.3 建设工程监理招标的特点

与工程项目建设中其他各类招标相比，建设项目工程监理招标具有以下特点：

1) 监理招标的标的是监理服务

与工程项目建设中其他各类招标的最大区别表现为监理单位不承担物质生产任务，只是受招标人委托对生产建设过程提供监督、管理、协调、咨询等服务。鉴于监理标的具有的特殊性，招标人选择中标人的基本原则是“基于能力的选择”，投标人履行监理合同的能力，监理规划及其拟派的监理机构人员的构成成为选择的重点，投标人的报价所占的权重很小，这也是监理行业的特点所决定的。

2) 监理人员的能力作为监理招标的重点评价因素

监理服务是监理单位的高智能投入，监理服务工作质量完成的好坏不仅依赖于执行监理业务是否遵循了规范化的管理程序和方法，更多的主要取决于参与监理工作人员的专业知识、工程管理经验、对事物发展的判断能力和创新想象能力等。监理服务的质量，直接影响整个工程管理水平，影响到工程的质量、进度和投资。因此，招标选择监理单位时，鼓励的是能力的竞争，而不是价格竞争。因此，监理单位响应招标文件的监理规划及其拟派的监理人员的能力就作为监理招标的重点评价因素。

3) 报价在选择中居于次要地位

因为监理招标是基于能力的选择，当监理价格过低时监理单位很难派出高素质的监理人员，很难把招标人的利益放在第一位或者无法保证监理人员数量，也就无法提供优质服务，"优质优价、低价质差"是市场规律的一个法则。因此，监理招标对于取费必须在满足国家取费标准范围内来进行评价。从另一个角度来看，服务质量与价格之间也有相应的平衡关系，所以招标人应在能力相当的投标人之间再进行价格比较。

6.2 建设工程监理招标

6.2.1 建设工程监理招标中投标人资格审查

资格审查工作是招标人确定潜在投标人的短名单，无论是采用公开招标或是邀请招标，资格审查工作都是必需的。这个过程主要是考察投标人的资格条件、经验条件、资源条件、公司信誉和承接新项目能力等几个方面是否能满足招标监理工程的要求。

(1) 资格条件：包括资质等级、营业执照注册范围、隶属关系、公司组成形式及所在地、法人条件和公司章程。

(2) 经验条件：包括已监理过的工程项目、已监理过的与招标工程类似的工程项目。

(3) 现有资源条件：公司人员情况、开展正常监理工作可采用的检测方法和手段、使用计算机软件的管理能力。

(4) 公司信誉：监理单位在专业方面的名望、地位，在以往服务过的工程项目中的信誉，是否能全心全意的与业主和承建人合作。

(5) 承建新项目的监理能力：正在进行监理工作工程项目的数量、规模，正在进行监理工作各项目的开工和预计竣工时间。选择投标人的合格条件可以从以上几个方面的内容来审核，资格审查合格的单位应具有能力和资格完成招标工程的监理工作。招标人不得以不合理的条件限制、排斥潜在投标人，不得实行歧视待遇。

6.2.2 建设工程监理招标文件

1) 建设工程监理招标文件的编制依据

(1) 国家有关法律、法规及地方文件。《中华人民共和国建筑法》《建设工程质量管理条例》《工程监理企业资质管理规定》《中华人民共和国招标投标法》《评标委员会评标方法暂行规定》等国家文件、法规及当地有关补充文件。

(2) 本建设项目前期资料和设计文件。本建设项目规划、投资决策、可行性研究文件、项目前期地质勘探资料、气象资料、水文资料、交通情况、材料供应情况、项目投资资金概况、项目初步设计说明、施工图设计等。

(3) 监理市场调研资料。目前国内监理业及监理市场、主要监理公司确切的实际情况。如监理质量、取费情况;监理范围;监理人员水平;监理机构组成;主要监理公司的业绩;监理公司的特点、信誉、所有制、可靠性以及各业主对监理公司的评价等。

(4) 有关的技术文献和技术规范。与本建设项目相关的主要设计规范、施工验收规范、各类现行标准;相关的主要设计、施工技术文献;新材料、新工艺、新设备;当地行政法规及基建程序规程等。

2) 建设工程监理招标文件的编写内容

招标文件是投标人编制投标文件的依据,作为监理的招标文件应着重工程项目的综合情况介绍,通常由以下几部分组成:

(1) 投标邀请书

招标人发给已确定的投标短名单内的监理单位的信函。

(2) 投标须知

投标须知是投标人参加投标竞争和编制投标文件的主要依据,内容要尽可能完整、详细。

一般情况下包括以下几方面内容:

① 工程的综合说明。工程项目的建设内容、规模、工程等级、地点、总投资、现场条件、预计的开竣工日期等。

② 委托的监理任务大纲。监理大纲是招标人准备委托的工作范围,包括:

A. 工程项目建设监理范围和总目标。

B. 工程项目建设监理工作内容和工作流程。

C. 工程项目建设监理组织。

D. 工程项目建设监理制度。

E. 项目监理目标控制措施(内含:a. 质量控制的主要措施;b. 进度控制的主要措施;c. 投资控制的主要措施;d. 合同管理的主要措施;e. 信息管理的主要措施;f. 安全和文明生产管理;g. 组织协调的主要措施)。

投标人依据以上内容编制监理大纲。大纲内说明的工作内容,可以允许投标人根据其监理目标的设定作出进一步的完善和补充。

③ 合格条件与资格要求。包括3个内容:一是说明本次招标对投标人的最低资格要求,对资质的要求、对监理人员的基本要求、对监理技术的要求等;二是本次投标的评审内容、评审方法;三是投标人应提供资格的有关材料等。

④ 招标投标的程序。这里包括两方面的内容:第一是有关招标投标活动的时间、地点的安排,比如现场考察、投标截止日期等;第二是对投标文件编制和递送的要求。

⑤ 监理酬金计算方式及监理取费。监理费报价是投标单位对工程项目监理的费用核算,最终提出监理费总金额。监理费支付办法是招标单位对监理费支付的承诺,详细列出各监理阶段支付监理费的百分率。

⑥ 评标考虑的要素及评标原则和方法。

(3) 合同草案

招标人与中标人签订的监理合同应采用建设部和国家工商行政管理局联合颁布的《建设工程监理合同》(GF-2012-0202)标准化文本，合同的标准条件部分不得改动，但是双方可以结合委托监理任务的工程特点和项目地域特点，针对标准条件中的要求予以补充、细化或修改。

(4) 工程技术文件

工程技术文件是投标人完成委托监理任务的依据，包括以下内容：

① 工程项目建议书。

② 工程项目批复文件。

③ 可行性研究报告及审批文件。

④ 应遵守的有关技术规定。

⑤ 必要的设计文件、图纸和有关资料。

(5) 投标文件格式。

一般来说招标文件中给出的标准化法律文书通常包括以下内容：

① 投标文件格式。

② 监理大纲的主要内容要求。

③ 投标单位对负责人的授权书格式。

④ 履约保函格式。

监理单位有了上述内容的招标文件，在投标时才能根据工程实际情况，有的放矢地编制体现投标人能力的监理方案，配置监理人员，配置监理设施以及确定投标策略。如果对上述条件叙述不全面或叙述过于简单，则监理招标投标只能停留于形式，无法真正对投标人的能力进行评比，不利于招标结束后的监理合同谈判工作，不利于工程履约。

6.3 建设工程监理招标、开标、评标与定标

6.3.1 建设工程监理招标开标

1) 开标程序

(1) 按招标文件规定的日期、时间和地点，由招标人或招标代理机构主持举行开标仪式，宣布会议开始。介绍参加会议单位及各个单位到会的主要人员，宣布招标单位法人代表姓名及证件或法人代理人姓名及授权委托书。《授权委托书》应有单位公章和法人代表签名或盖章。

(2) 为了保证开标的公正性，还可以邀请相关单位的代表，如招标项目主管部门人员、评标委员会成员、监察部门代表及公证人员参加。

(3) 招标单位或代理机构检验各投标单位法人代表证件或法人代理人的授权委托书

和身份证件，检验投标人的总监理工程师证书及身份证复印件。

(4) 请投标人或者其推选的代表，也可以由招标人委托的公证机构当场对投标书的密封、签署等情况进行检查，以确认其有效性。

2) 唱标工作

(1) 唱标根据招标文件规定按各投标人报送投标文件的时间先后顺序进行。

(2) 由投标人宣读投标简况一览表，由招标工作人员宣读投标人名称、投标价格和投标文件的其他主要内容，并由记录人逐一记录。

(3) 唱标做好的记录内容，应请投标人法定代表人或授权代理人签字确认。

3) 废标处理

开标时如遇下列情况之一者，均应宣布废标：

(1) 未密封或书写标记不符合招标文件要求的标书。

(2) 未加盖单位公章和法人代表或法人代表委托代理人印章的标书。

(3) 未按规定格式填写，内容不全或字迹不清无法辨认的标书。

(4) 逾期送达的标书。

(5) 投标人未按照招标文件的要求提供投标保证金或者投标保函的。

6.3.2 建设工程监理招标评标

1) 评标原则

(1) 评标由招标人依法组建的评标委员会负责。

(2) 评标委员会应按照严肃认真、公正、公正、客观全面、科学合理、严格保密、竞争优选的原则进行评标，保证所有投标人的合法权益。

(3) 任何单位和个人不得非法干预，影响评标的过程和结果。

(4) 评标委员会可以要求投标人对投标文件中含义不明确的内容作必要的澄清或说明，但澄清或说明不得超出投标文件的范围或改变投标文件的实质性内容。

(5) 评标委员会经评审，认为所有投标都不符合招标文件要求的，可以否决所有投标。

2) 评标标准和方法

评标委员会应当按照招标文件确定的评标标准和方法，对投标文件进行评审和比较，这实质上也是保证了评标的公正性和公平性。目前，监理招标的评标应充分体现监理招标的特点，突出对投标人能力的评比。

(1) 建设工程监理评标的原则及主要内容

① 技术能力是否达到工程监理要求。

② 管理能力是否符合工程监理要求。

③ 监理方法是否科学。

④ 监理措施是否先进可靠。

⑤ 监理取费是否合理。

(2) 建设工程监理评标方法

监理评标通常采用综合评分法,具体细分为综合评议推荐法和评分法两种。

① 综合评议推荐法

评标委员会各成员对每份投标书按照规定的评审要素进行充分的讨论、评议和比较后,提出书面评标意见。评标委员会综合各评委的意见形成一份推荐意见书,将最大限度地满足招标文件中规定的各项综合评价标准的投标书推荐为中标候选人。其评标一般要考虑以下因素:

a. 总监理工程师。

b. 监理组成员的基本情况。

c. 工程监理大纲与管理措施。

d. 测量与试验的措施。

e. 监理费用的报价。

f. 监理单位的业绩与信誉。

g. 监理单位近期承接的监理任务情况。

此种评标方法较为简单,对于工程技术要求不高、难度低、规模较小或工程设计工作尚未完成的项目较为适用。

② 评分法

对招标文件中所载明的各项评审要素按其重要性分别确定其分值,由评委按各投标文件对每个评审要素的阐述情况相比较进行评分,并计算出各评委评定的总分,然后综合各评委所打出的分值取其平均值,得高分者中标。此方法在评定因素较多而且繁杂的情况下,可以综合地评定出各投标人的素质情况,既是一种科学的评标方法,又能体现平等竞争原则。

3) 评标委员会的组建

根据《招标投标法》对评标委员会的专家条件及人数比例的要求,监理评标委员会中应该是精通工程监理,懂工程管理,具备与招标工程相关专业知识的专家,且人数应占评标委员会总人数的2/3以上。同时对这些具备基本素质的专家还要组织培训,在不断提高业务水平的同时还应提高相关法律知识和提倡敬业精神。只有这样组成的评标委员会才能对各投标人实施监理合同的能力作出科学的评价,优选出最佳监理单位。

4) 评标程序

(1) 评标准备

评标活动开始以前,评标委员会成员应当认真研究招标文件,了解招标的目标、监理的任务范围和内容、主要的技术要求与标准、评审要素等。招标人应向评标委员会提供有关招标的重要信息和数据,如该项目的周边情况、项目开发的预期目标、项目建设进展情况等。

(2) 初步评审

初评的目的是审查投标人标书是否完整、有效,在主要方面是否符合招标文件的要求，故又可称投标文件的符合性检查。对于未实质响应招标要求的投标文件作为不合格投标，不进入详细评审。未实质性响应招标情形主要有以下几种：投标文件内容不全的；资格评审不合格的投标；联合体参加投标，但其成员组成发生实质性改变且未征得招标人同意的；未按招标文件规定提供投标保证书及其他保证的，或者提供的保证不符合要求的；监理报价浮动率超过招标文件规定的；总监理工程师所持有的证书不符合招标文件要求的；对投标文件中出现的细微偏差，评标委员会可以要求投标人予以补正而投标人不响应的。

经过初步审查，合格的投标文件进入下一轮详评阶段。一般在初评之后，对投标文件在报价方面，标书的响应性已有了一定的认识，评委有可能对潜在的前几名投标人作为重点考虑对象了，所以初评阶段的审查内容对投标和评标来说也是十分重要的。

(3) 投标澄清

评标委员会可以要求投标人对投标文件含义不明确、不一致或者有明显文字和计算错误的内容作必要的澄清、说明或者补正。澄清、说明或者补正应以书面方式进行，并且不得超出投标文件的范围或者改变投标文件的实质性内容。对于采用高新技术、技术要求难度较大或重大工程，或投标文件中有些尚未阐述很明白需解释的，可用总监答辩的形式说明。

(4) 总监答辩

投标书中所表述的要点进行评审是一种平面的评标方式，对投标单位的业绩、派出的人员情况和投标的基本情况的了解只限于书面表述，其水平的高低，对工程的认识、措施、能力等情况主要凭所写内容。而通过总监答辩方式就使评标走向了立体，这种立体化的评标是很直观、真实的，能看到派出的总监的工作能力、专业知识的深度和广度，实际考察了总监的协调能力，能使评标看到一个真实的投标人。

(5) 详细评审

经初步评审合格的投标文件，评标委员会应当根据招标文件确定的评标标准和方法，对其技术部分和商务部分作进一步评审、比较。在评标过程中应考虑的评审要素及评判标准，在评标细则中应载明。

评审程序：采用评分法时，评标委员会先对投标文件中技术部分进行评审，得出各投标文件的技术标的评价，技术标评审结束后再开启商务标，对商务标进行评审，最后将评标委员会技术标和商务标的评价进行综合，得出每个投标文件的最终评价。

① 技术评审内容

A. 实施细则。可以从以下几个方面审查：

a. 监理工作的指导思想和工作目标。查看其是否理解了发包人对该项目的建设意图，工作目标在内容上是否包括了全部委托的工作任务，监理目标是否与投资目标和建设意图相一致。

b. 项目监理班子的组织机构。在组织形式、管理模式等方面是否合理，是否结合了项目实施的具体特点，能否与发包人的组织关系相协调等。

c. 工作计划。在工程进展中各个阶段的工作实施计划是否合理、可行，审查其在每个阶段中如何控制项目目标，以及组织协调的方法。

d. 对工期、质量、投资进行控制的方法。对各方面的控制手段还应进一步划分审查内容，看其如何应用经济、合同、技术、组织等措施保证目标的实现，方法是否科学、合理、有效。

e. 计算机的管理软件。审查其所拥有和准备使用的管理软件类型、功能是否满足项目监理工作的需要。

f. 提出的管理方案是否有创造性。这部分内容主要是审查用于监理服务的技术手段是否先进，附有详细说明的替代方案是否有实用价值。

B. 派驻人员计划。可以从以下几个方面审查：

a. 总监理工程师人选。工程项目建设监理，实行的是总监理工程师负责制。因此，总监理工程师的人选是否合适，是执行监理任务成败的关键。主要根据项目本身的特点，审查其学历、专业、年龄、以往的工作成就等一般条件是否符合要求。除此之外，更应侧重于审查他在以往所监理工程中所担任的职务、与本项目类似工程的工作经验、对项目的理解和熟悉程度、应变与决策能力、专业水平和管理能力、责任心等。

b. 从事监理工作的其他人员。参与监理工作的人员还包括专业监理工程师和其他监理人员。从标书中所提供的拟派驻项目人员名单中，审查主要监理人员的学历、专业成就、职务，参与过哪些工程的监理工作。

c. 拟派驻监理人员的专业满足程度。应根据项目特点和准备委托监理任务的工作范围审查其人员组成，不仅考虑是否包括经济师、土建工程师、机械工程师等能够满足开展监理工作的需要，而且还要看其人员专业是否覆盖了项目实施过程中的各种专业，以及高、中级职称和年龄结构组成的合理性。

d. 人员数量的满足程度。主要评价拟派驻项目从事监理工作人员在数量和结构上的合理性。

② 商务评审内容

商务评审的目的是从成本、财务和经济分析等几个方面评定投标报价的合理性和可靠性。监理的商务评审比较简明，商务构成要素简单，通常取费标准由监理直接成本、间接成本、税金和合理利润四部分组成。

商务评审的方法分公式法报价分析和预测性报价分析两种。

公式法报价分析是投标人根据招标人招标文件中监理取费报价的原则规定进行计算而得出的费用，该报价原则是依据协会交易中心和物价局共同制定发布的标准，所以在评审时应首先看投标人的投标报价是否符合招标文件的规定。

预测性报价分析是在一些比较特殊的工程中，在采用规定的公式法不适当的前提下，依据竞争机制，由各个投标人根据各自优势、工程概况和经验等，主要测算人数、设备、工作周期等所耗费的成本和应得的利润的一种竞争性报价，这种方法通常是根据投标人的报价相对于平均价格的情况来确定的。

(6) 推荐中标候选人

评标委员会对各投标文件进行评审后,应根据招标文件中规定的方法推荐中标候选人并进行排序。评标委员会认为所有投标均不能满足招标文件时,可以否决所有投标。此时,招标人应依法重新招标。

(7) 提交书面评标报告

评标委员会应将评标情况写成书面报告提交给招标人。评标报告应在评审会上宣读、讨论,所有评委都应在评标报告上签名。对评标结论有不同意见的评委,可以在评标报告中注明。

6.3.3 定标与签订监理合同

1) 定标

招标人可以授权评标委员会直接确定中标人,也可以由评标委员会通过评审向招标人推荐中标候选人,推荐的中标候选人应当限定在1~3人,并标明排列顺序。招标人应当接受评标委员会推荐的中标候选人,不得在评标委员会推荐的中标候选人之外确定中标人。

依法必须进行招标的项目,招标人应当确定排名第一的中标候选人为中标人。排名第一的中标候选人放弃中标,或因不可抗力提出不能履行合同,或者招标文件规定应当提交履约保证金而在规定期限内未能提交的,招标人可以确定排名第二的中标候选人为中标人。如排名第二的中标候选人因前款规定的同样原因不能签订合同的,招标人可以确定排名第三的中标候选人为中标人。

2) 签订监理合同

招标人和中标人应当自中标通知书发出之日起30日内,按照招标文件和中标人的投标文件等作为依据签订书面合同。招标人不得向中标人提出压低报价、增加工作量、延长监理时间或其他违背中标人意愿的要求,以此作为签订合同的条件,所订立的合同应该按规定向有关管理部门备案。

7 建设工程施工招标

7.1 施工招标策划

招标策划是招标人或其委托的招标代理机构在项目正式招标前，根据招标项目的特点、资金来源及其他诸多因素，对招标过程中一系列需事先考虑的问题进行招标事项总体设计。招标策划应主要考虑下面几个问题。

7.1.1 施工招标组织形式与招标方式

1) 施工招标组织形式

首先应根据招标人管理能力，确定是采用自行招标还是委托招标。

法律法规规定：招标人具备编制招标文件和组织评标能力的，可以自行办理招标事宜。具体包括：

(1) 具有项目法人资格(或者法人资格)。

(2) 具有与招标项目规模和复杂程度相适应的工程技术、概预算、财务和工程管理等方面专业技术力量。

(3) 有从事同类工程建设项目招标的经验。

(4) 设有专门的招标机构或者拥有 3 名以上专职招标业务人员。

(5) 熟悉和掌握招标投标法及有关法律规章。

招标人不具备编制招标文件和组织评标能力的应委托专业的招标代理公司代理招标。招标人自行办理招标事宜的，应当向有关行政监督部门备案。

2) 施工招标招标方式

法律法规规定，依法必须进行施工招标的工程，全部使用国有资金投资或者国有资金投资占控股或者主导地位的，应当公开招标。

可实行邀请招标或不招标的项目按各省、自治区、直辖市制订的相关范围执行。

公开招标与邀请招标相比，打破了地域界限，在较大范围内选择中标人，有利于投标竞争，但招标周期较长、费用较高。

7.1.2 施工标段的划分

法律规定：招标项目需要划分标段、确定工期的，招标人应当合理划分标段，确定工期，并在招标文件中载明。

对招标项目划分标段的，应当遵守招标投标法的有关规定，不得利用划分标段限制或者排斥潜在投标人。依法必须进行招标的项目的招标人不得利用划分标段规避招标。

建设工程根据项目实际情况在不违反相关规定的前提下，可以将项目拆分成多个标段进行招标，施工标段的划分应满足下列要求：

(1) 满足总进度计划要求：依据建设总进度计划确定招标次数和每次招标内容，先竣工的先招标，后竣工的后招标。

(2) 资金准备及使用性质：根据资金准备情况确定各个标段的划分，先使用的先招标。如：群体建筑可分幢号招标；市政道路可逐段逐桩号招标；新建厂区可先招标生产厂房后招标配套设施等。

(3) 标段划分的大小：若标段过小，可能会产生资质较高、业绩及信誉较好的大型企业不愿意参加投标，不能构成有效竞争。若标段过大，中小型企业根据自有资源将无力参与竞争，造成仅少数几个大型企业之间的竞争，投标也无竞争性，容易引起较高的投标报价。因此，标段划分的大小，要有利于竞争。

(4) 工程专业要求：建设项目，一般都可以划分为一般土建工程和专业工程两大部分。当专业工程技术复杂且工程量又较大时，可考虑作为一个标段单独招标，如桩基、预应力、幕墙、网架、二次装修、智能化等。

(5) 工期需要：当工程规模较大而工期较短时，若由一家企业承担施工任务，受资源限制不能保证工期时，可以考虑分为多个标段同时施工，以缩短工期。

(6) 施工合同管理：充分考虑施工过程中不同承包单位同时施工时可能产生的交叉干扰，以利于对合同的管理。如果招标标段分得太多，会使现场协调工作难度加大，如工序搭接、工种交叉、水电衔接、垂直运输机械的使用、临时设施、工程结合部位的质量、成品保护等等。

7.1.3 合同形式的选择

合同的形式一般可分为总价合同、单价合同和成本加酬金合同。

1) 总价合同

总价合同是发承包双方约定以施工图及其预算和有关条件进行合同条款计算、调整和确认的建设工程施工合同。指承包人完成招标项目全部内容，发包人支付给承包人一个已规定的总金额的一种契约形式。

(1) 固定总价合同

固定总价合同是以完整的施工图纸、明确的技术要求和标准等为基础，按招标文件规定的招标范围和内容，投标人充分考虑现场条件确定一个施工承发包总价的合同形式。总价格确定后不作调整。

这种合同适用于工期较短(一般一年之内)、造价较低(一般 500 万元之内)、设计图纸较明确且能精确计算、材料设备(规格、型号、产地等)较明确的项目。

(2) 固定工程量总价合同

承包人按固定工程量分别填取工程单位，从而计算出工程总价，据之签订合同。原定工程项目全部完成，按合同总价结算，如果产生设计变更和招标人要求变动的内容，则用合同中已确定的单价来计算新的工程量并调整总价。

"总价"并非所有价格都不调，当招标文件中约定有可调范围时，则这部分内容可以调整。如招标文件约定：当经工程师确认的工程主要材料的采购价超过或低于投标报价单价10%时，可以结算材料差价或政策性文件调整不在投标人风险范围内时，则可以按规定调整，并应在合同中写明上述内容的调整方法。

这种合同适用于工程量变化不大、工期较长、风险较大的工程项目。

2) 单价合同

单价合同是发承包双方约定以工程量清单及其综合单价进行合同条款计算、调整和确认的建设工程施工合同。

发包人承担标的物数量变化的风险，承包人仅承担单价(价款)变化风险。

当工程内容和设计指标不能十分确定或工程量可能出入较大时采用单价合同。履行单价合同的关键，一是合同双方对单价和工程量计算方法的确认；二是在合同履行中对实际工程量计量的确认。

单价合同可分为以下两种不同形式：

(1) 纯单价合同

采用这种形式的合同，发包人只向承包人给出发包工程的有关分部分项工程项目名称及工程内容，不需对工程量作任何规定。承包人在投标时，只需要对这种给定范围的分部分项工程报出单价即可，而工程量则按实际完成的数量结算。

(2) 工程量清单单价合同

分为暂估工程量或按图纸计算的工程量清单两种，以清单为基础来计算合同价格。通常是由发包人提出工程量清单，列出分部分项工程量，由投标人按照统一的工程量清单为基础填报单价。签订承包合同时的合同总价其实是一个暂定的总价。最后，工程的总价须按招标文件规定的工程量计算规则计量实际完成的工程量，由合同中分部分项工程单价乘以实际工程量，得出工程结算的总价。

采用这种合同时，工程量是统一计算出来的，承包人只要填上适当的单价就可以了，承担风险较小；发包人也只要审核单价是否合理即可，对双方都方便，也可缩短招标前准备时间。

3) 成本加酬金合同

成本加酬金合同是发承包双方约定以工程施工成本再加合同约定酬金进行合同条款计算、调整和确认的建设工程施工合同。

这种合同形式主要适用于以下两种情况：一是在工程内容及其技术经济指标尚未全面确定、投标报价的依据尚不充分的情况下，发包人因工期要求紧迫，必须发包；二是承包人在某些方面具有独特的技术、特长和经验。

以这种形式签订的合同有两个明显的缺点：一是发包人对工程总价不能实施有效的控制；二是承包人对降低成本不太感兴趣。采用这种合同形式，其条款必须非常严格。

成本加酬金合同有几种形式：

（1）成本加固定百分率酬金合同。

（2）成本加固定金额酬金合同。

（3）成本加奖罚合同。

7.1.4 发包模式

工程发包采取什么形式，不仅取决于设计图纸深度，还取决于技术复杂程度及工期要求。确定是采用平行发包模式还是总承包人模式，将形成复杂程度不同、组织协调和合同管理的要求不一样的合同结构，一般可采用的发包模式如下：

1）平行发包模式

招标人把施工任务划分成若干可单独发包单位、部位或专业，形成相对独立的若干标段，发包给多个施工单位，各施工单位之间的关系是独立的、平行的，这种发包人式称为平行发包。

采用平行发包，发包人较灵活，但要组织多次招标，招标工作量大，同时因施工单位较多，招标人在施工过程中的组织协调工作繁重。平行发包方式要求招标人在质量、进度、投资控制上具有很强的技术、管理能力。

2）施工总承包模式

招标人把一个项目的全部施工任务发包给一家资质符合要求的施工单位作为总承包单位，再由总承包单位可将主体结构外的其他专业任务发包给其他施工单位，这种方式称工程总承包。

一般招标文件中会要求总承包单位在其投标书中明确其专业分包的项目和专业分包施工单位。各专业承包单位就其专业承包的范围对总承包负责，与招标人不直接发生关系。

3）总包加专业分包模式

招标人把一个项目发包给一家施工单位作为总承包，如桩基、预应力、幕墙、网架、二次装修工程、智能化等专业工程由招标人单独招标或指定分包，通过单独招标中标或指定分包的分包单位与总承包单位签约，纳入总承包单位管理范畴，分包单位的质量、进度、安全由总承包单位向招标人负责。

此种模式是“平行发包模式”与“施工总承包模式”的组合。

上述发包模式，由于项目被分解成多个专业工程发包，使招标人能选择专业分包商，因此，对整个项目的进度、质量、投资控制是有利的。但由于某些专业分包是由招标人指定或单独招标的，因此，在施工配合过程中可能会出现矛盾，尽管合同上约定总承包单位就整个项目的进度、质量、投资对招标人负全面责任，但承发包双方还会发生相互扯皮、推卸责任的现象。

选择此种发包模式，必须在招标文件中事先约定总、分包工程，且在合同中明确总、分包之间配合协调工作的内容、职责，因此，对招标人的业务素质要求较高，同时，要求总承包单位具有较强的管理协调能力和丰富的总承包经验。

7.1.5 计价方式的确定

按计价方式不同，投标报价的方法可分为以下两种：

1）工料单价法

先计算工程量，套定额算出直接费，然后在此基础上，以费率的形式计算间接费，再按照有关规定计算利润、税金，最后再确定优惠让利幅度算出最终报价。

当采用预算定额或综合单价分析表编制的标底进行招标时，选用工料单价法。

2）综合单价法

分部分项工程量的单价为全费用单价，即分部分项工程的单价综合了完成一个规定清单项目所需的人工费、材料和工程设备费、施工机具使用费和企业管理费、利润以及一定范围内的风险费用。

当采用《建设工程工程量清单计价规范》编制工程量清单进行招标时，选用综合单价法。

使用国有资金投资的建设工程发承包，必须采用工程量清单计价。非国有资金投资的建设工程，宜采用工程量清单计价。

7.1.6 材料、设备供应方式的选定

材料、设备的采购供应是工程建设中一个重要组成部分，材料费占工程造价的50%～60%，材料、设备的供应方式及质量、价格，对项目建设的进度、质量和经济效益都有着直接、重大的影响。下面几种是可供选择的方式。

1）完全由承包人自行采购

2）发包人采购供应

即甲供。如，为保持群体建筑中各单体风格与观感的一致性及连续性，招标人可将工程的主要装饰材料自行采购；工程设计时就需要事先确定大型机电安装设备的技术性能、型号规格，招标人可事先订购。

在招标时，由招标人事先对这些材料、设备暂定一个价格，甲供材料单价应计入相应项目的综合单价中，投标人在投标报价时必须按此暂定价报价，在工程结算时招标人扣除此部分材料、设备价格。

发承包双方对甲供材料的数量发生争议不能达成一致的，应按照相关工程的计价定额同类项目规定的材料消耗量计算。

3）暂估价材料

暂估价材料，是指总承包招标时不能确定价格而由招标人在招标文件中暂时估定的工程、货物、服务的金额。

如因招标人前期准备不充分,设计图纸中的材料、设备的品牌、规格、型号等未作具体规定或图纸需要二次补充设计,可由招标人在招标前对这些材料、设备暂定一个价格,投标人在投标报价时必须按此暂定价报价。实施施工前,投标人在招标人确定了上述做法或材料的性能指标后组织采购。

以暂估价形式包括在总承包范围内的工程、货物、服务如属于依法必须进行招标的项目且达到国家规定规模标准的,应当依法进行招标。

4) 甲定乙供材料

即招标人审定材料设备的生产厂家、品牌、规格、型号、款式、颜色等后,由投标人自行询价后组织采购并不得改变上述指标及特征。

7.2 施工招标投标人资格审查

7.2.1 概述

资格审查程序是为了在招标投标过程中剔除不适合承担或履行合同的潜在投标人。根据《招标投标法》的规定:招标人可以根据招标项目本身的要求,在招标公告或者投标邀请书中,要求潜在投标人提供有关证明文明和业绩情况,并对潜在投标人进行资格审查;国家对投标人的资格条件有规定的,依照其规定。招标人不得以不合理的条件限制或者排斥潜在投标人,不得对潜在投标人实行歧视待遇。

招标人对潜在投标人资格审查的权利包括两个方面:一是要求潜在投标人提供书面证明材料的权利;二是对潜在投标人进行实际审查的权利。资格审查工作要做到公平、公正。

招标人对潜在投标人的资格审查可以分为资格预审和资格后审两种。

(1) 资格预审(Pre-qualification):是指在投标前对潜在投标人进行的资格审查。通过发布资格招标公告或者招标邀请书、资格审查文件,要求潜在投标人提交预审的申请和有关证明资料,以确定投标人是否具备资格参加投标,经资格预审合格的,方可领取招标文件。

(2) 资格后审(Post-qualification):是指在开标后对投标人进行的资格审查。在招标公告或者招标邀请书发布后,由潜在投标人购买招标文件(含资格审查文件)直接参加投标,潜在投标人在提交投标文件开标后或者经过评标已成为中标候选人的情况下,再对其进行的审查。

进行资格预审,对施工企业来讲,可了解工程具体情况及要求,达不到条件的企业可放弃投标,节约投标费用;对招标人来说,可淘汰那些不合格和资质不符的投标人,缩减评审和比较投标文件的数量,同时可以了解潜在投标人的财务能力、技术状况及类似本工程的施工经验,筛选出确有实力和信誉的潜在投标人参与投标。

提倡实行资格后审。采用资格后审的招标工程，招标人应在招标文件中设置专门的章节，明确合格投标人的资格条件、资格后审的评审标准和评审方法，其中合格投标人的资格条件应当清晰明确，易于准确判定。

7.2.2 编制招标公告

实行公开招标的项目，招标公告须在国家和省（直辖市、自治区）规定的报刊或信息网等媒介上公开发布。

实行邀请招标的项目，招标人可以向三个以上符合资质条件的投标人发出投标邀请书。

一般除应写明招标项目名称、工程规模、结构类型、层数、招标范围、建设地点、资金来源、质量要求、计划开（竣）工日期、工期以及潜在投标人的合格条件、资格审查方式、工程有无分包情况外，特别需要载明以下几点：

(1) 购买资格审查文件的时间及地点。

(2) 递交资格审查文件的时间及地点。

(3) 资格审查的日程安排。

(4) 发出资格审查合格及不合格或未入围通知书的时间及地点。

7.2.3 编制资格审查文件

由招标人或其委托的招标代理机构编制资格审查文件。编制好的资格审查文件须报招投标管理机构审核。

资格审查文件主要包括申请须知和资格审查申请书。

1) 申请须知

申请须知是告知潜在投标申请人参加资格审查的主要规则。

一般包括总则、资格审查申请、资格审查评审标准、联合体、利益冲突、申请书递交、通知和确认以及附件等几个部分。其中重点有以下几个方面：

(1) 招标项目和施工工程的描述

① 项目概况，包括：项目位置；地质与地貌；气候与水文；交通、电力供应与其他配套服务等情况。

② 工程描述，包括：建筑工程、安装工程、构筑物等图纸具体信息；设计规范简介；工期；标段划分；各标段初步估计的工程量及工程造价等。

(2) 资格审查的合格标准

一般应包括：具有独立订立合同的权利；具有与招标工程相适应的资质等级；良好的资信、信誉；相适应的流动资金和施工机械设备；可信赖的履约率和质量保证体系以及同类型（或类似）工程的施工经历等方面内容。必要时，还可对项目经理的资质、安全文明施工等提出要求。

(3) 相关规定

包括资质申请方的规定、申请书递交方式的规定、联合体的规定、利益冲突方面的规定、以及申请、递交等程序性规定。

2) 资格审查申请书

包括申请书和附表两部分内容。

申请书是申请人对申请须知的全面承诺,附表是对资格审查所须提供的资料文件用附表形式表述:

附表一般包括以下内容:

(1) 投标申请人的一般情况。

(2) 近三年工程营业额数据表。

(3) 近三年已完工程及目前在建工程一览表。

(4) 财务状况表。

(5) 联合体情况。

(6) 类似工程经验。

(7) 公司人员及拟派往本招标工程项目的人员情况。

(8) 拟派往本招标工程项目负责人与主要技术人员。

(9) 拟派往本招标工程项目负责人与项目技术负责人简历。

(10) 拟用于本招标工程项目的主要施工设备情况。

(11) 现场组织机构情况。

(12) 拟分包企业情况。

(13) 其他资料。

7.2.4 资格审查申请

资格审查申请是投标人仔细阅读申请须知后,按照提供的申请文件,如实地填写申请书和所有附表内容。其中应注意以下几点:

(1) 若采用联合体投标的,联合体各方的经过审计的财务报表(包括资产负债表、损益表和现金流量表)以及银行信贷证明、年营业额数据、已完工程一览表及在建工程一览表、拟派往本工程的主要施工管理人员均须填报。若拟分包的,则专业分包或劳务分包人也须填写。

(2) 应将近三年的已完和在建工程合同执行过程中,投标申请人介入的诉讼或仲裁如实载明,并分别说明年限、发包人、诉讼原因、纠纷事件、纠纷所涉及金额、最终裁决结果等。

潜在投标人应在规定的截止时间前报送资格审查文件。

7.2.5 资格审查评审

由依法组织的资格审查委员会进行评审,主要按资格审查文件的评审标准,对所有潜在投标人的资格审查申请文件逐一进行评审。

招标人不得改变载明的资格条件或者以没有载明的资格条件对潜在投标人进行评审。

1) 资格审查合格

根据法律法规,资格审查合格须满足下列条件:

(1) 具有独立订立合同的权利。

(2) 具有履行合同的能力,包括专业技术资格和能力、资金设备和其他物资设施状况,管理能力、经验、信誉和相应的从业人员。

(3) 未处于被责令停业、投标资格被取消或者财产被接管、冻结和破产状态。

(4) 企业没有因骗取中标或者严重违约以及发生重大工程质量、安全生产事故等问题,被有关部门暂停投标资格并在暂停期内的。

(5) 企业与项目经理的资质类别、等级满足招标公告或投标邀请书要求。

(6) 资格审查申请书中的重要内容没有失实或者弄虚作假。

(7) 企业具备安全生产条件,并取得安全生产许可证。

(8) 法律法规允许的其他情况。

技术特别复杂或者具有特殊专业技术要求的特殊工程,经建设行政主管部门批准后,可在资格审查文件中相应提高要求。

2) 潜在投标人的确定与筛选

招标人应尊重符合上述条件的潜在投标人参加投标的权利,鼓励招标人邀请所有资格审查合格的投标申请人参加投标,使工程建设管理做到程序化和规范化。

但在招标过程中经常会出现通过合格条件审查的潜在投标人过多的这种情况,招标人为了减少评标工作量,缩短签约前的工作周期,减少评审费用,经招投标管理机构批准,可在资格审查文件中规定当通过合格条件审查的潜在投标人超过某个数量时,资格审查采用有限数量制,对通过初步审查和详细审查的资格审查申请人进行量化打分,按得分高低顺序筛选一定数量通过资格审查的申请人。

主要筛选办法有随机抽签法与评分排序法两种。

(1) 随机抽签法:由招标人和公证机关共同参加,以保证抽签的公正性。未按时到达或未获授权的投标人将被招标人拒绝其参加抽签活动。

(2) 评分排序法:按资格审查文件中优选评分标准以及各申请人提供的资格审查申请资料进行客观打分量化比较,按照得分值的高低排序,筛选出确有实力和信誉的投标人参与投标。

采用评分排序法的评审内容通常可分为财务能力、技术能力和施工经验、企业信誉、类似业绩、工程奖项等几大部分,每一部分都应在资格审查文件中规定具体的指标并对各指标不同情况的得分进行量化。

① 财务状况:主要审查财务基本数据,按净利润(用于评价企业营利能力)、履约能力(评价企业履约能力)、资产负债率(评价企业长期偿债能力)、有关银行的资信证明及可获得的信贷金额(根据银行担保评价投标人的资信和融资能力)等。

② 技术资历：主要审查潜在投标人的工程管理层次和机制、主要管理人员的履历(总部和项目主要管理人员的有关素质)、施工管理和技术人员的数量及搭配情况(现场组织和资源分配)等。

③ 施工经验：主要审查潜在投标人及拟投入项目经理与拟招标项目类似工程相一致的施工经验等。

④ 信誉：主要审查企业诉讼和仲裁、不良行为等情况，企业获得过“重合同、守信用”称号等。

⑤ 类似项目业绩：主要审查企业、项目负责人承担的类似工程情况。

⑥ 信用评价：主要审查企业获得的各级部门信用情况。

⑦ 工程奖项：主要审查企业、项目负责人承担的类似工程获奖情况。

⑧ 法律、法规规定的其他内容。

3) 资格审查结果通知书

采用资格预审的，资格预审结束后，招标人应当向所有潜在投标申请人通知资格预审结果；向入围的潜在投标申请人发出资格预审合格通知书，告知领取(或购买)招标文件的地点、方式及时限。潜在投标人应当在规定时间内以书面形式确认是否参与投标。

同时应将资格预审不合格或未入围的潜在投标申请人的名单在交易中心公示三个工作日，在上述单位无异议后，方可发放招标文件。

采用资格后审的，资格审查结果随评标报告同时向投标人公布。

4) 关于投标联合体

(1) 以联合体形式申请资格审查的，组成联合体的各方资格(资质)条件均必须符合各自相应要求，并附有共同投标协议，用以说明联合体各方计划承担的份额和责任，规定联合体各方在合同中承担的连带和各自责任，并指定其中一个申请人作为牵头(主办)人。

(2) 联合体各方签订共同投标协议后，不得再以自己的名义单独投标，也不得组成新的联合体或参加其他联合体在同一项目中投标。

(3) 联合体中的任一方应具备执行其分内责任的足够资格和能力，两个以上不同资质等级的单位组织联合体的，按照资质等级低的单位业务许可范围承揽工程。

7.2.6 资格审查评审报告

(1) 采用资格预审的，资格预审工作完成后，资格审查评审委员会应编写资格预审报告，并报招投标管理机构备案。评审报告的主要内容包括：

① 工程项目概况。

② 资格预审简介。

③ 资格预审评审标准。

④ 资格预审评审程序。

⑤ 筛选情况记录。

⑥ 通过、通过但未入围、未通过资格预审的投标申请人名单。

⑦ 资格预审结果公示。

(2) 采用资格后审的，评标工作完成后，评标委员会应编写评标报告，评标报告应包含资格审查情况，并报招投标管理机构备案。

7.3 施工招标文件

招标文件是由招标人或其委托的招标代理机构编制，并提供给投标人的重要文件。招标文件的主要作用在于说明拟招标工程的性质、范围和要求，指导投标人了解招投标程序，告知评定标准以及订立合同的条件等。招标文件规定的各项实质性要求和条件，对工程招标和承发包双方都具有约束力，是投标人编制投标文件的依据，是评标及招标人与中标人签订承发包合同的基础，它还规定了招标人与投标人之间的权利和义务，作为今后签订施工合同的基础。招标文件的内容应力求规范，符合法律、法规要求。

7.3.1 招标文件的内容

1)《招标投标法》第十九条规定

招标文件应当包括以下内容：

(1) 应写明招标人对投标人的所有实质性要求和条件。

(2) 应有招标人就招标项目拟签订合同的主要条款。

(3) 应对招标项目提出相应的技术标准。

(4) 需要划分不同标段的大型、复杂的建设工程项目，招标人应合理划分标段，确定工期，在文件中载明。

2) 建设部第 89 号令第十八条规定

招标人应当根据招标工程的特点和需要，自行或者委托工程招标代理机构编制招标文件。招标文件应当包括下列内容：

(1) 投标须知，包括工程概况，招标范围，资格审查条件，工程资金来源或者落实情况(包括银行出具的资金证明)，标段划分，工期要求，质量标准，现场踏勘和答疑安排，投标文件编制、提交、修改、撤回的要求，投标报价要求，投标有效期，开标的时间和地点，评标的方法和标准等。

(2) 招标工程的技术要求和设计文件。

(3) 采用工程量清单招标的，应当提供工程量清单。

(4) 投标函的格式及附录。

(5) 拟签订合同的主要条款。

(6) 要求投标人提交的其他材料。

3) 一般招标文件的组成

(1) 投标须知及投标须知前附表。

(2) 合同条款。

(3) 合同文件格式。

(4) 工程技术规范和要求。

(5) 图纸和技术资料。

(6) 工程量清单。

(7) 投标文件投标函部分格式。

(8) 投标文件商务部分格式。

(9) 投标文件技术部分格式。

(10) 资格审查申请书格式(资格后审)。

7.3.2 招标文件的编制

1) 编制条件

招标文件通常只能在工程项目的承建符合招标条件的前提下才能进行编制,包括以下几个方面:

(1) 招标人已经依法成立。

(2) 初步设计及概算应当履行审批手续的,已经批准。

(3) 招标范围、招标方式和招标组织形式等应当履行核准手续的,已经核准。

(4) 有相应资金或资金来源已经落实。

(5) 有招标所需的设计图纸及技术资料。

2) 主要考虑事项

(1) 熟悉工程情况、设计图纸及招标情况

熟悉招标工程情况,了解设计图纸及有关技术数据,对施工现场和周围环境进行勘察,以获取编制投标文件所需的所有资料。与招标人共同确定标段的划分、开(竣)工日期、发包模式、合同形式、计价模式及材料(设备)供应方式、保函或保证金的设置等,是编制招标文件的基础。

(2) 合理确定招标日程安排

发标、投标、开标、评标、定标日期及投标有效期的确定既要合理,同时又要符合相关规定。相互之间的时间间隔,应根据项目具体情况、评标决标方式而定。工程技术要求较高或较为复杂或采用固定总价形式的,发标与投标之间的时间间隔应稍长,以便投标人有充分时间编制投标文件;反之,则可稍短,但不得低于《招标投标法》规定的20天。

(3) 确定质量标准、技术要求及奖惩办法

对工程的技术要求,可以写清具体规范名称及规范代码,也可以用文字加以说明。

(4) 合理确定总工期及奖惩办法

根据工程性质、具体设计数据,按工期定额及相关规定计算工程总工期,复杂工程还可以同时确定关键节点的竣工时间。比如,为配合设备安装或项目营销策略的要求,可以

同时确定诸如完成地下室、结构封顶等时间要求;市政道路工程可以同时确定需完成项目内的部分路段或桩号的时间。

(5) 计算工程量,编制工程量清单

工程量清单是投标报价的重要依据,无论是各分部分项工程量清单的列项,还是计算的准确度,都对投标报价乃至最终合同价产生直接影响。工程量清单的编制及答疑补充文件要尽可能完整、准确、不留盲区和活口。当存在招标人指定分包项目时,一定要划清交叉工作面,列出总分包之间各自详细的工作量清单,尽量避免出现在交叉工作面的交叉或空缺,有利于投标人准确报价和招标人施工管理;同时在招标文件中应明确约定总分包之间的现场配合、进度衔接、成品保护,垂直运输、脚手架、临时供水(供电)的利用等相互间责权利。这部分工作是整个招标文件编制的重要环节。

(6) 明确材料要求、供应方式及价款调整、结算方式

应当明确招投标双方各自供应材料的品种、数量、规格以及具体的价款调整、结算方法,以及招标人采购供应、投标人采购招标人核价以及投标人自主采购供应的材料表,其中,招标人采购供应的材料价格用于结算时扣除,投标人采购招标人核价的价格用于结算时调材料差价,投标人自主采购供应的材料自主报价。

(7) 拟定合同主要条款

一般施工合同均分为通用条款、专用条款和协议书三部分,招标文件应对专用条款中的主要内容应作出规定,合同条款应尽量细化详实,减少不确定因素,以便投标人响应,同时也为施工过程中减少争议。应在合同条款中至少对下列事项进行约定:

① 承包范围。

② 预付工程款的数额、支付时间及抵扣方式;工程计量与支付工程进度款的方式、数额及时间;工程竣工价款结算编制与核对、支付及时间。

③ 安全文明施工措施的支付计划,使用要求等。

④ 工程价款的调整因素、方法、程序、支付及时间;承包范围外的价款结算方法。

⑤ 施工索赔与现场签证的程序、金额确认与支付时间。

⑥ 承担计价风险的内容、范围以及超出约定内容、范围的调整办法。

⑦ 工程相关保证金的数额、预留方式及时间。

⑧ 工程窝工(停工)状况下工效下降的计算方式;机械停滞台班费的测定与计取基准;工期延期或提前处理方法。

⑨ 成品保护,保修。

⑩ 各种违约责任的处理以及发生争议的解决方法及时间;与合同履行有关的其他事项等。

(8) 招标控制价编制

为了在评标工作中有所依据,提高评审质量,节约评审时间,招标人可委托有资质的中介机构编制招标控制价作为参考。招标控制价在评标时只是一个参考性的指标,因为招标控制价反映的是建筑业企业的一个社会平均水平,并不能代表先进的施工技术、管理

水平和价格水平。招标控制价仅作为评标时的依据。

(9) 计价风险

在招标文件、合同中明确计价中的风险内容及其范围，不得采用无限风险、所有风险或类似语句规定计价中的风险内容及范围。

由于下列因素出现，影响合同价款调整的，应由发包人承担：

① 国家法律、法规、规章和政策发生变化。

② 省级或行业建设主管部门发布的人工费调整，但承包人对人工费或人工单价的报价高于发布的除外。

③ 由政府定价或政府指导价管理的原材料等价格进行了调整。

3) 如何编制一份好的招标文件

(1) 准确把握招标工程的实际情况，针对性强。

(2) 与招标人沟通，理解招标人的实际要求，充分反映招标人的意图。

(3) 符合现行法规条例，条款清晰完整、用词恰当。

(4) 尽可能将问题考虑全面。

(5) 认真吸取以往的经验与教训。

(6) 反复阅读，多人把关。

(7) 高度重视招标文件的修改、澄清、答疑文件。

(8) 从招标人的角度加以审查。

(9) 能够选择“质量优，价格合理”的承包人。

(10) 能够最大幅度地减少工程实施与结算阶段的纠纷和扯皮。

7.3.3 合同主要条款

现行合同文本有 FIDIC 条款的施工合同文本、世界银行和亚洲开发银行的施工合同文本、住建部的施工合同示范文本(GF-2017-0201)、行业部委颁布的各类施工合同文本。

合同主要条款可采用上述合同示范文本，也可以根据工程情况自行编制。

(1) 合同示范文本

分协议书、通用条款、专用条款三部分。

① 协议书：《协议书》为合同的第一部分，是发包人与承包人就合同内容协商达成一致意见后，向对方承诺履行合同而签署的正式协议。

《协议书》包括工程概况、承包范围、工期、质量标准、合同价款等合同主要内容，明确了包括《协议书》在内组成合同的所有文件，并约定了合同生效的方式及合同订立的时间、地点等。

② 通用条款：《通用条款》是根据《建筑法》《合同法》等法律、行政法规制定的，同时也考虑了工程施工中的惯例以及施工合同在签订、履行和管理中的通常做法，具有较强的普遍性和通用性，因此招标文件中的合同条件使用标准化的范本时，通用条件部分可以照搬原文。

③ 专用条款:《专用条款》是发包人和承包人结合具体工程情况经双方充分协商一致的约定的条款。因工程具有单件性,每个具体工程都有一些特殊情况,发包人和承包除使用《通用条款》外,还要根据具体工程的特殊情况,进行充分协商,取得一致意见后,在《专用条款》内约定。

《专用条款》内容应当由招投标双方结合招标工程的特点和要求编写,但在招标文件内,由于承包人(中标人)尚未最终选定,因此,招标文件内的《专用条款》只能涉及一些实质性的主要内容,而有些条款细节,一般需要在选定承包人后,才能谈判约定。

(2) 其他合同文本

除采用合同示范文本形式外,大型施工企业和经验比较丰富的招标人,一般也有自己专用的合同文本。境外投资的项目施工,一般较多采用 FIDIC 条件的合同文本。

当招标人采用企业专用的合同格式时,可根据项目施工的特点,结合前述合同示范文本中通用条款和专用条款的内容,制定详细、严密的施工合同条款。

7.4 施工招标评标方法

施工招标评标办法是施工招标文件的必要组成部分,招标人在编制招标文件时,评标方法可根据国家及各地的相关规定确定。评标方法应体现平等、公正、合法、合理的原则。

7.4.1 现行评标方法

根据《中华人民共和国招标投标法》、国家七部委 12 号令《评标委员会和评标方法暂行规定》等法律法规的规定,我国目前的评标方法主要包括经评审的最低投标价法、综合评估法或者法律法规允许的其他评标方法。

1) 经评审的最低投标价法

经评审的最低投标价法是在投标文件能够满足招标文件实质性要求的投标人中,评审出投标价格最低的投标人,但投标价格低于其企业成本的除外。

这种评标方法是以"合理低报价、不低于成本价"为标准,一般适用于具有通用技术、性能标准或者招标人对其技术、性能没有特殊要求的招标项目。

2) 综合评估法

综合评估法是指在投标文件能够最大限度满足招标文件规定的各项综合评价标准的投标人择优选择中标人的评定标方法。

评审的因素一般包括工程质量、施工工期、投标价格、施工组织设计或者施工方案、投标人及项目经理业绩、企业信用与项目经理信用。一般以评分方式进行评估,得分最高者中标,不宜采用经评审的最低投标价法的,一般采用综合评估法。

3) 法律法规允许的其他评标方法

如抽签法、平均报价评标法等。

7.4.2 评标方法的选择

(1) 经评审的最低投标价法

实行经评审的最低投标价法的必要条件：①资格审查工作需严格，确保投标人都有能力完成工程；②招标前期工作质量要求高，图纸要达到一定深度和精度，招标文件编写要细致周到，招标保证措施齐全，特别是工程担保措施；③投标人应有完整的成本核算经验。

其优点是：①招标人可以最低的价格获得最优的服务，能够降低投资成本；②有利于建立竞争机制，促使企业加强管理，积极采用新技术，降低成本；③有利于招投标市场的健康发展，防止滋生腐败；④有利于与国际惯例接轨。但在具体的实施过程中，也会产生：①低价中标，高价索赔；②低价低质；③恶性竞争；④价格太低无法完工而形成"半拉子工程"和"胡子工程"等现象。

当工程技术、性能没有特殊要求，且工程管理水平较高，工程设计图纸深度足够，招标文件及工程量清单详尽、准确，投标人具有企业定额，且建设工程招投标市场化程度较高时，宜采用经评审的最低投标价法。

(2) 综合评估法

其优点是：①综合考虑了报价、质量、工期、业绩信誉、安全生产、文明施工、施工组织设计等，同时兼顾了价格、技术等因素，能客观反映招标文件的要求，能全面评估投标单位的总体实力；②招标人可根据工程实际情况，根据相关规定调节评分项目及分值权重，有利于工程项目的顺利实施。但存在：①评分标准中某些项目的量化不科学；②评标专家不能在较短时间对投标文件中的资料进行全面仔细的了解、核实；③招标人和评委的主观性较大，易出现不公正的评标等。

当工程技术、性能有特殊要求，或建设工程管理水平不高，工程设计图纸深度不够，招标文件及工程量清单粗放，投标单位未建立企业定额，且建设工程招投标担保制度不完善时，宜采用综合评估法。

(3) 当建设工程规模较小，技术、工艺简单或出现其他情况时，可采用法律、行政法规允许的其他评标方法，如抽签法等。

综上所述，各种评标办法各有优劣。总体来讲，鉴于我国加入 WTO 后将尽快与国际接轨的情况，经评审的最低投标价法应成为今后重点研究的对象。

7.4.3 不同评标方法的评审内容及程序

采用经评审的最低投标价法，应先对投标文件的技术标进行评审，确定符合招标文件实质性要求的投标人，再进行第二阶段的商务标评审，选择符合条件且最低报价的投标人作为推荐中标候选人。综合评标法是按照招标文件设定的不同分值权重分别对各投标人的技术标和商务标等进行评分，按照总得分高低推荐中标候选人。因此，技术标评审和商务标评审是评标过程中两个不可缺少的环节。

1）技术标评审

技术标评审通常评审投标人承诺的拟投入本工程的技术人员、机械设备配置以及投标人制定的施工方案中的关键工序、技术方案是否严密、可靠、有效，从而评价投标人的技术能力；评审投标人主要管理人员素质和安全生产保障措施与招标文件规定的质量与工期、进度要求的符合程度。

(1) 采用经评审的最低投标价法的技术标评审

投标文件应当满足下列条件：

① 有切实可行的施工方案组织和技术方案作保证。

② 所提出的节约措施或者优惠条件合理合法。

③ 经评标委员会认定招标报价不低于企业成本。

技术部分评审结论分为可行与不可行两个等级，只定性，不作相互比较。对不可行的技术文件判定按以下原则进行：

① 与发包工程实际情况不符合。

② 违反强制性国家标准规定的。

③ 按照该技术文件的措施和方法进入施工后预计会出现重大质量或者安全事故的。

经评标委员会认定为不可行的技术文件，其投标文件视为无效，不再进入商务标评标。

(2) 采用综合评估法的技术标评审

技术标正常分为施工方案、工期、质量以及项目经理及其他主要人员配备四项，对技术标应进行以下各项分析：

① 施工方案

a. 施工方案及平面布置合理性。

b. 施工进度计划及保证措施。

c. 质量、安全措施及质量保证体系。

d. 文明施工措施。

② 工期

a. 工期满足招标文件要求。

b. 对工期有承诺，有违约经济处罚措施。

③ 质量

a. 质量符合招标文件要求。

b. 对质量有承诺，有违约经济处罚措施。

④ 项目经理及其他主要人员配备

a. 有与承担本工程项目相适应的项目经理。

b. 近年来企业及项目经理获奖情况。

c. 其他主要人员配备情况。

评标委员会成员应分别对各投标人的上述内容评定并打分，投标人的评审总分必须达到应得分的 60%，才能进入商务标的评审。

2）商务标评审

对投标报价进行以下各项分析：

（1）投标报价数据计算的正确性

① 报价的范围和内容是否有遗漏或修改。

② 报价中每一单项价格计算是否正确等。

（2）报价构成的合理性

① 通过分析投标报价中有关前期费用、管理费用、主体工程和各专业工程项目价格，判断投标报价是否合理。

② 对没有名义工程量，只填单价的机械台班费和人工费，进行合理性分析。

③ 分析投标书中所附的各阶段的资金需求计划是否与施工进度计划相一致。

④ 进行技术标与商务标相符性分析，分析技术标中使用的施工措施、材料、做法等所产生的费用是否与商务标中各项相应费用一致。

（3）对建议方案的商务评审

① 分析投标书中提出的财务或付款方面的建议。

② 估计接受这些建议的利弊及可能导致的风险。

（4）在评审过程中，评标委员会若发现投标人的报价明显低于招标人标底或其他投标报价，使得其投标报价可能低于其个别成本的，应当要求该投标人作出书面说明，并提供相关证明材料。投标人不能作出合理说明或者提供相关证明材料的，由评标委员会认定该投标人以低于成本报价竞争，其投标应作废标处理。

经评审委员会评审出各投标人的有效价格后，按照招标文件规定的计算方法，计算各投标报价得分。

（5）企业信用与项目经理信用

根据相关主管部门对企业与项目经理的综合实力、工程业绩，以及在招标投标、合同履约、工程质量控制、安全生产、文明施工、建筑市场各方主体优良信用信息及不良信用信息等方面的综合考量得分。

7.5 工程量清单

7.5.1 工程量清单招标的特点

传统的施工图预算招标，招标工作需要在施工图设计全面完成后进行，对工程规模大、出图周期长、工期紧的建设项目可能导致开工时间严重拖后，同时以“量价合一”的定额计价方法作为编标根据，不能将工程实体消耗和施工技术等其他消耗分离开来，投标人的管理水平和技术、装备优势难以体现，且在价格和取费方面未考虑市场竞争因素，此外，由于招、投标多家单位均要重复计算工程量，浪费精力。

工程量清单招标是由招标人提供统一的工程量清单，投标人以此为投标报价的依据并根据现行计价定额，结合本身特点，考虑可竞争的现场费用、技术措施费用及所承担的风险，最终确定单价和总价进行投标。可以将各种经济、技术、质量、进度、风险等因素充分细化并体现在综合单价的确定上；可以依据工程量计算规则，划大计价单位，便于工程管理和工程计量。这是国际上普遍通行的招标方法，已有近百年历史，其与国际通用的工程合同文本、工程管理模式等都是相配套的，因此在我国已积极采用工程量清单招标。

1）工程量清单计价招标法的优点

与传统的招标方式相比，工程量清单计价招标具有以下优点：

(1) 符合我国招标投标法的各项规定；符合我国当前工程造价体制改革“控制量、指导价、竞争费”的原则，真正实现通过市场机制决定工程造价。

(2) 有利于招标人获得最合理的工程造价。

(3) 促使投标人精心组织施工，控制成本。

2）工程量清单在招标中的作用

工程量清单在招标中的作用表现为：

(1) 工程量清单提供了一个共同的投标报价竞争基础。

(2) 工程量清单是编制工程预算、投标报价、签订合同价、支付工程进度款和办理竣工结算、调整工程量和合同价以及工程索赔的依据。

7.5.2 工程量清单的组成

工程量清单是招标文件的重要组成部分，应由封面、总说明、分部分项工程项目清单、措施项目清单、其他项目清单等组成，并采用统一规定的格式。

1）总说明

总说明应按下列内容填写：

(1) 工程概况：包括建设规模、工程特征、计划工期、施工现场实际情况、交通运输情况、自然地理条件、环境保护要求等。

(2) 工程招标和发包(分包)范围。

(3) 工程量清单编制依据。

(4) 工程质量、材料、施工等的特殊要求。

(5) 招标人自行采购材料的名称、规格、型号、数量等。为此，招标人需要提供甲供材料表、暂定价材料。

(6) 预留金。

(7) 其他需说明的问题。

2）分部分项工程量清单

分部分项工程量清单是表现拟建工程的全部分部分项实体工程名称及相应数量的明细清单，包括所有工程项目的编号、名称、特征、计量单位、数量、工程内容。分部分项工程量按照设计图纸、施工现场条件和《建筑与装饰工程工程量计算规范》进行编制，编制时应避免错项和漏项。

清单项目编码采用12位阿拉伯数字表示。1～9位为全国统一编码，编制工程量清单时应按《计算规范》附录规定的相应编码设置，不得变动。其中1～2位为附录顺序码（单位工程顺序码），3～4位为专业工程顺序码，5～6位为分部工程顺序码，7～9位为分项工程项目名称顺序码。10～12位为清单项目名称顺序码，由清单编制人根据拟建工程的工程量清单项目名称设置，并应自001起顺序编制。按《计算规范》编制的工程量清单如下表：

表7.1　工程量清单表式

序号	项目编码	项目名称	计量单位	工程数量
1	010101001×××	平整场地：土方挖填，场地找平，土方运输	m^3	
2	010101003×××	挖基础土方：排地表水，土方开挖，挡土板支拆，截桩头，基底钎探，土方运输	m^3	

《计算规范》中的工程量清单项目的划分，一般是以一个"综合实体"考虑，包括了多项工程内容。

3）措施项目清单

措施项目是指为配合完成工程施工，根据工程的特点和所在地的环境开列的发生于该工程施工前和施工过程中技术、生活、安全等方面的非工程实体项目。措施项目明细清单可涉及水文、气象、环境、安全等。

《计算规范》给出了措施项目一览表，作为措施项目列项的参考。包括的项目有：

（1）总价措施项目：环境保护，文明施工，安全施工，临时设施，夜间施工，非夜间施工照明，二次搬运，已完工程及设备保护，施工排水、降水，冬雨季施工、工程按质论价等。

（2）单价措施项目：大型机械设备进出场及安拆，脚手架工程，混凝土模板及支架（撑），垂直运输，室内空气污染测试等。

招标人提出的措施项目清单是根据一般情况确定的，应力求全面，但不考虑不同投标人的个性，也不一定是最优方案。按照不涉及施工方案、施工工艺的列项原则，招标人在编制措施项目清单时只需要列出项目名称，而不提供具体施工方案。

总价措施项目清单均以"项"为计量单位，相应数量均为1。招标人应根据需要提出措施项目清单的填写要求。

措施清单的表式如下：

表7.2　总价措施项目清单表式

序号	项目名称	金额
一	总价措施项目	
	安全文明施工费	

（续表）

序号	项目名称	金额
	基本费	
	增加费	
	扬尘污染防治增加费	
	夜间施工	
	非夜间施工照明	
	冬雨季施工	
	已完工程及设备保护	
	临时设施	
	工程按质论价	
	……	
二	单价措施项目	
	大型机械设备进出场及安拆	
	脚手架	
	垂直运输	
	模板	
	……	

4）其他项目清单

其他项目清单主要体现招标人提出的一些与拟建工程有关的特殊要求所需的金额。包括：暂列金额、暂估价、计日工、总承包服务费、索赔与现场签证等组成。

(1) 暂列金额是指在招标工程量清单中暂定并包括在合同价款中的一笔款项。用于工程合同签订时尚未确定或者不可预见的所需材料、工程设备、服务的采购，施工中可能发生的工程变更、合同约定调整因素出现时的合同价款调整以及发生的索赔、现场签证确认等的费用。

(2) 暂估价是指招标工程量清单中提供的用于支付必然发生但暂时不能确定价格的材料、工程设备的单价以及专业工程的金额，分为材料暂估价、专业工程暂估价。

(3) 计日工是指在承包人完成合同范围以外的零星项目或工作。

(4) 总承包服务费是指总承包人为配合协调发包人进行的专业工程发包，对发包人自行采购的材料、工程设备等进行保管以及施工现场管理、竣工资料汇总整理等服务所需的费用。

(5) 索赔是指在工程合同履行过程中，合同当事人一方因非己方的原因而遭受损失，按合同约定或法律法规规定承担责任，从而向对方提出补偿的要求。

现场签证是指发包人现场代表或其授权人与承包人现场代表就施工过程中涉及的责任事件所作的签认证明。

其他项目清单的表式如下：

表 7.3　其他项目清单表式

序号	项目名称	金额
1	暂列金额	
2	暂估价	
2.1	材料暂估价	
2.2	专业工程暂估价	
3	计日工	
4	总承包服务费	
5	索赔与现场签证	
…	……	

7.5.3　工程量清单的编制要求

招标工程量清单应由具有编制能力的招标人或受其委托、具有相应资质的工程造价咨询人编制。清单编制应满足下面要求：

1）招标工程量清单编制依据

《建设工程工程量清单计价规范》(GB 50500—2013)和相关工程的国家计量规范，国家或省级、行业建设主管部门颁发的计价定额和办法，建设工程设计文件及相关资料，与建设工程有关的标准、规范、技术资料，拟定的招标文件，施工现场情况、地勘水文资料、工程特点及常规施工方案，其他相关资料。

2）遵循客观、公正、科学、合理的原则

编制时应遵循客观、公正、科学、合理的原则，重视编制工作的精确性和严肃性。严格依据设计图纸和资料、现行的定额和有关文件以及国家制定的建筑工程技术规程和规范，客观公正，兼顾招标人和投标人双方的利益。清单内容应完整，不遗漏，其所附属的编制说明、技术标准和工艺要求应明确、无歧义。

3）仔细计算工程量，合理立项

首先应熟悉和读懂设计图纸及说明，以工程所在地计价定额的项目划分及其工程量计算规则为依据，根据工程现场情况，考虑合理的施工方法和施工机械，分步分项地逐项计算工程量、准确立项。对于符合计价定额的工程内容及工序，按计价定额项目名称；对于计价定额缺项须补充增加的部分，应根据图纸内容做补充，补充的子目应力求表达清楚以免影响报价，补充部分应在答疑时说明清楚。

4）力求图纸做法与材料设备的明确

设计图纸深度不够或工程用材标准及设备定型等内容交代不够清楚之处，应及时让设计单位补充，对于市场价格差异较大的设备、装饰材料的功能、型号、技术要求、外观色彩应尽量做到详尽描述。

5) 尽量不留活口

工程造价及相关费用应尽量一次性约定包干，少留或不留活口，尽量减少暂定金额项目。

6) 认真进行全面复核

招标人必须确保清单内容全面、符合实际、科学合理，复核可采用如下方法：

(1) 技术经济指标复核法

将编制好的清单选择与以往相同或相似类似工程的经济指标相比较，判断清单是否大致准确。

(2) 利用相关工程量之间的关系复核其正确性。如：

外墙装饰面积＝外墙面积－外墙门窗面积

内墙装饰面积＝外墙面积＋内墙面积×2－(外门窗＋内门窗面积×2)

地面面积＋楼面面积＝天棚面积

平屋面面积＝建筑面积/层数

(3) 仔细阅读建筑说明、结构说明及各节点详图，进一步复核清单。

清单出来后，应该再仔细阅读建筑说明、结构说明及各节点详图，从中可以发现一些疏忽和遗漏的项目，及时补足。核对清单名称是否与设计相同，表达是否明确清楚，有无错漏项。

7) 加强编制人员的素质管理

首先应加强编制人员的业务素质教育，其次应加强编制人员的职业道德教育。

7.5.4 工程量清单招标的基本过程

1) 工程量清单发放及招标答疑

由招标人在招标文件中提供统一的工程量清单，投标人在投标前须对招标人工程量清单，依据招标文件规定的承包范围、内容及合同规定的义务包括施工图纸进行校对，工程量清单中的任何不清楚及工程量清单中存在有任何项目划分误差、计量单位误差、遗漏项目等均须在招标文件规定的时间内向招标人提出书面异议或修正要求。招标人如认为要求合理，将以书面的形式对其清单进行修正，修正后的工程量清单发给所有投标人作为投标报价的依据。

2) 工程量清单报价

指各投标人在招标人统一提供的工程量清单基础上，根据本企业的具体经营策略、施工技术、装备水平、管理水平、材料价格自主确定人工费、材料费、机械使用费、管理费、利润和风险，并按有关规定计取规费和税金，进行投标报价。招标文件必须对工程量清单报价的格式作出统一规定，以便投标人能按要求作出实质性响应以及开标后进行报价分析。

3) 报价分析

对有效投标文件的每项工程量清单报价从总报价到主要综合单价进行比较,检查是否有过高或过低的异常现象,找出离散较大的投标报价原因,特别应注意是否不平衡报价和低于成本的报价。分析结束后,形成分析报告,报告从总报价到主要综合单价对投标人有疑义之处均应列出分析表,并列出要求每个投标人作出澄清、说明和补正的清单。

在上述基础上,工程量清单投标报价评审的一般程序如下:

(1) 确定存在重大偏差的投标文件。

(2) 检查分析报告的准确性。

(3) 澄清、说明和补正。

(4) 确定有效投标和经评审的投标价。

(5) 按评标办法评审。

7.6 招标控制价

《工程建设项目施工招标投标办法》强调,任何单位和个人不得强制招标人编制、报审控制价,或干预其确定招标控制价,《办法》取消了工程施工招标必须编制招标控制价的做法。按工程招标是否设置招标控制价,工程招标可分为有控制价法招标与无控制价法招标两种方式。

招标项目设有招标控制价的,招标人应当在开标时公布。控制价只能作为评标的参考,不得以投标报价是否接近招标控制价作为中标条件,也不得以投标报价超过控制价上下浮动范围作为否决投标的条件。

7.6.1 有控制价法招标

所谓有控制价法招标就是招标人在招标前,先根据相应计价定额,预先计算出完成工程施工的价格作为招标控制价,然后在评标时,以此为基准,对各投标人的报价进行比较分析的一种招标方法。

招标控制价应由具有编制能力的招标人或受其委托具有相应资质的工程造价咨询人编制和复核。

招标控制价是招标人对招标工程投资的预测,是评标委员会判断投标人的投标报价是否合理的主要依据。对有控制价的招标工程,应根据批准的初步设计、投资概算,依据有关计价办法,参照相关计价定额,结合市场供求状况,综合考虑投资、工期和质量等方面的因素合理确定。

1) 招标控制价编制依据

(1)《建设工程工程量清单计价规范》。

(2) 国家或省级、行业建设主管部门颁发的计价定额和计价办法。

(3) 建设工程设计文件及相关资料。

(4) 拟定的招标文件及招标工程量清单。

(5) 与建设项目相关的标准、规范、技术资料。

(6) 施工现场情况、工程特点及常规施工方案。

(7) 工程造价管理机构发布的工程造价信息。当工程造价信息没有发布时，参照市场价。

(8) 其他的相关资料。

2) 招标控制价编制原则

(1) 遵守政策文件，严格执行有关部门颁发的具体规定，招标控制价不得突破批准的设计概算。

(2) 招标控制价的计价内容、依据应与招标文件的规定一致，招标文件中规定投标人需考虑的问题，招标控制价中均应体现。

(3) 招标控制价作为招标人的期望价，应力求与市场变化相吻合，要有利于竞争和保证工程质量。

(4) 招标控制价编制应结合招标项目及施工现场具体情况，力求切合实际。

(5) 一个工程只能编制一个招标控制价。

3) 编制方法

(1) 概算分解法。将批复的初步设计概算按照招标工程划分内容进行对应分解，再测算出恰当的降幅比例后确定。常用于较单一、较简单的工程建设项目。

(2) 定额计算法。根据招标文件给定的工程量清单，按完成单位产品所需的人、机、料计价定额和经分析研究确定的相应基础价格而计算出招标控制价。适用于各类工程项目。

(3) 工序分析法。根据招标文件给定的工程量，分析确定完成该工程各个工序所需人工、施工设备的工作时间和相应基础价格而计算出招标控制价。适用于以机械设备施工为主的工程项目。

(4) 经验估算法。编制人员根据自身积累的经验和大量的类似工程造价数据，用简单类比、分析估算的方法直接确定项目单价。常用于对招标控制价影响不大的次要工程建设项目。

(5) 组合运用法。将上述几种方法联合使用于同一工程建设项目的招标控制价编制中。

4) 合理编制招标控制价的关键因素

(1) 应主动收集、掌握第一手相关资料，分析切合实际的各种价格基础和工程单价。应按照市场经济规律和规则，对合理成本进行必要的分析预测，既要避免所定招标控制价高出合理成本过多，造成不必要的经济损失，损害招标人的利益；又要避免所定招标控制价低于合理成本，造成恶性竞争，损害投标人利益。

(2) 首先应保证所定招标控制价能最大限度地满足工程施工质量和建设工期的要求，即所定招标控制价应与招标文件中有关工程建设质量和工期的技术条款及有关技术规范的具体要求相适应。

(3) 进行技术经济比较，确定相关施工方案、施工总平面布置、进度控制、交通运输方案等措施。

(4) 根据工程特点和施工条件合理选择工程机械，力求经济实用、先进高效。

(5) 对图纸中无实物工程量之处，如临时工程等，应根据招标文件，深入研究其项目组成和工作内容，在避免漏项的前提下，合理定价。

5) 确定评标控制价的方法

(1) 招标人招标控制价法：即以招标人的招标控制价价格作为评标控制价。

(2) 报价平均法：即以全部或部分有效投标人的投标报价的平均值作为评标控制价。

(3) 组合加权法：即以招标人的招标控制价价格与有效投标人的投标报价的平均值加权平均作为评标控制价。通常招标人的标底值的权重占50%～70%。

(4) 入围平均法：即划定以招标人的招标控制价价格的上下一定范围内为有效标，以进入有效标范围内投标人的投标报价的平均值作为评标控制价。

使用有招标控制价法招标操作方便，简单明了，能有效控制投资。但由于招标控制价受相应计价定额的编制水平、施工工艺、物价幅度等影响和限制，并不能代表优秀投标人的造价消耗，不利于企业的发展。

7.6.2 无招标控制价法招标

所谓无招标控制价法招标就是指招标人不编制招标控制价，投标人根据招标文件自主报价的招标方式。

1) 确定评标用控制价的方法

(1)报价平均法；(2)组合加权法；(3)入围平均法。

2) 无招标控制价招标的优劣

使用无招标控制价法招标，可缩短招标工作周期。但由于不设招标控制价，使评标时缺少了衡量工程造价的标准，投标人数量不应过少，以便评标委员会能对各招标人的价格进行横向比较，相应增加了评标工作量；同时也会产生投标人串标抬价或压低标价，可能会造成高标价中标或低于成本价中标。

另外，因经营策略、施工技术及使用的措施、机械装备、管理水平、材料采购价格的不同，各投标人在综合考虑上述各种因素后投标报价也有很大差别，评标委员会认定某投标人报价低于成本价是否具有权威性也值得商榷。法律法规规定：在评标过程中，评标委员会发现投标人的报价明显低于其他投标报价或者在设有招标控制价时明显低于招标控制价，使得其投标报价可能低于其个别成本的，应当要求该投标人作出书面说明并提供相关证明材料。投标人不能合理说明或者不能提供相关证明材料的，由评标委员会认定该投标人以低于成本报价竞争，其投标应作废标处理。这条规定只指出“投标人的报价明显低于其他投标报价或者在设有招标控制价时明显低于招标控制价”两种情况，在无招标控制价法招标的情况下，只有“投标人的报价明显低于其他投标报价”才被认为低于成本价，但当几个投标人的报价都低于成本价，缺乏横向比较的依据，如何界定投标价低于成本价，是评标委员会面临的最大问题。

7.7 施工招标开标、评标和定标

7.7.1 开标

开标就是在招标文件所规定的递交投标文件的截止时间停止接收投标文件后，招标人在提交投标文件截止时间的同一时间将各投标人的投标文件启封，这是定标阶段的第一个环节。

开标会至少由主持人、监标人、开标人、唱标人、记录人组成。

开标的一般程序：

(1) 进行开标，宣读参加开标人员名单。

(2) 宣布投标文件开启顺序。

(3) 依开标顺序，先检查投标文件密封是否完好，再启封投标文件。

(4) 唱标，宣布主要投标要素，做好记录，由投标人代表签字确认。

(5) 对上述工作进行记录存档。

1) 接收投标文件

我国招标投标法规定，开标应当在招标文件确定的提交投标文件截止时间的同一时间公开进行；开标地点应当为招标文件中规定的地点。这就是说，提交投标文件截止之时(如某年某月某日几时几分)，即是开标之时(也是某年某月某日几时几分)。

逾期送达或者未送达指定地点的投标文件，招标人应不予接受。

投标人应在会议签到簿上签名以证明其按时送达投标文件。

2) 开标

开标会由招标人或其委托的招标代理机构主持，邀请所有投标人参加。

开标时，由投标人或其推选的代表或招标人委托的公证机构当众检查投标文件的密封情况，投标文件未按照招标文件的要求予以密封的，将被拒绝接受，被拒绝的投标文件不予开封，并原封退回；投标文件封面未加盖投标人法人公章及法定代表人印章的，视为无效标书，不得进入宣读及评审。

投标人少于3个的，不得开标；招标人应当重新招标。

3) 唱标

由工作人员当众拆封投标文件，按开标会上确定的开标顺序宣读各投标人名称、投标价格、业绩和其他招标人认为有必要的内容。在招标文件所规定的截止时间之前收到的所有符合招标文件密封要求的投标文件，开标时都将当众予以拆封、宣读、记录，保证各投标人及其他参加人了解所有投标人的投标情况，增加开标程序的透明度。

4) 会议过程记录

整个过程需形成记录。

开标记录一般应记载以下事项并由主持人和其他工作人员签字确认：招标项目名称、开标时间、地点；参加开标的单位和人员；投标文件密封情况；设有招标控制价的招标项目的招标控制价；投标人名称和投标报价；其他必要的事项。

投标人对开标有异议的，应当在开标现场提出，招标人应当当场作出答复，并制作记录。

7.7.2 评标和定标

投标文件的评审工作应在招投标管理部门的监督下，由评标委员会负责进行。

评标按照下列程序进行：

(1) 评标准备。

(2) 组建评标委员会。

(3) 评审。

(4) 推荐中标候选人。

(5) 撰写评标报告。

1) 评标准备

正式开标前，由招标人或其委托的招标代理机构介绍招标工程相关情况以及评标所需的各种信息与数据，评标委员会成员应当编制供评标使用的相应表格，认真研究招标文件、图纸，主要应了解和熟悉以下内容：招标目的；招标范围和性质；招标文件中规定的主要技术要求、合同条款；招标文件中规定评标标准、评标方法和在评标过程中考虑的其他因素等。

2) 组建评标委员会

按招标投标法相关规定，评标委员会由招标人代表和有关技术、经济等方面的专家组成，成员人数为 5 人以上单数，其中技术、经济等方面的专家不得少于成员人数的三分之二。

国家实行统一的评标专家专业分类标准和管理办法。评标委员会的专家成员应当从省级人民政府组建的综合评标专家库中以随机抽取方式确定。任何单位和个人不得以明示、暗示等任何方式指定或者变相指定参加评标委员会的专家成员。

评标委员会成员与投标人有利害关系的，应当主动回避。

采用定额报价方式，投标人投标报价时只需以经过确认的招标人招标控制价为基数确定让利幅度即可，实际上是用社会平均成本衡量投标价的模式，应侧重技术标的评审。而目前采用的工程量清单计价，投标人根据本企业的具体经营技术、装备水平、管理水平、市场价格信息，视工程的实际情况自主进行投标报价，报价评审成为评审的主要工作，因此，评标委员会的组成成员中必须要有一定比例的工程经济专家。

招标文件的评标方式不同时，技术、经济等方面评标专家人数也应在规定的范围内作相应调整。当采用“经评审的最低投标价法”时，评标委员会宜以经济专家为主组成；当采用“综合评估法” 或工程技术比较复杂时，技术专家与经济专家需同时兼顾考虑。

3）评审

评审是招投标工作中最重要的一步，评标委员会成员应认真阅读招标文件，严格依据国家和省、市招标投标的法律法规精神以及本工程招标文件中规定的评标标准和方法对各投标文件独立评审，不得带有任何倾向性。招标文件中没有规定的标准和方法不得作为评标的依据。

（1）主要评审内容

① 查出投标文件在符合性、响应性等方面存在的偏差。

② 查出投标文件存在的含义不明确、对同类问题表述不一致或者有明显文字错误的地方。

③ 查出投标文件存在的算术计算错误。

④ 查出投标单价（含技术措施费）过低及过高的项目与招标文件规定的标准之间存在的偏差。

⑤ 查出投标文件改变属于投标人代收代缴性质的各种税、行政规费或者遗漏相关内容的地方。

⑥ 核查报价组成是否合理。

⑦ 其他需要投标人进行澄清、说明或者补正的地方。

（2）投标文件偏差

投标文件产生的偏差可分为重大偏差与细微偏差两种。

① 重大偏差：是指投标文件出现了实质上没有全部或部分响应招标文件的要求或指标的信息或数据。

② 细微偏差：是指投标文件在实质上响应招标文件要求，但在个别地方存在漏项或者提供了不完整的技术信息或数据等情况，并且补正这些漏项或者不完整不会对其他投标人造成不公平的结果，不影响投标文件的有效性的偏差。

我国招标投标法规定，在评审时，当发现投标文件有下列情况之一的，可判定为重大偏差，投标文件作为废标，不再进入下一步评审：

① 投标函未加盖投标人的公章及企业法定代表人印章的，或者企业法定代表人委托代理人没有合法、有效的委托书（原件）及委托代理人印章的。

② 未按招标文件规定的格式填写，内容不全或关键字迹模糊、无法辨认的。

③ 投标人递交两份或多份内容不同的投标文件，或在一份投标文件中对同一招标项目报有两个或多个报价，且未声明哪一个有效，按招标文件规定提交备选投标方案的除外。

④ 投标人名称或组织机构与资格预审时不一致的。

⑤ 未按招标文件要求提供投标保证金的。

⑥ 组成联合体投标的，投标文件未附联合体各方共同投标协议的。

招标文件中所列的重大偏差不得与法律法规相抵触，招标文件对重大偏差另有规定的，应从其规定。

下列情况可视为未对招标文件作出实质性响应，如：投标文件载明的招标项目完成期限超过招标文件规定的期限；投标文件明显不符合技术规范、技术标准的要求；投标报价超过招标文件规定的最高限价的；不同投标人的投标文件出现了评标委员会认为不应当雷同的情况；投标文件提出了不能满足招标文件要求或招标人不能接受的工程验收、计量、价款结算支付办法；以他人的名义投标、串通投标、以行贿手段谋取中标或者以其他弄虚作假方式投标的；经评标委员会认定投标人的投标报价低于成本价的；投标人未按照招标文件的要求提供必须提交的相关资料的；投标文件中附有招标人不能接受的条件的；投标文件中提供虚假资料的等。

法律、法规、规章和招标文件未规定作为重大偏差的，一律作为细微偏差。

评标委员会根据规定否决不合格投标或者界定为废标后，因有效投标不足三个使得投标明显缺乏竞争的，评标委员会可以否决全部投标。所有投标被否决的，招标人应依法重新招标。

(3) 澄清、说明或者补正

① 澄清、说明或者补正的内容

根据需要，评标委员会可以书面要求投标人对投标文件中含义不明确、对同类问题表述不一致、明显算术计算错误、缺项(漏项)、措施报价的完整性及与方案的相符性、有明显文字错误的内容等细微偏差进行书面澄清、说明或者补正。澄清、说明或者补正不得超出投标文件的范围或者改变投标文件的实质性内容。

投标文件中具有不响应招标文件实质性要求和条件的内容，评标委员会应当不允许投标人通过修正或撤销其不符合的差异或保留，使之成为具有响应性的投标。评标委员会也不得向投标人提出带有暗示性或诱导性的问题，或向其明确投标文件中的遗漏和错误。

② 澄清、说明或者补正的原则

评标委员会应当在投标人澄清、说明和补正的基础上，实事求是地反映投标文件实质性内容，尽量减少无效投标文件，澄清、说明和补正应按招标文件的规定作出最不利于投标人的量化。

a. 投标报价以投标文件的投标函中报价为准，当投标函中数字表示的金额与文字表达的金额不一致的，以文字表达的金额为准；投标文件中的大写金额和小写金额不一致的，以大写金额为准；总价金额与单价金额不一致的，以单价金额为准，但单价金额小数点有明显错误的除外；单价与工程量的乘积与总价不一致时，以单价为准，若单价有明显的小数点错位，应以总价为准，并修改单价。

b. 投标人自行增加的项目及相关价格，视为投标人预计可能发生的项目内容的报价，应从投标人投标总价中相应扣除。对投标人增加的项目的相关价格，招标人可以选择接受或拒绝。招标人拒绝的，投标人应同意并承诺，否则视为投标文件附有招标人不可接受的附加条件，属于重大偏差，其投标无效。

c. 漏(缺)项：当评标委员会界定投标人漏(缺)项所产生的费用可与其投标利润相抵消，且投标人在澄清、说明和补正中已明确表示承担该漏(缺)部分的费用，可将该部分费用按照其他投标评标价中的最高价加入其投标价中作为评标价进入成本评审。但如中标，该费用不予增加。如投标人在澄清、说明和补正中认为该漏项的费用已包含在其他项目报价中，则评标价中不予增加。

d. 对明显偏低的项目报价的处理：评标委员会通过评审发现投标人的投标价格明显低于其他投标人且无技术、经济方面的补足措施，或投标报价中存在明显的瑕疵时，按照澄清与补正办法进行修正、补正，当修正或补正后，评标委员会认为所有偏低项目的单项费用差的总计金额小于投标文件所列明的利润总额，上述情况不会使该整个项目报价低于成本，评标委员会应当认定该投标人投标报价有效，该投标价可作为评标价。否则，视为投标报价低于成本，其投标无效。

对存在明显偏低的项目报价，下列因素应进行重点分析：工程内容是否完整；施工方法是否正确；施工组织和技术措施是否合理、可行；费用金额的组成、工料机消耗及确定的费用、利润是否合理；是否满足招标文件对主要材料的规格、型号、等级等特殊要求，确定的材料价格是否合理；投标人对澄清要求所作的说明是否合理，提供的相关证明材料是否具有说服力。

③ 在澄清、说明和补正过程中，投标人不接受或不按要求进行澄清、说明、补正的，经评标委员会认可，可拒绝该投标人的投标。

在澄清与补正中发生投标价格变化的，经过投标授权人签字确认，调整后的报价对投标人起约束作用，同时应向全体投标人进行通报。

经过澄清与补正后的投标报价，即为评标价，按招标文件中规定的评标办法和方法进行评审。

4）定标

评标委员会按照招标文件中规定的定标标方法，推荐不超过 3 名有排序的合格的中标候选人。依法必须进行招标的项目，招标人应当根据评标委员会推荐的排名第一的中标候选人公示两个工作日后确定为中标人。

排序原则：采用经评审的最低投标价法时，在合格的投标人中，按照评审出的投标价格排名，价格最低者排名第一；采用综合评分法时，在合格的投标人中，依总得分排名，总得分最高者排名第一。

排名第一的中标候选人放弃中标、因不可抗力提出不能履行合同，或者招标文件规定应当提交履约保证金而在规定的期限内未能提交的，招标人可以确定排名第二的中标候选人为中标人。排名第二的中标候选人因同样的原因不能签订合同的，招标人可以确定排名第三的中标候选人为中标人。

5) 评标报告

评标委员会完成评标后，经济组与技术组评委应共同撰写评标报告并签名，阐明对各投标文件的评审和比较意见，说明所下结论的依据。

评标报告应如实记载以下内容：

(1) 基本情况和数据表。

(2) 评标委员会成员名单。

(3) 开标记录。

(4) 符合要求的投标一览表。

(5) 废标情况说明。

(6) 评标标准、评标方法或者评标因素一览表。

(7) 经评审的价格或者评分比较一览表。

(8) 经评审的投标人排序。

(9) 推荐的中标候选人名单与签订合同前要处理的事宜。

(10) 澄清、说明、补正事项纪要。

7.8 施工招标评标示例

7.8.1 招标概况

(1) 招标人：××××××。

(2) 项目名称：××××××。

(3) 工程名称：××××××标段施工。

(4) 建设地点：××××××。

(5) 资金来源：财政资金。

(6) 招标范围：设计图纸与工程量清单范围内的土建工程(含土方、桩基、钢结构等)、安装工程(含给排水、消防、暖通、动力、照明、智能化、亮化、电梯等)、内外装饰(含幕墙)及室外配套工程(含市政门路及雨污水管网、强弱电管网、给水及消防管网、路灯亮化、景观绿化等)等的工程施工。

(7) 资格审查办法：资格后审。

(8) 评标办法：综合评估法。

7.8.2 评标办法

(1) 评标办法前附表

表 7.4 ××工程评标办法前附表

评标入围		
条款号		评审标准
2.1.1	评标入围条件	投标文件存在所列情况之一的，不再进行后续评标： 1. 至投标截止时间止，未足额递交投标保证金； 2. 投标函中载明的招标项目完成期限超过招标文件规定的期限； 3. 投标函中载明的投标质量标准未响应招标文件的实质性要求和条件； 4. 投标函中载明的投标报价高于招标人期望值 招标人期望值＝招标控制价×100％
2.1.2	评标入围方法和数量	评标入围方法：直接入围 评标入围数量：全部入围

初步评审			
条款号		评审因素	评审标准
2.1.3	形式评审标准	投标人名称	与营业执照、资质证书、安全生产许可证一致
		投标函签字盖章	有法定代表人的电子签章并加盖法人电子印章
		报价唯一	只能有一个有效报价
		暗标	符合招标文件有关暗标的要求
2.1.4	资格评审标准	营业执照	具备有效的营业执照
		安全生产许可证	具备有效的安全生产许可证
		资质证书	具备有效的资质证书
		资质等级	符合招标文件有关要求
		财务要求	符合招标文件有关要求
		业绩要求	符合招标文件有关要求
		拟派项目负责人要求	符合招标文件有关要求
		其他要求	符合招标文件有关要求
2.1.5	响应性评审标准	投标内容	符合招标文件有关要求
		工期	符合招标文件有关要求
		工程质量	符合招标文件有关要求
		投标有效期	符合招标文件有关要求
		投标保证金	符合招标文件有关要求
		已标价工程量清单	符合招标文件有关要求：①投标报价不低于工程成本或者不高于招标文件设定的招标控制价或者招标人设置的投标限价的；②未改变“招标工程量清单”给出的项目编码、项目名称、项目特征、计量单位和工程量的；③未改变招标文件规定的暂估价、暂列金额及甲供材料价格的；④未改变不可竞争费用项目或费率或计算基础的
		其他要求	

（续表）

详细评审		
条款号		条款内容
2.1.6	分值构成（总分 100 分）	投标报价：85 分 施工组织设计：10 分 投标人业绩：0 分 投标人市场信用评价：5 分 投标报价合理性：0 分
2.1.6.1	评标基准价计算方法	1. 评标基准值计算方法的确定： 以有效投标文件的评标价算术平均值为 A〔当有效投标文件≥7 时，去掉最高和最低 20%（四舍五入取整）后进行平均；当有效投标文件为 4～6 时，剔除最高报价后进行算术平均；当有效投标文件<4 时，则次低报价作为投标平均价 A〕，招标控制价为 B，则： $评标基准价=A\times K_1\times Q_1+B\times K_2\times Q_2$ $Q_2=1-Q_1$，Q_1 取值范围为 65%、70%、75%、80%、85%；K_1 的取值范围为 95%～98%；Q_1、K_1 值在开标时由投标人推选的代表随机抽取确定。K_2 的取值范围，建筑工程为 90%～100%，装饰、安装工程为88%～100%，市政工程为 86%～100%，园林绿化工程为 84%～100%，其他工程 88%～100%。K_2 由招标人在招标文件中明确。 2. 评标基准值参数设置如下： K_1 值取值范围：95%～98%，每 0.5%一档，开标时随机抽取确定。 Q_1 值取值范围：65%～85%，每 5%一档，开标时随机抽取确定。 K_2 取值为：95%。 3. 除确认存在计算错误外，评标基准价不因招投标当事人质疑、投诉、复议以及其他任何情形而改变
	投标报价得分计算	投标报价等于评标基准价的得满分，投标报价相对评标基准价每低 1%扣 0.6 分（不少于 0.6 分），每高 1%扣 0.9 分（负偏离扣分的 1.5 倍）；偏离不足 1%的，按照插入法计算得分
2.1.6.2	施工组织设计	1. 评标委员会按下列评分因素和评分标准对施工组织设计进行评审 2. 施工组织设计各评分点得分应当取所有技术标评委评分中分别去掉一个最高和最低评分后的平均值为最终得分 3. 施工组织设计中除缺少相应内容的评审要点不得分外，其他各项评审要点得分不应低于该评审要点满分的 70% 4. 施工组织设计各评分点篇幅要求如下，每超过 1 页的，扣 0.01 分

评审因素	分值	页数要求	评分标准
总体概述：施工组织总体设想、方案针对性及施工标段划分	2	5	
施工现场平面布置和临时设施、临时道路布置	1	5	
施工进度计划和各阶段进度的保证措施	2	12	
劳动力、机械设备和材料投入计划	2	12	

（续表）

条款号		条款内容			
2.1.6.2	施工组织设计	评审因素	分值	页数要求	评分标准
		关键施工技术、工艺及工程项目实施的重点、难点和解决方案	2	30	
		新技术、新产品、新工艺、新材料应用	1	15	
		BIM 等信息技术的使用	/	/	
		项目负责人陈述及答辩（采用书面暗标形式）	/	/	
2.1.6.3	投标人市场信用评价评分	信用标得分由评标系统自主管部门相关数据库自动提取			

(2) 本次评标采用综合评估法。评标委员会对满足招标文件实质要求的投标文件，按照本招标文件规定的评分标准进行打分，并按得分由高到低顺序推荐中标候选人。综合评分相等时，以投标报价低的优先；投标报价也相等的，由招标人自行确定。

7.8.3 开标

该项目招标人在招标文件规定的时间和地点，准时于××××年××月××日 9:30 在××市公共资源交易中心开标一室举行开标会。各投标人在招标文件规定的投标文件送达截止前参加开标会，授权委托人书面签到，同时招标代理公司签收投标文件。

开标会议由代理机构主持，参加会议的有招标人代表及投标人代表、中心工作人员、公证处代表。该项目采用电子化招投标。

开标程序：

(1) 宣布开标纪律。

(2) 公布在投标截止时间前递交投标文件的投标人名称，核查到达开标会现场的投标人是否同时在招投标电子化交易系统递交电子文件，并点名确认投标人是否按招标文件规定派相关人员到场。

(3) 宣布开标人、唱标人、记录人、监标人等有关人员姓名。

(4) 由所有投标人或投标人代表对递交投标文件的密封、盖章情况进行检查，确认是否符合招标文件要求。

(5) 宣布投标文件唱标顺序。

(6) 投标人代表当众随机抽取 K_1 值、Q_1 值。

(7) 按照宣布的唱标顺序开标，当众将投标人电子文件进行数据导入、解密，并同时拆封书面投标文件，公布投标人及拟派项目负责人名称、投标保证金的递交情况、投标报价、质量目标、工期及其他内容，并予以记录。

(8) 投标人代表、招标人代表、监标人、记录人等有关人员在开标记录上签字确认。

(9) 开标结束。

开标会结束时,各投标人均表示对开标会程序与过程无异议。进入评标阶段。

7.8.4 评标

(1) 评标准备

评标委员会的组成及分工:评标委员会由在省专家库中随机抽取并语音通知的 7 人评标专家组成。评标委员会成员有下列情形之一的,应当回避:

① 投标人或投标人的主要负责人的近亲属。

② 项目主管部门或者行政监督部门的人员。

③ 与投标人有经济利益关系,可能影响对投标公正评审的。

④ 曾因在招标、评标以及其他与招标投标有关活动中从事违法行为而受过行政处罚或刑事处罚的。

评标委员会成员首先推选一名评标委员会负责人,负责评标活动的组织领导工作,负责人具有与评标委员会其他成员同等的表决权。

招标人与招标代理机构向评标委员会提供评标所需的信息和数据。同时评标委员会负责人组织评标委员会成员认真研究招标文件。

(2) 评标入围

评标委员会按 2.1.2 款规定的方法确定进入初步评审的投标人名单。

(3) 初步评审

① 形式性评审

评标委员会根据第 2.1.3 款列出的评审标准,经评审未有无效标。

② 资格评审

评标委员会根据第 2.1.4 款列出的评审标准,经评审未有无效标。

③ 响应性评审

评标委员会根据第 2.1.5 款列出的评审标准,经评审未有无效标。

(4) 详细评审

① 按第 2.1.6.1 款规定的方法确定评标基准价。

② 评标委员会按第 2.1.6 款规定的量化因素和分值进行打分,并计算出综合评估得分。

按第 2.1.6.1 款规定的评审因素和分值对投标报价计算出得分 A;

按第 2.1.6.2 款规定的评审因素和分值对施工组织设计计算出得分 B;

按第 2.1.6.3 款规定的评审因素和分值对投标人市场信用评价计算出得分 C。

评分分值计算保留小数点后两位,小数点后第三位四舍五入。

投标人得分=A+B+C。

(5) 评标活动遵循公平、公正、科学和择优的原则。评标委员会按照本评标办法规定的方法、评审因素、标准和程序对投标文件进行评审。本评标办法没有规定的方法、评审因素和标准,不作为评标依据。

(6) 评标结果排序原则

综合评估法：按得分高低从高到低进行排序；当得分相同时，取报价低者优先；当得分、报价均相同时，由评标委员会决定。

(7) 推荐中标候选人

评标委员会完成评标后，向招标人提交书面评标报告，阐明评标委员会对各投标文件的评审和比较意见，推荐 3 名有排序的合格中标候选人。

7.8.5 定标原则

招标人应当确定排名第一的中标候选人为中标人。排名第一的中标候选人放弃中标、因不可抗力不能履行合同、不按照招标文件要求提交履约保证金，或者被查实存在影响中标结果的违法行为等情形，不符合中标条件的，招标人可以按照评标委员会提出的中标候选人名单排序依次确定其他中标候选人为中标人，也可以重新招标。

8 建设工程施工投标

8.1 建设工程施工投标的工作程序

工程项目施工投标是指通过投标资格预审的投标人，以发包人提供的招标文件为前提，对招标文件的要求作出实质性的响应，经过详细的市场调查，按照招标文件的要求编写投标文件，通过投标报价的方式承揽工程的过程。投标是获取工程施工承包权的主要手段，是响应招标、参与竞争的一种法律行为，投标人根据业主的要约邀请而向业主发出要约，一旦业主确定其中标即作出承诺后，施工合同即成立，承包人就应当按照投标文件的要求，在规定的期限内完成施工合同规定的施工任务，否则就要承担相应的法律责任。

《中华人民共和国招标投标法》规定，投标人应当具备承担招标项目的能力，应当具备国家有关规定及招标文件明文提出的投标资格条件，遵守规定时间，按照招标文件规定的程序和做法，公平竞争，不得行贿，不得弄虚作假，不能凭借关系、渠道搞不正当竞争，不得以低于成本的报价竞标；施工企业根据自己的经营状况有权决定参与或放弃投标竞争。

承包商投标工作过程如图 8.1 所示。

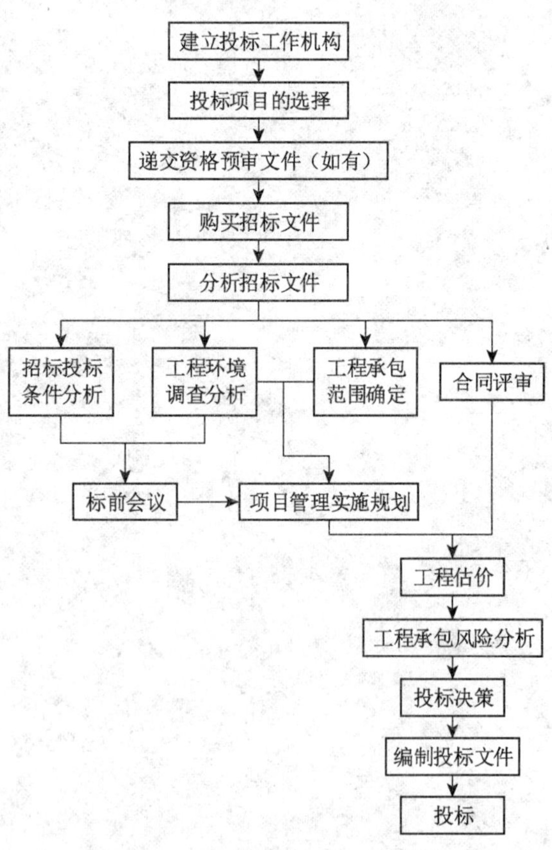

图 8.1　承包商投标工作程序

在这一阶段，投标人完成投标前工作、招标文件分析、现场考察和环境调查，确定工程项目范围、制订项目的实施方案和计划，进行工程估价。同时通过调研，对工程承包的潜在风险进行分析和评价，据此进行投标决策，并按业主要求的格式、内容做标，按时将投标书送达投标人须知中规定的地点。

8.2 施工投标的前期准备工作

由于工程承包市场竞争激烈,工程投标工作十分复杂并且充满风险,稍有不慎,就可能会因为自己的投标缺少竞争力而无法中标,或者中标后无法盈利甚至亏损。因此,承包商在正式参加投标之前应当做好前期准备工作,以保证投标准确、可靠。投标的前期工作包括:组建投标工作机构、投标项目的选择、投标资格预审、投标信息调研、分析招标文件、参加标前会议等。

8.2.1 组建投标工作机构

工程投标就是一场竞争,不仅比报价的高低、技术方案的优劣,而且比人员、比管理、比经验、比实力、比信誉。为了确保在投标竞争中获胜,施工企业须精心挑选精干且富有经验的人员组成投标工作机构。实践证明,建立一个强有力、业务水平高的投标机构是投标获得成功的根本保证。投标工作机构应由经济管理人才、工程技术人才、商务金融人才以及合同管理人才组成。

经济管理人才,是指从事工程估价的投标报价人员,他们不仅熟悉本公司在各类分部分项工程中的工料消耗标准和水平,而且对本公司的技术特长与不足之处有客观的分析和认识,掌握生产要素的市场行情,同时能够对竞争对手的情况有较详细的认识,能运用科学的调查、分析、预测方法,能够运用价值工程原理和技术经济技术,优化工程实施方案,以保证投标报价既具备竞争力,又可以保证工程中标后能够获利。

工程技术人才,是指工程实施过程中从事工程设计和工程施工的各类专业技术人才,他们掌握本专业领域内的最新技术知识,具有较丰富的工程经验,能根据投标工程的专业要求和技术规范,从本公司的实际技术水平出发,选择最经济合理的施工方案。

商务金融类人才,是指具有从事金融、贷款、保函、采购、保险等方面工作经验和知识的专业人员。他们可以为准确估算工程成本、项目筹资、材料和设备的采购以及正确评估工程承包风险等提供帮助。

工程项目的招标投标,直至承包合同的签订,都离不开合同管理人才,所以,工程投标成员中必须配备熟悉合同相关法律、法规,熟悉工程合同条件并能进行深入分析、提出应特别注意的问题、具有合同谈判和合同签订经验、善于发现和处理索赔等方面的敏感问题的专业人员。对国际工程来说,还必须精通国际惯例和 FIDIC、ICE(英国土木工程师学会)、AIA(美国建筑师学会)等国际常用的合同条件。

为了保守商业秘密,投标班子人员不宜过多,同时要注意保持班子成员的相对稳定,积累和总结以往经验,不断提高素质和水平,以形成一个高效率的工作集体,从而提高本公司投标报价的竞争力。

8.2.2 投标项目的跟踪和选择

承包商要想在工程竞争中处于有利地位，必须大量收集工程招标信息并对其进行分析核实。一个成功的承包商应当拥有广泛的项目信息渠道，同时承包商应对收集的项目信息进行调查核实，以保证项目信息真实客观。在许多可选择的招标工程中，他必须就投标方向作出选择。这是承包商的一次重要的决策。

1) 投标阶段承包商的具体目标

在招标投标阶段，承包商的总体目标就是能够在激烈的投标竞争中胜出，具体的目标是：

(1) 提出有利润的同时又具有竞争力的报价

投标报价是承包商对业主要约邀请(招标文件)的要约，它在投标截止期后即具有法律效力。报价是能否取得承包工程资格，取得合同的关键。报价必须符合两个基本要求：

① 报价应是有利润的。它应包含承包商为完成合同规定的义务的全部费用支出和期望获得的利润。承包商都期望通过工程承包取得盈利。

② 报价应具有竞争力。由于通过资格预审，参加投标竞争的许多投标人都在争夺承包工程资格，他们之间主要通过报价进行竞争，所以承包商的报价又应是低而合理的。一般来说，报价越高，竞争力越小。

(2) 签订一个有利的合同

对承包商来说，有利的合同主要表现在如下几方面：合同条款比较优惠或有利；合同价格较高或适中；合同风险较小；合同双方责权利关系比较平衡；没有苛刻的、单方面的约束性条款等。

2) 承包商选择自己的投标方向应考虑的因素

这就需要承包商必须对手中掌握的项目信息进行合理筛选，以确定自己的投标方向。这对承包商的报价策略、合同谈判策略和合同签订后实施策略的制定有重要的指导作用。承包商主要依据以下几方面因素选择自己的投标方向：①承包市场竞争状况；②工程特点；③业主方面的情况；④承包商自身状况。

投标方向的选择要能最大限度地发挥自己的优势，符合承包商的经营总战略，如正准备在该地区或该领域发展，力图打开局面，则应积极投标。承包商不要企图承包超过自己施工技术水平、管理水平和财务能力的工程，以及自己没有竞争力的工程。

8.2.3 投标资格预审

承包商资格预审文件的准备和提交必须与业主的要求相一致。施工企业投标时或在参与资格预审时必须提供以下资料：

(1) 企业的营业执照和资质证书。

(2) 企业简历。

(3) 承包商的财务能力情况。

(4) 全员职工人数,包括技术人员、管理人员、技术工人数量及平均技术等级等,拟派往项目的主要技术、管理人员情况。

(5) 企业自有主要施工机械设备一览表以及计划为投标工程所投入的施工机械设备。

(6) 近3年承建的主要工程及质量情况。

(7) 投标项目拟分包情况。

(8) 现有主要施工任务,包括在建和尚未开工工程一览表。

在不泄露商业秘密的前提下,投标人都应当向招标人提交上述有关资质和业绩方面的资料以证明自己有承包投标工程的能力,否则将会失去参加投标的机会。

只有通过资格预审以后,投标人才能够真正参与项目招标投标竞争。投标人在编写资格预审文件时应当注意以下几点:

(1) 注意日常资料的收集,并随时加以完善,避免临时填写达不到要求而不能通过资格预审。

(2) 注意对业主资格预审要求的分析,针对工程项目特点,突出自身的施工经验、技术力量和施工组织能力,这往往是业主考察的重点。

(3) 当发现拟投标的工程某些专业自身的技术和管理水平不能胜任时,应当及时寻找合作伙伴,组建联营体来参加资格预审,发挥各方的特长,以提高竞争力。需要注意的是组建联营体必须在资格预审文件中说明。

(4) 投标人必须将资格预审文件在招标人规定的截止时间之前送交指定地点,否则资格预审文件将被拒收。

(5) 做好递交资格预审文件后的跟踪工作,以便发现问题后能够及时补充资料。

8.2.4 招标文件与工程环境的调查分析

由于建筑市场竞争十分激烈,加之我国建筑市场秩序尚不规范,在招标信息的真实性、公平竞争的透明度、业主支付意愿与支付实绩、承包商的履约诚意、合同条款的履行程度等方面都存在不少问题。因此,当承包商通过资格预审、得到招标文件后,必须仔细分析招标文件。

招标文件是业主对投标人的要约邀请,它几乎包括了全部合同文件。它所确定的招标条件和方式、合同条件、工程范围和工程的各种技术文件是承包商制订实施方案和报价的依据,也是双方商谈的基础。

1) 投标人对招标文件的理解与责任

(1) 一般合同都规定,承包商对招标文件的理解负责,必须按照招标文件的各项要求

价、投标、工程施工。承包商必须全面分析和正确理解招标文件,弄清楚业主的意图和

对招标文件理解错误造成实施方案和报价失误由承包商自己承担。

就招标文件作出的推论、解释和结论概不负责,对向投标人提供的参考

它们是否准确地反映现场实际状况。

(2) 投标人在递交投标书前被视为已对规范、图纸进行了检查和审阅，并对其中可能的错误、矛盾或缺陷做了注明，应在标前会议上公开向业主提出，或以书面形式询问。对其中明显的错误，如果承包商没有提出，则可能要承担相应的责任。按照招标规则和诚实信用原则，业主应作出公开的明确的答复。这些书面答复作为对这些问题的解释，有法律约束力。承包商切不可随意理解招标文件而导致盲目投标。

在国际工程中，我国许多承包商由于外语水平限制，投标期短，语言文字翻译不准确，引起对招标文件理解不透、不全面或错误，发现问题又不要求业主给予明确的答复，自以为是地解释合同，造成许多重大失误。这方面的教训是极为深刻的。

由于建筑市场竞争十分激烈，加之我国建筑市场秩序尚不规范，在招标信息的真实性、公平竞争的透明度、业主支付意愿与支付实绩、承包商的履约诚意、合同条款的履行程度等方面都存在不少问题。因此，当承包商通过资格预审、得到招标文件后，必须仔细分析招标文件。

2）投标人全面分析招标文件

投标人取得(购得)招标文件后，通常首先进行总体检查，重点是检查招标文件的完备性。一般要对照招标文件目录检查文件是否齐全，是否有缺页，对照图纸目录检查图纸是否齐全。然后分三部分进行全面分析：

(1) 投标人须知分析。通过分析不仅掌握招标条件、招标过程、评标的规则和各项要求，对投标报价工作作出具体安排，而且要了解投标风险，以确定投标策略。

(2) 工程技术文件分析。即进行图纸会审、工程量复核、图纸和规范中的问题分析，从中了解承包商具体的工程项目范围、技术要求、质量标准。在此基础上做施工组织和计划，确定劳动力的安排，进行材料、设备的分析，作实施方案，进行询价。

(3) 合同评审。分析的对象是合同协议书和合同条件。从合同管理的角度，招标文件分析最重要的工作是合同评审。合同评审是一项综合性的、复杂的、技术性很强的工作。它要求合同管理者必须熟悉合同相关的法律、法规，精通合同条款，对工程环境有全面的了解，有合同管理的实际工作经验和经历。

招标文件规定的承包人的职责和权利，必须高度重视，认真研读。招标文件内容虽然很多，但总的不外乎商务条款、标的工程内容条款和技术要求条款。下面就各个方面应注意的问题予以阐述。

3）投标人重点研读承包人的职责和权利

(1) 合同条件

① 要核准下列日期：投标截止日期和时间、投标有效期、由合同签订到开工允许时间、总工期和分阶段验收的工期、工程保修期等。

② 关于误期赔偿费的金额和最高限额的规定，提前竣工奖励的有关规定。

③ 关于保函或担保的有关规定，保函或担保的种类，保函额或担保额的要[illegible]期等。

④ 关于付款条件：应清楚是否有动员预付款，以及其金额[illegible]

设备和材料预付款的支付规定，进行付款的方法，自签发支付证书至付款的时间，拖期付款是否支付利息，扣留保留金的比例、最高限额和退还条件。

⑤ 关于物价调整条款：应搞清有无对于材料、设备和工资的价格调整规定，其限制条件和调整公式如何。

⑥ 关于工程保险和现场人员事故保险等的规定，如保险种类、最低保险金额、保期和免赔额等。

⑦ 关于人力不可抗拒因素造成损害的补偿办法与规定，中途停工的处理办法与补救措施。

⑧ 关于争端解决的有关规定。

(2) 承包人责任范围和报价要求

① 注意合同是属于单价合同、总价合同还是成本加酬金合同，不同的合同类型，承包人的责任和风险不同。

② 认真落实要求投标的报价范围，不应有含糊不清之处。例如，报价是否含有勘察设计补充工作，是否包括进场道路和临时水电设施，有无建筑物拆除及清理现场工作，是否包括监理工程师的办公室和办公、交通设施等。总之，应将工程量清单与投标人须知、合同条件、技术规范、图纸等共同认真核对，以保证在投标报价中不错报，不漏报。

③ 认真核算工程量。核算工程量，不仅为了便于计算投标价格，而且是今后在实施工程中核对每项工程量的依据，同时也是安排施工进度计划、选定方案的重要依据。投标人应结合招标图纸，认真仔细地核对工程量清单中的各个分项，特别是工程量大的细目。力争做到这些细目中的工程量与实际工程中的施工部位能对号入座，数量平衡。当发现工程量清单中的工程量与实际工程量有较大差异时，应向招标人提出质疑。

(3) 技术规范和图纸

① 工程技术规范：按工程类型描述工程技术和工艺的内容和特点，对设备、材料、施工和安装方法等规定的技术要求，对工程质量(包括材料和设备)进行检验、试验和验收所规定的方法和要求。在核对工程量清单的过程中，应注意对每项工作的技术要求及采用的规范。因为采用的规范不同，其施工方法和控制指标将不一致，有时可能对施工方法、采用的机具设备和工时定额有很大影响，忽略这一点不仅对投标人的报价带来计算偏差，而且还会给未来的施工工作造成困难。

② 注意技术规范中有无特殊施工技术要求，有无特殊材料和设备的技术要求，有无允许选择代用材料和设备的规定。若有，则要分析与常规方法的区别，以及合理估算可能引起的额外费用。

③ 图纸分析。要注意平、立、剖面图之间尺寸、位置的一致性，结构图与设备安装图之间的一致性，当发现矛盾之处应及时提请招标人予以澄清并修正。

4) 工程环境的调查分析

工程项目是在一定的环境条件下实施的。工程环境对工程实施方案、合同工期和费用有直接的影响。环境又是工程风险的主要根源。承包商必须收集、整理、保存一切可能对实施方案、工期和费用有影响的工程环境资料。这不仅是工程预算和报价的需要，而且也是施工方案、施工组织、合同控制、索赔(反索赔)的需要。

FIDIC合同规定，只有当出现一个有经验的承包商不能预见和防范的任何自然力的作用，才属于业主风险。因此，承包商应充分重视和仔细地进行现场考察和环境调查，以获取那些应由投标人自己负责的有关编制投标书、报价和签署合同所需的所有资料，并对环境调查的正确性负责。

工程环境调查有极其广泛的内容，包括工程项目所在国、所在地，以及现场环境。

(1) 政治方面

政治制度，政局的稳定性，国内动乱、骚乱、政变的可能，宗教及其种族矛盾，发生战争、封锁、禁运等的可能。在国际工程中，应考虑该国与我国的关系等。

(2) 法律方面

了解与工程项目相关的主要法律及其基本精神，如合同法、劳工法、移民法、税法、海关法、环保法、招标投标法等，及与本项目相关的特殊的优惠或限制政策。

(3) 经济方面

经济方面所要调查的内容繁多，而且要详细，要做大量的询价工作。

① 生产要素的市场和价格。承包人为实施工程购买所需工程材料，增置施工机械、零配件、工具和油料、劳动力、运输等的市场供应能力、条件和价格水平，生活费用价格，通讯、能源等的价格，设备购置和租赁条件和价格等。而它们的市场价格和支付条件是变化的，会对工程成本产生一定的影响。投标时，要使报价合理并具有竞争力，就应对所购工程材料和设备的质量、价格等进行认真调查，即做好询价工作。不仅要了解当时的价格，还要了解过去的变化情况，预测未来施工期间可能发生的变化，以便在报价时加以考虑。此外，工程物资询价还涉及物资的种类、品质、支付方法、运输方式、供货计划等问题，也必须了解清楚。如果工程施工需要雇佣当地劳务，则应了解可能雇到的工人的工种、数量、素质、基本工资和各种补助费及有关社会福利、社会保险等方面的规定。

② 货币，主要是针对涉外工程而言，如通货膨胀率、汇率、贷款利率、换汇限制等。

③ 经济发展状况及稳定性，在工程项目实施中有无大起大落的可能。

(4) 自然条件方面

① 气象资料：包括年平均气温、年最高气温和年最低气温，风向图、最大风速和风压值，日照，年平均降雨(雪)量和最大降雨(雪)量，雨季分布及天数、年平均湿度、最高和最低湿度，其中尤其要分析全年不能和不宜施工的天数(如气温超过或低于某一温度持续的天数，雨量和风力大于某一数值的天数，台风频发季节及天数等)。

② 水文资料：包括地下水位、潮汐、风浪等。

③ 地质情况：包括地质构造及特征，承载能力，地基是否有膨胀土、冬季冻土层厚度等。

④ 各种不可预见的自然灾害的情况，如地震、洪水、暴雨、风暴等。

(5) 施工条件调查

① 工程现场的用地范围、地形、地貌、地物、标高，地上或地下障碍物，现场的“三通一平”情况（是否可能按时达到开工要求）。

② 工程现场周围的道路、进出场条件（材料运输、大型施工机具），有无特殊交通限制（如单向行驶、夜间行驶、转变方向限制、货载重量、高度、长度限制等规定）。

③ 工程现场施工临时设施、大型施工机具、材料堆放场地安排的可能性，是否需要二次搬运。

④ 工程现场邻近建筑物与招标工程的间距、结构形式、基础埋深、新旧程度、高度。

⑤ 市政给水及污水、雨水排放线路位置、标高、管径、压力，废水、污水处理方式，市政消防供水管道管径、压力、位置等。

⑥ 当地供电方式、方位、距离、电压等。

⑦ 当地煤气供应能力，管线位置、标高等。

⑧ 工程现场通信线路的连接和铺设。

⑨ 当地政府有关部门对施工现场管理的一般要求、特殊要求及规定，是否允许节假日和夜间施工，等等。

(6) 对业主的调查

由于目前建筑市场竞争激烈，业主与承包商的地位不对等，许多业主往往会倚仗自己的强势地位，在招标文件中提出种种苛刻条件，如强迫投标人签订“黑白合同”，长期拖欠工程款，致使承包企业不仅不能获取利润，甚至连成本都无法收回。还有些业主单位的工程负责人与外界勾结，索要巨额回扣，中饱私囊，致使承包企业苦不堪言。

因此，投标人事先应当对业主的情况进行深入细致的调查了解，这是工程能否顺利实施、能否获利的前提。对业主的调查包括：

① 本工程的资金来源、额度、落实情况。

② 本工程各项审批手续是否齐全。

③ 招标人员是初次从事建设项目还是有较丰富的工程建设经验，在已建工程和在建工程招标、评标过程中的习惯做法，对承包人的态度和信誉，是否及时支付工程款、合理对待承包人的索赔要求。

④ 监理工程师的资历，承担过监理任务的主要工程，工作方式和习惯，对承包人的基本态度，当出现争端时能否站在公正的立场上提出合理的解决方案等。

(7) 对竞争对手的调查

了解有多少家公司获得本工程的投标资格，有多少家公司购买了标书，有多少家公司参加了标前会议和现场勘察，从而分析可能参与投标的公司。了解可能参与投标竞争的公司的有关情况，包括技术特长、管理水平、经营状况，他们的能力、实绩、优势、基本战略、可能的报价水平。

(8) 其他条件调查

① 建筑构件和半成品的加工、制作和供应条件，商品混凝土的供应能力和价格。

② 是否可以在工程现场安排工人住宿，对现场住宿条件有无特殊规定和要求。

③ 是否可以在工程现场或附近搭建食堂、自己供应施工人员伙食，若不可能，通过什么方式解决施工人员的餐饮问题，其费用如何。

④ 工程现场附近治安情况如何，是否需要采用特殊措施加强施工现场保卫。

⑤ 工程现场附近的生产厂家、商店、各种公司和居民的一般情况，工程施工可能对他们造成影响的程度。

⑥ 工程现场附近各种社会服务设施和条件，如当地的卫生、医疗、保健、通讯、公共交通、文化、娱乐设施情况及其技术水平、服务水平、费用，有无特殊的地方病、传染病等。

⑦ 当地有关部门的办事效率和所需各种费用。

⑧ 当地的风俗习惯、生活条件和方便程度。

⑨ 当地人的商业习惯、文化程度、技术水平和工作效率等。

(9) 环境调查应符合的要求

① 保证真实性，反映实际，不可道听途说，特别是从竞争对手处或从业主处获得的口头信息，更要注意其可信度。

② 全面性。应包括对工程的实施方案、价格和工期，对承包商顺利地完成合同责任，承担合同风险有重大影响的各种信息，不能遗漏。国外许多大的承包公司制定标准格式，固定调查内容(栏目)的调查表，并由专人负责处理这方面的事务。这样使调查内容完备，使整个调查工作规范化、条理化。

③ 应建立文档保存环境调查的资料。许多资料，不仅是报价的依据，而且是施工计划、实施控制和索赔的依据。

④ 承包商对环境的调查常常不仅要了解过去和目前的情况，还需对其趋势和将来有合理的预测。

5) 确定工程承包项目范围

(1) 工程承包项目范围的影响因素

承包商的总任务是完成一定范围的工程承包项目。承包商的合同责任必须通过合同实施活动完成。工程承包项目范围指承包商按照工程承包合同应完成的活动的总和，它直接决定实施方案和报价。在签约前，承包商必须就工程承包项目的范围与业主达成共识。对不同的承包合同，承包商的工程项目范围的确定方法不同。通常由如下因素决定：

① 合同条件。

② 业主要求，或工程技术文件，如规范、图纸、可交付成果清单(如设备表、工程量表)。

③ 环境调查资料。

④ 项目的其他限制条件和制约因素。如项目的总计划，上层组织的项目实施策略等。它们决定了项目实施的约束条件，如预算的限制、资源供应的限制、时间的约束等。

⑤ 其他，如过去同类项目的相关资料和经验教训。

(2) 工程承包项目范围确定的程序

① 招标文件分析、环境条件调查和项目的限制条件研究。

② 确定最终可交付成果，即竣工工程的结构。

承包商按照合同必须完成一定范围的工程，它是承包商最终可交付的成果。承包商的一切活动和报价都是环绕着最终竣工的工程进行的。竣工工程的范围是决定承包商合同责任的最重要的因素，也是业主和工程师最关注的对象，它会影响工程变更、索赔和合同争议。承包商必须对工程范围进行详细分析。

(3) 施工项目应交付成果

对一般的施工合同，业主在招标文件中提供比较详细的工程技术设计文件。施工项目可交付成果由以下几方面因素确定：

① 技术规范。主要描述了项目的各个部分在实施过程中采用的通用技术标准和特殊标准，包括设计标准、施工规范、具体的施工做法、竣工验收方法、试运行方式等内容。

② 图纸。它是竣工工程的图形表达。

③ 工程量表。工程量表是可竣工工程的详细数量的定义和描述。对业主给出的工程量表中的数量通常要复核其准确性。

(4) EPC合同条件下承包商的最终竣工工程范围

对“设计—采购—施工(EPC)”总承包合同，在招标文件中业主提出“业主要求”，它主要描述业主所要求的最终交付的工程的功能，相当于工程的设计任务书。它从总体上定义工程的技术系统要求，是工程范围说明的框架资料。在投标阶段，竣工工程范围的细节有很大的不确定性，这是总承包合同最大的风险。

承包商的最终竣工工程的范围确定必须从功能分析入手：

① 从项目的目标分析研究项目的总体功能要求。

② 将总体功能分解，得到各个子系统(单体)功能，再分解到各部分各专业功能。

③ 确定完成这些功能的工程系统要求，进而才能确定工程系统范围。

④ 确定由合同条件定义的项目过程。这是由承包商合同责任定义的在可交付成果(工程)的形成过程中承包商应完成的活动。如对施工合同，承包商的主要责任包括工程施工、竣工和维修责任。而总承包合同可能包括工程的规划、设计、施工、项目的永久设备和设施的供应及安装、竣工、保修、运营维护等。

⑤ 承包商的其他合同责任。由合同条件、现场环境、法律和其他制约条件产生的其他活动。

a. 一些为实施过程服务的，不作为最终可交付成果的工作，如运输大件设备要维护和加固通往现场的道路，为保证技术方案的安全性和适用性而进行的试验研究工作。

b. 由现场环境条件和法律等产生的工作任务，如按照环境保护法，需要采取环境保护措施，对周边建筑物保护措施，或为保护施工人员的安全和健康而采取保护措施，交纳规定的各种税费等。

c. 合同规定的其他任务。如购买保险和提供履约担保等。还可能有特殊的服务和供应责任，如为业主代表提供办公设施等。

上述这些活动共同构成承包商施工项目活动的范围(见图8.2)。

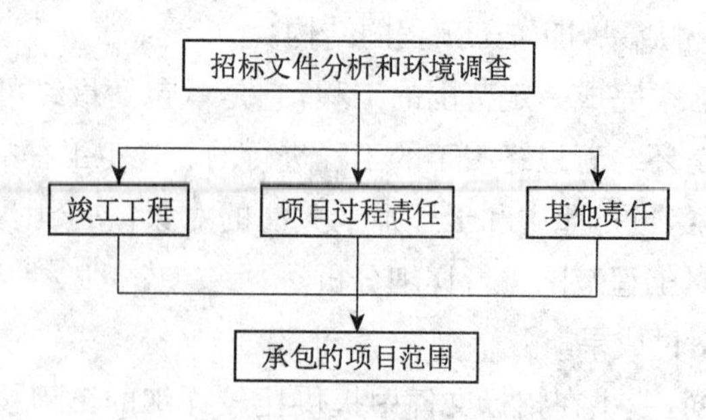

图 8.2　承包商项目范围分析

6) 承包商应当分析的商业问题

不同的招标文件的类型和特点区别很大。一方面有些招标文件仅有一份要求提交投标文件的简单的信；另一方面有些招标文件有很多主要由业主和顾问工程师发出的大量的商业、技术文件，通常还附有需要投标人填写的特定的投标表格。但是不论招标文件如何简单或如何复杂，都有一些相同的问题需要考虑。以下是承包商应询问的一些商业问题：

(1) 承包商需要负责哪些工作？工作范围是否清楚？

(2) 是否明确规定了业主将提供什么，何时提供？谁负责承包商和业主工作间的协调？对于业主义务的规定是否对其有合同约束力？如果其违反上述义务其风险是什么？

(3) 工作是否包括：①对工艺进行改造使其用于其他方面；②对工艺进一步发展和深化；③使用没有经过使用论证的构件或技术？如果包含以上工作，那么此类工作的程度如何？并且其与当前的技术水平的接近程度如何？如果未完成上述工作则会有怎样的后果？

(4) 合同是否对工程项目测试作了清楚的定义：①将进行的测试的类型和规格；②测试限度；③直观测试的客观标准；④重复测试的程序；⑤测试何时进行及在什么时间段内进行；⑥除了合同规定的测试外，业主不可以增加额外的测试；⑦业主是否会自己重复测试或是仅监督承包商的测试。

(5) 是否存在性能保证，若未达到规定的性能，是否有相应的处罚？如果有，那么：①保证测试何时进行？②在保证测试进行的过程中谁来操纵机器？③由谁提供进行上述测试所需的设施？④由谁提供测试设备？⑤是否规定了测试的限度、允许误差和测试的方法？⑥当承包商准备好后，如果业主无法进行测试将会怎样？此时承包商是否有权交付工程？承包商是否需要在缺陷责任期内进行保证测试？⑦有没有可靠性测试的规定？如果有，何时进行？测试的条件是什么？能够允许的误差限度是多少？

(6) 承包商向谁负责——直接向业主还是向其他承包商？业主或总包的财务状况如何？合同条款是否规定了工程师？如果是，谁将行使他的权力？

(7) 在完工时间方面承包商的义务是什么？合同时间安排是否是一份有约束力的合同文件以约束承包商遵守有关中间日期或节点的规定？完工本身有无定义？完工是在性能保证测试或可靠性测试之前还是之后？有没有实质性的完工条款？有没有关于延误的

违约金或罚金规定？如果有，标准是什么？有没有最长时间的规定？达到最长时间后承包商的责任是什么？业主可否因延误而终止合同或要求赔偿间接损失？

(8) 合同的一般条款是什么？是否有特别条款，如果有是什么？合同条款和规范是否相互冲突？在合同条款中是否规定了与所要进行的工作性质有关的风险？

(9) 付款条款是什么，这些条款是否会对现金周转产生任何有利或不利的影响？承包商需要提供哪些保函，这些保函是否是按要求即付？如果保函支付后，是否需要提供新的保函？是否有信用融资方面的要求？付款的货币及时间？汇率方面是否存在风险？

(10) 承包商在保险方面的责任？公司如何对索赔支付进行记录？

(11) 承包商所承担的缺陷责任？是否规定了缺陷责任期？是否需要对间接损失承担责任？

(12) 合同是否允许对工期进行延长，如果可以延长原因是什么？就延期提出索赔的程序是什么，如何进行？

(13) 有没有指定的分包商？如果有，他们从商业角度来说是否可以接受？有没有必要在不承担分包商履行的风险的情况下进行承包？

(14) 合同受何种法律管辖？如何解决争议？仲裁裁决或法庭判决执行的难易程度如何？

(15) 业主终止合同的权利及终止后的后果？

(16) 投标的时间有多长？对于投标有无特别的格式要求？

(17) 标书交给谁？有无关于聘用投标代理方的规定？

(18) 对进口许可证方面的特殊要求？对于进口的材料和设备是否需要交纳特别费用或税收？合同是否要征收印花税？如果是，由谁来缴纳？

(19) 合同的价格是固定的还是可以变化的？如果是后者，如何对变化进行计算？有无可以信赖的统计数据或指标？

如果承包商考虑了上述所提到的所有问题，且所有问题都得到了回答并对风险进行了衡量，那么就会对是否应当对项目投标有所了解。

8.2.5 参加标前会议和勘察现场

1) 标前会议

标前会议也称投标预备会，是招标人给所有投标人提供的一次答疑的机会，有利于加深对招标文件的理解，凡是想参加投标并希望获得成功的投标人，都应认真准备和积极参加标前会议。

在标前会议之前应事先深入研究招标文件，并将发现的各类问题整理成书面文件，寄给招标人要求给予书面答复，或在标前会议上予以解释和澄清。参加标前会议应注意以下几点：

(1) 对工程内容范围不清的问题应提请解释、说明，但不要提出修改设计方案的要求。

(2) 如招标文件中的图纸、技术规范存在相互矛盾之处,可请求说明以何者为准,但不要轻易提出修改技术要求。

(3) 对含糊不清、容易产生理解上歧义的合同条款,可以请求给予澄清、解释,但不要提出改变合同条件的要求。

(4) 注意提问技巧,注意不使竞争对手从自己的提问中获悉本公司的投标设想和施工方案。

(5) 招标人或咨询工程师在标前会议上对所有问题的答复均应发出书面文件,并作为招标文件的组成部分,投标人不能仅凭口头答复来编制自己的投标文件。

2) 现场勘察

现场勘察一般是标前会议的一部分,招标人会组织所有投标人进行现场参观和说明。投标人应准备好现场勘察提纲并积极参加。派往参加现场勘察的人员事先应当认真研究招标文件的内容,特别是图纸和技术文件。应派经验丰富的工程技术人员参加。现场勘察中,除与施工条件和生活条件相关的一般性调查外,应根据工程专业特点有重点地结合专业要求进行勘察。

现场勘察费用可列入投标报价中,不中标的投标人得不到任何补偿。

8.2.6 制订实施方案,编制施工规划

承包商的实施方案是按照他自己的实际情况(如技术装备水平、管理水平、资源供应能力、资金等),在具体环境中全面、安全、稳定、高效率地完成合同所规定的上述工程承包项目的技术、组织措施和手段。实施方案的确定有两个重要作用:

(1) 作为工程预算的依据。不同的实施方案有不同的工程预算成本,那么就有不同的报价。

(2) 虽然施工方案及施工组织文件不作为合同文件的一部分,但在投标文件中承包商必须向业主说明拟采用的实施方案和工程总的进度安排。业主以此评价承包商投标的科学性、安全性、合理性和可靠性。这是业主选择承包商的重要决定因素。

实施方案通常包括以下内容:

(1) 施工方案,如工程施工所采用的技术、工艺、机械设备、劳动组合及其各种资源的供应方案等。

(2) 工程进度计划。在业主招标文件中确定的总工期计划控制下确定工程总进度计划,包括总的施工顺序,主要工程活动工期安排的横道图,工程中主要里程碑事件的安排。

(3) 现场的平面布置方案,如现场道路、仓库、办公室、各种临时设施、水电管网、围墙、门卫等。

(4) 施工中所采用的质量保证体系以及安全、健康和环境保护措施。

(5) 其他方案,如设计和采购方案(对总承包合同)、运输方案、设备的租赁、分包方案。

招标人将根据这些资料评价投标人是否采取了充分和合理的措施,保证按期完成工

程施工任务。另外,施工规划对投标人自己也十分重要,因为进度安排是否合理、施工方案选择是否恰当,与工程成本和报价有密切关系。制定施工规划的依据是设计图纸、规范、经过复核的工程量清单、现场施工条件、开工竣工的日期要求、机械设备来源、劳动力来源等。

编制一个好的施工规划可以大大降低标价,提高竞争力。编制的原则是在保证工期和工程质量的前提下,尽可能使工程成本最低,投标价格合理。

8.2.7 工程估价

工程估价是核算承包商为全面完成招标文件规定的义务所必需的费用支出,它是承包商的保本点,是工程报价的基础。而报价一经确认,即成为有法律约束力的合同价格。所以承包商必须按实际情况作工程预算。它的计算基础为:

(1) 招标文件确定的承包商的项目范围。投标报价应是承包商完成招标文件所确定的项目范围内全部工作的价格体现,应包括但不限于施工设备、劳务、管理、材料、安装、缺陷修补、利润、税金和合同包含的所有风险、责任及法律法规规定的各项应有费用。

(2) 工程环境,特别是劳动力、材料、机械、分包工程以及其他费用项目的价格水平。

(3) 实施方案,以及在这种环境中,按这种实施方案施工的生产效率和资源消耗水平。

投标人应当根据招标文件的要求和招标项目的具体特点,结合市场情况和自身竞争实力自主报价。标价的计算必须与招标文件中规定的合同形式相协调。

8.3 工程承包的风险分析

工程承包是一项综合性经济活动,由于工程项目规模大,周期长,资金占用多,涉及面比受政治、经济、自然条件等多种因素的影响。再加上当前建筑市场属于买方市场,争激烈,成交条件苛刻,从而加大了工程承包商的经营难度,每一个工作环节都可无法预测的风险,稍有不慎就会造成难以弥补的损失。因此承包商应该正确把临的各种政治经济形势,认真调查研究,仔细分析各种影响因素的风险度,从措施,把握工程实施的主动权,以减少风险损失,保证工程顺利实施。

理的程序

括以下几个阶段:

确定各种风险的来源和种类。

对以上风险的调查,确定风险属于独立风险还是相关风险,对于

。

用分析技术,研究各类风险,确定风险发生的可能性。

(4) 风险评价。通过运用风险度量技术，评价风险造成的影响，据此进行风险排序。

(5) 风险回应。根据以上结论，通过采用风险转移或风险自留等方式，研究如何对风险进行管理。

根据以上风险管理过程，可建立工程风险管理系统(图 8.3)。

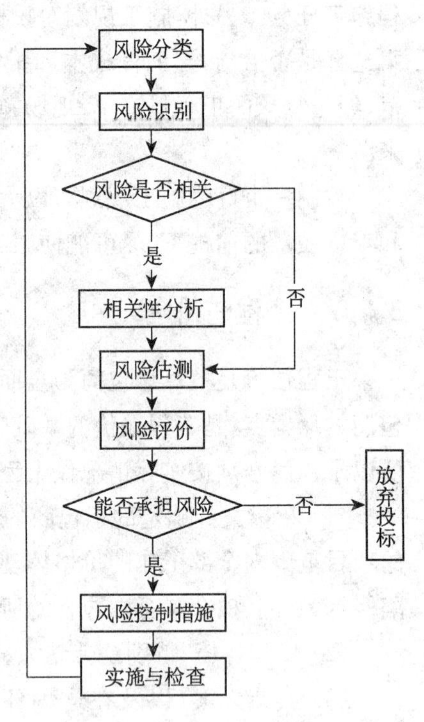

图 8.3 风险管理程序

8.3.2 风险分类

要进行风险分析，首先需将风险分类。按工程实施的影响因素，工程承包包含以下几方面风险：

(1) 政治风险。包括政局的稳定性，战争、动乱、政变的可能性，与邻国的关系及与我国的关系等。

(2) 经济风险。主要指国家经济政策变化、法律变化、通货膨胀、建筑市场变化等。

(3) 社会风险。包括宗教信仰、社会治安、文化生活水平及风俗习惯等。

(4) 自然风险。指气候条件、地质条件、地震、洪水等自然灾害。

(5) 业主风险。包括业主的财政状况、项目资金筹措情况及业主的信誉情况等。

(6) 承包商自身风险。主要指承包商缺乏管理经验或资金技术力量不足而造成的风险。

8.3.3 风险估测

可以用概率来表示各种风险发生的可能性。设某项工程在承包过程中可能会遇到 i 个风险，$i = 1, 2, \cdots$，P_i 表示各种风险发生的概率 ($0 \leqslant P_i \leqslant 1$)。

上述风险往往相互联系、相互作用，一旦一种风险发生，其他风险发生的可能性随之增加。这可以分为 3 种情况：

(1) 一种风险出现，另一种风险一定会发生。如一个国家政局动荡必然导致该国经济形势恶化而引起通货膨胀，物价飞涨。

(2) 两种风险之间没有必然联系。例如国家经济政策变化不可能引起自然条件的变化。

(3) 一种风险出现后，另一种风险发生的可能性增加。如自然条件发生变化可能会导致承包商技术能力不能满足实际需要。

这里可以用相关概率表示各风险之间的相关性。设 $P_{(j/i)}$ 表示一旦风险 i 发生后风险 j 发生的条件概率[$0 \leqslant P_{(j/i)} \leqslant 1$]。显然，当 $P_{(j/i)} = 0$，说明风险 i、j 之间没有必然关系；当 $P_{(j/i)} = 1$ 时，说明风险 i 出现必然导致风险 j 发生。显然，$P_{(j/j)} = 1$。

根据风险概率及条件概率，可以得出在风险 i 以概率 P_i 发生的条件下，风险 j 发生的概率 P_{ij} 为

$$P_{ij} = P_i \times P_{(j/i)} \tag{8.1}$$

则各风险组成的综合概率矩阵为

$$\bar{P} = \{P_{ij}\} \quad i = 1, 2, \cdots, j, \cdots; j = 1, 2, \cdots \tag{8.2}$$

8.3.4 风险评价

设 R_i 表示一旦第 i 个风险发生时承包商所遭受的损失值。则

$$R_i = C_{R_i} - C_N \tag{8.3}$$

式中：C_{R_i} ——风险 i 发生后的工程成本；

C_N ——正常工程成本。

各风险的损失矩阵为

$$\bar{R} = \{R_i\} \quad i = 1, 2, \cdots \tag{8.4}$$

则风险损失期望矩阵为

$$\bar{E} = \bar{P} \times \bar{R} = \{E_i\} \tag{8.5}$$

其中 $E_i = \sum_{j=1}^{n} P_{ij} R_j$

8.3.5 风险决策

将总风险损失期望值扣除可转嫁的风险损失期望值，与期望利润进行比较，如果超出承包商能够承受的底线，则承包商应回避风险；反之，承包商应进一步制定风险控制措施。

将损失期望值按从大到小进行排列，并计算出各期望值在总损失期望值中所占百分率，计算累计百分率并将风险进行分类：损失期望值累计百分率在 80%以下所对应的风险为 A 类风险，显然它们是主要风险；累计百分率在 80%～90%的风险为 B 类风险，是次要风险；累计百分率在 90%～100%的风险为 C 类风险，是一般风险。根据 3 类不同类别风险实行不同的风险管理方法，对于损失期望值较高的 A 类风险应进行重点管理，制订出详细的风险防范措施，防患于未然，力争将风险损失降至最低；对 B 类风险也不应忽视，对其主要环节实行重点管理；C 类风险则实行粗放管理。

8.3.6 施工项目风险响应策略和应对措施

对分析出来的风险必须采取应对措施，首先必须作出风险的应对策略。风险应对策略是项目实施策略的一部分。对风险，特别是对重大风险，要进行专门的策略研究。

1) 风险响应策略

(1) 风险规避

风险规避就是通过变更施工项目计划，从而消除风险或风险产生的条件，或者是保护施工项目的目标不受风险的影响。从风险管理的角度看，风险规避是一种最彻底的消除风险影响的方法。虽然项目的风险是不可能全部消除的，但是借助于风险规避的一些方法，对某一些特定的风险，在它发生之前就消除其发生的机会或降低可能造成的种种损失还是可能的。

风险规避的方式有以下两种：

① 规避风险事件发生的概率。

② 规避风险事件发生后可能造成的损失。

规避风险的具体方法有：终止法(终止或放弃项目或项目计划的实施来避免风险)、工程法(以工程技术为手段消除物质性风险的威胁)、程序法(用标准化、制度化、规范化的方式从事项目活动，以避免可能引发的风险或不必要的损失)、教育法(对项目人员广泛开展教育，增强风险意识)。

(2) 风险转移

风险转移是设法将某些风险的结果连同对风险应对的权利和责任转移给他方。转移风险仅将风险管理的责任转移给他方，并不能消除风险。

在工程项目中，风险转移的方式各种各样，如组织联营体或联合集团进行工程投标，工程保险、担保、利用开脱责任的合同条款、选择适当合同的计价方式、工程分包等。不管是哪种风险转移方式，其特点是共同的，就是使自身免受种种风险损失。当然，这种转移是指正当的、合法的转移方式或手段，最好应使风险转移者与接受风险者取得“双赢”。

(3) 风险缓解

工程项目风险缓解，又称减轻风险，是指将工程项目风险的发生概率或后果降低到某一可接受程度的过程。风险缓解既不消除风险，也不能避免风险，而是减轻风险，包括减少风险发生的概率或控制风险的损失。风险缓解的措施主要包括降低风险发生的可能性、减少风险损失、分散风险和采取一定的后备措施等。

(4) 风险自留

工程项目风险自留亦称为风险接受，是一种由项目主体自行承担风险后果的一种风险应对策略。这种策略并不意味着工程项目主体不能改变项目计划去应对某一风险，或项目主体不能找到其他适当的风险应对策略，而是出于经济性和可行性考虑采取的一种应对风险方式。如一些企业目前工程很少，很多资源闲置，虽然采用低价中标可能出现亏本，但如果成本损失大于资源闲置成本损失，还是值得一试的。

风险自留的局限性：

① 风险自留以具有一定的财力为前提条件，使风险发生后的损失得到补偿。某些承包商采用低价中标就是一种风险自留的案例，虽然这会带来利润损失甚至亏本的风险，但如果承包商有足够的财务承受能力，即使产生损失仍有足够的承包能力，主要寄希望于后

续项目上获得良好的合同条件并赢利，从而弥补前面的损失。

② 在工程项目风险管理中，对某一风险事件采用风险自留策略时，充分掌握该风险事件的信息是一个前提条件，即掌握完备的风险事件的信息是采用风险自留策略的前提。从这一角度看，风险自留可能更适合于应对损失后果不大的一类风险，如工程材料价格波动、工程设计不完备、施工现场条件恶劣和相关法律变化等风险。

(5) 风险利用

风险往往会带来消极的结果，但现实情况下有些风险只要正确处理还是可以利用的，这就是所谓风险利用。一般而言，具有投机性质的风险经常可以利用。

风险利用首先要分析利用该风险的可能性和利用价值，利用可能性不大或利用价值不大的风险均不应作为风险利用的对象。

在决定是否利用某风险前，必须对利用风险所需的代价进行分析，以提供决策支持，然后客观地检查和评估自身承受风险的能力。

当决定利用某种风险时，应制定相应的策略和行动步骤。如当承包商决定采用低价中标策略时，项目管理者一方面应注重与业主协调好关系，发挥其整体优势，树立良好的形象，以寄希望于在后续项目上获得有利的合同；另一方面，积极研究节省施工成本、争取更多利润的措施，实施中积极把握索赔机会。

风险利用过程中，决策要当机立断并量力而行，事先制订多种应对方案，并在实施中严格风险监控。

2) 风险应对措施

通常的风险对策有：

(1) 回避风险大的项目，选择风险小或适中的项目

这在项目决策时要注意，放弃明显导致亏损的项目。对于风险超过自己的承受能力，成功把握不大的项目，不参与投标，不参与联营。甚至有时在工程进行到一半时，预测到后期风险很大，必然有更大的亏损，而不得不采取中断项目的措施。

(2) 技术措施

例如，选择有弹性的、抗风险能力强的技术方案，一般不采用新的、未经过工程检验的、不成熟的施工方案；对地理、地质情况进行详细勘察或鉴定，预先进行技术试验、模拟，准备多套备选方案，采用各种保护措施。

(3) 组织措施

对风险很大的项目加强计划工作，选派最得力的技术和管理人员，特别是项目经理；将风险责任落实到各个组织单元，使大家有风险意识；在资金、材料、设备、人力上对风险大的工程予以保证，在同期进行的项目中提高其优先级别，在实施过程中严密控制。

(4) 保险

对一些无法排除的风险，如常见的工程损坏、第三方责任、人身伤亡、机械设备的损坏等可以通过购买保险的办法解决。当风险发生时由保险公司承担(赔偿)损失或部分损失。其前提条件是必须支付一笔保险金，对任何一种保险要注意其保险范围、赔偿条件、

理赔程序、赔偿额度等。

(5) 要求对方提供担保

这主要针对合作伙伴的资信风险。例如，由银行出具投标保函，预付款保函，履约保函，在BOT项目中由政府出具保证。

(6) 风险准备金

风险准备金是从财务的角度为风险做准备，在投标报价中额外增加一笔费用。例如，在投标报价中，承包商经常根据工程技术、业主的资信、自然环境、合同等方面风险的大小以及发生的可能性(概率)在报价中加上一笔不可预见风险费，作为对那些明确的或潜在的风险的处理预备费用。

当然，风险越大，风险准备金就越高。从理论上说，准备金的数量应与风险损失期望相等，即为风险发生所产生的损失与发生的可能性(概率)之积。

(7) 采取合作方式共同承担风险

许多大型工程项目承包时间长、参加者众多、合同额高、涉及的专业多、风险大，很少有企业能独立承包。往往许多企业组成联营企业承包或达成协议联合承包，这有利于风险共担。

① 有合作就有风险的分担

但不同的合作方式风险不一样，各方的责权利关系不一样。例如，借贷、租赁业务、分包、承包、合伙承包、联营，它们有不同的合作紧密程度，有不同的风险分担方式，则有不同的利益分享。

② 寻找抗风险能力强、可靠、有信誉的合作伙伴

双方合作越紧密，则要求合作者越可靠。如联合承包就要选择规模比较大的承包商，而专业分包就要选择技术熟练、能力较强的企业。这样合作后，才能增加抗风险的能力。

③ 通过合同分配风险

在许多情况下通过合同排除(推卸)风险是最重要的手段。合同规定风险分担的责任及谁对风险负责。例如，承包商要减少风险，则在承包合同中要明确规定：业主的风险责任，即哪些情况应由业主负责；承包商的索赔权利，即要求调整工期和价格的权力；工程付款方式、付款期，以及对业主不付款的处置权力；对业主违约行为的处理权力；承包商权力的保护性条款；采用符合惯例的、通用的合同条件；注意仲裁地点和适用法律的选择。

上述风险的预测和对策措施应包括在项目计划中，对特别重大的风险应提出专门的分析报告。对作出的风险对策措施，应考虑是否可能产生新的风险，因为任何措施都可能带来新的问题。

实例分析：中东地区某国有一座塔楼工程，造价约3 000万美元。在经历了十多年的战争之后，该国的交通设施、建筑物、发电站、通信设备等破坏严重，急需进行战后重建工作，目前重建势头强劲，聚集了大量基础建设项目，至今已签订了超过30亿美元的合同。

该塔楼工程是政府工程，经过调查研究，该工程主要有以下几方面风险：

(1) 政治风险(简称风险a)

由于该国国内某激进组织的恐怖活动，其邻国经常因打击恐怖活动而与其发生局部边境冲突。但爆发大规模战争的可能性极小，局部战争对工程所在地影响较小。

(2) 经济风险

① 物价上涨风险(风险 b)

该国每年物价都要上涨，通货膨胀率每年在5%以上。

② 当地建材供应风险(风险 c)

由于当地建材工业发展较为落后，材料供应量可能不能满足工程实际需要。

(3) 自然风险(风险 d)

该工程地处河流下游冲积平原地区，旱季为一片平坦的盐碱地，春夏两季雨量较大，而且因地势较低容易形成沼泽，直到深秋以后才能干涸，实际施工时间较短。但在招标文件中业主隐瞒了这一重大事宜。

(4) 业主方风险

① 资金来源风险(风险 e)

该国的建设资金来源现已成为令人头疼的问题，该政府主要寄希望于阿拉伯国家和西方的援助。还有一个有利因素，该国在世界各地有一个庞大的侨民团体，这些侨民团体所掌握的资金总数超过300亿美元。

② 工程款支付风险(风险 f)

业主不按合同规定及时支付工程款现象时有发生。

针对上述几种风险，采用专家评价法确定各种风险发生的概率及各种风险的损失值，如表8.1所示。

表8.1 风险损失

风险编号	a	b	c	d	e	f
风险概率	0.01	0.5	0.6	1	0.2	0.4
损失值/万美元	800	100	50	200	150	60

根据专家评价法，可得各风险的条件概率如表8.2所示。

表8.2 条件概率

	a	b	c	d	e	f
a	1	0.6	0.3	0	0.5	0.5
b	0	1.0	0.05	0	0.2	0.8
c	0	0.5	1	0	0.02	0.03
d	0	0	0	1	0	0.4
e	0	0.3	0.05	0	1	1
f	0	0.2	0.2	0	0	1

由表8.1、表8.2，可得各风险的综合概率如表8.3所示。

表 8.3　综合概率

	a	b	c	d	e	f
a	0.01	0.006	0.003	0	0.005	0.005
b	0	0.5	0.025	0	0.1	0.4
c	0	0.3	0.6	0	0.012	0.018
d	0	0	0	1	0	0.4
e	0	0.06	0.01	0	0.2	0.2
f	0	0.08	0.08	0	0	0.4

风险损失期望值 E_i 为

$$\overline{E}=\overline{P}\times\overline{R}=\begin{bmatrix}E_a\\E_b\\E_c\\E_d\\E_e\\E_f\end{bmatrix}=\begin{bmatrix}0.01 & 0.006 & 0.003 & 0 & 0.005 & 0.005\\0 & 0.5 & 0.025 & 0 & 0.1 & 0.4\\0 & 0.3 & 0.6 & 0 & 0.012 & 0.018\\0 & 0 & 0 & 1 & 0 & 0.4\\0 & 0.06 & 0.01 & 0 & 0.2 & 0.2\\0 & 0.08 & 0.08 & 0 & 0 & 0.4\end{bmatrix}\times\begin{bmatrix}800\\100\\50\\200\\150\\60\end{bmatrix}=\begin{bmatrix}9.80\\90.25\\62.88\\224.00\\48.50\\36.00\end{bmatrix}$$

损失期望值为 471.43 万美元。其中，自然风险责任、物价上涨可通过索赔获得补偿，因此，承包商决定承包该工程。

风险分类见表 8.4。

表 8.4　风险分类

风险编号	风险名称	损失期望值	所占百分率/%	累计百分率/%	风险类别
a	自然条件	224	47.52	47.52	A
b	物价上涨	90.25	19.14	66.66	A
c	建材供应	62.88	13.34	80	A
d	资金来源	48.5	10.29	90.29	B
e	工程付款	36	7.64	97.93	C
f	战争	9.8	2.07	100	C

风险管理对策如表 8.5 所示。

表 8.5　风险管理对策

风险名称	管理等级	风险管理对策
自然条件	重点	①约前澄清疑难问题；②报价中另作说明；③签约时明确划分风险责任；④进行风险追踪制定索赔对策；⑤雨季将施工队伍、设备转移至其他工地，减少损失

（续表）

风险名称	管理等级	风险管理对策
物价上涨	重点	①报价时用物价上涨系数调整报价；②签约时增加调价幅度条款；③要求业主支付一定比例可自由兑换货币
建材供应	重点	①拓宽建材供应渠道；②完善供销合同；③认真制定供应计划
资金来源	次要	①报价前仔细研究业主资金筹措情况和融资能力；②争取预付款
工程付款	一般	签约时明确付款方式、期限、违约责任及延期付款计息方式
战争	一般	可以不予考虑

8.4 投标文件的编制与递交

8.4.1 投标文件的内容

投标文件是承包商对业主招标文件的响应。工程投标文件通常包括以下内容：

(1) 投标书，通常是以投标人给业主保证函的形式。保证函由业主在招标文件中统一给定，投标人只需填写数字并签字即可。其主要内容包括：

① 投标人完全接受招标文件的要求，按照招标文件的规定完成工程施工、竣工及保修责任，并写明总报价金额。

② 投标人保证在规定的开工日期开工，或保证业主(工程师)一经下达开工令则尽快开工，并说明整个施工期限。

③ 说明投标报价的有效期。在此期限内，投标书一直具有法律约束力。

④ 说明投标书与业主的中标函都作为有法律约束力的合同文件。

⑤ 理解业主接受任何其他标书的行为，业主授标不受最低标限制。

投标书必须附有投标人法人代表签发的授权委托书，他委托承包商的代表(项目经理)全权处理投标及工程事务。

投标书作为要约文件也应该是无歧义的，即不能有选择性、二义性的结果和语言。

(2) 投标书附录。投标书附件是投标书的一部分。它通常是以表格的形式，由承包商按照招标文件的要求填写，作为要约的内容。它是对合同文件中一些定量内容的定义。一般包括履约担保的金额、第三方责任保险的最低金额、开工期限、竣工时间、误期违约金的数额和最高限额、提前竣工的奖励数额、工程保修期、保留金百分比和限额、每次进度付款的最低限额、拖延付款的利率等。

按照合同的具体要求还可能有外汇支付的额度、预付款数额、汇率、材料价格调整方法等其他说明。

(3) 标有价格的工程量表和报价综合说明。该工程量表一般由业主在招标文件中给出，由承包商填写单价和合价后，作为一份报价文件，对单价合同它是最终工程结算的依据。

(4) 投标保函。按照招标文件要求的数额，并由规定的银行出具，按招标文件所给出的统一格式填写。

(5) 承包商提出的与报价有关的技术文件，主要包括施工总体方案，具体施工方法的说明，总进度计划，质量保证体系，安全、健康及文明施工保证措施，技术方案优化与合理化建议，施工主要施工机械表，材料表及报价，供应措施，项目组成员名单，项目组织人员详细情况，劳动力计划及点工价格，现场临时设施及平面布置，承包商建议使用现场外施工作业区等。

如果承包商承担大部分设计，则还包括设计方案资料(即标前设计)，承包商须提供图纸目录和技术规范。

(6) 属于原招标文件中的合同条件、技术说明和图纸。承包商将它们作为投标文件提出，这表示它们在性质上已属于承包商提出的要约文件。

(7) 投标人对投标或合同条件的保留意见或特别说明无条件同意的申明。

(8) 按招标文件规定提交的所有其他材料，如资格审查及辅助材料表，法定代表人资格证明书、授权委托书等。

(9) 其他，如竞争措施和优惠条件。

投标书须有法定代表人或法定代表人委托的代理人的印鉴。投标单位应在规定的日期内将投标书密封送达招标单位。如果发现投标书有误，必须在投标截止日期前用正式函件更正，否则以原投标书为准。

投标单位可以对设计、合同条件等内容提出建议方案，作出相应的标价，并做出新的投标书送达招标单位，供招标单位参考。

8.4.2 投标文件的编制

1) 编制投标文件的基本要求

编制投标文件应当符合以下基本要求：

(1) 按照招标文件的要求编制投标文件。投标人只有按照招标文件规定的格式和要求来编制投标文件，才可能中标。

(2) 投标文件应当对招标文件规定的实质性要求和条件作出响应。

2) 编制投标文件应注意的事项

(1) 对招标文件所提供的投标书格式的每一空白处都要填写，否则会被视为放弃意见，或被视为未对招标文件进行实质性响应而被拒绝。

(2) 不得改变投标文件的格式。如果原有格式不能充分表达投标人的意图，可另外补充说明。

(3) 投标文件应当字迹清楚、纸张统一、装帧美观大方，最好采用打印方式编制标书。

(4) 计算数据要准确无误，无论单价、合价、分部合计、总标价及其大写数字均应当仔细核对。

(5) 递交的投标文件若填写有误而进行修改，则必须在修改处签字。

8.4.3 投标文件的审查

1) 投标文件常见问题

由于做标期较短，投标人对环境不熟悉，投标书中会有这样或那样的问题。例如：

(1) 报价错误。包括运算错误、打印错误等。

(2) 实施方案不科学、不安全、不完备，不能保证质量、安全和工期目标的实现。

(3) 投标人未按招标文件的要求做标，缺少一些业主所要求的内容。

(4) 投标人对业主的招标文件理解错误。

(5) 投标人不适当地使用了一些报价策略，例如有附加说明，严重的不平衡报价等。

这些问题如果在投标时没有发现，会导致承包商丧失中标机会，或者因标书出现错误而被业主授标从而导致承包商承担重大风险。因此承包商在投标文件编制完成后必须进行认真的检查核对工作。

2) 投标文件总体审查

(1) 投标书的有效性分析，如印章、授权委托书是否符合要求。

(2) 投标文件的完整性，即投标文件中是否包括招标文件规定应提交的全部文件，特别是授权委托书、投标保函和各种业主要求提交的文件。

(3) 投标文件与招标文件一致性的审查。一般招标文件都要求投标人完全按招标文件的要求投标报价，完全响应招标要求。

3) 报价分析

报价分析是通过对报价进行数据对比分析，找出其中的问题。报价分析必须是细致的、全面的，不能仅分析总价，即使签订的是总价合同。对单价合同，因为单价优先，总报价常常不反映真实的价格水平，所以这个问题更为重要。

报价分析一般分 3 步进行：

(1) 对各报价本身的正确性、完整性、合理性进行分析。通过分别对各报价进行详细复核、审查，找出存在的问题，如明显的数字运算错误，单价、数量与合价之间不一致，合同总价累计出现错误等。

(2) 投标人投标报价中是否有漏项。

(3) 如果承包商采用不平衡报价，需要检查不平衡报价的差异幅度是否控制在合理的幅度范围内，可能与其他投标人报价的偏差，以免业主在评标时发现不平衡报价之处，挑出报价过高的单项，要求投标人进行单价分析，围绕单价分析中过高的内容压价，以致承包商得不偿失。

4) 技术标的审查

(1) 投标人对该工程的性质、工程范围、难度、自己的工程责任的理解的正确性。评价施工方案、作业计划、施工进度计划的科学性和可行性，能保证合同目标的实现。

(2) 工程按期完成的可能性。工期是由施工方案、施工组织措施保证的。许多投标书中施工方案明显不能保证工期,例如进度计划中没有考虑冬雨季气候的影响,没有考虑到农忙时农民工回乡务农的时间。所以这个工期常常是不能保证的。

(3) 施工的安全、劳动保护、质量保证措施、现场布置的科学性。

(4) 投标人用于该工程的人力、设备、材料计划的准确性,各供应方案的可行性。

(5) 项目班子评价。主要为项目经理、主要工程技术人员的工作经历、经验。

8.4.4 投标文件的递送

递送投标文件也称递标,是指投标人在规定的截止日期之前,将准备好的所有投标文件密封递送到招标人指定地点。

全部投标文件编制好以后,应按招标文件的要求加盖投标人印章并经法定代表人或其授权委托人签字,再行密封后送达投标地点,投标人可派专人或通过邮寄的方式将所有投标文件递送给招标人。投标人应将所有投标文件按照招标文件的要求,准备正本和副本。投标文件的正本和副本应当分别装订,并采用内外两层封套分别包装与密封,密封后打上"正本"和"副本"的印记。

投标人应当在招标文件规定递交投标文件的截止日期前将投标文件送交招标人。招标人在收到投标人的投标文件后,应当签收或通知投标人已经收到其投标文件,并记录收到的日期和时间;同时,在收到投标文件到开标之前,所有投标文件均不得启封,并应采取措施确保投标文件的安全。

招标文件要求交纳投标保证金的,投标人应当在递交投标文件时交纳。

投标文件发出后,如果发现有遗漏或错误,允许进行补充修正,但必须在投标截止日期之前以正式的函件送达招标人,否则无效。凡符合上述条件的补充修订文件,应视为标书附件,招标人必须承认,并作为评标、决标的依据之一。

8.4.5 投标文件的澄清

为了有助于投标文件的审查、评价和比较,评标委员会可以以书面形式要求投标人对投标文件含义不明确的内容作必要的澄清或说明,投标人应采用书面形式进行澄清或说明。

澄清会议是承包商与业主的又一次重要的接触,承包商应当重视这项工作。

1) 澄清会议主要解决的问题

(1) 对投标文件分析发现的问题、矛盾、错误、不清楚的地方,含义不明确的内容,招标人一般要求投标人在澄清会议上作出答复、解释或者说明,也包括要求投标人对不合理的实施方案、组织措施或工期作出修改。

但是澄清或者说明不得超出投标文件的范围或者改变投标文件的实质性内容。

(2) 投标人对投标文件的解释和说明的过程。投标人说服业主,吸引业主,显示自己的能力,使业主进一步了解承包商的实施方案和报价。通过澄清会议,向业主澄清投标书中的问题，向业主解释投标人的实施方案和报价的依据，使业主对自己的能力放心。

(3) 对施工项目经理的面试。为了证实投标人在投标文件中承诺拟在本工程中投入的主要人员具备相应的技术和管理水平，业主一般在定标前的适当时候组织投标人拟投入工程的主要人员进行答辩。投标人参加答辩的人员可能包括投标书中列出拟在本项目中投入的项目经理、项目总工程师等。

这个问题对业主来说是十分重要的。承包商的项目经理是项目实施工作的直接承担者，他的能力、知识和素质对工程的成功有决定性影响。

对项目经理的面试应注重他对本工程的了解程度、对工程环境和方案的熟悉程度，对项目过程中可能的风险事件的处理措施，而不要拘泥于一般的书本知识。

(4) 双方对合同条件、报价、方案的进一步磋商

澄清会议是投标人之间又一次更为激烈的竞争过程，特别是对投标报价进入前几名的投标人。入围的几家投标人进行更为激烈的竞争，任何人都不可以掉以轻心。由于这时还与几个竞争对手竞争，所以投标人应积极地将自己的实力、能力向业主展示，全面解答业主提出的每个问题，让业主了解自己的投标方案和依据，甚至在有必要的情况下，可以向业主提出更为优惠的条件以吸引业主。所以澄清会议绝不仅仅是对投标书中问题的解答。

2) 澄清会议的合理利用

一般在法律和招标文件中都规定，在发出中标函之前，招标人不得与投标人就投标价格、投标方案等实质性内容进行谈判。不允许调整合同价格，投标人提出的进一步的优惠条件、建议、措施也不作为评标依据，否则会影响公正和公平原则。但在不违反招标投标法和不影响招标条件的前提下，投标人常常可以提出优惠条件吸引业主，提高自己报价的竞争力。这对于入围进入前几名的投标人尤为重要。如向业主提出一些合同以外的承诺，包括向业主赠予设备、帮助业主培训技术人员、扩大服务范围等，应在合同签订前以备忘录或附加协议的形式确定下来。它们同样具有法律约束力。

9 施工项目管理规划

9.1 《建设工程项目管理规范》概述

9.1.1 《建设工程项目管理规范》简介

为了总结我国推行建设工程项目管理体制改革的实践经验，规范项目管理行为，加快与国际惯例接轨的步伐，不断提高我国建设工程项目管理水平，我国首部建设工程项目管理的规范性文件《建设工程项目管理规范》(GB/T 50326—2001)由建设部和国家质量监督检验检疫总局联合颁布，并于2002年5月1日开始实施。2006年6月21日，建设部和国家质量监督检验检疫总局又联合发布了经过修订的《建设工程项目管理规范》(GB/T 50326—2006)，于2006年12月1日起实施。2017年5月4日，中华人民共和国住房和城乡建设部公告第1536号发布了最新国家标准《建设工程项目管理规范》(GB/T 50326—2017)，自2018年1月1日起实施。

新规范的实施，不仅标志着我国建设项目管理走上规范化的道路，而且作为建设工程项目管理在中国实践运用和理论创新发展的里程碑，从而使我国的施工项目管理提高到一个新的水平。

9.1.2 《建设工程项目管理规范》的框架体系

(1) 主要特征：动态管理，优化配置，目标控制，节点考核。

(2) 运行机制：总部宏观调控，项目委托管理，专业施工保障，社会力量协调。

(3) 组织结构："两层分离"，管理层与作业层分离；"三层关系"，项目层次与企业层次的关系，项目经理部与企业法人代表的关系，项目经理部与劳务作业层的关系。

(4) 推行主体："二制建设"，项目经理责任制和项目成本核算制；"三个升级"，技术进步、科学管理升级，总承包管理能力升级，智力结构和资本运营升级。

(5) 基本内容：四控制(进度、质量、成本、安全)，三管理(现场/要素、信息、合同)，一协调(组织协调)。

(6) 六大管理特征：项目范围管理、项目管理流程、项目管理制度、项目系统管理、项目相关方管理和项目持续改进。

(7) 五位一体(建设、勘察、设计、施工、监理)相关方项目管理责任。

9.1.3 《建设工程项目管理规范》的内容

《建设工程项目管理规范》(GB/T 50326—2017)分为19章,包括:总则,术语,基本规定,项目管理责任制度,项目管理策划,采购与投标管理,合同管理,设计与技术管理,进度管理,质量管理,成本管理,安全生产管理,绿色建造与环境管理,资源管理,信息与知识管理,沟通管理,风险管理,收尾管理,管理绩效评价。

9.2 项目管理策划

9.2.1 项目管理策划概述

1) 项目管理策划的含义

按照管理学的定义,规划是一个综合性的、完整的、全面的、总体的计划,它包括目标政策、程序、任务的分配、采取的步骤、使用的资源以及为完成既定行动方针所需要的其他因素。

项目管理规划是对项目实施全过程中的各种管理职能工作、各种管理过程以及各种管理要素,进行完整的、全面的、总体的计划。

项目管理策划应由项目管理规划策划和项目管理配套策划组成。项目管理规划应包括项目管理规划大纲和项目管理实施规划。项目管理配套策划应包括项目管理规划策划以外的所有项目管理策划内容。

项目管理规划作为指导项目管理工作的纲领性文件,应对项目管理的目标、内容、组织、资源、方法、程序和控制措施进行确定。

2) 编制项目管理规划的目的

(1) 在投标前,通过项目管理规划大纲对施工项目的总目标、项目的管理过程和投标过程进行全面规划,争取中标,并签订一个既符合发包方要求,承包商又能够取得综合效益的承包合同。

(2) 在施工合同签订后,通过项目管理实施规划,保证项目安全、高效、有秩序地进行,全面完成合同责任,实现项目的目标。

3) 项目管理规划策划的作用

(1) 研究并制订项目管理目标。项目管理采用目标管理方法,目标对项目管理的各个方面具有规定性。

(2) 规划实施项目目标管理的组织、程序和方法,落实组织责任。

(3) 作为相应工程的项目管理规范,在项目管理过程中落实、执行。

(4) 作为对项目经理部考核的依据之一。

4) 项目管理规划策划的种类

项目管理规划策划包括两类文件:

(1) 项目管理规划大纲。项目管理规划大纲应是项目管理工作中具有战略性、全局性和宏观性的指导文件。在取得招标文件后,用以指导承包人编制投标文件、投标报价和签订施工合同。

(2) 项目管理实施规划。在签订合同后,用以策划项目计划目标、管理措施和实施方案,保证施工合同的顺利实施。

项目管理规划大纲应由组织的管理层或组织委托的项目管理单位编制;项目管理实施规划应由项目经理组织编制。

5) 项目管理规划的编制要求

大中型项目应单独编制项目管理实施规划;承包人的项目管理实施规划可以用组织设计项目或质量计划代替,但应能够满足项目管理实施规划的要求。

为了实现项目管理规划的作用,应符合以下要求:

(1) 符合招标文件、合同条件以及发包人(包括监理工程师)对工程的要求,它们在很大程度上决定项目管理的目标,在编制过程中必须全面研究项目的招标文件和合同文件。

(2) 具有科学性和可执行性,能符合实际,能较好地反映以下几点:

① 工程环境、现场条件、气候、当地市场的供应能力等。所以要进行大量的环境调查,掌握大量资料。这是制定正确可行的规划的前提。

② 符合工程自身的客观规律性,按照工程的规模、工程范围、复杂程度、质量标准、工程自身的逻辑性和规律性作规划。因此,在规划中要注重收集在本地企业近期内承担的同类工程资料,包括它们的施工状况和所取得的经验教训。

③ 项目相关各方的实际能力,例如承包人的施工能力、供应能力、设备装备水平、管理水平和所能达到的生产效率、过去同类工程的经验、目前在手的工程的数量、施工企业的管理系统等;发包人对整个建设项目所采用的分标方式和管理模式,支付能力、管理和协调能力、材料和设备供应能力等;工程的设计单位、供应单位的能力。

(3) 符合国家和地方的法律、法规、规程、规范。

(4) 符合现代管理理论,采用新的管理方法、手段和工具。

(5) 应是系统的、优化的。

9.2.2 项目管理规划与施工组织设计、质量计划的关系

在实际工程中,发包人常常在招标文件中要求承包人编制施工组织设计,或要求编制质量计划,对此应注意它们的一致性和相容性。

(1) 若需按发包人的要求在投标文件中提供施工组织设计,项目管理大纲的内容应考虑发包人对施工组织设计的内容要求、评标的指标和评标方法。项目管理规划的编制应贯彻部门规章中有关施工组织设计的规定。

因为全面地完成施工合同是承包人最重要的任务,也是项目管理规划的目的,所以在相应的投标文件的编制中,应按照项目管理大纲编制施工组织设计,项目管理规划大纲的许多内容可以直接或经过细化、修改、调整、补充后在施工组织设计中使用。

(2) 项目管理规划是编制质量计划的依据。承包人的施工质量计划内容在很大程度上与项目管理规划内容相一致,所以项目管理规划(规划大纲或实施细则)的许多内容可以直接或经过细化、修改、调整、补充后在编制施工质量计划时使用。

9.3 建设工程项目管理规划大纲的编制

9.3.1 项目管理规划大纲的作用

项目管理规划大纲是整个项目管理的纲要文件,是项目管理工作中具有战略性、全局性和宏观性的指导文件,它对工程投标文件的编制、投标报价、施工组织设计(或承包人的质量计划)的编制、项目管理实施规划的编制和整个工程实施具有战略、总体、宏观的规定性。

项目管理规划大纲具有以下作用:

(1) 作为编制投标文件的战略指导与依据。

(2) 在投标、合同谈判和签订合同中贯彻执行。

(3) 作为中标后编制项目管理实施规划的依据。

9.3.2 项目管理规划大纲的编制程序

编制项目管理规划大纲应遵循以下程序:

(1) 明确项目需求和项目管理范围。

(2) 确定项目管理目标。

(3) 分析项目实施条件,进行项目工作结构分解。

(4) 确定项目管理组织模式、结构和职责分工。

(5) 规定项目管理措施。

(6) 编制项目资源计划。

(7) 报送审批。

9.3.3 项目管理规划大纲的内容

项目管理规划大纲可包括以下内容:

(1) 项目概况。

(2) 项目范围管理。

(3) 项目管理目标。

(4) 项目管理组织。

(5) 项目采购与投标管理。

(6) 项目进度管理。

(7) 项目质量管理。

(8) 项目成本管理。

(9) 项目安全生产管理。

(10) 绿色建造与环境管理。

(11) 项目资源管理。

(12) 项目信息管理。

(13) 项目沟通与相关方管理。

(14) 项目风险管理。

(15) 项目收尾管理。

具体内容可根据招标文件的要求进行编制。

依据不同的项目参与方,项目管理规划大纲可分为业主方项目管理规划(含咨询方项目管理规划)大纲、EPC总承包方项目管理规划大纲和施工承包方项目管理规划大纲。项目参与方的角度不同,其项目管理规划大纲的内容也有较大差异。至今为止,传统的DBB(设计—招标—建造)模式仍然为我国工程项目最主要的项目承包模式,因此,本章节还是以施工承包为主,阐述施工项目管理规划大纲的主要内容。

9.3.4 项目管理规划大纲编制

项目管理规划大纲应由企业管理层在领取招标文件后,在投标报价、确定施工方案、编制施工组织设计前编制。

在整个投标、合同谈判和施工合同的执行过程中,如出现新的情况或企业战略有变化需变更项目管理规划大纲时,应由编制者提出相应的变更文件。

考虑到时间(如由投标截止期限定的投标人所有的做标时间)、费用(投标人不中标的可能性较大,所以不能投入太多的资源)限制,项目管理规划大纲不必太详细,一般只要符合招标文件的要求,符合承包人企业管理层对项目投标的要求即可。

1) 项目管理规划大纲编制依据

编制项目管理规划大纲的依据有:

(1) 招标文件及发包人对招标文件的澄清资料

招标文件是编制规划大纲最重要的依据。在招标过程中,发包人常常会以补充、说明的形式修改、补充招标文件的内容;在标前会议上发包人也会对承包人提出的招标文件中的问题,对招标文件不理解的地方进行解释。承包人在规划大纲的编写过程中一定要注意这些修改、变更和解释。

(2) 在编制规划大纲前应进行招标文件的分析

① 通过对投标人须知的分析,了解投标条件、招标人招标程序安排,进一步分析投标风险。

② 通过对合同条件的审查,分析它的完备性、合法性、单方面约束性的条款和合同风险,确定承包人总体的合同责任。

对在招标文件分析中发现的问题、矛盾、错误和不理解的地方应及早向发包人或招标代理机构提出，由其给予解释，这对承包人正确地编制规划大纲和投标文件是十分重要的。

2) 工程现场的环境调查相关市场信息与环境信息

在项目管理规划大纲起草前应进行环境调查。

(1) 环境调查应有计划、有系统地进行，在调查前可以列出调查提纲。

(2) 由于投标过程中时间和费用的限制，在这个阶段环境调查不可能十分细致和深入，主要着眼于对施工方案、合同的执行、实施合同成本有重大影响的环境因素。

(3) 充分利用企业的信息网络系统和以前曾获得的信息。

(4) 在施工项目的投标和执行过程中，环境调查和跟踪是一个持续的、不断细化的过程。

3) 发包人提供的工程信息和资料

包括勘探资料。按照施工合同条件的规定承包人对发包人提供的资料的解释负责。虽然发包人对其所提供的资料的正确性承担责任，但承包人应对它们作基本的分析，在一定程度上检查它们的准确性，发现有明显的错误，应及时通知发包人。

4) 设计文件、标准、规范与有关规定

对技术文件进行分析、会审，以确定招标人的工程要求、承包人的工程范围、技术规范、工程量等。

5) 有关本工程投标的竞争信息

如参加投标竞争的承包人的数量、投标人的基本情况、本企业与这些投标人在本项目上的竞争力分析和比较等。

6) 承包人对本工程投标和进行工程施工的总体战略

项目管理规划大纲必须体现承包人的发展战略、总的经营方针和策略。包括：

(1) 企业在项目所在地以及项目所涉及的领域的发展战略。

(2) 项目在企业经营中的地位，项目的成败对将来经营的影响，如是否是创牌子工程、是否是形象工程。

(3) 发包人的基本情况，如信用、管理能力和水平、发包人的后续工程的可能性。

9.3.5 项目概况描述

工程概况，是对拟建工程项目的基本情况和施工项目的承包范围进行描述，重点对工程特点、地点特征和施工条件等所作的一个简洁、明了、突出重点的文字介绍。

1) 工程特点

针对工程特点，结合调查资料进行分析研究，找出关键性的问题加以说明。对新材料、新结构、新工艺及施工的难点应着重说明。

(1) 工程建设概况

主要说明：拟建工程的建设单位，工程名称、性质、用途、作用和建设目的，资金来源及工程投资额，开、竣工日期，设计单位、施工单位，施工图纸情况，施工合同，主管部门的有关文件或要求，以及组织施工的指导思想等。

(2) 建筑设计特点

主要说明：拟建工程的建筑面积，平面形状和平面组合情况，层数、层高、总高度、总长度和总宽度等尺寸及室内外装修情况。

(3) 结构设计特点

主要说明：基础形式及埋置深度，桩基础的根数及深度，主体结构的类型，墙、柱、梁、板的材料及截面尺寸，预制构件的类型、重量及安装位置，楼梯构造及形式等。

(4) 工程施工特点分析

主要说明工程施工的重点所在，以便突出重点、抓住关键，使施工顺利地进行，提高施工单位的经济效益和管理水平。

不同类型的建筑、不同条件下的工程施工，均有其不同的施工特点。如砖混结构住宅建筑的施工特点是：砌砖和抹灰工程量大，水平与垂直运输量大等。又如现浇钢筋混凝土高层建筑的施工特点主要是：结构和施工机具设备的稳定性要求高，钢材加工量大，混凝土浇筑难度大，脚手架搭设要进行设计计算，安全问题突出，要有高效率的垂直运输设备等。

对于规模不大的工程，可采用表格的形式对工程概况进行说明。

2) 建设地点特征

主要介绍拟建工程的位置、地形、地质(不同深度的土质分析、结冰期及冰层厚)、地下水位、水质、气温、冬雨季期限、主导风向、风力和地震烈度等特征。

3) 施工项目实施条件分析

施工项目实施条件分析包括发包人条件，相关市场条件，自然条件，政治、法律和社会条件，现场条件，施工项目的招标条件等。

主要说明：施工现场及周围环境情况，当地的交通运输条件，预制构件生产及供应情况，施工单位机械、设备、劳动力的落实情况，现场临时设施、供水、供电问题的解决等。

这些资料来自承包人的环境调查和发包人在招标过程中可能提供的资料。

4) 施工项目的承包范围描述

包括承包人的主要合同责任、承包工程范围的主要数据指标、主要工程量。

9.3.6 项目管理目标规划及总体工作安排

1) 施工项目管理的目标

施工项目管理的目标通常包括两个部分：

(1) 施工合同要求的目标

例如合同规定的使用功能要求、合同工期、合同价格、合同规定的质量标准，合同或法律规定的环境保护标准和安全标准。

施工合同规定的项目目标通常是必须实现的，否则投标人就不能中标，或必须接受合同或法律法规的处罚。

(2) 企业对施工项目的要求

例如工程成本或费用目标、企业的形象,以及企业经营的角度对施工合同要求的目标的调整要求,如承包人希望工期提前。

有时企业的总体经营战略和本项目的实施策略会产生施工项目的目标。

施工项目管理的目标应尽可能定量描述,是可执行的、可分解的,在项目过程中可以用目标进行控制,在项目结束后可以用目标对施工项目经理部进行考核。

施工项目管理的目标水平应使施工项目经理部通过努力能够实现,不切实际的过高目标会使项目经理部失去努力的信心;目标过低会使项目失去优化的可能,降低企业经营效益,导致施工项目之间的不平衡。

2) 施工总体安排

根据招标文件和施工项目的承包范围,可以通过工作分解结构,确定施工项目所需要完成的工作。

由于建设项目是一个庞大的体系,由不同功能部分所组成,每部分又在构造、性质上存在差异,同时,项目不同,组成内容也各不相同,因此,在实施过程中不可能简单化、统一化,必须有针对性地分别对待每一项具体内容,由部分至整体地实现生产,这就产生了如何对建设项目进行具体划分的问题。

(1) 工作结构分解的定义(Work Breakdown Structure, WBS)

即按照系统分析方法将由总目标和总任务所定义的项目分解开来,得到不同层次的项目单元(工程活动)。

实施这些项目单元的工作任务与活动就是工程活动。

工作结构分解是通过工程项目实施的主要工作任务以及工程项目技术系统的综合分解,最后得到工程项目的实施活动,而且这些活动需要从各方面(质量、技术要求、实施活动的责任人、费用限制、持续时间、前提条件等)作详细的说明和定义,从而形成项目计划、实施、控制、信息等管理工作的最重要的基础。

(2) 工作结构分解的目的

① 将整个项目划分为相对独立、易于管理的较小的项目单元(Project Elements),这些较小的项目单元有时也称作活动(Activities)。

② 将这些活动与组织机构相联系,将完成每一活动的责任赋予具体的组织或个人。

③ 对每一活动作出较为详细的时间、成本估计,并进行资源分配。

④ 可以将项目的每一活动与公司的财务账目相联系,及时进行财务分析。

⑤ 确定项目需要完成的工作内容和项目各项活动的顺序。

⑥ 估计项目全过程的费用。

⑦ 可与网络计划技术共同使用,以规划网络图的形态。

(3) 工作结构分解的作用

① 是项目管理的基础工作。

② 是制订工程计划的依据。

③ 是实行目标管理落实责任的需要。

④ 是加强成本核算的需要。

⑤ 是实施控制是否有效的重要影响因素。

(4) 工作结构分解步骤

① 将项目分解成单个定义的且任务范围明确的子部分(子项目)。

② 研究并确定每个子部分的特点和结构规则,它的实施结果以及完成它所需的活动,以作进一步的分解。

③ 将各层次结构单元(直到最低层的工作包)收集于检查表上,评价各层次的分解结果。

④ 用系统规则将项目单元分组,构成系统结构图(包括子结构图)。

⑤ 分析并讨论分解的完整性。

⑥ 由决策者决定结构图,并形成相应的文件。

⑦ 建立项目的编码规则,对分解结果进行编码。

(5) 工作结构分解方法

① 按功能区间分解,如一个宾馆工程可划分为客房部、娱乐部、餐饮部等。

② 按照专业要素分解,如土建可分为基础、主体、墙体、楼地面、屋面等;水电可分为水、电、卫生设施;设备可分为电梯、控制系统、通信系统、生产设备等。

③ 按实施过程分解,一般可将工程项目分解为实施准备(现场准备、技术准备、采购订货、制造、供应等),施工,试生产/验收等。

某工程的施工项目结构分解见图 9.1。

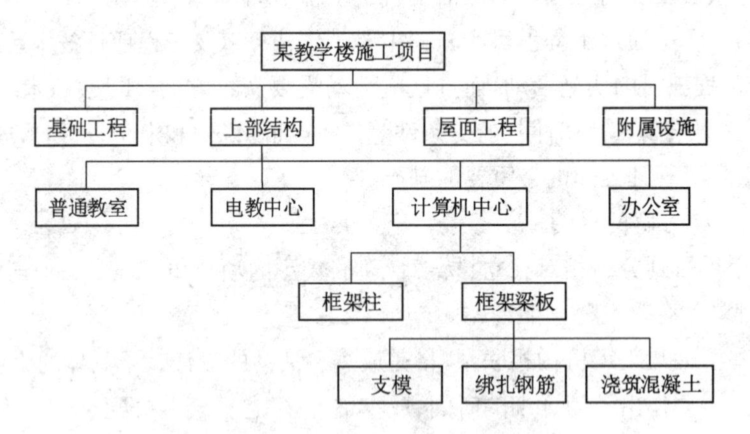

图 9.1 某工程施工项目结构分解图

(6) 工程项目结构分解准则

① 确保各项目单元内容的完整性,不能遗漏任何必要的组成部分。

② 项目结构分解是线性的,一个项目单元只能从属于上层项目单元,不能有交叉。

③ 同一项目单元所分解的各子单元应具备相同的性质。

④ 每一个项目单元应能区分不同的责任人和不同的工作内容,应有较高的整体性和独立性。

⑤ 项目结构分解是工程项目计划和控制的主要对象,应为项目计划的编制和工程实施控制服务。

⑥ 项目结构分解应有一定的弹性,当项目实施中作设计变更与计划的修改时,能方便地扩展项目的范围、内容和变更项目的结构。

⑦ 项目结构分解应详细并且得当。

(7) 工程项目分解结构编码设计

项目的编码一般按照结构分解图,采用“父码+子码”的方法编制。

9.3.7 施工项目管理组织规划

1) 规划原则

施工项目的组织构架应符合企业施工项目的组织策略:

(1) 对专业性施工任务的组织方案,如专业施工任务采用分包方式还是自己承担,承包人的材料和设备的供应方式。

(2) 针对施工项目管理组织(施工项目经理部)的方案。在施工项目管理规划大纲中不需详细地描述施工项目经理部的组成状况,仅需原则性地确定项目经理、总工程师等人选。

通常按照发包人招标的要求,项目经理和/或技术负责人在发包人的澄清会议上进行答辩,所以项目经理和/或技术负责人必须尽早任命,并应尽早介入施工项目的投标过程。这不仅是为了中标,而且能够保证施工项目管理的连续性。

2) 工程项目组织机构设置

(1) 施工项目管理组织(项目经理部)的结构和人员安排。施工项目经理部的组织结构可采用职能式组织、项目式组织、矩阵式组织等。组织结构形式和部门的设置与如下因素有关:

① 承包人的规模,同时承接施工项目的数量。

② 承包人的项目管理总的指导方针。

③ 本施工工程的规模,例如具有相对独立体系的子项目的数量。

④ 施工合同所规定的承包人的工程范围与管理责任。

项目经理部的人员安排主要由施工项目的规模决定。

(2) 施工项目管理总体工作流程和制度设置。

(3) 施工项目经理部各部门的责任矩阵。列责任矩阵表,横向栏目为施工项目经理部的各个职能部门,竖向栏目为施工项目管理的工作分解。施工项目管理工作可以按照施工项目的阶段分解或施工管理的职能工作分解。

在责任矩阵中应标明该工作的完成人、决策(批准)人、协调人等。

(4) 施工项目过程中的控制、协调、总结分析与考核工作过程的规定。

9.3.8 质量目标规划

1）质量目标规划的要求

(1) 符合招标文件(或发包人)要求的总体质量目标。

(2) 质量目标的指标应符合招标文件规定的质量标准。

(3) 应符合国家和地方的法律、法规、规范的要求。

(4) 施工项目管理工作、施工方案和组织措施等都要保证该质量目标的实现,这是承包人对发包人的最重要的承诺。

(5) 应重点说明质量目标的分解,保证质量目标实现的主要技术组织措施。

2）保证工程质量措施

保证工程质量的关键是对施工组织设计的工程对象经常发生的质量通病制订防治措施,可以按照各主要分部分项工程提出的质量要求,也可以按照各工种工程提出的质量要求。保证工程质量的措施可以从以下方面考虑:

(1) 确保拟建工程定位、放线、轴线尺寸、标高测量等准确无误的措施。

(2) 为了确保地基土壤承载能力符合设计规定的要求而应采取的有关技术组织措施。

(3) 各种基础、地下结构、地下防水施工的质量措施。

(4) 确保主体承重结构各主要施工过程的质量要求;各种预制承重构件检查验收的措施;各种材料、半成品、砂浆、混凝土等检验及使用要求。

(5) 对新结构、新工艺、新材料、新技术的施工操作提出质量措施或要求。

(6) 冬、雨季施工的质量措施。

(7) 屋面防水施工、各种抹灰及装饰操作中,确保施工质量的技术措施。

(8) 解决质量通病措施。

(9) 执行施工质量的检查、验收制度。

(10) 提出各分部工程质量评定的目标计划等。

9.3.9 主要的施工方案描述

施工方案是施工项目管理规划大纲的核心。施工方案合理与否,不仅影响施工进度计划的安排和施工平面图的布置,而且将直接关系到工程的施工效率、质量、工期和技术经济效果,因此必须引起足够的重视。施工方案主要关注:工程施工次序的总体安排;重点单位工程或重点分部工程的施工方案;主要的技术措施,拟采用的新技术和新工艺;拟选用的主要施工机械设备方案。

1）工程施工次序的总体安排

(1) 确定施工程序

施工程序是指单位工程中各分部工程或施工阶段的先后次序及其制约关系。工程施工受到自然条件和物质条件的制约,它在不同施工阶段的不同的工作内容按照其固有的、不可违背的先后次序循序渐进地向前开展,它们之间有着不可分割的联系,既不能相互代替,也不允许颠倒或跨越。在确定施工程序时,应遵循下列基本原则:

① 先地下后地上。在地上工程开始之前,尽量把管线、线路等地下设施和土方及基础工程做好或基本完成,以免对地上部分施工产生干扰,带来不便,造成浪费,影响质量。

② 先土建后安装。摆正土建与水、暖、电、卫设备的关系,在土建工程施工时设备管线预埋要穿插进行,尤其在装修阶段,要从保质量、讲成本的角度处理好两者的关系。

③ 先主体后围护。主要是指框架结构,应注意在总的程序上有合理的搭接,以便有效地节约时间。

④ 先结构后装饰。是指就一般情况而言,有时为了压缩工期,也可以部分搭接施工。

但是,由于影响施工的因素很多,故施工程序并不是一成不变的,特别是随着建筑工业化的不断发展,有些施工程序也将发生变化,例如,大板结构房屋中的大板施工,已由工地生产逐渐转向工厂生产,这时结构与装饰可在工厂内同时完成。

(2) 确定施工流程

施工流程是指施工活动在平面或空间上展开与进程,对单层建筑要合理划分施工流水段及施工的起点和流向;对多层或高层建筑,还要考虑分层施工的流向。

确定工程施工流程,一般应考虑以下因素:

① 满足用户使用上的要求。按照用户要求,合理安排施工的先后顺序及穿插搭接情况。

② 生产性建筑要考虑生产工艺流程及投产的先后顺序。

③ 工程现场条件。应当根据施工场地大小、道路布置确定施工流程。

④ 单位工程各部分的繁简程度。一般对技术复杂、施工进度较慢、工期较长的工段或部位先施工。例如,高层现浇钢筋混凝土结构房屋,主楼部分应先施工,裙房部分后施工。

⑤ 施工方法。选择不同的施工方法,施工流程也可能发生变化。如要用正常的施工方法施工一幢带地下室的建筑物,它的施工流程为:向下挖土方→底板施工→地下室墙柱施工→地下室顶板施工→上部结构施工。

而采用逆作法施工,其施工流程为:±0.000 标高结构层施工→向下地下室结构施工,同时向上一层结构施工→底板施工并做各层柱,完成地下室施工→完成上部结构。

⑥ 施工组织的分层分段。划分施工层、施工段的部位,如伸缩缝、沉降缝、施工缝,也是决定其施工流程应考虑的因素。

⑦ 分部工程或施工阶段的特点及其相互关系。如基础工程由施工机械和方法决定其平面的施工流程;主体结构工程从平面上看,从哪一边先开始都可以,但竖向一般应自下而上施工;装饰工程竖向流程比较复杂,室外装饰一般采用自上而下的流程,室内装饰则有自上而下、自下而上及自中而下再自上而中 3 种流向。密切相关的分部工程或施工阶段,一旦前面施工过程的流程确定了,则后续施工过程也便随之而定。如单层工业厂房土方工程的流程决定了柱基础施工过程和某些构件预制、吊装施工过程的流程。

(3) 确定施工顺序

施工顺序是指分项工程或工序之间施工的先后次序,它的确定既是为了按照客观的施工规律组织施工,也是为了解决工种之间在时间上的搭接和在空间上的利用问题。在保证质量与安全施工的前提下,充分利用空间,争取时间,实现缩短工期的目的。合理地确定施工顺序是编制施工进度计划的需要。确定施工顺序时,一般应考虑以下因素:

① 施工程序。施工程序确定了施工阶段或分部工程之间的先后次序,确定施工顺序时必须遵循施工程序。

② 施工工艺的要求。这种要求反映出施工工艺上存在的客观规律和相互间的制约关系,一般是不可违背的。如现浇钢筋混凝土梁板的施工顺序为:支模板→绑扎钢筋→浇混凝土→养护→拆模。而现浇钢筋混凝土柱的施工顺序为:绑扎钢筋→支模板→浇混凝土→养护→拆模。

③ 施工方法。如单层工业厂房结构吊装工程的施工顺序,当采用分件吊装法时,则施工顺序为吊柱→吊梁→吊屋盖系统;当采用综合吊装法时,则施工顺序为第一节间吊柱、梁和屋盖系统→第二节间吊柱、梁和屋盖系统→……→最后节间吊柱、梁和屋盖系统。

④ 施工组织的要求。如在重型工业厂房施工时,由于该车间通常有较大较深的设备基础,如果先进行车间土建结构施工,后施工设备基础,在设备基础挖土方时可能会破坏厂房结构基础,因此在这种情况下,应当先进行设备基础施工,后进行厂房基础施工。

⑤ 施工质量要求。为了保证质量,楼梯抹面在全部墙面、地面和天棚抹灰完成之后,自上而下一次完成。

⑥ 施工安全需要。合理的施工顺序必须使各施工过程的搭接不至于产生安全事故。如多层房屋施工时,为了安全施工,只有在有充分的技术保证措施条件下,才能拆除下层模板,允许同时在各楼层展开立体交叉施工。

⑦ 受当地气候条件影响。如冬期室内装饰施工时,应先安门窗扇和玻璃,后做其他装饰工程。

建筑施工是一个复杂的过程,建筑结构、现场条件、施工环境不同,均会对施工过程及其顺序的安排产生不同的影响。因此,对于每一个单位工程,必须根据其施工特点和具体情况合理地确定施工顺序,最大限度地利用空间,争取时间。为此应组织立体交叉、平行流水施工,以期达到时间和空间的充分利用。

2) 重点单位工程或重点分部工程的施工方案选择

选择施工方法是施工方案中的关键问题,它直接影响施工进度、质量、安全及工程成本。因此,编制施工组织设计时,必须根据建筑结构特点、抗震要求、工程量大小、工期长短、资源供应情况、施工现场情况和周围环境等因素制定出可行方案,并进行技术经济分析比较,确定最优方案。

选择施工方法时,应重点考虑影响整个单位工程施工的分部分项工程的施工方法。主要是选择工程量大且在单位工程中占有重要地位的分部分项工程、施工技术复杂或采用新技术、新工艺及对工程质量起关键作用的分部分项工程、不熟悉的特殊结构工程或由专业施工单位施工的特殊专业工程的施工方法，要求详细而具体，必要时应编制单独的分部分项工程的施工作业设计，提出质量要求及达到这些质量要求的技术措施，指出可能发生的问题并提出预防措施和必要的安全措施。而对于按照常规做法和工人熟悉的分项工程，则不必详细拟订，只提出应注意的一些特殊问题即可。

通常，施工方法选择的内容有：

(1) 土方工程

① 竖向整平、地下室、基坑、基槽的挖土方法，放坡要求，所需人工、机械的型号及数量。

② 余土外运方法，所需机械的型号及数量。

③ 地下、地表水的排水方法，排水沟、集水井、井点的布置，所需设备的型号及数量。

(2) 钢筋混凝土工程

① 模板工程。模板的类型和支模方法是根据不同的结构类型、现场条件确定现浇和预制用的各种类型模板（如工具式钢模、木模，翻转模板，土、砖、混凝土胎模，钢丝网水泥、竹、纤维板模板等）及各种支承方法（如钢、木立柱、桁架、钢制托具等），并分别列出采用的项目、部位和数量及隔离剂的选用。

② 钢筋工程。明确构件厂与现场加工的范围；钢筋调直、切断、弯曲、成型、焊接方法；钢筋运输及安装方法。

③ 混凝土工程。搅拌与供应（集中或分散）输送方法；砂石筛洗、计量、上料方法；拌和料、外加剂的选用及掺量；搅拌、运输设备的型号及数量；浇筑顺序的安排，工作班次，分层浇筑厚度，振捣方法；施工缝的位置；养护制度。

(3) 结构安装工程

① 构件尺寸、自重、安装高度。

② 选用吊装机械型号及吊装方法，塔吊回转半径的要求，吊装机械的位置或开行路线。

③ 吊装顺序，运输、装卸、堆放方法，所需设备型号及数量。

④ 吊装运输对道路的要求。

(4) 垂直及水平运输

① 标准层垂直运输量计算表。

② 垂直运输方式的选择及其型号、数量、布置、服务范围、穿插班次。

③ 水平运输方式及设备的型号及数量。

④ 地面及楼面水平运输设备的行驶路线。

(5) 装饰工程

① 室内外装饰抹灰工艺的确定。

② 施工工艺流程与流水施工的安排。

③ 装饰材料的场内运输，减少临时搬运的措施。

(6) 特殊项目

① 对“四新”(新结构、新工艺、新材料、新技术)项目,高耸、大跨、重型构件,水下、深基础、软弱地基,冬季施工等项目均应单独编制。单独编制的内容包括工程平剖示意图、工程量、施工方法、工艺流程、劳动组织、施工进度、技术要求与质量、安全措施、材料、构件及机具设备需要量。

② 对大型土方、打桩、构件吊装等项目,无论内、外分包均应由分包单位提出单项施工方法与技术组织措施。

3) 施工项目拟采用的新技术和新工艺

近年来,我国建筑业生产力得到了迅速发展,施工能力不断提高,超高层房屋建筑施工技术、大跨度预应力技术、超大跨度桥梁施工技术、地下工程盾构机制造技术、高性能混凝土技术、大型复杂成套设备安装技术等都已达到或接近国际先进水平。由于应用了大量先进技术,不仅保证了工程建设的顺利进行,而且达到了当代国际先进水平,充分显示了中国建筑业的雄厚实力。

为了推进建筑业科技进步和创新,建设部于1994年在全国提出推广10项新技术,并多次对10项新技术的内容做了调整。10项新技术的推广,对行业整体技术水平的提高起到了有效的带动作用,产生了巨大的经济效益和社会效益,带动和促进了相关技术的发展,提升了企业的管理水平和建造工程质量,增强了企业的核心竞争力。

为了加大10项新技术的推广力度,带动全行业整体技术水平的提高,不少地区都提出在工程实施中必须采用10项新技术。因此承包商应当在投标文件中针对施工项目特点,运用10项新技术,以提高竞争力,提高工程质量和效益水平。

2017年修订的“建筑业10项新技术”,在内容上较以往作了大幅调整,扩大了覆盖面,内容包括地基基础和地下空间工程技术、钢筋与混凝土技术、模板脚手架技术、装配式混凝土结构技术、钢结构技术、机电安装工程技术、绿色施工技术、防水技术与围护结构节能、抗震、加固与监测技术、信息化技术10个大项,107个子项。具体内容包括:

(1) 地基基础和地下空间工程技术

① 灌注桩后注浆技术。

② 长螺旋钻孔压灌桩技术。

③ 水泥土复合桩技术。

④ 混凝土桩复合地基技术。

⑤ 真空预压法组合加固软基技术。

⑥ 装配式支护结构施工技术。

⑦ 型钢水泥土复合搅拌桩支护结构技术。

⑧ 地下连续墙施工技术。

⑨ 逆作法施工技术。

⑩ 超浅埋暗挖施工技术。

⑪ 复杂盾构法施工技术。

⑫ 非开挖埋管施工技术。

⑬ 综合管廊施工技术。

(2) 钢筋与混凝土技术

① 高耐久性混凝土技术。

② 高强高性能混凝土技术。

③ 自密实混凝土技术。

④ 再生骨料混凝土技术。

⑤ 混凝土裂缝控制技术。

⑥ 超高泵送混凝土技术。

⑦ 高强钢筋应用技术。

⑧ 高强钢筋直螺纹连接技术。

⑨ 钢筋焊接网应用技术。

⑩ 预应力技术。

⑪ 建筑用成型钢筋制品加工与配送技术。

⑫ 钢筋机械锚固技术。

(3) 模板脚手架技术

① 销键型脚手架及支撑架。

② 集成附着式升降脚手架技术。

③ 电动桥式脚手架技术。

④ 液压爬升模板技术。

⑤ 整体爬升钢平台技术。

⑥ 组合铝合金模板施工技术。

⑦ 组合式带肋塑料模板技术。

⑧ 清水混凝土模板技术。

⑨ 预制节段箱梁模板技术。

⑩ 管廊模板技术。

⑪ 3D 打印装饰造型模板技术。

(4) 装配式混凝土结构技术

① 装配式混凝土剪力墙结构技术。

② 装配式混凝土框架结构技术。

③ 混凝土叠合楼板技术。

④ 预制混凝土外墙挂板技术。

⑤ 夹心保温墙板技术。

⑥ 叠合剪力墙结构技术。

⑦ 预制预应力混凝土构件技术。

⑧ 钢筋套筒灌浆连接技术。

⑨ 装配式混凝土结构建筑信息模型应用技术。

⑩ 预制构件工厂化生产加工技术。

(5) 钢结构技术

① 高性能钢材应用技术。

② 钢结构深化设计与物联网应用技术。

③ 钢结构智能测量技术。

④ 钢结构虚拟预拼装技术。

⑤ 钢结构高效焊接技术。

⑥ 钢结构滑移、顶(提)升施工技术。

⑦ 钢结构防腐防火技术。

⑧ 钢与混凝土组合结构应用技术。

⑨ 索结构应用技术。

⑩ 钢结构住宅应用技术。

(6) 机电安装工程技术

① 基于BIM的管线综合技术。

② 导线连接器应用技术。

③ 可弯曲金属导管安装技术。

④ 工业化成品支吊架技术。

⑤ 机电管线及设备工厂化预制技术。

⑥ 薄壁金属管道新型连接安装施工技术。

⑦ 内保温金属风管施工技术。

⑧ 金属风管预制安装施工技术。

⑨ 超高层垂直高压电缆敷设技术。

⑩ 机电消声减振综合施工技术。

⑪ 建筑机电系统全过程调试技术。

(7) 绿色施工技术

① 封闭降水及水收集综合利用技术。

② 建筑垃圾减量化与资源化利用技术。

③ 施工现场太阳能、空气能利用技术。

④ 施工扬尘控制技术。

⑤ 施工噪声控制技术。

⑥ 绿色施工在线监测评价技术。

⑦ 工具式定型化临时设施技术。

⑧ 垃圾管道垂直运输技术。

⑨ 透水混凝土与植生混凝土应用技术。

⑩ 混凝土楼地面一次成型技术。

⑪ 建筑物墙体免抹灰技术。

(8) 防水技术与围护结构节能技术

① 防水卷材机械固定施工技术。

② 地下工程预铺反粘防水技术。

③ 预备注浆系统施工技术。

④ 丙烯酸盐灌浆液防渗施工技术。

⑤ 种植屋面防水施工技术。

⑥ 装配式建筑密封防水应用技术。

⑦ 高性能外墙保温技术。

⑧ 高效外墙自保温技术。

⑨ 高性能门窗技术。

⑩ 一体化遮阳窗。

(9) 抗震、加固与监测技术

① 消能减震技术。

② 建筑隔震技术。

③ 结构构件加固技术。

④ 建筑移位技术。

⑤ 结构无损性拆除技术。

⑥ 深基坑施工监测技术。

⑦ 大型复杂结构施工安全性监测技术。

⑧ 爆破工程监测技术。

⑨ 受周边施工影响的建(构)筑物检测、监测技术。

⑩ 隧道安全监测技术。

(10) 信息化技术

① 基于 BIM 的现场施工管理信息技术。

② 基于大数据的项目成本分析与控制信息技术。

③ 基于云计算的电子商务采购技术。

④ 基于互联网的项目多方协同管理技术。

⑤ 基于移动互联网的项目动态管理信息技术。

⑥ 基于物联网的工程总承包项目物资全过程监管技术。

⑦ 基于物联网的劳务管理信息技术。

⑧ 基于 GIS 和物联网的建筑垃圾监管技术。

⑨ 基于智能化的装配式建筑产品生产与施工管理信息技术。

4) 选择施工机械

选择施工方法必然涉及施工机械的选择问题。机械化施工是改变建筑工业生产落后面貌、实现建筑工业化的基础。因此,施工机械的选择是施工方法选择的中心环节。选择施工机械时应着重考虑以下几个方面:

(1) 首先根据工程特点,选择适宜主导工程的施工机械。如在选择装配式单层工业厂房结构安装用的起重机类型时,当工程量较大且集中时,可以用生产效率较高的塔式起重机;但当工程量较小或工程量虽大却相当分散时,则采用无轨自行式起重机较为经济。在选择起重机型号时,应使起重机在起重臂外伸长度一定的条件下,能适应起重量及安装高度的要求。

(2) 各种辅助机械或运输工具应与主导机械的生产能力协调配套,以充分发挥主导机械的效率。如土方工程施工中采用汽车运土时,汽车的载重量应为挖土机斗容量的整数倍,汽车的数量应保证挖土机连续工作。

(3) 在同一工地上,应力求建筑机械的种类和型号尽可能少一些,以利于机械管理。为此,工程量大且分散时,宜采用多用途机械施工,如挖土机既可用于挖土,又能用于装卸、起重和打桩。

(4) 施工机械的选择还应考虑充分发挥施工单位现有机械的能力。当本单位的机械能力不能满足工程需要时,则应购置或租赁所需的新型机械或多用途机械。

9.3.10 施工总进度计划及工期保证措施

施工总进度计划是在确定了的工程总体安排和施工方案的基础上,根据规定工期和各种资源供应条件,按照施工过程的合理施工顺序及组织施工的原则,用图表的形式(横道图或网络图),对一个工程从开始施工到工程全部竣工的各施工工序,确定其在时间上的安排和相互间的搭接关系。

1) 施工总进度计划的编制要求

(1) 应符合招标人在招标文件中提出的总工期要求

招标文件中所确定的工期目标反映了业主希望尽早竣工,早日发挥投资效益。因此,工期往往是评标诸多因素中仅次于报价的一项指标。对此,投标人必须按照招标文件中的工期要求来安排施工进度,如有可能,工期可适当提前,以提高自己的竞争力。如果招标文件要求工程分批竣工、分批交付使用,应当按照要求标明分批交付的具体时间。

(2) 应考虑到环境(特别是气候)条件的制约

工程施工不可避免地会受到自然条件的影响,在编制施工进度计划时,必须考虑到环境(特别是气候)条件对施工的制约,特别是季节性条件(如雨季和冬季)对施工的影响,并在进度计划中加以体现。

(3) 均衡施工

进度计划安排应体现施工的均衡性,避免现场劳动力或多或少现象的发生,以提高工效和节约临时设施。

(4) 考虑可能有的资源投入强度

结合投标人的实际情况,如人力资源的数量、机械设备、资金等,保证施工进度计划实施的可行性。

(5) 根据工程的规模和复杂程度安排进度计划

2) 施工进度计划的分类

施工进度计划根据施工项目划分的粗细程度，可分为控制性与指导性施工进度计划两类。控制性施工进度计划按分部工程来划分施工项目，确定开工、±0.00 完成、主体结构结束、竣工等里程碑事件的时间。完成控制各分部工程的施工时间及其相互搭接配合关系。它主要适用于工程结构较复杂、规模较大、工期较长而需跨年度施工的工程（如体育场、火车站等公共建筑以及大型工业厂房等），还适用于工程规模不大或结构不复杂但各种资源（劳动力、机械、材料等）不落实的情况，以及建筑结构、建筑规模等可能变化的情况。编制控制性施工进度计划的单位工程，当各分部工程的施工条件基本落实之后，在施工之前还应编制各分部工程的指导性施工进度计划，指导性施工进度计划按分项工程或施工过程来划分施工项目，具体确定各分项工程或施工过程的施工时间及其相互搭接配合关系。它适用于施工任务具体而明确、施工条件基本落实、各种资源供应正常、施工工期不太长的工程。

3) 施工进度计划的编制程序

工程施工进度计划的编制程序见图 9.2 所示。

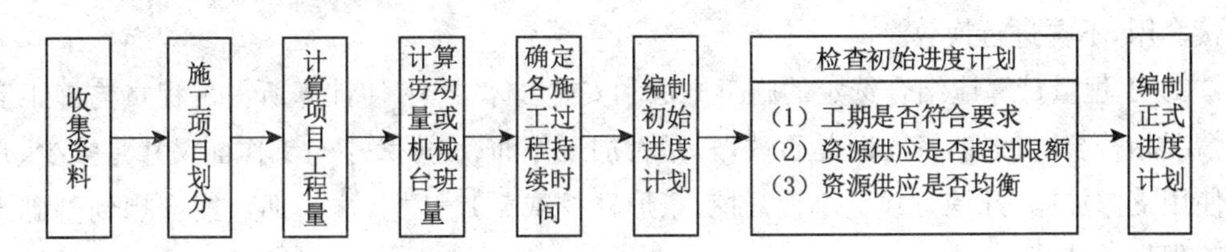

图 9.2　工程施工进度计划编制程序

4) 施工进度计划的表示方法

编制进度计划可使用文字说明、里程碑表、工作量表、横道计划、网络计划等方法，施工进度计划一般用图表来表示，通常有横道图和网络图两种形式。横道图的形式如表9.1所示。

表 9.1　施工进度计划

序号	分部分项工程名称	工程量		定额	劳动量		机械台班量		工作班次	每班人数	持续时间	施工进度	
		单位	数量		工种	工日	名称	台班				月	月

5) 施工进度计划的编制

根据施工进度计划的编制程序，现将其编制的主要步骤和方法叙述如下：

(1) 划分施工项目

施工项目是施工进度计划的基本组成单元。编制施工进度计划时，首先根据设计文件和工程结构形式列出拟建工程的各个施工过程，并结合施工方法、施工条件、劳动组织等因素加以适当调整，使之成为编制施工进度计划所需的施工项目。

单位工程施工进度计划的施工项目主要指主导性施工过程，如安装砌筑类施工过程，而制备类、运输类和搭设类施工过程属于辅助性施工过程，一般不占用工期，所以一般不包括在内。但如占用工期，则需将这些施工过程列入施工进度计划。

(2) 计算工程量

工程量是计算劳动量、施工过程持续时间和安排资源投入量的基础，应根据施工图纸、有关计算规则及相应的施工方法进行计算。工程招投标时，在招标文件中往往附有工程量清单，故在编制单位工程施工进度计划时只要对清单工程量进行复核，然后套用清单工程量。需要注意的是，当工程划分为若干流水段时，必须按照每一流水段分别计算。计算工程量应注意以下几个问题：

① 各分部分项工程的工程量计算单位应与《建设工程工程量清单计价规范》(GB 50500—2018)及企业定额中相应项目的单位相一致，以便计算劳动量及材料需要量时可直接套用，不再进行换算。

② 工程量计算应结合选定的施工方法和安全技术要求，使计算所得工程量与施工实际情况相符合。例如，挖土时是否放坡，是否加工作面，坡度大小与工作面尺寸是多少，是否使用支撑加固，开挖方式是单独开挖、条形开挖或整片开挖，这些都直接影响到基础土方工程量的计算。

③ 结合施工组织要求，分区、分段、分层计算工程量，以便组织流水作业。若每层、每段上的工程量相等或相差不大时，可根据工程量总数分别除以层数、段数，可得每层、每段上的工程量。

④ 在套用清单工程量时，应当注意清单项目所包含的内容，以免发生遗漏。如挖土方项目，清单工程量中可能并不包括放坡和额外增加工作面所增加的工程量，这就需要进行调整。施工进度计划中的有些施工项目与工程量清单中的项目完全不同或局部有出入时(如计量单位、计算规则、采用定额不同)，应根据施工中的实际情况加以修改、调整或重新计算。

(3) 确定劳动量和机械台班数量

根据所划分的施工项目的工程量和施工方法，即可套用施工定额(当地实际采用的劳动定额及机械台班定额)，以确定劳动量和机械台班量。

根据《建设工程工程量清单计价规范》(GB 50500—2018)，施工定额应由施工企业根据自身实际技术与管理水平编制企业定额，结合本单位工人的技术等级、实际施工操作水平、施工机械情况和施工现场条件等因素，确定完成定额的实际水平，以使施工定额更能够反映各施工单位的实际施工情况，使计算出来的劳动量、机械台班量符合实际需要，为准确编制施工进度计划打下基础。

施工定额除了取决于该工程活动的性质和复杂程度外，还受以下因素的制约：

① 劳动者的培训和工作熟练程度。

② 季节、气候条件。

③ 实施方案。

④ 装备水平,工器具的完备性和适用性。

⑤ 现场平面布置和条件。

⑥ 人的因素,如工作积极性等。

有些采用新技术、新材料、新工艺或特殊施工方法的项目,可参考类似项目、经验资料,或按实际情况确定。

(4) 确定各项目的施工持续时间

① 能定量化的工程活动

对于确定的工作范围和工作量,又可以确定劳动效率的工程活动,可以比较精确地计算持续时间。其步骤为:

A. 工程范围的确定及工作量的计算。这可由合同、规范、图纸、工作量表得到。

B. 劳动组合和资源投入量的确定。在工程中,完成上述工程活动,需要什么工种的劳动力,什么样的班组组合(人数、工种级配和技术级配)。这里要注意:

a. 项目可用的总资源限制。

b. 合理的专业和技术级配。

c. 各工序(或操作活动)人数安排比例合理。

d. 保证每人一定的工作面。

C. 确定劳动定额。

在确定劳动定额时,通常考虑一个工程小组在单位时间内的生产能力,或完成该工程活动所需的时间(包括各种准备、合理休息、必需的间歇等因素)。

D. 计算持续时间

单个工序的持续时间是易于确定的,它可由下式确定:

$$T = \frac{Q}{RCS} = \frac{QH}{RC} \tag{9.1}$$

式中:T ——完成某工序的持续时间;

Q ——完成某施工过程的工程量;

H ——某施工过程采用的机械台班时间定额;

R ——投入施工班组人数;

C ——投入施工的工作班次;

S ——某施工过程采用的机械台班产量定额。

② 倒排计划

对于工期要求比较严格的工程,不可能根据企业现有人数来确定各施工过程的持续时间,否则总持续时间就不能满足工期要求。对此,一般根据总工期和施工经验确定各分部工程的持续时间,再进一步确定各分项工程的持续时间。

在得到各施工过程持续时间后，再确定每一分部分项工程所需投入的班组人数或机械数量。班组投入人数可按照下式确定：

$$R = \frac{Q}{STC} \tag{9.2}$$

③ 非定量化的工作

有些工程活动例如项目的隐蔽工程验收、测量等，其持续时间无法定量计算得到，因为其工作量和生产效率无法定量化，对此可以考虑：

A. 按过去工程的经验或资料分析确定。

B. 充分地与任务承担者协商确定，在给他们下达任务时应认真协商，确定持续时间，并以书面(合同)的形式确定下来。在这里要分析研究他们的能力，在对他们的进度进行管理时经常要考虑到行为科学的作用。

④ 持续时间不确定情况的分析

有些活动的持续时间不能确定，这通常由于：

A. 工作量不确定。

B. 工作性质不确定，如基坑挖土，土的类别会有变化，劳动效率也会有很大的变化；受其他方面的制约，例如监理工程师的审查批准期；环境的变化，如气候对持续时间的影响。

这在实际工作中很普遍，也很重要，但没有很实用的计算方法，通常可用：

a. 蒙特卡罗(Monto Carlo)模拟的方法，即采用仿真技术对工期的状况进行模拟。但由于工程影响因素太多，因此实际使用效果不佳。

b. 德尔菲(Delphi)专家评议法，即请有实践经验的工程专家对持续时间进行评议。在评议时，应尽可能多地向他们提供工程的技术和环境资料。

c. 用3种时间的估计办法，即对一个活动的持续时间分析各种影响因素。持续时间可按下式计算：

$$MD = \frac{OD + 4 \times HD + PD}{6} \tag{9.3}$$

式中：MD ——施工过程的持续时间；

OD ——施工过程最乐观的(一切顺利)的持续时间；

HD ——施工过程最悲观的(各种不利影响都发生)的持续时间；

PD ——施工过程的最大可能的持续时间。

这种方法在实际工作中用得较多。这里的变动幅度(PD—OD)对后面的工期压缩有很大的作用。人们常将它与德尔菲法结合，即用专家评议法确定OD、HD、PD。

(5) 编制施工进度计划的初始方案

编制施工进度计划时，必须考虑各分部分项工程的合理施工顺序，尽可能组织流水施工，力求主要工种的施工班组连续施工。其编制方法为：

① 对各分部工程组织分部工程流水。先安排其中主导施工过程的施工进度，使其尽

可能连续施工，其他穿插施工过程尽可能与主导施工过程配合、穿插、搭接。

② 配合主要施工阶段，安排其他施工阶段(分部工程)的施工进度。

③ 按照工艺的合理性和施工过程间尽量配合、穿插、搭接的原则，将各施工阶段(分部工程)的流水作业图表搭接起来，即得到施工进度计划的初始方案。

(6) 施工进度计划的检查与调整

检查与调整的目的在于使施工进度计划的初始方案满足规定的目标，一般从以下几个方面进行检查与调整：

① 各施工过程的施工顺序是否正确，流水施工的组织方法应用得是否正确，技术间歇是否合理。

② 工期方面，初始方案的总工期是否满足合同工期。

③ 物资方面，主要机械、设备、材料等的利用是否均衡，材料耗用是否超过单位时间材料供应限额，施工机械是否充分利用。

④ 劳动力方面，主要工种工人是否连续施工，劳动力消耗是否均衡。劳动力消耗的均衡性是针对整个单位工程或各个工种而言的，应力求每天出勤的工人人数不发生过大变动。

为了反映劳动力消耗的均衡情况，通常采用劳动力消耗动态图来表示。对于单位工程的劳动力消耗动态图，一般绘制在施工进度计划表右边表格部分的下方。

劳动力消耗的均衡性指标可以采用劳动力均衡系数(K)来评估：

$$K=\text{高峰期工人人数}/\text{平均施工人数} \tag{9.4}$$

式中的平均施工人数为工程总劳动量除以总工期。

最为理想的情况是劳动力均衡系数 K 接近于 1。劳动力均衡系数在 2 以内为好，超过 2 则不正常。

初始方案经过检查，对不符合要求的部分需进行调整。调整方法一般有：增加或缩短某些施工过程的施工持续时间；在符合工艺关系的条件下，将某些施工过程的施工时间向前或向后移动。必要时，还可以改变施工方法。

(7) 施工进度计划的风险分析及控制措施

针对本工程的实际情况分析在进度方面可能遇到哪些风险，对进度的影响程度，应对措施有哪些等。根据经验分析，施工项目进度控制遇到的风险主要有：工程变更，工程量增减，材料等物资供应不及时，劳动力供应不及时，机械供应不及时，效率不达标，自然条件干扰，拖欠工程款，分包影响等。控制措施可以从技术、组织、经济、合同 4 个方面进行设计，但要抓住重点。如拖欠工程款问题，要有有效的解决办法，尽量做到不因资金短缺而停工。

9.3.11 施工成本目标规划

1) 施工项目成本管理的基础工作

施工项目成本管理的基础工作包括以下几方面：

(1) 建立成本分解体系

采用按施工项目结构分解(CWBS)中各层次项目单元的直接成本或工程量清单分解结构的直接成本，便于成本计划与成本模型的编制、施工过程中的成本动态控制，以及成本目标落实到每个责任人。

(2) 成本数据库的建立和使用

施工企业对常规的已完工程项目建立成本数据库，对施工项目的成本计划有很好的借鉴作用。

(3) 建立成本目标责任制

为了实行全面的成本管理，必须对施工项目成本进行层层分解，以分级、分工、分人的成本责任制作为保证。施工项目经理部应对企业下达的成本指标负责，班组和个人对项目经理部的成本目标负责，做到层层保证，定期考核评定，与奖惩制度挂钩，使各部门、各班组和每个人都来关心施工项目成本。

(4) 建立和健全各项责任制度

责任制度是有效实施施工项目成本管理的保证。有关施工项目成本管理的各项责任制度包括计量验收制度、定额管理制度、岗位责任制度、考勤制度、材料收发领用制度、机械设备管理与维修制度、成本核算分析制度以及完善的成本目标责任制度。企业应随着施工生产、经营情况的变化、管理水平的提高等客观条件的变化，不断改进、逐步完善各项责任制度的具体内容。

(5) 成本控制措施

在施工过程中，对影响施工项目成本的各种因素进行规划、调节，并从组织、经济、技术和合同四个方面采取有效措施，将施工中实际发生的各种消耗和支出严格控制在计划范围内，随时揭示并及时反馈，严格审查各项费用是否符合标准，计算实际成本和计划成本之间的差异并进行分析，消除施工中的浪费现象，使之最终实现预期的成本目标。

降低成本措施的制订应以施工预算为尺度，以企业(或基层施工单位)年度、季度降低成本计划和技术组织措施计划为依据进行编制。要针对工程施工中降低成本潜力大的(工程量大，有采取措施的可能性及有条件的)项目，充分开动脑筋，把措施提出来，并计算出经济效益和指标，加以评价、决策。降低成本措施应包括节约劳动力、材料费、机械设备费用、工具费、间接费及临时设施费等措施。一定要正确处理降低成本、提高质量和缩短工期三者的关系，对措施要计算经济效果。这些措施必须是不影响质量且能保证安全的，它应考虑以下几方面：

① 有精心施工的领导班子来合理组织施工生产活动。

② 有合理的劳动组织，以保证劳动生产率的提高，减少总的用工数。

③ 物资管理的计划性，从采购、运输、现场管理及竣工材料回收等方面，最大限度地降低原材料、成品和半成品的成本。

④ 采用新技术、新工艺，以提高工效，降低材料耗用量，节约施工总费用。

⑤ 保证工程质量，减少返工损失。

⑦ 保证安全生产，减少事故频率，避免意外工伤事故带来的损失。

⑦ 提高机械利用率，减少机械费用的开支。

⑧ 增收节支，减少施工管理费的支出。

⑨ 工程建设提前完工，以节省各项费用开支。

(6) 建立完善的计量验收制度

在施工生产活动中，一切财产物资、劳动的投入耗费和生产成果的取得，都必须进行准确的计量，才能保证原始记录正确，因而计量验收是采集成本信息的重要手段。验收是对各种存货的收发和转移进行数量和质量方面的检验和核实，一般有入库验收和提货验收。验收时要核查实物与有关原始记录所记载的数量是否相符。

(7) 加强定额和预算管理

为了进行施工项目成本管理，必须具有完善的定额资料，搞好施工预算和施工图预算。定额是企业对经济活动在数量和质量上应达到的水平所规定的目标或限额。先进、合理的各类定额是制定定额成本、编制成本计划、监督费用开支、实施成本控制、进行成本分析的依据，对于降低劳动耗费、提高劳动生产率、简化成本核算、强化成本控制能力都有着重要的意义。

(8) 制订合理的内部结算价格

为了明确施工企业内部各个单位经济责任，企业内部对物资、分部分项工程、未完工程、已完工程在各单位之间的流转，以及相互提供的劳务可以用内部结算的形式进行核算和管理。内部结算价格是企业内部经济核算的依据，便于划清企业内部各单位之间的经济责任，推行责任成本管理制度。

(9) 建立和健全原始记录

原始记录是承包商在施工生产活动发生之时，记载业务事项实际情况的书面凭证。在成本管理中，与成本核算和控制有关的原始记录是成本信息的载体。承包商应根据其施工特点和管理要求，设计简明适用、便于统一组织核算的各类原始记录。

2) 资金收支预测计划

资金是工程能否顺利进行的重要保障。对承包人来说，项目的费用支出和收入常常在时间上不平衡，对于付款条件苛刻的项目，承包人往往必须垫资承包。通过编制资金收支预测计划，承包人可以：

(1) 安排资金以保障施工正常进行，根据现金流量计划安排借贷款计划。

(2) 计算资金成本，即计算由于工程负现金流量(投入＞收入)带来的利息支出。自有资金投入太多会大大降低承包人的承包利润，所以应当尽可能减少自有资金的投入量，同时使投入资金的利率最低。

(3) 评价资金风险，据此确定相应的管理对策。

9.3.12 施工风险规划

应根据工程的实际情况对施工项目的主要风险因素作出预测，并提出相应的对策措施，提出风险管理的主要原则。

在施工项目管理规划大纲阶段对风险的考虑较为宏观，着眼于市场、宏观经济、政治、竞争对手、合同等。施工风险的对策措施可能有：

(1) 技术措施。如选择有弹性的、抗风险能力强的技术方案，而不用新的、未经过工程实用的、不成熟的施工方案；对地理、地质情况进行详细勘察或鉴定，预先进行技术试验，模拟，准备多套备选方案。采用各种保护措施和安全保障措施。

(2) 组织措施。对风险很大的项目加强计划工作，选派最得力的技术人员和管理人员，特别是项目经理；在同期施工项目中提高它优先级别，在实施过程中严密控制。

(3) 购买保险。例如常见的工程损坏、第三方责任、人身伤亡、机械设备的损坏等可以通过购买保险的办法解决。

(4) 采取合作方式共同承担风险，例如通过分包、联营承包，与分包人或其他承包人共同承担风险。

(5) 通过合同分配风险。例如通过分包合同转移总承包合同中的相关风险。

(6) 风险准备金。例如在投标报价中，根据风险的大小以及发生的可能性(概率)，在报价中加上一笔不可预见风险费。

9.3.13 施工平面图和现场管理规划

施工平面图既是布置施工现场的依据，也是施工准备工作的一项重要依据，它是实现文明施工，节约并合理利用土地，减少临时设施费用的先决条件。因此，它是施工项目管理规划的重要组成部分。施工平面图不但要在设计时周密考虑，而且还要认真贯彻执行，这样才会使施工现场井然有序，施工顺利进行，保证施工进度，提高效率和经济效果。

一般单位工程施工平面图的绘制比例为1∶200～1∶500。

1) 单位工程施工平面图的设计内容

(1) 已建和拟建的地上地下的一切建筑物、构筑物及其他设施(道路和各种管线等)的位置和尺寸。

(2) 测量放线标桩位置、地形等高线和土方取弃场地。

(3) 自行式起重机的开行路线、轨道式起重机的轨道布置和固定式垂直运输设备位置。

(4) 各种搅拌站、加工厂以及材料、构件、机具的仓库或堆场。

(5) 生产和生活用临时设施的布置。

(6) 一切安全及防火设施的位置。

2) 施工平面图的设计依据

施工平面图的设计依据是：建筑总平面图、施工图纸、现场地形图、水源和电源情况、施工场地情况、可利用的房屋及设施情况、自然条件和技术经济条件的调查资料、施工组织总设计、本工程的施工方案和施工进度计划、各种资源需要量计划等。

3) 施工平面图的设计要求

(1) 应说明施工现场情况，施工现场平面的特点。

(2) 确定现场管理目标，现场管理的原则，现场管理的主要措施，施工平面图及其说明。

(3) 在保证施工顺利进行的前提下，现场布置紧凑，占地要省，不占或少占农田。

(4) 临时设施要在满足需要的前提下，减少数量，降低费用。途径是利用已有的，多用装配的，认真计算，精心设计。

(5) 合理布置现场的运输道路及加工厂、搅拌站和各种材料、机具的堆场或仓库位置，尽量做到短运距、少搬运，从而减少或避免二次搬运。

(6) 利于生产和生活需求。

(7) 在施工现场平面和施工现场管理规划中必须符合环境保护法、劳动保护法、城市管理规定、工程施工规范、文明现场标准等对现场的要求。

4) 施工项目场容管理

场容是指施工现场特别是主现场的现场面貌。包括入口、围护、场内道路、堆场的整齐清洁，也应包括施工项目经理部办公环境甚至包括现场人员的行为。

(1) 场容管理的基本要求

① 创造清洁整齐的施工环境，达到保证施工的顺利进行和防止事故发生的目的。目前有的施工周期较长的项目已在可能条件下对现场环境进行绿化，使建筑施工环境有了较大的改变。

② 通过合理的规划施工用地，按施工项目不同阶段进行施工总平面设计。

③ 要通过场容管理与其他工作的结合，共同对现场进行管理。例如，在安全工作中防止高空坠落物体对人身的伤害是一项重要工作；特别是高层建筑项目施工现场高空作业多，高空坠落物体的伤害在安全事故中占有较大比例，而且由于城市土地的紧张造成了市区施工场地的狭窄，施工建筑物有时紧靠场地边缘。高空坠落物体还会对场外的第三者造成损害。因此，注意防止高空坠落物体也应当是场容管理和安全管理结合考虑的一项工作。此外，要结合料具管理建立现场料具器具管理标准。特别是对于易燃、有害物体，例如汽油、电石等的管理是场容管理和消防管理结合的重点。

④ 场容管理还应当贯穿到施工结束后的清场。施工结束后应将地面上施工遗留的物资清理干净。现场不作清理的地下管道，除业主要求外应一律切断供应源头。凡业主要求保留的地下管道应绘成平面图，交付业主，并做交接记录。

(2) 场容管理的主要工作

现场的入口应设置大门，并标明消防入口。有横梁的大门高度应考虑起重机械的运入。也可设置成无横梁或横梁可取下的大门。入口大门以设立电动折叠门为宜。目前不少企业已设计了标准的施工现场大门作为企业的统一标志，在大门上还设置有企业的标志。这种做法是可以借鉴的。

主现场入口处应有以下标牌：

① 工程概况牌(写明工程名称，工程规模、性质，用途，结构形式，开竣工日期，发包人，设计人、承包人和监理单位的名称，施工起止年月等)。

② 安全纪律牌(安全警示标志,安全生产及消防保卫制度)。

③ 防火须知牌。

④ 安全无重人事故牌。

⑤ 安全生产、文明施工牌。

⑥ 施工总平面图。

⑦ 项目经理部组织架构及主要管理人员名单图(写明施工负责人、技术负责人、质量负责人、安全负责人、器材负责人等)。

现场标牌由施工单位负责维护,国防及保密工程可不作标牌。

场容管理要划分为现场参与单位的责任区,各自负责所管理的场区。划分的区域应随着施工单位和施工阶段的变化而改变。

现场道路应尽量布置成环形,以便于出入。消防通道的宽度不小于 3.5 米。现场道路应尽量利用已有道路,或根据永久道路的位置,先修路基作为临时道路以后再做路面。施工道路的布置要尽量避开后期工程或地下管道的位置,防止后期工程和地下管道施工时造成道路的破坏。场内通道以及大门入口处的上空如有障碍应设高度标志,防止超高车辆碰撞。

现场的临时围护包括周边围护和措施性围护。周边围护是指现场周围的围护。如市区工地的围护设施高度应不低于 1.8 米,临街的脚手架也应当设置相应的围护设施。措施性围护是指对特殊地区的围护。如危险品库附近应有标志及围栏,起重机臂杆越过高压电缆应设置隔离棚。有的城市已规定塔式起重机越过场外地区时必须设安全棚。由于场外搭设安全棚和维护工作的困难,这也是有的项目选用内爬式塔式起重机进行施工的原因之一。

施工现场应有排水措施,做到场地不积水、不积泥浆,保证道路干燥坚实。工地地面宜做硬化处理。硬化处理一般是针对钻孔打桩采用泥浆护壁的工程采取的。由于这种工程流出的泥浆不易控制,常常使工地及其周围产生泥浆污染。硬化处理就是在打桩开始前先做好混凝土地面,留出桩孔和泥浆流通沟渠,并将施工机械设置在混凝土地面上工作,能有效地控制泥浆的污染。如果施工项目工期较长,施工现场面积较大,有裸露的地面,则最好种植草皮,以防起尘而影响周围空气质量。

现场办公室应保持整洁,办公室墙上应有明显的紧急使用的电话号码告示,包括火警、匪警、急救车、就近的医院、专科医院、派出所等。紧急使用的电话号码应单独张贴,禁止在上面做其他记录。施工现场设置的职工宿舍、食堂应保持清洁、卫生。

要教育职工注意举动和语言的文明,特别是在市区施工时,应把服装整洁、举止文明等列入纪律教育的内容。

9.3.14 项目职业健康和环境管理规划

(1) 施工项目现场安全管理

施工项目现场安全管理是通过对施工项目生产过程中涉及的计划、组织、监控、调节和改进等一系列致力于满足生产安全所进行的管理活动，以避免出现人身伤害、设备损坏及其他不可接受的损害风险（危险）的状态。

施工现场是生产因素的集中点，其动态特点是多工种立体作业，生产设施的临时性，作业环境多变性，人机的流动性，存在多种危险因素。因此，施工现场属于事故多发的作业现场。控制人的不安全行为和物的不安全状态是施工现场安全管理的重点，也是预防与避免伤害事故，保证生产处于最佳安全状态的根本环节。

直接从事施工操作的人，随时随地活动于危险因素的包围之中，随时受到自身行为失误和危险状态的威胁或伤害。所以，对施工现场的人机环境系统的可靠性，必须进行经常性的检查、分析、判断、调整、强化动态中的安全管理。

应提出总体的安全目标责任、施工过程中的主要不安全因素，以及保证安全的主要措施。

对危险性较大或专业性较强的施工项目，应当编制施工安全组织计划（或施工安全管理体系），并提出详细的安全组织、技术和管理措施，保证安全管理过程是一个持续改进的过程。

施工项目安全措施计划的主要内容包括：工程概况、控制目标、控制程序、组织机构、职责权限、规章制度、资源配置、安全措施、检查评价、奖惩制度等。

编制施工项目安全措施计划时，对结构复杂、施工难度大、专业性强的施工项目，除制订施工项目总体安全保证计划外，还必须制订单位工程或分部分项工程的安全技术措施；对于高空作业、井下作业等专业性强的工种，以及电器、压力容器等特殊工种作业，应制订单项安全技术规程，并应对管理人员和操作人员的安全作业资格及身体状况进行合格检查。

制订和完善施工安全操作规程，编制各施工工种，特别是危险性较大工种的安全施工操作要求，作为规范和检查考核员工安全生产行为的依据。

（2）环境管理规划

保护和改善施工现场环境是消除对外部干扰，保证施工顺利进行的需要，也是节约能源、保护人类生存环境和可持续发展的需要。建筑施工的污染主要包括大气污染、建筑材料引起的空气污染、水污染、土壤污染、噪声污染和光污染。在施工时应当从材料、施工机械、施工方法等方面减少污染源，减轻污染损害。

9.3.15 编制施工项目管理规划大纲应注意的问题

（1）施工项目管理规划大纲的编写必须符合招标文件的要求

施工项目管理规划必须对招标文件进行实质性响应，特别是在质量、工期方面，否则在投标文件评审时就失去竞争力。

（2）必须有针对性

编写施工项目管理规划大纲时，应当根据施工工程范围、工程特点、性质、环境、发包人要求等的不同，从施工工艺、进度安排、质量保证措施、降低成本措施、工期保证措施、季节性施工措施、健康安全环境保证措施等方面重点编写，针对性要强，要结合本工程来写，对一些大型的、特殊的工程，发包人要求承包人提出保证安全、健康；环境的管理体系，则对此应有较为详细的重点规划。切忌罗列一些通用性强，重点不突出的内容。

(3) 施工项目管理规划大纲的编写要与评标标准相适应

在招标文件中往往标明工程投标的评标标准，评标标准在不同地区、不同工程可能会有所差异，所以在编写大纲之前首先应当了解技术标的评标标准，据此认真编制规划大纲，根据需要增加一些其他内容，切忌按照自己的习惯照搬照抄。

(4) 不要轻易承诺

投标文件是一个要约过程，只要发包人发出中标通知即作出承诺后合同就宣告成立，承包人就必须按照投标文件中作出的承诺履行自己的合同职责，否则就要承担相应的法律责任。因此在编制投标文件时，承包人一定要结合自身情况和投标策略，特别是在质量、工期、报价以及施工方案方面，一定要真实、客观同时要保持一定的竞争力。不要为了增加自己的竞争力而轻易作出承诺，否则一旦中标，承包人就必须按照约定履行合同义务。

(5) 投标文件的审查

由于发包人对工程进度都比较重视，往往在招标文件发出以后留给投标人做标的时间较短，投标人既要编制施工项目管理规划大纲，又要报价，短时间内要拿出一套完整的投标文件非常困难。因此，投标人平时应当注意对投标文件资料的收集整理，以便在编制规划大纲时可以引用。但是在引用时必须结合本工程的特点，切忌罗列与本工程无关的内容，甚至把其他工程的名称也一并照搬照抄过来。

在投标文件编制完成以后，一定要对规划大纲进行认真的审查，特别是对规划内容是否有遗漏，内容是否有针对性，是否在规划大纲中罗列了与本工程无关的内容，对工程质量、工期、报价以及施工方案方面作出的承诺是否真实、客观等方面重点审核，确保规划大纲在与其他投标人竞争中处于领先地位。

10 施工投标报价

10.1 施工投标报价概述

10.1.1 投标报价概念

报价(Quotation)是承包商在以招标投标方式承接工程项目时，对所拟承包工程所开列的工程总价的习惯称呼，是以招标人提供的该项目招标文件、工程量清单、施工设计图纸、技术规范、所规定的价格条件等资料为基础，结合承包商自己对投标环境调查及投标工程项目的调查情况，再依据企业定额、市场价格和费用指标以及拟定的施工方案，在考虑风险因素、企业发展战略等因素条件下，计算并确定的参加投标竞争该工程的价格，即工程总造价。由于报价的确定是伴随投标这一过程进行的，报价文件是投标文件的核心内容，随同投标文件的其他文件一并递交招标人，故又称作投标报价，有时简称为标价。确定投标报价是承包商进行工程投标的关键工作。

在招标工作中，投标报价是招标人选择中标者最重要的指标之一。我国招标投标法中规定中标的条件之一便是“能够满足招标文件的实质性要求，并且经评审的投标价格最低；但是投标价格低于成本的除外。”通常招标人在招标文件中规定的中标标准可归纳为：投标文件必须对招标文件做出全面的响应；投标价符合招标文件规定的要求。其中，第一条主要体现在所编制的投标文件要严格遵照、准确反映招标文件的规定上，那么只要在编写投标文件之前，注意详细阅读研究招标文件，认真工作，还是完全可以做到的。而第二条投标报价，它既要准确满足招标文件对投标报价做出的规定，又要合理反映投标人的实际成本，还要使得所报的投标价在市场上有足够的竞争能力，要全面照顾以上3个方面，就不是一个简单的问题了。因此说，投标报价是整个投标活动中的核心环节，是影响承包商投标成败的关键性因素。报价是一项专门的业务，报价过高与过低都是不可取的。对于投标人来说，将投标报价订得过高，则失去了竞争力，不仅不能中标，还会有损投标人的形象和投标人自己的利益；将投标报价订得过低，即使中标，则不仅不易赢利，甚至于还会亏本。在我国，招标投标法规定：不得以低于成本价竞标；对于国际竞争性招标，也有可能因标价太低而被判定为严重不平衡报价，虽然不至于造成投标被拒绝，但招标人会引用不安抗辩原则而要求投标人提高履约保证金，同样有损投标人在社会上的形象，有损投标人自己的利益。合理的投标报价是关系到施工承包企业投标成败的关键，所以任何施工承包企业都必须重视工程项目的投标报价，任何施工承包企业的主要负责人都必须重视工程项目的投标报价。

施工投标报价的确定方法，不同的交易模式、不同的合同方式有相应不同的处理方式，本章着重讲述传统模式下的投标报价，重点讲述工程量清单下的投标报价。

10.1.2 询价、估价与投标报价

询价(Request for Quotation)是估价的基础，承包商的估价人员在估价前通过各种途径、采用各种手段对拟投标工程所需的各种材料、设备、劳务、施工机械等生产要素的价格、质量、供应时间、供应数量等进行系统的调查，这一过程称之为询价。

估价与投标报价是两个不同的概念。

估价是指承包商的估价人员在施工方案、施工进度计划、分包计划和资源安排确定之后，根据本公司的工、料、机消耗标准以及询价结果，对本公司完成招标工程所需要支出的费用的估算。其原则是根据本公司的实际情况合理补偿成本。不考虑其他因素，不涉及投标策略与技巧问题。

投标报价是在估价的基础上，根据本公司的经营发展战略目标，分析该招标工程以及竞争对手的情况，判断本公司在该招标工程上的竞争地位，确定在该工程上的预期利润水平后所作出的报价。报价实质上是投标决策，要考虑运用适当的投标策略或技巧，与估价的任务和性质是不同的。因此，投标报价通常是由承包商主管经营管理的负责人作出。

10.1.3 施工投标报价依据

1) 招标文件

招标文件是投标报价的基础，基础要牢固可靠，报价的编制质量才会高。在招标文件中，对招标依据、招标内容范围、招标不包括的内容、报价采用的计价方法及诸如建筑面积的计算、钢筋量的计算和结算时价款的调整方法等都作了明确的规定，这是编标的基本依据，也是影响工程造价的直接因素，只有了解并认真领会这些规定，才能保证投标报价的准确性。

目前国内工程普遍采用工程量清单招标，招标文件中提供的工程量清单是编制投标报价的主要依据。投标人计算投标报价首先应复核清单工程量，若有不符之处则应按招标文件的规定请招标人予以澄清，切不可自行修改或增减工程量清单的内容和数量；投标人还需复核招标人公布的招标控制价，若经复核认为招标人的招标控制价未按照工程量清单规范的规定进行编制，则应在招标控制价公布后 5 天内向招投标监督机构和工程造价管理机构投诉。

报价时招标文件各部分的优先次序一般是：合同专用条款(包括招标文件的补充说明中与此有关部分)优先于合同通用条款；工程量清单中的工程数量优先于设计图纸中的工程数量；工程量清单中项目划分、计量与技术规范相结合。

2）工料机消耗量

长期以来，我国形成了一套较为成熟的基本反映社会平均水平的人工、材料、机械消耗量定额，定额给出了消耗在某一单位工程基本构造要素上的人工、材料、机械的数量标准和限额，承包商在编制投标报价时可参考使用。但为了提高投标报价的竞争力和保证能完成施工合同，承包商可结合本企业的施工技术、人机工效、管理水平，并根据工程的实际情况对各项定额用量作适当调整；或者使用自己内部自行编制的企业定额，使报价体现企业施工特色和管理水平，在市场竞争中取得优势。

施工承包企业都使用自己的企业定额进行投标报价，是一种能真正体现承包商之间的施工技术、管理水平的竞争。但在目前，国内承包企业普遍没有完善企业定额，根据《清单规范》将工程实体消耗量（材料）与施工措施性消耗量分离，前者仍可以套用政府机构颁发的定额从而基本统一，后者则放开竞争。

3）工料机的价格

人工、材料、机械的价格是影响投标报价的关键性因素。投标报价中的人工工日单价一般采用指导价或市场价，江苏省住房和城乡建设厅规定对于建设工程人工工资单价实行动态管理，由省厅组织各市定期测算并公布建设工程人工工资指导价，如自 2017 年 9 月 1 日起，苏州市建筑工程一类工工资为 97 元/工日、二类工 93 元/工日、三类工 86 元/工日。材料价格采用招标人规定的供应价或承包商自己经市场询价得来的到工地材料价格。投标报价中的机械台班一般执行地区或行业统一工程机械台班费用定额的机械台班分析价或租赁价。

4）规费、税金、企业管理费等费用标准

根据《建筑安装工程费用项目组成》及《江苏省建设工程费用定额》，规费主要是指政府和有关权力部门规定必须缴纳的费用，主要有社会保障费（基本养老保险、失业保险费、基本医疗保险费、工伤保险费、生育保险费）、住房公积金和工程排污费；企业管理费是指建筑安装企业组织施工生产和经营管理所需费用，如管理人员工资、办公费等。

投标报价时，税金（增值税）、规费及措施费中的现场安全文明施工措施费等作为不可竞争费用，必须按有关规定计算，不得让利或随意调整计算标准。而其他包括利润在内的各项费用均可根据工程特点、企业管理水平和市场竞争状况综合取定，即采用“竞争费”原则。建设、交通、水利水电等行业都编制了相应的费用计算规则及计算标准，企业在投标报价时可参考这些标准，结合本企业的情况和工程实际适当调整，宗旨是确保既要中标又能获得一定利润。

5）投标施工组织设计

施工方案选择是否妥当、施工进度计划安排是否合理，对工程成本有重大影响，直接影响到工程单价的准确性和科学性。不同的施工方案具有不同的技术条件和不同的经济效果，先进合理的施工方案往往具有技术上先进而经济上合理的特点，自然会导致合理的报价。但针对具体工程，先进的却不一定是合理的、经济的，投标单位要根据现场考察情况，初定几套施工方案进行测算、比较，以确定合理、经济的方案。先进合理的施工方案、切实可行的施工进度计划是编制合理投标报价的重要因素。

6) 工程相关内容的研究分析

(1) 竞争对手的情况对承包商的投标报价决策有很大影响。要收集掌握潜在竞争对手参加投标的资料，诸如企业的施工能力、是否急于中标、以往报价情况、与业主的关系等。

(2) 工程本身施工难易程度、工程工期质量要求、建设期内工程造价增长因素等都是投标报价的依据。

(3) 招标人的要求、招标人的倾向性和投标困难的评估。

(4) 评标、定标的方法。我国招标投标法中规定了两种中标条件：一是获得最佳综合评价的投标者中标。所谓综合评价，即按照价格标准(报价)和非价格标准(施工能力、管理水平、业绩、信誉等)对投标文件进行总体综合比较、评估。二是经评审的最低价者中标，这也是世界银行推荐的定标方法，我国招标投标法规定经评审的最低价法，就是经过评审投标价最低，该投标符合招标文件的实质性要求，且投标价不能低于其个别成本。这两种评标定标方法在实施过程中由于工程特点、地域特点被赋予丰富的细则内容，如对报价的评定，有些是以业主的招标控制价下降一定幅度(如 96%)为基准值进行评价，进入基准值某一范围值认为最优；有的是以业主的招标控制价和合格的投标人报价经某种方式复合后为评标基准值进行评价；还有的以合格的投标报价的平均值为评标基准值进行评价……同样的工程、同样的报价在不同的评标细则下其得到的评价可能大相径庭。被评为最佳综合评价或是经评审的最低价者即被认为是最佳中标人选，在这两种中标条件中，投标价格最低者不是一定能中标，且不同的评标定标方法对投标决策影响很大。因此，投标人只有在认真研究了拟投标工程采用的评标定标方法后，才能进行相应的投标决策。

10.1.4 施工投标报价程序

施工投标报价工作程序如图 10.1 所示。

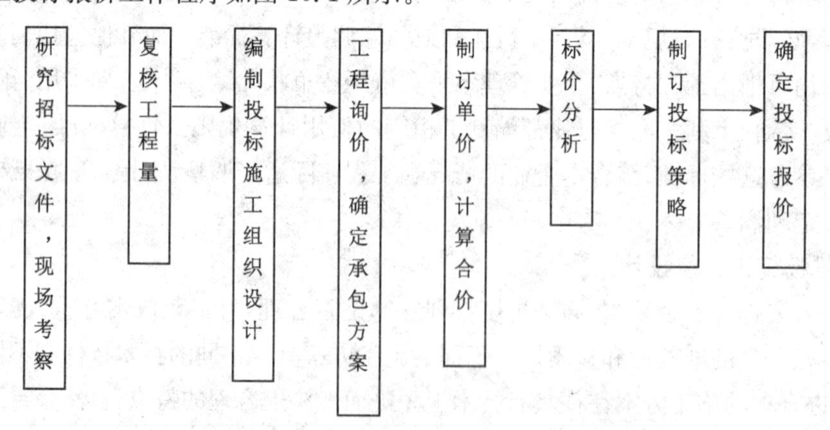

图 10.1 施工投标报价程序

(1) 认真研究招标文件,明确投标报价依据。在招标文件中,对招标内容范围、招标不包括的内容、报价采用的计价方法及诸如钢筋量的计算、暂估价设置和结算时价款的调整方式等都作了明确的规定,这是编制投标报价的基本依据,也是影响工程造价的直接因素,只有了解并认真领会这些规定,才能保证投标报价的准确性,避免盲目编制报价的弊端。

为了全面真实、准确地了解并掌握工程的实际施工条件及报价所需的相关基本资料,承包商必须对投标现场进行考察,了解工程所处的地理位置、场地大小、水文地质情况,了解施工现场生产生活用房条件、交通条件、相邻建筑等周边环境,甚至还包括当地治安状况等对投标报价有影响的资料。

(2) 复核工程量。工程量是计算成本的重要依据,采用工程量清单招标的工程,工程量清单随同招标文件一并发放,但所列项目不一定齐全,投标单位在投标前应进行核对。核实工程量的作用是:

① 全面掌握本项目须发生的各工作数量,便于准确报价。

② 及时发现清单中工程量的漏洞,便于制定投标策略。

③ 便于精确编写各分项工程单价。

核实工程量时应注意的事项:

① 全面核实设计图纸中各分项工程数量,如发现工程量有重大出入,特别是漏项的,必要时可找招标人核对,要求招标人认可,并有书面确认证明。对工程量小的漏项则可将其费用分摊到其他工程量大的费用项目单价中。

② 计算由于施工方案影响而额外发生(图纸中不反映)和消耗的工程量。

③ 根据技术规范的规定而产生的新的工程量。

(3) 编制投标施工组织设计。针对拟投标工程的施工组织设计,是最能反映投标人技术管理水平的文件,是投标报价的重要基础。投标人编制施工组织设计的目的,就是为了将本企业各方面的资源有机地动员起来,做到恰当配置、合理衔接、充分利用、优化结构,达到高效、低耗、保质、如期完成施工任务。招标人通过投标施工组织设计可以具体了解投标人的施工技术、管理水平以及机械装备、人力资源等情况,了解投标人能否具有顺利完成工程的能力。施工组织设计的好坏,自然会影响到施工成本的高低。

当前对于适用于具有通用技术、性能标准的或者招标人对其技术、性能没有特殊要求的招标项目,招标人常采用经评审最低投标价法评标,招标人对投标人的技术标不作横向比较,甚至有些不要求编制技术标。投标人对于这样的招标项目可不用在编制投标施工组织设计上面花费太多心血,但也不可漠视。投标人需对自己的施工方案或施工组织设计做到"心中有数",不可使报价与之脱节。

(4) 询价是承包商确定投标报价非常重要的一个环节,对承包商来说"货比三家不吃亏"。在建筑工程施工承包过程中的询价主要有劳务、材料、施工机械设备等生产要素询价和工程分包询价,详见本章第2节。

(5) 制订单价,计算合价,这项工作也称作估价。建设工程的价格是由招标投标市场竞争情况确定的,因此投标人的投标报价不应该是按照相关政府机构颁布或编制的施工图概预算。投标人的报价主要由成本和利润组成,其中成本包括直接消耗在该工程上的直接成本和应分摊的消耗在该工程上的间接成本。对有经验、成熟的施工承包企业来说,应该有自己的各项目的直接成本的单价,就是说对本施工企业在施工方法和在施工技术上有优势的施工项目,或者是些常规的施工项目,通过反复的施工实践,经各项目的成本积累、分析,制订出主要项目直接成本的单价,该单价是比较准确的保本单价,是编制投标报价的基础资料。在保本的直接成本单价基础上,再加上分摊的管理费等间接成本费用和合理的利润等,即构成各项目的综合单价。这样做的好处是既可加快投标报价的编制,又做到对报价心中有数。

有些招标的项目,施工企业没有现成的直接成本单价,这就需要依据各相应项目的各种资源投入、产出分析计算单价,再加上分摊的间接成本和利润等,构成该项目的综合单价。

以招标项目的综合单价,再乘以各项目的招标工程量,即成为各项目合价,总和即构成投标总价。

(6) 标价分析是指建设工程投标报价审核,是指投标人在建设工程投标报价正式确定之前,对建设工程总报价进行审查、核算,以减少和避免投标报价的失误,求得合理可靠、中标率高、经济效益好的投标报价。建设工程投标报价审核,是建立在投标报价单价分析的基础上的。一般说来,投标单价分析是微观性的,而投标报价审核则是宏观性的。

(7) 制订投标策略,确定投标报价。所谓投标策略,是指建设工程承包商为了达到中标目的而在投标过程中所采用的手段和方法。对不同投标策略和技巧的选择,要具体问题具体分析。为了中标和取得期望的效益,投标人必须在保证满足招标文件各项要求的条件下,研究和运用投标策略,这种研究与运用贯穿于整个投标过程。投标策略的制订,是建设工程承包商经营管理的一个重要方面,是投标活动成败的关键,与投标人的兴衰息息相关。

10.2 施工资源询价

10.2.1 劳动力资源询价

1) 施工承包企业劳动用工现状

改革开放以来,我国建筑业管理体制进行了一系列的改革,其中一个很重要的方面是用工制度的改革,我国建筑企业的用工情况发生了很大的变化。目前施工承包企业通常的劳务用工组织形式有施工企业直接雇佣劳务用工、成建制的劳务公司用工和零散用工3种。

(1) 施工企业(指总承包企业和专业承包企业)直接雇佣劳务用工。是指与施工企业签订有正式劳动合同(较为长期的,不是基于一个工程项目的劳务合同)的施工企业自有的用工,也就是此施工企业的内部正式职工。现在此类用工的数量,不论是国内还是国外的施工企业都大大减少,仍保留的往往是一些技术型、管理型的工人(如工长),但是人数有限,绝大多数实际的现场操作都是由企业外部的劳务来承担的。建筑施工现场的操作层(施工劳务)正大量从施工企业中脱离出来,施工劳务逐步市场化。

(2) 成建制的劳务公司用工。施工劳务以劳务公司的形态从施工总承包企业或专业承包企业那里寻找并承担施工企业的现场操作任务。成建制的劳务公司使劳务能够以集体的、企业的形态进入二级建筑市场。成建制的劳务分包有许多优点,比如容易对劳务进行管理;施工质量的责任比较容易确定;劳务集体有较大的谈判能力;较为稳定的劳务企业能够给劳务提供技能培训;劳务用工的权益易于维护等。我国推荐提倡成立成建制的劳务公司。

(3) 零散用工。一般是指由"包工头"带到工地劳动或者企业直接使用的零散用工。建筑企业临时雇佣的(往往是为了具体一个工程项目而临时雇佣)、不成建制的施工劳务,或者说是临时用工。现实中零散用工往往没有正式的劳务合同,零散用工是我国不允许的,但零散用工与施工企业直接雇佣劳务是非常相似的,有时候甚至难以区别,现实中很难完全杜绝零散用工。对于许多来城市务工的农村劳动力来讲(特别是初次打工或者没有社会关系的劳动力),零散工往往是他们唯一的务工方式;而且完全禁止施工企业临时雇佣劳务,也在很大程度上限制了企业用工的灵活性。在工程实践中很可能会出现施工企业除了自己的劳务和劳务分包企业之外,还需要个别灵活、零散的劳务的情况,因此目前零散用工在我国也还是施工承包企业的用工方式之一。

2) 劳务用工询价

大部分的建筑施工劳务具有劳动密集的特性,其价格完全基于劳务工资,为保障劳动者的最基本权益,一般劳务工资是相对稳定的、确定的,我国许多地方政府造价管理部门规定了劳动力价格的计算办法及标准,制定劳动工资的指导价供交易双方参考。

在工程承包企业考虑承包劳动者劳务成本时则应随行就市,估价人员可参照国际惯例将操作工人按工种划分为高级技工、熟练工、普工等若干等级,分别确定其工资价格。询价时主要综合考虑劳务企业的资质、素质、经验、信誉、业绩等因素,而不应该只考虑报价。

10.2.2 材料、设备询价

材料和设备在工程造价中占有很大的比重,约占60%~70%,对投标报价影响很大,因而报价时对材料和设备的供应要十分谨慎。当前建筑市场竞争激烈,价格变化迅速,作为估价人员必须做好询价工作,不仅要了解当前的市场价,还要了解过去的价格变化波动情况,以便预测施工期间可能产生的变化,在报价时加以考虑。

1) 询价内容

询价时要注意提供给供应商足够的资料,方便其估价报价,因为完整、正确的询价文件可帮助供应商在最短的时间内提出正确、有效的报价。材料和设备的询价一般应考虑以下内容：

(1) 规格、品牌和质量要求。应满足设计和施工验收规范规定的标准，并达到招标文件或招标人提出的要求。

(2) 数量需求。通常供应商在报价时需要知道买方材料或设备的需求量，这是因为采购量的多寡会影响到价格的计算。在询价时买方常有一个通病：担心量少无法得到好价格，便把需求量予以"膨胀"。此时，虽然采购能够获得短期利益，就算拿到了大批量的价格，如果在真正进行采购后，无法达到报价的预期数量时，供应商还是会提高价格或停止供应，到头来得不偿失的还是自己。因此，材料或设备的数量需求应与工程总需求相适应，考虑合理损耗，对需求量的资讯应很实在的与供应商沟通，并尽可能与资信良好的供应商达到长期配合、持续供货的目的。

(3) 供应计划。主要指供货期及各期内材料或设备的需求量，供应计划应满足施工进度计划的需求。

(4) 到货地点与交货方式。到货地点与国际采购中的交货方式决定了价格的计算，有些地区在交通上还存在一些局限性，这会给采购成本造成一定影响，不同的运输方式和运输距离其经济性是不一样的，因此如果采购方对货物运输有特殊要求，应在询价时加以说明，以便于供应商合理估价。

(5) 报价有效期与付款条件。在询价时应该让供应商了解报价有效期，对于较复杂的设备，应该给予供应商足够的时间进行估价。另外，采购方的付款条件对供应商报价也是影响因素之一，在询价时要交代清楚。

(6) 售后服务与保证期限

在采购设备时，供应商一般会提供基本的售后服务与保证期限。如果此时有特殊的要求，例如要求延长保证期限或改变售后服务的内容等等，因其牵涉到采购总持有成本，应在询价时说明。

2) 询价方式与渠道

询价方式主要有以下两种：

(1) 人工询价。人工询价主要是承包商的估价人员或是专门的询价员自己主动通过打电话、发传真、信函、E-mail、QQ及微信等种种方式从供应商那里得到产品价格信息。

(2) 网上询价。网上询价是指承包商的估价人员或是专门的询价员通过在专门的采购网站上发布采购信息，该网站最大限度地汇集了物资供应商的信息，使采购能够在更大范围内进行，经过采购平台的竞争机制，寻找符合要求的供应商，更大幅度地降低产品采购价格。

询价渠道：

(1) 生产厂商。通过与生产厂商的直接联系可使询价更准确，减少了中间环节，也容易得到更为优惠的价格。

(2) 生产厂商的代理商。

(3) 咨询机构。通过咨询机构询价,所得到的询价资料一般比较准确可靠且齐全,但需要支付一定的咨询费。

(4) 市场调查。

询价人员在施工方案确定后,相关人员根据工程测定材料、设备实际用量,应立即发出材料询价单,并催促供应商及时报价。收到报价单后,询价人员将通过各种渠道获得的报价资料予以汇总整理分析,对于同种材料如钢材、木材等分别列举出不同厂家的价格和质量,选择合适、可靠的供应商的报价提供给估价人员或报价人员,同时公开厂家的联系方式,以增大监督力度,提高透明度,保证做到"货比三家"优质低价购料。当前建筑市场竞争激烈,价格变化迅速,作为估价人员必须做好询价工作,不仅要了解当前的市场价,还要了解过去的价格变化波动情况,以便预测施工期间可能产生的变化,在报价时加以考虑。

10.2.3 施工机械设备询价

施工机械费约占施工总成本的20%,因此对于施工机械设备的合理使用和管理也很重要。当工程所在地距离基地较远,有时在当地租赁施工用的大型设备更为有利,一些小型机械也可能购置比从基地运来陈旧设备再加以维修更经济,因此在估价前有必要进行施工机械设备的询价。若是采购机械设备,则可向生产厂商询价,其方法基本同材料的询价方法;若是租赁机械设备,则应向专门从事租赁业务的机构询价,主要了解其计费方式,如各种机械各台班或小时的租赁费、有无最低计费起点、燃料费及机上人员工资计算方式等。

10.3 分包项目招标与询价

10.3.1 工程分包概述

工程分包,是指工程的承包方经发包人同意后,依法将其承包的部分工程交给第三方完成,并签订承包合同项目的分包合同的行为,我国建筑法允许承包企业将工程的非主体部分进行分包。工程分包是国际建筑市场较为流行的方式,目前我国国内的建筑工程承包后分包的情况越来越多,主要原因是:建筑市场竞争日益激烈,利润空间越来越小,工程承包企业从有利于企业整体效益提高的角度出发,选择效益高的部分工程自己完成,而将微利的工程进行分包,从而降低施工成本;另外,随着分工更趋专业化,承包商更专注于核心竞争力的提高发展,而将本企业不擅长的技术含量较高的专业工程分包给专业承包企业;再有,国内建筑行业从业人数急剧上升,一些刚刚进入建筑市场的小型企业不可能与历史悠久、实力雄厚的大公司竞争工程总承包,只能采取走专业化发展道路的战略,参与工程分包竞争。

我国住建部规定建筑工程施工分包分为专业工程分包和劳务作业分包，本章所说的工程分包即指专业工程分包。工程施工分包人承担一部分工程的施工，对整个分包工程实行独立管理，在工程质量上，合法的工程分包人和工程承包人同样依法对业主承担终生责任；而劳务作业分包人仅提供劳务，材料、机具及技术管理等由总包方负责，劳务提供人不对工程质量承担终生责任。劳务询价可参见本书第 10.2 节。

10.3.2 工程分包类型

工程分包通常有业主指定分包和总包确定分包两种类型。

1) 业主指定分包

业主指定分包分两种情况：一种是业主直接与分包单位签订合同，总承包单位仅负责在施工现场为分包商提供必要的工作条件，协调施工进度，以及提供一些约定的施工配合，总承包商可向业主收取一定数量的总承包服务费。另一种情况是由业主和监理工程师指定分包商，分包合同由总承包商和指定分包人签订，或与发包人签订三方合同。这种情况的存在，大多是因业主在招标阶段划分合同包时，考虑到某部分施工的工作内容有较强的专业技术要求，一般承包单位不具备相应的能力，但如果以一个单独的合同对待又限于现场的施工条件或合同管理的复杂性，工程师无法合理地进行协调管理，为避免各独立合同之间的干扰，则只能将这部分工作发包给指定分包商实施。由于指定分包商是与承包商签订分包合同，因而在合同关系和管理关系方面与一般分包商处于同等地位，对其施工过程中的监督、协调工作应纳入总承包商的管理之中。由于指定分包商所完成工作是属于一般承包商无力完成的，不属于业主和总承包商合同约定应由承包商必须完成范围之内的工作，即总承包商投标报价时没有摊入相应部分的管理费、利润、税金等的工作，因此不损害总承包商的合法权益，当前给指定分包商的付款应从暂列金额内开支。施工过程中总承包商需指派专职人员对指定分包商负责的工作实施监督、协调、管理工作，因此在分包合同内应约定双方的权利和义务，明确收取总承包服务费的标准和方法。

2) 总包确定分包

总承包商直接与分包商签订合同，分包商完全对总承包商负责，不与业主发生关系。这种类型的分包又有两种情况：一种是分包内容由业主确定，通常是工程发包时一些专业工程以“专业工程暂估价”形式计入工程总价中，总承包商确定后，对于依法必须招标的暂估价项目，由总承包商组织招标，业主与总承包商共同确定分包中标人，由总承包商和中标人签订合同。另一种情形是分包工程内容由总承包商自己确定，工程发包时统一报价参与竞价，中标后总承包商自行确定分包人，业主不干涉，但总承包商一般需在签订分包合同前向业主报告，取得业主的认可。

无论是哪种类型的分包，作为总承包商都应十分慎重地选择分包商，因为一个工程的各部分是相互联系的一个整体，一家分包商的一个分部分项工程进度或工程质量出现问题，有可能会引起连锁反应，甚至影响整个工程的进度或质量以及总承包商的信誉。若发生分包商违约，虽然可采取一些诸如解除分包合同等措施，但仍会给总承包商造成相当的损失，即使处罚分包商也难以补偿。

10.3.3 选择分包商的条件

工程施工分包可能是采取招标或直接发包的方式选择分包商。但无论是哪种类型工程分包，也无论是哪种方式的工程分包，其对分包商的选择条件是一致的，主要有以下几点：

(1) 足够的实力。这里主要指财力和物力(施工机械设备)。一般来说，承担分包施工的施工企业(除特长专业公司外)的实力有限，有的分包商是想找机会承揽较大的工程借机增强自身实力。因此总包商应认真审查分包商提交的近几年财务状况表，研究其资金来源和筹资能力、负债状况和经营能力等，以判断其实力能否承担将分包的那部分工作。

(2) 施工经验。分包商应具备所分包工程的类似施工经验，应当认真调查该分包商承担过的类似工程的实绩，考察其施工质量、施工进度和合同履行情况。

(3) 足够的人力资源。分包商应具有足够的(稳定的、长期雇用的)专业技术人员和熟练工人，他们的技术能力、实际操作水平要能够适应工程施工的需要。

(4) 报价合理。分包商的报价应能保证总包商获得足够的管理费和合理利润。

(5) 信誉良好。分包商应具有良好的信誉，发包人可尽量从自己有过合作的公司中选择分包商。另外发包人还可通过分包商提供的过去实施的工程项目，侧面了解分包商的履约信誉。

建筑工程专业分包如果是采用招标方式，由其招标程序、评定标方式应当同与施工总承包的招标，只是招标人可能是业主，也可能是总承包商，因此在此不作过多阐述。

在竞争性招标不是最为经济和有效的情况下，询价便是选择分包商的最佳途径。在工程的分包内容确定后，发包人(业主或总承包商)则应通过调查确定有足够的能力和资源完成本分包工程任务的潜在的分包人，并送交分包询价单，请他们在约定的时间内报价，以便进行比较选择。分包询价单相当于一份招标文件，其主要内容包括：

(1) 分包工程概况。

(2) 分包工程在总包工程的进度安排。

(3) 需要分包商提供服务的时间，以及这段时间可能发生的变化范围，以便适应进度计划不可避免的变动。

(4) 分包工程的工期、质量要求和安全保证要求。

(5) 总包商提供的服务设施。

(6) 技术规范。

(7) 图纸及其他技术资料。

(8) 分包工程计量方法以及支付、索赔和争端的处理。

(9) 分包工程报价要求、报价日期等。

询价人员可把有关部分的图纸、总包施工计划等资料交给分包商，使他们能清楚地了解在总体工程中各项工作需要达到的水平，以及与其他分包商之间的关系。

10.3.4 分包询价分析

分包询价分析在收到各分包商报价单之后，可从以下方面开展工作：

(1) 分析分包标函的完整性

审核分包标函是否包括分包询价单要求的全部工作内容，对于那些分包商用模棱两可的含糊语言来描述的工作内容，既可解释为已列入报价又可解释为未列入报价应特别注意。必须用更确切的语言加以明确，以免今后工作中引起争议。

(2) 核实分部分项工程单价的完整性

估价人员应核准分部分项工程单价的内容，如材料价格是否包括运杂费，分项单价是否包含人工费、管理费等。

(3) 分析分包报价的合理性

分包工程报价高低，对总承包商影响很大。总承包商应对分包商的标函进行全面分析，不能仅把报价的高低作为唯一标准。作为总承包商，除了要保护自己的利益之外，还应考虑分包商的利益。与分包商友好交往，实际上也是保护了总承包商的利益。总承包商让分包商有利可图，分包商也会帮助总包商共同搞好工程项目，完成总包合同。

(4) 其他因素分析

对有特殊要求的材料或特殊要求的施工技术的关键性的分包工程，估价人员不仅要弄清标函的报价，还应当分析分包商对这些特殊材料的供货情况和为该关键分项工程配备人员等措施是否有保证。

分析分包询价时还要分析分包商的工程质量、合作态度及其可信赖性。总包商在决定采用某个分包商的报价之前，必须通过各种渠道来确定并肯定该分包商是可信赖的。

10.4 投标项目估价

10.4.1 投标项目报价构成

我国当前正实行的工程量清单计价是我国深化工程造价管理改革的重要内容，也是规范建筑市场经济秩序、实现与国际惯例接轨、建立与国际通行相一致的计价方法的重要措施。目前国内投标报价与国际工程投标报价的方式已基本相同，只是费用项目分解与内容还有差异，本节主要介绍国内有关投标项目估价的若干重要事项。

建设工程招标控制价的编制依据是有关政府造价管理机构颁布的定额，反映的是社会平均水平的价格，而投标报价则是由企业自主定价，是承包商的管理水平、装备能力、技术力量、劳动效率、企业信誉的集中体现。投标报价的计算是一项技术和经济相结合且涉及材料、施工、经营、管理等方面的综合性工作。工程项目的成本估计计算是投标报价的基础，估价的准确性、合理性直接影响工程项目投标的成败，直接影响中标后的效益。

现行的建设工程投标报价的组成(表 10.1)与招标控制价的组成相同，也可以说目前在工程量清单招标工程中，施工企业在投标报价时，必须以此形式、以此方式报出价格。我国建筑工程工程量清单计价模式下投标报价的费用构成是：分部分项工程费、措施项目费、其他项目费、规费和税金。

表 10.1　投标报价费用组成示意表

费用名称	费用内容	可竞争性	未列项费用
分部分项工程费	人工费		由于执行技术规范的要求必然会增加的费用 代理费 业务费 投标费 由于提高质量工程质量标准必然会增加的费用 缺陷责任的修复费用
	材料费		
	施工机械使用费		
	管理费		
	利润		
措施项目费	安全文明施工费 临时设施费 夜间施工费 二次搬运费 冬雨季施工费 地上、地下设施、建筑物的临时保护设施 已完工程及设备保护费 赶工措施费 大型机械设备进出场及安拆费 混凝土、钢筋混凝土模板及支架费 脚手架费 施工排水、降水费 ……	不可竞争费	
其他项目费	暂列金额 暂估价 计日工 总承包服务费	不可竞争费 不可竞争费 不可竞争费	
规费	工程排污费 社会保险费 住房公积金	不可竞争费 不可竞争费 不可竞争费	
税金	增值税	不可竞争费	

注：表中“未列费用”是指在工项实施中可能产生，而费用项目中未列出的，报价时应综合考虑。

分部分项工程费是指完成在工程量清单列出的各分部分项清单工程量所需的费用。包括人工费、材料费(消耗的材料费总和)、机械使用费、管理费、利润，并考虑工程量清单项目中没有体现的，施工中又必须发生的工程内容所需的费用、考虑物价波动等风险因素所增加的费用风险因素。

措施项目费是指为完成工程项目施工，发生于该工程施工前和施工过程中技术、生活、安全、环境保护等方面的非工程实体项目，是为完成分项实体工程必须采取的一些措施性工作而产生的费用，承包商应根据工程的不同实际情况、不同的施工组织设计进行列项、报价。

其他项目费是除分部分项工程费、措施项目费以外，该工程项目施工中可能发生的其他项目，通常包括暂列金额、暂估价、计日工、总承包服务费等。暂列金额是建设单位在工程量清单中暂定并包括在工程合同价款中的一笔款项，用于施工合同签订时尚未确定或者不可预见的所需材料、工程设备、服务的采购，施工中可能发生的工程变更、合同约定调整因素出现时的工程价款调整以及发生的索赔、现场签证确认等的费用，由建设单位根据工程特点，按有关计价规定估算，施工过程中由建设单位掌握使用，扣除合同价款调整后如有余额，归建设单位。暂估价是建设单位在工程量清单中提供的用于支付必然发生但暂时不能确定价格的材料的单价以及专业工程的金额。计日工是指在施工过程中，施工企业完成建设单位提出的施工图纸以外的零星项目或工作所需的费用。总承包服务费是指总承包人为配合、协调建设单位进行的专业工程发包，对建设单位自行采购的材料、工程设备等进行保管以及施工现场管理、竣工资料汇总整理等服务所需的费用。总承包服务范围由建设单位在招标文件中明示，并且发承包双方须在施工合同中约定。

规费是指政府和有关权力部门规定必须缴纳的费用；营改增后建设工程税金定义及包含内容调整为：税金是指根据建筑服务销售价格，按规定税率计算的增值税销项税额。一般规费、税金以及安全文明施工费作为不可竞争性费用计入投标报价。

未列项费用是指没有在工程报价构成中单独开列的，但在工程实施过程中又很可能会产生的费用，如由于执行技术规范的要求和提高工程质量标准必然会增加的费用、投标费、缺陷责任的修复费用等，这些费用必须计入工程成本。但由于没有单独列项，属于分摊项目，承包商报价时必须将其分摊到列项报价的项目中(一般是分摊到分项工程的管理费中)。

因此承包商必须区分列入工程量清单中的报价项目和未列项的分摊费用项目，仔细阅读研究招标文件中技术规范的要求，搞清楚技术规范对各分项工程所规定的工作内容、应达到的技术要求、质量标准、工程计量支付方法，研究确定分摊项目费的分摊对象和方法。

10.4.2 分项工程综合单价分析计算

分项工程综合单价由直接费(人工费、材料费、机械使用费)、管理费、利润组成。

1) 分项工程直接费估算方法

分项工程直接费涉及人工、材料、机械的消耗量和单价，每个建筑工程其分项工程可能有几十项、几百项，这些不同的分项工程在工程费用中所占的重要程度基本符合帕莱脱分配律，通常是占总数20%的分项工程，费用却占总费用的70%左右。因此，在估价时可根据不同分项工程所占费用比例的重要程度采用不同的方法。

(1) 定额估价法

这是我国现阶段主要采用的估价方法，有些项目可以直接套用造价管理机构发布的定额（如江苏省建筑与装饰工程计价定额）中的人工、材料、机械台班用量，有些项目则需要根据承包商自身情况在计价表的基础上进行适当调整，也可采用本企业的定额消耗量。人工、材料、机械台班的价格则尽量采用承包商询价得到的价格或招标文件指定的价格。

(2) 作业估价法

定额估价法是以定额消耗量为依据，不考虑作业的持续时间。当机械设备所占比重较大，使用均衡性较差，机械设备的利用及对工效的影响难以在定额中给予恰当的考虑，这时可以采用作业估价法进行计算。

作业估价法应首先制定施工作业计划。即先计算各分项工程的工作量和资源消耗，根据本企业机械设备状态、人员工效情况拟定分项工程作业时间及正常条件下人工、机械的配备及用量，在此基础上计算该分项工程作业时间内的人工、材料、机械费用。

(3) 匡算估价法

对于那些工程量比较小，在工程总费用中所占比例较小的分项工程，往往可以采用匡算估价方式来确定其直接费。估价人员可以根据以往的实际经验或有关资料，直接估算出分项工程中人工、材料的消耗量，从而估算出分项工程的直接费单价。采用这种方法，估价师的实际经验直接决定了估价的准确程度。

2）分项工程基础单价的计算与确定

(1) 人工工资

人工工资是指按工资总额构成规定，支付给从事建筑安装工程施工的生产工人和附属生产单位工人的各项费用。工资标准按“工日”考虑计算，建筑工程中的一个工日一般指工作 8 个小时。人工工资单价的内容包括：计时工资或计件工资、奖金、津贴补贴、加班加点工资、特殊情况下支付的工资。投标报价时人工工资主要有以下几种计算与确定方法：

① 参考人工工资指导价

在江苏省范围内的工程，造价编制时采用的人工工资单价主要依据省住房和城乡建设厅发布的人工工资指导价。人工工资指导价是动态价格，由各市造价管理处结合本地市场实际情况测算，报省建设工程造价管理总站审核，由省住房和城乡建设厅统一发布并作为政策性调整文件。一般每年发布两次，当建筑市场用工发生大幅波动时，则会适时发布人工工资指导价。

根据相关规定，编制建设工程设计概算、施工图预算、招标控制价时，人工工资单价必须按照江苏省住房和城乡建设厅发布的本地当期人工工资指导价标准执行，人工工资指导价作为动态反映市场用工成本变化的价格要素，计入定额基价，并计取相关费用。施工企业投标报价原则是自主报价，可以参考造价部门发布的人工工资指导价。如根据江苏省建设厅《关于发布建设工程人工工资指导价的通知》（苏建函价〔2018〕761 号），自 2018

年9月1日起江苏省南京市建筑工程人工工资指导价一类工为100元/工日、二类工为96元/工日、三类工为90元/工日。

② 利用建筑工种人工成本信息

可以将工人根据工种进行划分,不同工种的工作采用不同的工资标准。有些地区的建设工程造价管理机构定期测算并定期发布当地建筑市场上各种建筑工种人工成本信息,以便工程承包企业合理确定人工工资,并为投标报价和评标提供参考。施工企业投标时可参考利用建设工程造价管理机构发布的建筑工种人工成本信息,以此为依据确定拟投标工程的人工工资。

③ 按市场行情确定人工工资

按照施工企业自己劳务询价的结果,根据劳务市场上各种工种、等级的市场行情确定人工工资,人工工资的内容应包含政策规定的工人的社会保障费用。这种方式将成为计算建筑工程人工费的主流,是市场经济发展的必然结果。在根据市场行情确定人工工资时应注意:第一,要注意搜集掌握劳动力市场价格的长期资料,可以为以后预测人工工资提供基础数据;第二,确定人工工资时要考虑施工期内季节的变化,现阶段施工劳务用工大多数是农民工,应注意农忙季节时人工工资单价的波动;第三,从不同劳务市场(公司)获得的不同的劳动力价格,确定人工工资时要采用加权平均的方式进行综合;第四,要分析拟建工程工期对人工工资的影响,当工期紧时,人工工资应在正常情况的基础上乘以大于"1"的系数,当工期有拖长的可能时,也应考虑工期延长带来的风险。

例10.1 某承包商欲承包某工程,市场劳务询价获得的瓦工的价格资料如下:甲劳务市场为150元/工日。乙劳务市场为160元/工日,丙劳务市场为165元/工日。各劳务市场提供的瓦工比例是甲劳务市场30%,乙劳务市场38%,丙劳务市场32%。若季节变化系数、工期风险变化系数均为1.05,试计算该工程瓦工的人工工资。

解:人工工资$=\sum$(某劳务市场人工单价×权重)×季节变化系数×工期风险系数

$$\text{瓦工工资}=(150\times30\%+160\times38\%+165\times32\%)\times1.05\times1.05$$
$$=174.86(\text{元}/\text{工日})$$

则该工程瓦工的人工工资取定为174.86元/工日。

(2) 材料单价

材料单价是指材料从采购起到运到工地仓库或堆放地点后的出库价格。采购和供货方式不同,则构成材料单价的费用组成与计算方法也不同,一般有以下几种情况:

① 材料供货到工地现场。当材料供应商将材料供货到施工现场时,材料单价由材料原价、采购保管费构成。

② 在供货地点采购。当承包商直接到材料供货地点采购时,材料单价由材料原价、运杂费、采购保管费构成。

③ 需二次加工的材料。当某些材料采购回来后,不可直接使用,还需进一步加工,则材料单价除了以上费用外,还需考虑二次加工费。

④ 半成品。在建筑工程施工中有许多半成品，如砂浆、混凝土等按一定的配合比混合组成的材料，这些材料应用广泛。这类材料可以先计算各种组成材料的单价，再根据其配合比确定混合材料的单价。也可根据各种材料所占总工程量的比例，加权计算出综合单价，作为该工程统一使用的单价。

承包商的估价人员通过询价可以获得材料及设备的报价，这些报价是材料设备供应商的销售价格，估价人员还必须依据供货方式确定其价格组成，仔细计算材料设备的运杂费用、损耗费以及采购保管费用。当同一种材料来自不同的供应商或不同供货方式时则按供应比例加权平均计算其单价。

例 10.2 某工程所需某品牌某规格的外墙面砖，承包商经询价后，联系了两个不同城市的供应商，供货数量、价格等情况如表 10.2 所示，材料采购保管费率为 2%，试确定该工程所用外墙面砖的单价。

表 10.2 外墙面砖供货情况

供应商	面砖数量/m^2	供货单价/元/m^2	运输单价/元/m^2	装卸费/元/m^2	运输损耗/%
甲	1 800	86	1.3	0.5	1
乙	1 500	82	1.6	0.55	1

解： ① 计算加权平均原价

$$外墙面砖加权平均原价 = (1\,800 \times 86 + 1\,500 \times 82)/(1\,800 + 1\,500) = 84.18(元/m^2)$$

② 计算运杂费

$$加权运输费 = (1\,800 \times 1.3 + 1\,500 \times 1.6)/(1\,800 + 1\,500) = 1.44(元/m^2)$$

$$加权装卸费 = (1\,800 \times 0.5 + 1\,500 \times 0.55)/(1\,800 + 1\,500) = 0.52(元/m^2)$$

$$运输损耗费 = (材料原价 + 运输费 + 装卸费) \times 运输损耗率 = (84.18 + 1.44 + 0.52) \times 1\% = 0.86(元/m^2)$$

$$运杂费 = 运输费 + 装卸费 + 运输损耗费 = 1.44 + 0.52 + 0.86 = 2.82(元/m^2)$$

③ 采购保管费

$$采购保管费 = (材料原价 + 运杂费) \times 采购保管费率 = (84.18 + 2.82) \times 2\% = 1.74(元/m^2)$$

④ 材料单价确定

$$\begin{aligned}\text{外墙面砖综合单价} &= \text{材料原价} + \text{运杂费} + \text{采购保管费} \\ &= 84.18 + 2.82 + 1.74 \\ &= 88.74(\text{元}/\text{m}^2)\end{aligned}$$

或者材料综合单价也可以用下式计算：

$$\text{材料综合单价} = (\text{材料原价} + \text{运杂费}) \times (1 + \text{采购保管费})$$

(3) 施工机械台班单价

施工机械台班单价是指在单位工作班中为使机械正常运转所需分摊和支出的各项费用。按有关规定，施工机械台班单价由基本折旧费、运杂费、安装拆卸费、燃料动力费、机上人工费、维修保养费以及保险费组成。有时施工机械台班费还包括银行贷款利息、车船使用税、牌照税、养路费等。

施工机械台班单价需区分自有机械、租赁机械分别确定。

自有机械台班单价通常是以机械的折旧费、运杂费、安装拆卸费、维修保养费等费用的总和除以机械的耐用总台班，再加上每台班内需开支的燃料动力费、机上人工费、养路费等确定。

施工机械若向专业公司租赁，其施工机械台班单价就是付给租赁公司的租金以及机上人员工资、燃料动力费和各种消耗材料费用。若租赁公司提供机上操作人员，则一般租赁费包含了操作人员的工资，承包商的估价人员可适当考虑他们的奖金、加班费等内容。

在招标文件中，施工机械台班费可以列入不同的费用项目中，一是在施工措施费(开办费)项目中列出机械使用费的总数。在工程单价中不再考虑；二是全部摊入工程量单价中；三是部分列入施工措施费，如垂直运输机械、混凝土搅拌机等，部分摊入工程量单价，如土方机械等。具体处理方法应根据招标文件的要求确定。

3) 管理费用、利润的计算

管理费用包括企业费用、现场管理费用、冬雨季施工增加费、生产工具用具使用费、工程定位复测点交场地清理费、远地施工增加费、非甲方所为 4 小时以内的临时停水停电费等，以及其他一些未能单独列项费用的分摊。这些费用可以根据企业管理水平、工程情况综合测算，也可以根据工程项目单独测算。

利润应根据工程类别及市场需求行情确定，承包商在投标项目估价确定利润时，不能为单纯考虑中标而一味降低利润，还必须考虑其所确定的利润能否保本。承包商是为了盈利才去争取中标、承包工程，中标是盈利的前提条件，因此从竞争角度来看，利润过高、过低都有风险：利润过高不能中标，利润过低则可能亏本。这样承包商要确定的合理利润就是在能中标前提下的最大利润。国内建筑市场竞争激烈，一般建筑企业采取低利润策略。

风险费是防备工程实施过程中意外风险的费用。在工程施工过程中发生意外费用是不可避免的，但这项费用的取值是承包商投标报价中的一大难题。

管理费用、利润、风险费其实都是分摊费用，在投标报价中使用不平衡报价技巧，其本质就是考虑将管理费用、利润、风险费等分摊到哪些分项工程、如何分摊更能够扩大利润的技巧。

10.4.3 施工措施费估算分析

按工程量清单计价方式报价施工措施费是单独列项，不同的工程内容可能不一样，江苏省建筑与装饰工程费用计算规则确定措施费是为完成工程项目施工，发生于该工程施工前和施工过程中非工程实体项目的费用，内容包括环境保护费、现场安全文明施工措施费、临时设施费、夜间施工增加费、二次搬运费、大型机械设备进出场及安拆费、混凝土、钢筋混凝土模板及支架、脚手架费、已完工程及设备保护、施工排水、降水、垂直运输机械费、室内空气污染测试、检验试验费、赶工措施费、工程按质论价、特殊条件下施工增加费等项目。施工措施费需逐项分析计算，注意避免与分项工程单价所含内容重复。

10.5 投标项目报价

工程估价人员在算出投标项目的分项工程综合单价和初步标价后，还应根据招标工程具体情况及收集到的各方面的信息资料，对初步标价进行多方面的分析、评估，评估初步报价的合理性，应用报价技巧，经过报价决策，最终确定投标项目的报价。

10.5.1 标价的静态分析

标价的静态分析是承包商的估价人员依据工程实践中长期积累的大量经验数据，从宏观上用类比的方法判断初步标价的合理性，对审查出的不合理之处进行调整。一般可从以下几个方面入手：

1) 利用经济指标宏观审核报价的合理性

报价人员平时应注意收集资料，按不同地区、不同行业、不同结构形式等分别统计相关经济指标，如建筑工程每平方米造价。编制投标报价时，可以看地区、行业和项目类型，然后利用经济指标宏观审核初步报价的合理性。这样可以达到两个目的：一是核查估价过程中是否存在偏差，若有偏差，则可以在扣除项目不可比因素后，对报价进行及时调整；二是从宏观上控制初步报价，保证最终标价不出现大的失误。

2) 利用费用之间比例关系分析报价构成的合理性

所有的工程费用都是由人工费、材料费、机械使用费、措施费、间接费、利润、税金等构成，同种工程、同种结构型式各费用之间有一个相应的比例范围。如当前国内建筑工程一般人工费占10%～20%，材料费60%～70%、机械使用费5%～15%、管理费等间接费一般占15%～25%。把初步投标报价的各项费用进行分解，分析各费用之间的比例关系是否合理。如有不合理之处要及时查找原因，并考虑适当调整某些基价或分摊系数。

3）分析工期与报价的关系

根据施工进度计划与报价，计算出平均每人每月产值、每人年产值，如果从估价人员的实践经验角度判断这一指标过高或者过低，就应当考虑工期的合理性。指标过高，说明可能有赶工费产生；指标过低，又会窝工，造成浪费。

4）分析单位产品用工量、用料量的合理性

参照实施同类工程的经验，如果本工程与可类比的工程有些不可比因素，则排除那些不可比因素后进行分析对比，以分析本报价的合理性。有的招标人也会把主要材料的单位用量作为评价投标报价合理性的一个评价指标。

5）明显不合理报价构成的微观分析

对明显不合理的报价构成部分需进行微观方面的分析检查，重点可以从提高工效、改变施工方案、调整工期、完善采购方案、节约管理费用等方面提出可行性措施，并对初步报价加以修正。

10.5.2 标价的动态分析

标价的动态分析是假定某些因素发生变化，测算标价的变化幅度，以及这些变化对目标利润的影响。该工作类似于工程经济评价中的敏感性分析。

1）工期延误的影响

工期延误有两类原因，一是非承包商原因造成的工期延误，从理论上讲，承包商可以通过索赔获得补偿，但从我国工程实际出发，这种工期延误给承包商造成的损失往往很难由索赔完全获得，因此报价应对这种延误考虑适当的风险及损失；二是由于承包商原因造成的工期延误，如管理失误、质量问题造成返工等使工程延误，这类延误不但不能索赔，还可能招致罚款，而且由于工期的延误，可能会使占用的流动资金及利息增加，管理费用增大，工资开支增多，机械设备使用费增大，这些增大的开支只能用利润来弥补。因此，可对工期因素进行敏感性分析：工期最多拖延多久，利润将全部丧失。

2）物价和工资上涨的影响

物价波动可能造成材料、设备、工资及相关费用的波动，材料、设备和人工费用占了工程成本中很大的比重，能达到70%以上。如果是低利润或无利润报价，则比重还会更大。根据合同约定情况，有些物价和工资上涨风险是由承包商承担的，承包商报价前应切实了解工程所在地的物价和工资水平，根据实际情况预测其升降趋势和幅度，通过调整报价计算中建设期内材料设备和工资上涨系数，测算其对利润的影响。通过这一分析，可以得知报价中的利润对物价和工资上涨因素的承受能力。

3）地区干扰或相邻承包商的干扰

在工程实施过程中，资源性的材料或人力有可能发生人为的地区性控制，投标报价之前，要仔细调查当地风土人情，调查材料资源和人力资源，预测可能发生的费用增加。

还要考虑相邻标段或有交叉作业的承包商，是否使用共同的施工便道，或使用共同的作业场地等，由于交叉作业引起的干扰，将导致工效降低。

4) 其他可变因素的影响

影响报价的因素很多,有些因素是投标人无法控制的,但投标人仍应对这些因素作出必要的预测和分析,根据项目个体的特殊性,假定由于某些因素的变化,测算出报价或目标利润的变化幅度,如可能出现的特殊地质、施工图纸因为非承包商原因突然发生变化、贷款利率的变化、政策法规的变化等,以及这些变化对报价中利润的影响。

10.5.3 标价的盈亏分析

初步估算的报价经过前面几方面进一步的分析与调整后形成基础标价,标价的盈亏分析是对基础标价内部尚存在的盈余及亏损因素进行预测、研究和分析,并将可能出现的盈余额和亏损额予以定量的反映,提出可能的低标价和高标价,供投标报价决策时选择。盈亏分析包括盈余分析和亏损分析两个方面。

1) 盈余分析

盈余分析是分析并定量反映基础标价中尚存在的盈余额的地方,主要是从报价组成的各个方面挖掘潜力、节约开支,计算出基础标价可能出现的结余资金的数额。盈余分析可从以下几个方面进行:

(1) 效率分析。即对材料利用率、施工机械使用率、人工工效等进行分析。

(2) 价格分析。即对劳务价格、材料设备价格、施工机械台班价格进行分析。

(3) 分摊费用分析。即对管理费、临时设施费等需分摊费用逐项分析,重新核实,找出有无潜力可以挖掘。

(4) 其他方面。如施工机械的余值再利用、贷款利息等方面的项目分析,找出有潜力可挖之处。

经过上述分析,即可得出总的估计盈余总额。但由于实际工作中预计的盈余不会百分之百地如数出现,所以承包商必须在盈余总额的基础上乘以修正系数(一般取 0.5~0.7),适当地缩小盈余额,使承包商采用低价投标并中标后也不至于亏损。因此,盈余分析的目的是为了求出低标价,即

$$低标价 = 基础标价 - (挖潜盈余总额 \times 修正系数)$$

2) 亏损分析

亏损分析是定量反映基础标价中可能出现亏损额的工作,是针对报价编制过程中,因对未来施工过程中可能出现的不利因素估计不足而引起的费用增加的分析,以及对未来施工过程中可能出现的风险因素带来的损失的预测。主要可从以下几个方面分析:材料设备、工资上涨;质量缺陷造成的损失;作价失误;不熟悉当地法规、手续所发生的罚款等;自然条件,如地质条件太差、气候恶劣等;管理不善造成管理费失控及质量、工作效率等问题;业主或监理工程师方面问题引起的损失等。

承包商必须对这些可能的风险作进一步的详细分析,一方面应尽可能地采取防患于未然的措施,另一方面尽可能准确地估算出其亏损金额。对以上分析估计出的总亏损额,同样百分之百出现的可能性也较小,因此也乘以修正系数(0.5~0.7),并据此求出可能的

高标价，即

$$高标价 = 基础标价 + 估计亏损 \times 修正系数$$

最后，估价人员可将暂定基础标价方案、低标价方案、高标价方案整理成对比分析资料，提交企业内部的投标决策人或决策小组研讨，为决策者提供科学合理的依据。

10.5.4 投标报价决策

报价决策是工程承包企业的决策者会同企业估价等相关人员，就标价的静态审核分析、动态分析以及标价的盈亏分析结果进行讨论分析，由决策者应用有关决策理论和方法，根据经验和判断，从既有利于中标又能盈利这一基本目标出发，作出投标报价的最终决定。

为了在竞争中获胜，决策者应对估价的准确程度、目标利润额度、报价风险、本企业的承受能力、当地报价水平、竞争对手的优劣势分析评估等进行综合考虑。决策者应注意以下几点：

(1) 报价决策依据

作为决策的主要依据应当是本企业的估价人员的估价计算资料和分析指标，至于其他途径获得的诸如业主“标底”或竞争对手的“报价情报”等等，只能作为一般参考，尤其是当前常常出现一个项目数百家竞争的形势下，这种参考作用有多大可想而知。而且同一个报价决策在不同的评标方法下其结果往往是截然不同的，而评标方法现在常常是在开标后随机确定。

报价决策不是决策人员干预估价人员的具体计算，而是同估价人员一起，对影响报价的各种因素进行分析研究，并运用适当的决策理论，作出果断、正确的决策。以自己估算的标价为依据进行科学分析，而后作出报价决策，这样至少不会盲目地落入竞争的陷阱。

(2) 报价差异的原因

一般来说，各承包商的估价人员对同一投标项目获得的基础价格资料是相近的，估价人员对投标报价的计算方法也大同小异。因此，从理论上讲，各承包商的投标报价同业主的标底应当相差不远，但实际投标中各企业的报价却差异很大。究其原因，除那些明显的计算失误和有意放弃竞争而报高价者外，基本原因大致为各企业目标利润高低不同、各自拥有不同的优势、选择的施工方案不同、管理费用的差异等等。

因此，决策人员在进行投标报价决策时，应当正确分析本企业在本行业中所处地位，实事求是地进行对比评估，知己知彼，百战不殆。

(3) 利润和风险的权衡

由于投标情况纷繁复杂，编制投标报价中碰到的情况并不相同，很难事先预料需要决策的是哪些问题，以及这些问题的范围。决策者除了对本企业的估价人员作出的基础标价的合理性、标价分析结果的可靠性有自己的合理判断外，更重要的是决策者应从全面的高度来考虑企业目标利润和风险承受能力。风险和利润并存，承包商应当避免较大的风险，采取措施转移、防范风险并获得一定的利润。降低投标报价有利于中标，但会降低预期利润，增大风险。决策者应当在风险和利润之间进行权衡并作出选择。

(4) 报价策略技巧的适当运用

低报价是中标的重要因素但不是唯一因素，决策者应考虑投标项目的特点。一般来说下列情况报价应适当提高：施工条件差、工程量小的工程；专业要求高、技术密集型工程，而本企业在此方面有特长，并有良好的声誉；支付条件不理想的工程；承包商目前任务饱满，碍于情面参与投标的工程；业主要求很多且工期紧急的工程等。如果与上述情况相反或竞争对手多的工程，报价应适当降低。决策者可以采取一些投标报价策略和技巧来战胜对手，如可以提出某些合理的建议，使业主能够降低成本，不平衡报价的适度使用等，该部分内容详见本书第 11 章或相关资料。

11　施工投标决策与策略

11.1　投标项目选择策略

11.1.1　施工投标决策内容

1）投标决策与投标策略

决策，是指组织或个人为了实现某种目标而对未来一定时期内有关活动的方向、内容及方式的选择或调整过程。对决策的另一种理解，是决策是行动方案的最后抉择。投标决策包括投标人从投标准备、参加投标、中标到签订合同的全过程的行动方案的最后抉择。“策略”在《辞海》中的解释为“为实现战略任务而采取的手段”。投标策略是指投标过程中，投标人根据竞争环境的具体情况而制定的行动方针和行为方式，是投标人在竞争中的指导思想，是投标人参加竞争的方式和手段。投标策略是一种艺术，它贯穿于投标竞争过程的始终。

承包商参与投标的目的就是为了中标，并从中获得利润。但有时也难免会漫无目标。投标决策的意义就在于考虑项目的可行性和可能性，减少盲目投标增加的成本，既要能中标得到承包工程，又要从承包工程中获得利润。具体包括三方面内容：其一，投标与否的决策，即针对招标项目是投标还是不投标；其二，投标性质的决策，即若投标，是投何种性质的标；其三，在投标中如何采取以长制短、以优胜劣的策略和技巧。

投标决策过程可以分为两个阶段：投标决策的前期阶段和投标决策的后期阶段。一般投标决策的前期阶段在购买资格预审文件资料前后完成，该阶段的主要决策是研究是否投标。如果确定投标，则进入投标决策的后期，也称作报价决策阶段。决策的阶段划分不是绝对的。实际工作中，投标决策贯穿于投标报价决策的全过程。随着新的信息的获得，承包商随时都有可能决定放弃投标，或是选择更好的投标项目。投标决策的正确与否，关系到能否中标和中标后的效益，关系到承包商的利益和发展前景。因此，企业的决策班子必须充分认识到投标决策的重要意义。

2）投标与否的决策

投标与否的决策是建设工程施工投标决策的首要任务，是在获取招标信息后，对是否参加投标竞争进行分析论证并作出抉择。决策的主要依据是招标公告，这一决策是其他投标决策产生的前提。承包商要综合考虑各方面的情况，如承包商当前的经营状况和长远目标等，通常应考虑的因素有：

(1) 工程控制性工期和总工期的紧迫程度。

(2) 工程款的支付条件，争议解决方法。

(3) 招标人支付能力和履约信誉状况。

(4) 监理工程师的权力、公正程度。

(5) 竞争对手的实力和优势，在建项目的状况。

(6) 本企业技术水平、经济实力、管理水平能否满足招标项目的要求。

一般来说，有下列情形之一的招标项目，承包商不宜决定参加投标：

(1) 工程资质要求超过本企业资质等级的工程。

(2) 本企业业务范围和经营能力之外的工程。

(3) 本企业在手承包任务比较饱满，而招标工程的风险较大或盈利水平较低的工程。

(4) 本企业资源投入量过大的工程。

(5) 有技术等级、信誉水平和实力等方面具有明显优势的潜在竞争对手参加的工程。

3) 投标性质决策

按投标性质，投标有风险标和保险标。投标性质的决策一般主要考虑是投保险标还是投风险标或者是按常规投标。

所谓保险标，是指承包商对招标工程基本上不存在技术、设备、资金和其他方面的问题，或是虽有技术、设备、资金和其他方面的问题但可预见并已有了解决办法的工程项目的投标。保险标实际上就是不存在解决不了的重大问题，没有大的风险的标。如果企业实力不强，投保险标是比较恰当的选择。我国建筑市场竞争激烈，承包商一般愿意投保险标。

风险标是指承包商对存在技术、设备、资金或其他方面未解决的问题，承包难度比较大的招标工程而投的标。投风险标，关键是要想办法解决好工程存在的问题，如果问题解决好了，可获得丰厚的利润，开拓出新的技术领域，锻炼出好的施工队伍，使企业素质和实力上一个新台阶；如果问题解决得不好，企业的效益、声誉都会受损，严重的可能使企业出现亏损甚至破产。因此，承包商对投风险标的决策，必须考虑当出现风险导致亏损时企业的承受能力，故应慎重抉择。

常规标，就是不考虑风险，企业以自己判断的情况和常规的计算方法报价。

4) 投标效益的决策

承包商中标后履行施工合同，工程结束时可能会出现盈利、保本、亏损 3 种结局。投标效益的决策，主要依据企业的经营方针、目标与策略，通过施工成本、目标利润、风险损失的综合分析，对投盈利标、保本标还是投亏损标进行决策。

所谓盈利标，是指承包商为能获得丰厚利润回报的招标工程而投的标。如果本企业在手任务饱满，但招标工程是本企业的优势项目，且招标人授标意向明确时，可投盈利标。但应注意：这是企业超负荷运转，一旦出现意外，经济损失尚可弥补，倘若企业信誉受损，则是得不偿失。

保本标是指承包商对不能获得太多利润但一般也不会出现亏损的招标工程而投的标。一般来说，当本企业在手任务少，无后继工程，可能出现或已经出现部分窝工的，则不求盈利，投标保本求得生存。

亏损标是指承包商对不能获得利润、自己赔本的招标工程而投的标。我国一般禁止投标人以低于成本的报价竞标，因此投亏损标是一种非常手段，承包商不得已而为之。一般来说，有下列情况之一的，可以考虑投亏损标：招标项目的强劲竞争对手众多，但本承包商孤注一掷，志在必得；招标项目属于本企业的新市场领域，非常渴望进入，如日本大成公司投我国云南鲁布革水电站的标就是亏损标；招标项目属于本企业已占据绝对优势的市场领域，而其他竞争对手强烈希望插足分享的。

11.1.2 指标判断法决策投标与否

工程承包市场的竞争日趋激烈，在这种形势下，投标企业在充分考虑投标影响因素的基础上首先考虑是否参加某个已公开招标项目的竞标，判断的方法除了定性分析方法外，还需要定量分析方法辅助决策。指标判断分析方法是用来判别是否参加投标的定量分析方法。

承包商要决定是否参加某工程的投标主要取决于两个方面的因素：

首先，要根据承包商当前的经营状况和投标目的。如果承包商在某地区已打开局面，信誉良好，在手工程任务饱满，则投标目的主要是扩大影响，争取更多利润；如果近期经营状况欠佳，在手任务较少，或者是准备打入新的市场领域，则应尽快承接工程，以恢复（建立）信誉为主要投标目标，并应在投标报价中降低利润率，竭力中标。

其次，要衡量承包商是否具有参加某工程投标的条件，一般可根据下列指标来判断：

（1）管理条件。指能否抽出足够的、水平相适应的工程管理班组，如项目经理、组织施工的工程技术人员等参加该工程。

（2）工人条件。指工人的操作技术水平和工人的工种、人数能否满足该工程的要求。

（3）机械设备条件。指该工程需要的施工机械设备的品种、数量能否满足要求。

（4）工程熟悉程度。对该工程项目有关情况的熟悉程度，包括工程项目本身、当地市场情况、工期要求、交工条件等。

（5）同类工程的经验。指以往实施同类工程的经验。

（6）业主情况。指业主方本项目的资金是否落实、过去的支付信誉等，监理的情况等。

（7）合同条件。指合同条款的合理性、风险性和可操作性。

（8）竞争激烈程度。包括竞争对手的数量、实力等。

（9）发展机会。对公司今后在该地区带来的影响和机会，是否有利于新的投标机会。

决策时首先请企业投标机构中的技术、经济人员结合各指标对企业完成投标项目的相对重要性，确定各指标权重 ω，然后对每个指标确定 5 个不同的等级（C）和等级分，即好（1.0），较好（0.8），一般（0.6），较差（0.4），差（0.2）。对每一项指标只能选择 1 个等级分，C_1～C_9，最后，计算加权评分值，可以作为是否参加某工程投标的参考(见表 11.1)。

表 11.1 投标指标判断表

判断指标	权数 ω	等级 C					ωC
		好 1.0	较好 0.8	一般 0.6	较差 0.4	差 0. 2	
管理条件	ω_1		C_1				$\omega_1 C_1$
企业员工条件	ω_2	C_2					$\omega_2 C_2$
机械设备条件	ω_3		C_3				$\omega_3 C_3$
工程熟悉程度	ω_4			C_4			$\omega_4 C_4$
同类工程经验	ω_5			C_5			$\omega_5 C_5$
业主情况	ω_6				C_6		$\omega_6 C_6$
合同条件	ω_7			C_7			$\omega_7 C_7$
竞争对手情况	ω_8		C_8				$\omega_8 C_8$
企业发展机会	ω_9					C_9	$\omega_9 C_9$
合计	1						$\sum \omega_i C_i$

承包商可根据企业的经营目标、过去的经验，事先设定一个可以参加投标的 $\sum \omega C_i$ 最低分值(如 0.68)，当然也不能单纯看 $\sum \omega C$ 值，还应分析一下分析主要指标的等级，也就是权数大的几个项目的得分，如果太低，也不宜投标。

11.1.3 线性规划法选择投标工程

线性规划是解决经济管理问题十分有力的数学工具之一。这种方法使决策者能够解决一些目标函数极大化或极小化问题，在工程投标中可用来选择最优投标工程。

由于承包商所拥有的资源(人力、物力、资金)在一定时期内是既定的，相对于广大的招标工程总是有限的，因此承包商必须对招标工程进行选择，以确定以现有的资源参与哪些工程的投标会使自己能获取最大的预期利润。这些“最优”投标工程的寻求，可以通过建立线性规划模型，利用线性规划的方式求解。

线性规划模型就是把所要解决的问题归结为控制一组因素，在一组限制条件下寻求一个函数的最大值或最小值。它主要包括决策变量、约束条件、目标函数 3 个要素。线性规划模型的建立，是将实际决策问题转化为数学问题来处理。

例 11.1 某承包商在同一时期内有下列工程可供选择，其中有 6 项住宅工程、6 项工业车间。由于这些工程要求同时施工，而企业又没有能力同时承担，这就需要根据自身能力，权衡两类工程的盈利水平，做出正确的投标方案。现将有关数据列于表 11.2。试问：该承包商应如何选择投标工程才能获得最大利润？

表 11.2 各可供选择工程数据表

	预期利润/元	瓦工/工日	混凝土工/工日	钢筋工/工日
每所住宅工程	50 000	1 500	1 800	2 000
每项车间工程	80 000	2 500	1 300	1 000
承包商能力		17 000	11 000	12 000

解：建立线性规划数学模型步骤如下：

① 确定决策变量

决策变量是要解决的问题中需进行控制的因素，如本例中需要决策的是两类工程各应承包几幢，设 X_1、X_2 分别是承包商拟投标承包的住宅工程、工业车间的数目，X_1、X_2 可取不同的数值，都是变量，故称为决策变量。

② 确定目标函数式

目标函数是指用数学的方式来表示某问题有关各主要变量之间的关系，同时描述经济活动的目标。

设通过承包工程可获得的利润为 E，活动目标是追求利润 E 的最大化，所以目标函数是：

$$\max E = 50\,000X_1 + 80\,000X_2$$

③ 确定约束条件式

约束条件是问题中所要满足的限制条件。本例中承包商能提供的最大用工量，本例的必须满足的约束条件为：

瓦工用工限制：$1\,500X_1 + 2\,500X_2 \leqslant 17\,000$

混凝土工：$1\,800X_1 + 1\,300X_2 \leqslant 11\,000$

钢筋工：$2\,000X_1 + 1\,000X_2 \leqslant 12\,000$

数学上的非负限制：$X_1,\ X_2 \geqslant 0$

④ 建立线性规划模型

求 X_1、X_2 使

$$\max E = 50\,000X_1 + 80\,000X_2$$

并满足约束条件

$$\begin{cases} 1\,500X_1 + 2\,500X_2 \leqslant 17\,000 \\ 1\,800X_1 + 1\,300X_2 \leqslant 11\,000 \\ 2\,000X_1 + 1\,000X_2 \leqslant 12\,000 \\ X_1;X_2 \geqslant 0 \end{cases}$$

通常上述模型可写成线性规划模型的一般形式：

求：$X_j(X_j = 1,\ 2,\ \cdots,\ n)$

目标函数：$\max\sum_{j=1}^{n} c_j X_j$ 或 $\min\sum_{j=1}^{n} c_j X_j$

约束条件：$\sum_{j=1}^{n} a_{ij} X_j \leqslant$ 或 $\geqslant b_i \quad (i = 1, 2, \cdots, m)$

$X_j \geqslant 0 \quad (j = 1, 2, \cdots, n)$

⑤ 求解

对应上述多变量复杂线性规划模型的求解问题，可经计算机求解得最优解一般数学软件如Maple，Matlab，Mathematica都有专门的优化软件包(Optimization Package)，而在我们常用的Microsoft Excel中也有规划求解的工具包。本例用Excel中的规划求解工具包求得最优解为：

$$X_1 = 2.117\,6,\ X_2 = 5.529\,4$$

此时可获取利润548 235元，对于投标工程数目来说，只能是整数，因此X_1、X_2只能取整数，对所求出的解再进行整数规划分析得出最优解为：

$$X_1 = 2,\ X_2 = 5$$

此时可取得利润500 000元。承包商应选择2所住宅工程、5项工业车间作为最佳投标方案，因为此时可获取最大预期利润500 000元。

11.1.4 决策树分析法选择投标工程

投标策略作为投标获胜的方式、手段和艺术，贯穿于投标竞争的始终，内容十分丰富。制定投标策略时要对投标报价方案在可接受的最小预期利润和最大风险内作出决策。决策人除了对估价、标价评估分析时提出的各种方案、基价、分摊费用等予以审定和进行必要的修正外，更重要的是要全面考虑期望的利润和承担的能力。承包商应当尽可能规避较大的风险，采取措施转移、防范风险并获得一定利润。决策者应当权衡风险和利润，从若干工程项目中找出适宜的投标工程。这种选择经常采用报价与中标概率分析的决策树分析方法。

概率是指随机事件发生可能性的定量表示值。若事件用A表示，可以用$P(A)$表示A发生的概率，$0 \leqslant P(A) \leqslant 1$。$P(A) = 1$表示$A$事件必然发生，$P(A) = 0$表示$A$事件不可能发生。随机事件是指事件是否发生不确定，发生后的结果不确定，但事件发生后结果的范围确定的事件。

工程项目投标活动就是一个随机事件，中标的可能性称为中标概率。对于同一工程项目，投标人提出的不同报价方案对应于不同的中标概率，是否中标又涉及竞争对手、业主效用等多种因素，这些因素决定了投标时可能发生的状态。对同一个工程项目，采取多方案报价时会遇到相同的多种状态，同一方案在不同状态下的中标可能性不同，每个方案在不同状态下中标后的经济效果(投标报价与总成本的差，也称之为损益值)不同。对于不同的工程、不同的投标标价方案，需分别计算期望损益值，选择其中最大值对应的工程方案即为应该选择的投标工程及报价方案。

决策树分析法是模拟树木枝条生长的过程,从决策节点(见图 11.1)出发,不断分出若干枝条(方案枝、状态枝)表示所研究问题各种发展状况的可能性,根据各方案分支每种状态发生的概率及该状态下的损益值,计算出各分支的期望值,然后根据不同方案的期望收益进行决策。下面以例 11.2 说明用决策树分析法进行投标工程与报价方案的选择。

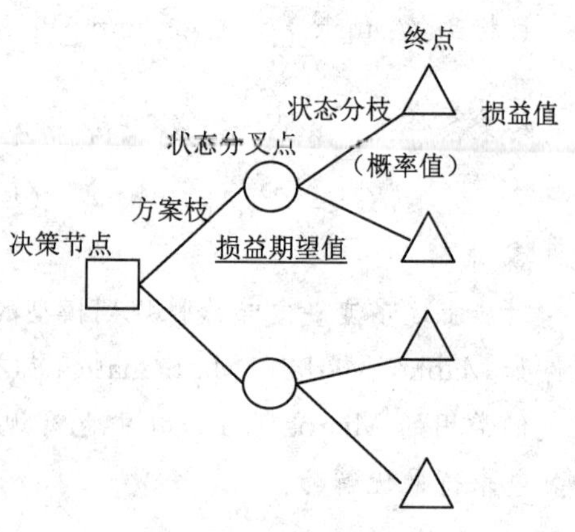

图 11.1 决策树示意图

例 11.2 某承包商受资源条件限制,只能在甲、乙两项工程中选择一项投标,或者两项工程均不投标。根据过去类似工程投标的经验,其对甲、乙工程又各有两种报价方案:若投高标,则中标机会为 0.1;若投低标,则中标机会为 0.3;各方案承包的效果、概率及损益情况如表 11.3 所示。

表 11.3 各投标方案效果、概率及损益表

方案	效果	可能利润	概率
甲高	优	13 000	0.25
	一般	2 000	0.5
	赔	−1 000	0.25
甲低	优	8 000	0.25
	一般	1 500	0.5
	赔	−800	0.25
不投标		0	0
乙高	优	14 000	0.25
	一般	4 000	0.5
	赔	−1 500	0.25
乙低	优	10 000	0.25
	一般	3 000	0.5
	赔	−2 000	0.25

解: ① 根据上述资料,绘制决策树(图 11.2),并将有关数据标在图上。

② 计算各状态节点、方案节点处的损益期望值 $E(E=\sum BiPi)$,并将结果标在图上各节点的下方横线上。

节点 7: $E7 = 13\,000 \times 0.25 + 2\,000 \times 0.5 + (-1\,000) \times 0.25 = 4\,000$

节点 2: $E2 = 4\,000 \times 0.1 + (-200) \times 0.9 = 220$

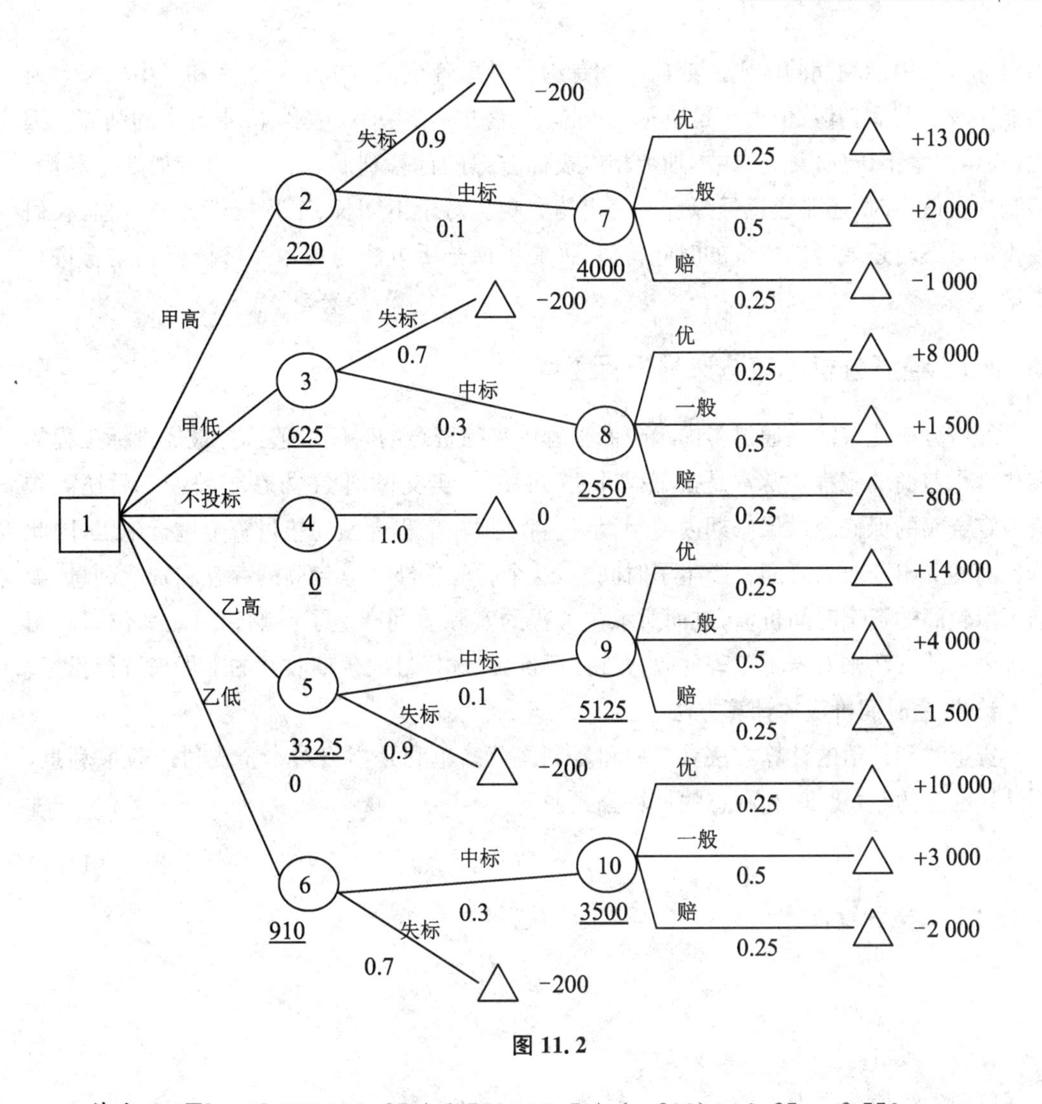

图 11.2

节点 8：$E8 = 8\,000 \times 0.25 + 1\,500 \times 0.5 + (-800) \times 0.25 = 2\,550$

节点 3：$E3 = 2\,550 \times 0.3 + (-200) \times 0.7 = 625$

节点 4：$E4=0$

节点 9：$E9 = 14\,000 \times 0.25 + 4\,000 \times 0.5 + (-1\,500) \times 0.25 = 5\,125$

节点 5：$E5 = 5\,125 \times 0.1 + (-200) \times 0.9 = 332.5$

节点 10：$E10 = 10\,000 \times 0.25 + 3\,000 \times 0.5 + (-2\,000) \times 0.25 = 3\,500$

节点 6：$E6 = 3\,500 \times 0.3 + (-200) \times 0.7 = 910$

即 $\max\{220, 625, 0, 332.5, 910\}$

③ 结论

因为节点 6 的期望值最大，从损益期望值的角度分析，应选乙工程投标并报低价最为有利。

需要注意的是决策树分析的关键是不同的状态概率的确定，确定中标概率要收集大量的统计资料，并请有经验的专家帮助确定。应用时要注意估价与报价的区别，期望利润与实际报价中标利润的区别。期望利润是综合考虑各投标方案中标概率和不中标概率所可能实现的利润，其数值大小是决策的依据，但它并不是决策方案实际报价中的利润。因此，决策方案报价应以估价成本加上相应投标方案的计算利润，而不是直接加期望利润。编制损益值表时，还要注意资源价格变化的影响。对于工期长、工程规模大的工程，在研究投标方案时还要考虑资金的时间价值，将决策树分析方法与技术经济分析相结合进行决策。

11.1.5 经济分析比较法选择投标工程

经济分析比较法是通过考虑承包商工程中来往资金的时间价值选择最优投标工程的方法。承包商的工程款常常是按工程进度（如月）核实支付，业主方在工程竣工后还需扣留一定金额的保修金供保修期内使用，承包商必须在工程上预先垫付资金进行施工，因此承包商的支出与收入之间就产生了时间差，这个时间差涉及承包商的存款和贷款利息，影响了承包商的资金时间价值，进而对承包工程的实际盈利产生了影响。因此承包商需用经济分析的方法来对若干工程的收益进行评价，以选择最大预期收益的工程来进行投标。

1）资金时间价值的计算方法

资金时间价值的计算方法有单利和复利之分。单利是指只对本金支付或收取利息，不计算利息的利息。单利利息的计算公式如下：

$$I = Pni \tag{11.1}$$

式中：I——总利息；

P——本金；

n——计息期数；

i——利率。

单利的终值公式为：

$$F = P + I = P(1 + ni) \tag{11.2}$$

式中，F 是终值，又称本利和（即本金与利息的和）。

复利，就是不仅本金要计算利息，而且本金所生的利息，在下一计息期也要加入本金一起计算利息，即通常所说的“利滚利”。工程投资贷款时，有的是一次贷款、一次偿还，有的是一次贷款、分期等额偿还等等。复利计算的主要方法介绍如下。

（1）一次支付复利终值公式

如果贷款一笔资金 P，以年利率 i 复利计算，到第 n 年年末其本利和 F 应是多少？

第 n 年年末的本利和（终值），一次支付复利终值公式为：

$$F = P \cdot (1 + i)^n \tag{11.3}$$

（2）一次支付现值公式

如果已知在第 n 年年末会得到一笔资金 F，以年利率 i 复利计算，这笔资金的现值 P

是多少？

资金的现值、一次支付现值公式为：

$$P=\frac{F}{(1+i)^n} \tag{11.4}$$

（3）等额支付复利公式

如某工程建设，在每年的年末等额贷款金额 A，以年利率 i 复利计算，到第 n 年年末其本利和 F 应是多少？

第 n 年年末其本利和、等额支付复利公式为：

$$F=A\cdot\frac{(1+i)^n-1}{i} \tag{11.5}$$

（4）等额支付偿债基金公式

这一公式是用来计算为了在若干(n)年后，得到一笔未来资金 F，从现在起每年年末必须存储若干资金 A。

从等额支付复利公式可得等额支付偿债基金公式为：

$$A=F\cdot\frac{i}{(1+i)^n-1} \tag{11.6}$$

（5）等额支付资金回收公式

若现在投入一笔资金 P，以年利率 i 按复利计算，希望在今后若干(n)年内，将本利和以在每年年末提取等额 A 的方式回收，其 A 值为多少？

等额支付资金回收公式为：

$$A=P\cdot\frac{i\cdot(1+i)^n}{(1+i)^n-1} \tag{11.7}$$

（6）等额支付现值公式

该公式用来计算已知今后若干年(n)内，每年年末存储等额资金 A，以年利率 i 按复利计算所能形成的资金现值。

等额支付现值公式为：

$$P=A\cdot\frac{(1+i)^n-1}{i\cdot(1+i)^n} \tag{11.8}$$

在以上的复利计算公式中，都将利息周期作为 1 年，当计息周期不是 1 年时，就有了“名义利率”和“实际利率”的区分。名义利率是指以利息周期利率乘以年计息期数，如利息周期利率为每月 1%，则年名义利率为 12%。实际利率是以利息周期利率来计算年利率，如利息周期利率为每月 1%时，则年实际利率为：

$$\text{年实际利率}=(1+1\%)^{12}-1=12.68\%$$

名义利率与实际利率的关系为：

$$\text{年实际利率}=\left(1+\frac{\text{名义利率}}{\text{年计息次数}}\right)^{\text{年计息次数}}-1$$

有了上述资金时间价值计算方法，就可以根据工程具体情况，选择那些能得到资金现值较大或资金终值较大且支付金额较少的工程作为投标工程。

2）经济分析比较方法

由于承包商只能分期得到工程款，因此在其他条件相同时，收款时间就成为衡量承包工程利润的一个重要因素，工期相同时，可用现值比较法、终值比较法等对不同投标工程进行分析、选择。

例 11.3 某承包商有甲、乙两项工程可以选择投标，工程甲工期1年，工程乙工期2年。预计工程甲每月末可得利润为第1～10月每月可得8 000元，第11月得6 000元，第12月得5 000元；工程乙每月末可得工程款为第1～23月每月可得8 200元，第24月得6 000元。如果按月复利 $i=0.5\%$ 考虑，该承包商应如何选择工程？

解一：这两项工程的工期不同，为使两项工程具有可比性，可假设工程甲在完工后又重复进行一次，使工程甲的工期与工程乙的工期一致。则根据上述条件，两项工程的利润现值如下：

$$P_{甲}=8\,000\times\frac{(1+0.5\%)^{10}-1}{0.5\%\times(1+0.5\%)^{10}}+\frac{6\,000}{(1+0.5\%)^{11}}+\frac{5\,000}{(1+0.5\%)^{12}}$$
$$+\left[8\,000\times\frac{(1+0.5\%)^{10}-1}{0.5\%\times(1+0.5\%)^{10}}+\frac{6\,000}{(1+0.5\%)^{11}}+\frac{5\,000}{(1+0.5\%)^{12}}\right]$$
$$\times\frac{1}{(1+0.5\%)^{12}}$$
$$=171\,359$$

$$P_{乙}=8\,200\times\frac{(1+0.5\%)^{23}-1}{0.5\%\times(1+0.5\%)^{23}}+\frac{6\,000}{(1+0.5\%)^{24}}=183\,063.69$$

工程甲的利润现值比工程乙的利润现值少11 704.69元，因此在其他因素大致相同时，承包商应优先选择工程乙投标，以获得更多的利润。

解二：将这两项工程在整个建设期的利润等额分配到每个月，比较这两项工程的月利润。

$$A_{甲}=\left[8\,000\times\frac{(1+0.5\%)^{10}-1}{0.5\%}\times(1+0.5\%)2+6\,000\times(1+0.5\%)+5\,000\right]$$
$$\times\frac{0.5\%}{(1+0.5\%)^{12}-1}=7\,596.3$$

$$A_{乙}=\left[8\,200\times\frac{(1+0.5\%)^{23}-1}{0.5\%}\times(1+0.5\%)+6\,000\right]\times\frac{0.5\%}{(1+0.5)^{24}-1}=8\,113.5$$

工程甲的月利润比工程乙的月利润少517.2元，因此同等条件下工程乙优于工程甲。这一结论与利用现值分析求解的结论相同。

以上例题与实际应用过程不完全符合，只是通过这些例子说明利用定量分析方法确定选择投标工程的方法。在具体投标决策时要注意综合应用这些方法。

11.2 投标项目成本预测

根据工程项目的特征和投标报价等因素对工程项目的成本进行科学预测是承包盈利的基础，成本费用的定性预测主要依靠管理人员的专业素质和判断力，根据专业知识和实践经验，通过调查研究，利用已有资料对成本费用的发展趋势及可能达到的水平做出分析和推断。根据这种方法的特点，可以预测新工程的企业管理或现场管理费等费用的估计值。成本费用的定量预测是利用原有的成本统计资料及成本费用与影响因素之间的数量关系，并通过数学模型来推测、计算未来成本费用的可能结果。其主要方法有时间序列预测法、工程成本的量本利分析法、模糊预测法、灰色预测法、回归分析法和施工成本的蒙特卡罗模拟等。下面对后几种方法加以简单介绍，用以说明成本费用定量预测的应用方法。

11.2.1 投标项目成本的灰色预测

灰色理论是邓聚龙教授于 20 世纪 80 年代提出的灰色预测是通过对具有时间序列的原始数据的处理和灰色模型的建立，发现、掌握系统的发展规律和趋势，从而对系统未来的状态作出科学的定量预测。它最主要优点是所需原始数据不多，且易于采集、易于检测。建筑工程中通过分析已完工程实际施工成本，对后期的施工成本进行预测，从而为施工企业投标报价、施工成本预测和控制提供了一种实用方法。

1) 灰色模型 GM(1, 1)

设 $x^{(0)}$ 为非负的系统特征数据序列，$x^{(0)}=\{x^{(0)}(1), x^{(0)}(2), \cdots, x^{(0)}(n)\}$，对其进行一次累加生成（记作 1—AGO）得 $x^{(0)}$ 的累加生成序列 $x^{(1)}$，$x^{(1)}=\{x^{(1)}(1), x^{(1)}(2), \cdots, x^{(1)}(n)\}$，其中，$x^{(1)}(k)=\sum_{i=1}^{k}x^{(0)}(i)$，$k=1, 2, \cdots, n$。$z^{(1)}$ 为 $x^{(1)}$ 的紧邻均值生成序列，$Z^{(1)}=(z^{(1)}(1), z^{(1)}(2), \cdots, z^{(1)}(n))$，其中，$z^{(1)}(1)=0.5x^{(1)}(k)+0.5x^{(1)}(k-1)$，$k=1, 2, \cdots, n$。

建立 GM(1, 1)预测模型，其灰微分方程是：

$$x^{(0)}(k)+az^{(1)}(k)=b \tag{11.9}$$

GM(1, 1)的白化方程为

$$\frac{\mathrm{d}x^{(1)}}{\mathrm{d}t}+ax^{(1)}=b \tag{11.10}$$

其中 a、b 是待定参数，$-a$ 为发展系数，b 为灰作用量。a、b 的值由最小二乘法来确定，其参数向量：

$$\hat{a}=(a, b)^T=(B^TB)^{-1}BY$$

式中

$$Y=\begin{bmatrix}x^{(0)}(2)\\x^{(0)}(3)\\\vdots\\x^{(0)}(n)\end{bmatrix},\quad B=\begin{bmatrix}-z^{(1)}(2) & 1\\-z^{(1)}(3) & 1\\\vdots & \vdots\\-z^{(1)}(n) & 1\end{bmatrix},$$

白化方程 $\frac{dx^{(1)}}{dt}+az^{(1)}(k)=b$ 的解或称时间响应函数为

$$\hat{x}^{(1)}(t)=\left(x^{(1)}(0)-\frac{b}{a}\right)e^{-at}+\frac{b}{a}$$

因从 $x^{(0)}(1)$ 到 $x^{(0)}(k)$ 有 $k-1$ 个时间间隔，因此 GM(1,1)的解，即灰微分方程 $x^{(0)}(k)+az^{(1)}(k)=b$ 的解为：

$$\hat{x}^{(1)}(k+1)=\left(x^{(1)}(0)-\frac{b}{a}\right)e^{-ak}+\frac{b}{a},\ k=1,\ 2,\ \cdots,\ n$$

取 $x^{(1)}(0)=x^{(0)}(1)$，则

$$\hat{x}(1)(k+1)=\left(x^{(0)}(1)-\frac{b}{a}\right)e^{-ak}+\frac{b}{a},\ k=1,\ 2,\ \cdots,\ n$$

为 GM(1,1)的解。

由灰色模型 GM(1,1)得到数据不可直接使用，需经逆生成还原后方可使用：

$$\hat{x}^{(0)}(k+1)=\hat{x}^{(1)}(k+1)-\hat{x}^{(1)}(k)\quad k=1,\ 2,\ \cdots,\ n$$

2) GM(1,1)模型精度的检验及残差的修正

为了分析模型的可靠性，必须对模型进行精度检验，若精度在允许范围内，则可根据模型进行预测。精度的检验方法有残差检验、关联度检验和后验差检验，灰色系统常用的是后验差检验，后验差检验：$\bar{x}$、$S_1{}^2$ 是 $X^{(0)}$ 的均值和方差，$\bar{\varepsilon}$、$S_2{}^2$ 是残差均值和方差。称$C=\frac{S_2}{S_1}$ 为均方差比值，当 $C<C_0$ 时，模型均方差比合格；称 $p=P(|\varepsilon(k)-\bar{\varepsilon}|\angle 0.6745S_1)$ 为小误差概率，对给定的 p_0，当 $p>p_0$ 时，称模型为小误差概率合格。

精度检验等级表如表 11.4 所示。

表 11.4　精度检验等级表

精度等级 \ 指标临界值	相对误差 α	关联度 ε_0	均方差比值 C_0	小误差概率 p_0
一级	0.01	0.90	0.35	0.95
二级	0.05	0.80	0.50	0.80
三级	0.10	0.70	0.65	0.70
四级	0.20	0.60	0.80	0.60

当模型的精度不符合要求时，则必须对模型修正以提高精度。可用残差序列再建立

残差 GM(1,1)模型来对原来的模型进行修正，方法同前。

3) 实例计算

某企业根据数年来企业承担工程的成本资料分析，其历年 C30 商品混凝土有梁板的平均成本值如下表，试分析该企业 2019—2021 年该项目的可能成本值。

时间	2014 年	2015 年	2016 年	2017 年	2018 年
可能成本/元/m³	512	526	531.5	545	565

(1) 由上表可得原始数据序列 $X^{(0)}=(x^{(0)}(1),\ x^{(0)}(2),\ x^{(0)}(3),\ x^{(0)}(4),\ x^{(0)}(5))=(512,\ 526,\ 531.5,\ 545,\ 565)$

(2) 对 $X^{(0)}$ 作 1—AGO，则 $X^{(1)}=(x^{(1)}(1),\ x^{(1)}(2),\ x^{(1)}(3),\ x^{(1)}(4),\ x^{(1)}(5))=(512,\ 1\,038,\ 1\,569.5,\ 2\,114.5,\ 2\,679.5)$

(3) 对 $X^{(0)}$ 进行准光滑性检验：由 $\rho(k)=\dfrac{x^{(0)}(k)}{x^{(1)}(k-1)}$，

$$\rho(3)=\frac{x^{(0)}(3)}{x^{(1)}(2)}=\frac{531.5}{1\,038}\approx 0.512$$

$$\rho(4)\ \frac{x^{(0)}(4)}{x^{(1)}(3)}=\frac{545}{1\,569.5}\approx 0.347$$

$$\rho(5)=\frac{x^{(0)}(5)}{x^{(1)}(4)}=\frac{565}{2\,114.5}\approx 0.267$$

$\rho(4)$, $\rho(5)$ 均小于 0.5，当 $k\geqslant 4$ 时，准光滑条件满足。

(4) 检验 $X^{(1)}$ 是否具有准指数规律，由 $\sigma^{(1)}(k)=\dfrac{x^{(1)}(k)}{x^{(1)}(k-1)}$，得

$$\sigma^{(1)}(3)=\frac{x^{(1)}(3)}{x^{(1)}(2)}=\frac{1\,569.5}{1\,038}\approx 1.512$$

$$\sigma^{(1)}(4)=\frac{x^{(1)}(4)}{x^{(1)}(3)}=\frac{2\,114.5}{1\,569.5}\approx 1.347$$

$$\sigma^{(1)}(5)=\frac{x^{(1)}(5)}{x^{(1)}(4)}=\frac{2\,679.5}{2\,114.5}\approx 1.267$$

当 $k\geqslant 4$ 时，$\sigma^{(1)}(k)\in[1,\ 1.5]$，$1.5-1=0.5$，准指数规律满足，故可对 $X^{(1)}$ 建立 GM(1, 1) 模型。

(5) 对 $X^{(1)}$ 作紧邻均值生成，令

$$z^{(1)}(k)=0.5x^{(1)}(k)+0.5x^{(1)}(k-1)$$

得 $Z^{(1)}=(z^{(1)}(2),\ z^{(1)}(3),\ z^{(1)}(4),\ z^{(1)}(5))$
$=(775,\ 1\,303.75,\ 1\,842,\ 2\,397)$

因此，$B=\begin{bmatrix}-z^{(1)}(2) & 1\\ -z^{(1)}(3) & 1\\ -z^{(1)}(4) & 1\\ -z^{(1)}(5) & 1\end{bmatrix}=\begin{bmatrix}-775 & 1\\ -1\,303.75 & 1\\ -1\,842 & 1\\ -2\,397 & 1\end{bmatrix}$，$Y=\begin{bmatrix}x^{(0)}(2)\\ x^{(0)}(3)\\ x^{(0)}(4)\\ x^{(0)}(5)\end{bmatrix}=\begin{bmatrix}526\\ 531.5\\ 545\\ 565\end{bmatrix}$

对参数列进行最小二乘估计，

$$\hat{a} = (a,b)^{\mathrm{T}} = (B^{\mathrm{T}}B)^{-1}B^{\mathrm{T}}Y = (-0.024\,2,\ 503.637\,5)^{\mathrm{T}}$$

即 $a=-0.024\,2$，$b=503.637\,5$

(6) 得到初步预测确定模型

$$\frac{\mathrm{d}x^{(1)}}{\mathrm{d}t} - 0.024\,2x^{(1)} = 503.637\,5$$

时间响应函数

$$\hat{x}^{(k+1)} = (x^{(0)}(1) - \frac{b}{a})\mathrm{e}^{-ak} + \frac{b}{a} = 21\,323.47\mathrm{e}^{0.024\,2k} - 20\,811.5$$

(7) 求 $X^{(1)}$ 的模拟值

$$\begin{aligned}\hat{X}^{(1)} &= (\hat{x}^{(1)}(1),\ \hat{x}^{(1)}(2),\ \hat{x}^{(1)}(3),\ \hat{x}^{(1)}(4),\ \hat{x}^{(1)}(5)) \\ &= (512,\ 1\,034.29,\ 1\,569.41,\ 2\,117.63,\ 2\,679.29)\end{aligned}$$

(8) 还原求出 X 的模拟值，由 $\hat{X}^{(0)}(k) = \hat{x}^{(1)}(k) - \hat{x}^{(1)}(k-1)$ 得

$$\begin{aligned}\hat{X}^{(0)} &= (\hat{x}^{(0)}(1),\ \hat{x}^{(0)}(2),\ \hat{x}^{(0)}(3),\ \hat{x}^{(0)}(4),\ \hat{x}^{(0)}(5)) \\ &= (512,\ 522.3,\ 535.12,\ 548.23,\ 561.65)\end{aligned}$$

(9) 经对上述模型通过后验差检后，精度为一级，因此可用

$$\begin{cases}\hat{x}^{(1)}(k+1) = 21\,323.47\mathrm{e}^{0.024\,2k} - 20\,811.5 \\ \hat{x}^{(0)}(k+1) = \hat{x}^{(1)}(k+1) - \hat{x}^{(1)}(k)\end{cases}$$

作为预测模型进行预测。现给出经这一预测模型算出的三个预测值如下：

$$\hat{X}^{(0)} = (\hat{x}^{(0)}(6),\ \hat{x}^{(0)}(7),\ \hat{x}^{(0)}(8)) = (575.41,\ 589.51,\ 603.95)$$

即得到 2019、2020、2021 年该企业 C30 商品混凝土有梁板的平均成本预测值为：575.41 元/m^3，589.51 元/m^3，603.95 元/m^3。

灰色预测模型的使用需随着时间的进展、工程数据的积累不断更新模型中的原始序列，以使预测结果更为符合实际，且预测时间不宜过长，否则预测精度会降低。

11.2.2 投标项目目标成本的回归预测

1) 回归预测模型

回归分析是为了测定客观现象的因变量与自变量之间的一般关系所采用的一种数学方法。在回归预测中，所选定的因变量是指需要求得预测值的那个变量，即预测对象；自变量则是影响预测对象变化的，与因变量有密切关系的那个或那些变量。该方法在建筑工程中主要用来探索成本与劳动生产率、成本与价格等因素之间所存在的数量上的相互关系。

在社会经济现象各变量之间，存在着两种不同的关系：一种是函数关系；另一种是相

关关系。函数关系是确定性关系，自变量取某值，则因变量就有一个确定的值与之对应。相关关系是不确定的数量关系。由于经济现象变化的不确定性，经济现象之间存在着大量的相互关系，即不能由一种或几种经济现象的数值精确地计算出另一种经济现象的数值。回归分析是导出表示自变量与因变量之间的关系式的方法，这种关系式被称为回归方程式。回归方程式中自变量 x 不是通常的随机变量，而是已被选定或测出的值，如果给定自变量 x 的值，就可代入回归方程式中估算和预测因变量数值。

回归预测的应用条件是：自变量与因变量之间存在着依存关系；彼此间的相关性强；能够正确选定回归方程的形式。回归预测可以分为一元回归、多元回归、直线回归、曲线回归等多种类型。本书仅介绍一元线性回归的预测方法，它是理解其他回归模型的基础，掌握了一元线性回归模型的建模思路与方法，就容易掌握和理解其他较复杂的回归模型。

一元线性回归模型为：

$$y = a + bx + \varepsilon \tag{11.11}$$

一般称 y 为因变量；称 x 为自变量；a、b 是未知参数，称为回归系数；ε 是不可观测的随机变量，表示 x 和 y 关系中的不确定因素的影响，也称为随机误差。通常认为 $\varepsilon \sim N(0, \sigma^2)$ 且假设 σ^2 与 x 无关。$y = a + bx$ 就是回归方程，回归分析的主要任务就是通过若干组样本观测值 $(x_i, y_i)(i = 1, 2, \cdots, n)$ 对 a 和 b 进行估计，可采用最小二乘法求出 a、b 的表达式：

$$\begin{cases} a = \bar{y} - \overline{bx} = \dfrac{\sum y}{n} - b\dfrac{\sum x}{n} \\ b = \dfrac{n\sum xy - (\sum x)(\sum y)}{n\sum x^2 - (\sum x)^2} \end{cases}$$

当确定了回归方程 $y = a + bx$ 后，就可根据给定的 x_0 值预测出相应的 y_0 的值，并可以确定它的置信区间。

2）目标成本的回归预测

在工程项目投标阶段，可以估算其预算成本，设为 x；根据过去的经验和统计资料，投标时的预算成本与实际的施工成本 y 之间存在着相关关系。当利用散点图方法分析发现 x、y 之间呈现出直线关系时，就可以假设 $y = a + bx$，并利用历史统计数据求出 a、b 的估算值，进而可以对新的工程项目的实际施工成本进行预测。

例 11.4 某承包公司拟参与某工程的竞标，在以往的承包工程中有 7 项类似工程，前几次工程的预算成本与实际施工成本的数据见表 11.5，试预测本次投标工程的实际成本。

利用散点图分别标出工程的预计成本与实际施工成本，可以明显发现这二者之间呈现直线关系，因此可设 $y = a + bx$，其中 y 表示实际施工成本，x 表示预算成本，a、b 为未知数。

表 11.5　类似工程历史数据统计表

工程	A	B	C	D	E	F	G
预计成本/万元	500	800	910	1 250	1 760	2 360	2 850
实际成本/万元	443	750	832	1 073	1 689	2 185	2 692

经计算，$n=7$，$\sum x = 10\ 430$，$\sum y = 9\ 664$，$\sum x^2 = 20\ 070\ 300$，$\sum xy = 18\ 721\ 310$，将数据代入公式，可以得到

$$b=\frac{n\sum xy-(\sum x)(\sum y)}{n\sum x^2-(\sum x)^2}=\frac{7\times 18\ 721\ 310-10\ 430\times 9\ 664}{7\times 20\ 070\ 300-10\ 430^2}=0.954$$

$$a=\overline{y}-\overline{bx}=\frac{\sum y}{n}-b\frac{\sum x}{n}=\frac{9\ 664}{7}-0.954\times\frac{10\ 430}{7}=-40.89$$

则回归方程为

$$y=-40.89+0.954x$$

若该承包商对拟投标工程的预算成本为 1 600 万元，则其实际施工成本的预测值为 $y=-40.89+0.954\times 1\ 600=1\ 485.51$（万元）

11.2.3　施工成本的风险估计

一般成本估计方法均是按定值考虑工程成本单价值，但工程项目在实施过程中受到诸如自然、劳动生产率、施工管理水平、市场等众多不确定因素影响，各工序的成本具有较大的不确定性，不是能事先确知的定值，而是服从某种概率分布的一个随机变量，由此构成的工程项目总成本也是一个随机变量，因此可应用蒙特卡罗（Monte Carlo，MC）模拟技术预测工程项目的总成本，并进行风险分析。

MC 的实质是按一定的概率分布产生的随机数的方法来模拟工程中实际可能出现的随机现象，并统计出它们的数字特征，从而得到实际问题的数值解。其原理就是在模拟分析过程中，通过从各个成本构成要素的概率分布中抽取独立样本来进行试算。在一次试算过程中某一分项成本的样本值可能偏向于乐观，而另一分项工程的样本值可能偏向于悲观。它是根据分项工程成本的概率分布来确定样本数据出现的频率，因此在经过大量的模拟试算后，项目总成本数据统计能反映工程实际成本分布。

1）模拟预测方法步骤

（1）工程成本的不确定性及其分布

当工程的工作内容、工作环境及要求确定后，工程中各成本要素（分项工程）的单位成本是在一个区间内变化，且在这个区间内出现的概率密度是不均匀的，其中有一最可能值（指在工程实际中，某分项工程的单位成本在此值附近出现的可能性最大）。可选取 β 分布来描述各分项成本的分布特征。β 分布具有丰富良好的曲线形状，可用于表示向任一

方向的偏斜、无偏斜，比较符合工程实际情况。

β分布在估计区间(a, b)内的概率密度函数的表达式为：

$$f(x)=\frac{\Gamma(q+r)}{(b-a)^{q+r-2}\Gamma(q)\Gamma(r)}(x-a)^{q-1}(b-x)^{r-1},\ x=[a, b],\ q>0,\ r>0$$

其中参数q、r确定分布的形状，一般有左偏、右偏、对称等。β分布的期望、方差分别为：

$$E(X)=a+(b-a)\frac{q}{q+r},\ D(X)=(b-a)^2\frac{qr}{(q+r)^2(q+r+q)}$$

在工程中，可用三点估计法估计各分项工作的成本单价，用a、b、m分别表示最乐观值、最悲观值、最可能值，工程成本服从β分布时，其期望、方差可近似计算为

$$E(X)=\frac{a+4m+b}{6},\ D(X)=\frac{(b-a)^2}{36}$$

令$\xi=\frac{5b-4m-a}{4m+b-5a}$,可得到$q=\frac{36\xi-(1+\xi)^2}{(1+\xi)^3}$, $r=\xi q$,

当$m=\frac{a+b}{2}$时,$\xi=1,q=r=4$。

(2) β分布的抽样

利用蒙特卡罗模拟方法进行成本的模拟时，先由计算机产生标准均匀分布的随机变量，再产生其他概率分布的随机变量(抽样)。β分布的概率密度极为复杂，难以采用直接抽样法(反函数法)得到抽样公式的表达式，但可以采用舍选法抽样。具体步骤为：① 估计a、m、b值，计算q、r值；② 计算$f(x)$的最大值$f(m)$；③ 产生两个均匀分布随机数r_{i_1}，r_{i_2}；④ 计算$f(a+(b-a)r_{i_1})$的值；⑤ 判断$f(a+(b-a)r_{i_1})/f(m)\geqslant r_{i_2}$是否成立，若成立，则$a+(b-a)r_{i_1}$即为服从$\beta$分布的工作$i$的随机单位成本；否则，重复③到⑤的步骤，直到判断成立为止。其中，Γ函数可由$\Gamma(x)=\Gamma(z+n)=(z+n-1)(z+n-2)\cdots(z+1)z\Gamma(z)$近似求解，式中"$z$"是位于区间$[1,2]$内的数；$\Gamma(z)$可根据有关数学参考书上的附表查得。

(3) 模拟步骤

工程施工成本的预测模型为

$$C=\sum_1^m f_i L_i \tag{11.12}$$

式中：m——构成工程成本的各分项工作的项数；

f_i——第i项分项工作的单位成本；

L_i——第i项分项工作的工作量；

C——工程施工总成本。

模拟步骤为：①根据拟施工工程的特点，参照历史资料，对各分项工程的单位成本进行三点估计，即最乐观值、最可能值和最悲观值；②确定仿真次数、分组数，确定各分项工程的概率分布情况，选用β分布；③ 按各分项工作相应概率分布随机抽样得到f_i，再乘以

该分项工程的工程数量 L_i，即 $c_i = f_i L_i$；④ 本次模拟的工程项目的施工模拟成本 $C = \sum_{k=1}^{m} c_i$，其中 m 为该工程中各分项工作的总数。

(4) 统计分析

当仿真模拟若干次 N 以后，得到 N 个成本值，其均值 $\mu = \frac{1}{N}\sum_{k=1}^{N} C_k$，方差 $S^2 = \frac{1}{N-1}\sum_{k=1}^{N}(C_k - \mu)^2$ 。

当 N 足够大时，则由中心极限定理可知工程的成本值近似服从正态分布，可用模拟均值 μ 和方差 S^2 代替随机变量的真实数学期望和方差，可以计算出某计划成本的实现概率为

$$Z = \frac{C_P - E(C)}{\sigma} \tag{11.13}$$

式中：C_P ——某工程的计划成本值；

$E(C)$ ——该工程的成本期望值；

σ ——该工程成本的标准差。

对应于不同的 Z 值，可查正态分布表，即得到实现某计划成本的概率值。

2) 案例计算

为说明上述模拟预测方法，选某工程的部分分部分项工程进行试算。各分项工作的工作数量及单位成本估计值见表 11.6。

表 11.6

项目名称	工作数量/m^2	最乐观单位值/元	最可能单位值/元	最悲观单位值/元
分项工程 1	2 812.0	44.03	46.35	48.67
分项工程 2	2 562.0	47.02	49.50	51.98
分项工程 3	139.5	482.60	508.00	533.40
分项工程 4	22.4	486.40	516.00	541.80
分项工程 5	43.4	518.90	546.50	573.80
分项工程 6	75.5	612.56	644.80	677.00
分项工程 7	67.5	501.60	528.00	554.40
分项工程 8	957.5	437.00	460.00	483.00
分项工程 9	1 553	462.65	487.00	511.40
分项工程 10	2 247.6	489.25	515.00	540.70

经模拟 1 万次计算，得到总成本分布的均值 $\mu=2\ 832\ 695.70$ 元，均方差 $\sigma=43\ 781.05$ 元，模拟成本最大值为 2 956 724.67 元，最小值为 2 700 383.20 元。频率直方图见图 11.3。

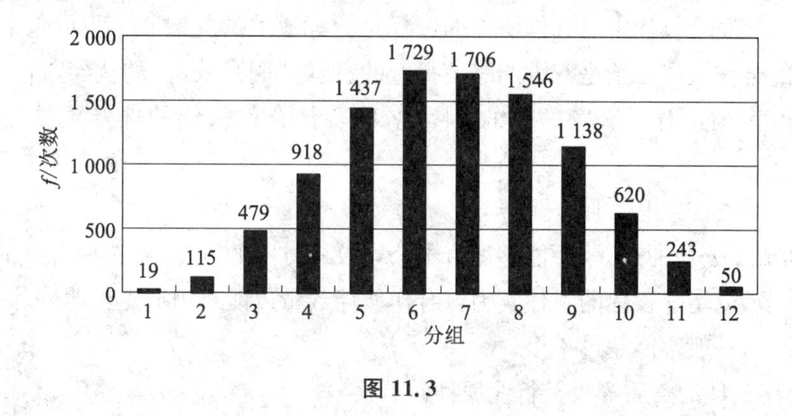

图 11.3

若企业对完成该部分工作的计划成本是 2 833 000 元，则其完成的概率计算如下：

$$Z=\frac{C_{\mathrm{p}}-E(C)}{\sigma}=\frac{2\ 833\ 000-2\ 832\ 695.7}{43\ 781.05}=0.007$$

由 $Z=0.007$，查正态分布数值表，得完成概率为 $P=52.8\%$，则施工成本风险为 $R=47.2\%$。

上述内容侧重于工程成本预测的计算方法探索研究，对于工程各分项工作的成本分布类型及估计参数的选取，应有待于在大量成本资料基础上作进一步的分析研究。应用蒙特卡罗模拟方法预测工程成本有助于承包商投标报价时进行成本风险分析，有助于中标后成本计划的制订。

11.3 联合投标与环境协调

11.3.1 联合投标

联合体是一些大型工程项目招标时，由不同的承包公司联合组成的临时性的合作联营共同参加投标的组织，投标时是以一个投标人的身份共同投标。若联合体中标，联合体组成的合作体各方应当共同与招标人签订合同，共同承担该工程项目的施工建设，并且就中标项目向招标人承担连带责任。若不中标则联合体解散。联合体参加投标的过程是各企业资质优势、资源优势、技术优势、管理优势的整体优化组合，具有优势互补、协作配合、提高分散风险能力的优点，有利于工程整体质量水平、效益水平的提高。由于整合了各方优势和强项，因此实力得到了提升，获胜的机会也大大增加。特别是一些世界银行、亚行贷款大型项目招标时，联合体投标的作用十分明显。

1) 联合体合作伙伴的选择

当今的中国建筑市场上，企业的竞争不仅仅是企业规模的大小、经济实力强弱的竞争，更是企业观念和企业人才的竞争。联合投标策略和联合体方式的选择是投标决策的要点之一，而在联合投标中对合作伙伴的选择是竞标成败的关键。工程承包本身是风险事业，所找的合作伙伴必须是双方能够信得过的、能够“同舟共济”的伙伴，否则只能增加双方的风险，完全违背了联营的目的。因此，联合体合作伙伴的选择主要应考虑以下方面：

(1) 联合体模式、规模的选择

联合体成员公司的选择，要能够适合本公司投标方案的实施，要选择自身不足又是投标必需的环节，以增强投标的整体实力。合作伙伴数量以能组织成定位明确、高效紧凑的管理团队为宜，一般不能超过 4 个。

(2) 合作伙伴的资质等级及行业属性

在选择合作伙伴时，不仅要考虑其资质等级是否满足招标文件要求，更要考虑其行业属性与拟投标工程是否为同一行业。由于不同行业的行业标准、各类规范均不相同，同等条件下，业主一般不会选择虽具备较高等级资质但非本行业的企业。

(3) 合作伙伴业务范围及以往历史投标情况

如果拟投标工程为合作伙伴的兼营业务范围，则对竞标会产生一定的影响。通过分析合作伙伴已完成工程中主营、兼营项目的个数，合同价格的分类配比，可以判断出该企业的基本运行情况。同时，从其已完成工程情况中也可分析其历史投标情况：由其中标工程的报价可判断该企业的经营方针是稳健、激进还是保守；由其中标工程的类别可判断其投标重点及投标决策情况；由其中标工程的所在区域，可判断其实力范围及影响范围。这都将对中标及中标后工程的实施有一定影响。

(4) 合作伙伴的背景及行业优势

对合作伙伴的经营性质、主管部门的基本情况、法人代表的履历等问题的考察、分析，都有助于竞标的成功。

合作伙伴在拟投标工程所属行业中实力的强弱、规模的大小、信誉的好坏、人员素质的高低及结构、设备的种类等都是联合投标必须考虑的，尤其是合作伙伴在行业内的实力和信誉。如果合作伙伴通过了质量体系认证并在有效期内、有相同或类似工程的获奖项目及国家专利，新技术、新工法、新材料的应用或试验资料，无疑有益于投标。如果在以往类似工程的施工中，暴露出解决技术难题的能力不足，或出现安全事故，将给监理和业主留下不良印象，甚至录入“黑名单”，这将导致该企业与其他同等资质级别的企业相比，实质上已非同一级别的竞争对手。

(5) 合作伙伴的财务状况

在考虑资格审查文件、投标文件时，容易让人忽视的可能就是财务报表。在加入 WTO 后的中国招投标市场上，尤其是世行、亚行贷款的招标工程，评委将不仅仅由本行业的专家组成，还将有财务方面的专家参与。难以相信在日趋规范的中国招标市场上，一个资质等级高但财务管理及经营状况不良的企业会有让业主及评委放心的理由。对合作伙伴的财务状况,就短期合作而言,应主要分析其短期债务清偿能力比率指标即流动比率、速动比率和流动资产构成比率,以衡量该企业短期债务偿付能力。联合投标中的合作双方互为同一项目的投资者,而现金流量表结合利润表及资产负债表则向投资者与债权人提供了全面、有用的信息。其中筹资活动产生的现金流量(包括分配利润、向银行贷款、吸收投资、发行债券、偿还债务等收到和付出的现金)更能全面反映企业偿付利息的负担。

对合作伙伴财务状况的分析,不仅是日趋规范化的招投标市场的需要,也有助于了解合作伙伴在资金垫付、资金投入、资金周转方面的情况。因此,对合作伙伴财务状况的分析应视为不容忽视的重点之一。

(6) 合作双方的合作关系

合作伙伴选定后,必须理顺合作关系,业主不希望见到责任不明确的联合体。合作双方的关系应是一种平等基础上的主从关系,这种主从关系不是简单地由资质等级的高低、企业规模的大小来定,而应由合作双方承担风险的不同程度,投资的大小,承担的责任与义务,获得的权利、利益来确定。在合作协议中应明确各自的权力、义务、责任、利益分配。

联合体投标中对合作伙伴的选择绝不是资质等级的高低、企业规模的大小之类的简单的选择,而应该是多层次、全方位的选择,对合作伙伴的分析不应仅仅是行业内的单纯的分析,还应考虑其信誉、资源、能力和经验等方面的指标,进行全面、综合、系统的分析。选择合适的合作伙伴是联合投标中竞标成功的基础,并对企业的发展有着一定的影响。如果因选错合作伙伴而导致竞标失败或中标后真正实施时联合体的优势不再,则企业损失的不仅仅是金钱,还有机遇、企业的信誉、企业的凝聚力、决策层的向心力、企业的稳定性等。因此,如果不得不联合投标却选择不到合适的、理想的合作伙伴,则宁可放弃也不宜冒险或侥幸投标。

2) 联合体投标资格的确定

根据我国《招标投标法》第三十一条规定:两个以上法人或者其他组织可以组成一个联合体,以一个投标人的身份共同投标。联合体各方均应当具备承担招标项目的相应能力;国家有关规定或者招标文件对投标人资格条件有规定的,联合体各方均应当具备规定的相应资格条件。由同一专业的单位组成的联合体,按照资质等级较低的单位确定资质等级。联合体各方应当签订共同投标协议,明确约定各方拟承担的工作和责任,并将共同投标协议连同投标文件一并提交招标人。联合体中标的,联合体各方应当共同与招标人签订合同,就中标项目向招标人承担连带责任。招标人不得强制投标人组成联合体共同投标,不得限制投标人之间的竞争。

联合体各方均应当具备国家规定的资格条件和承担招标项目的相应能力,这是对投标联合体资质条件的要求。

(1) 联合体各方均应具有承担招标项目必备的条件,如相应的技术、人力、物力、资金等。

(2) 国家或招标文件对招标人资格条件有特殊要求的,联合体各个成员都应当具备规定的相应资格条件。

(3) 同一专业的单位组成的联合体,应当按照资质等级较低的单位确定联合体的资质等级。如在3个投标人组成的联合体中,有2个是甲级资格,有1个是乙级资格,按照本条规定,联合体的资质等级就低不就高,这个联合体的资质等级只能定为乙级。之所以这样规定,是促使资质优等的投标人组成联合体,防止资质等级低的一方借用资质等级高的一方的名义取得中标资格,造成中标后不能保证工程质量的现象产生。

为了规范投标联合体各方的权利和义务,联合体各方应当签订书面的共同投标协议,明确各方拟承担的具体工作、各方应承担的责任等,并将共同投标协议连同投标文件提交招标人。如果中标的联合体内部发生纠纷,可以依据共同签订的协议加以解决。在投标前的资格预审阶段需要签订一份联合协议,在中标并与业主签订工程承包合同阶段,需要签订正式的联合协议。

联合体的工作组织结构应具有一些原则,如:目标一致的原则,即联合体各组成单位的工作和计划实施应与投标的最终目标相一致;有效管理宽度原则,即一方面要考虑专业化程度和工程效率的要求,另一方面要注意各组成单位内部组织的独立性;责权一致的原则,即联合体组成单位的权利和义务、责任与工作应有具体的规定;统一指挥的原则,由联合体对重大决策问题和工作过程实行统一指挥,协调工作程序及配合要求。联合体要按照上述原则工作,管理机构应从有利于工作的角度,从实际出发设计工作程序开展工作。

联合体的工作中,为了有利于投标中标,在确定投标报价时要认真考虑投标报价的计算问题,考虑资金垫付、资金回收、工程款结算方式问题,工程总利润分配问题。要从整体考虑,共同采取风险分散和回避的措施,保证工程的顺利进行。对联合投标过程中的违法违约问题的处理,要在联合协议中明确规定必要的条款。

11.3.2 投标环境协调

1) 投标与公共关系

建设工程投标的成效,不仅取决于投标人、招标人、竞争对手、合作伙伴的行为方式,还涉及投标活动所处的环境中各种关系的协调。协调的原理是公共关系理论。所谓公共关系是一个组织与其各类公众之间,为了取得一定的相互理解、相互支持而发生的各种信息交流,以树立组织的信誉,塑造组织的形象。公共关系处理的是一个组织的各种社会关系。

投标人的公共关系活动有着明显的营利性,在其实施过程中与投标活动的计划、组织、指挥、协调、控制有着密切联系。投标人的公共关系活动一般采取整体协调的方法,可以分为纵向协调和横向协调。纵向协调是指上下级部门之间的协调。横向协调是指采取当面协商、文件往来形式沟通信息,使与投标有关的信息具有明晰性、一致性、正确性、完整性的特点。其目的是使投标企业内部在投标决策过程中思想观念一致,行为计划一致。

投标人的公共关系是决定中标与否的一个特别重要的因素。其原因在于通过投标人的公关关系活动,及时准确地掌握投标工程的信息和相关的环境信息,先与业主建立友好合作关系，在以后的竞标中就能抢占先机。通过投标人的公关活动，可以掌握公众对本企业形象评价的信息、其他竞争对手的公众形象信息和能力信息。这些信息为投标人的正确决策提供了依据。

投标人的公共关系活动还在于为投标人树立良好的形象，以获得有利于企业生存发展的环境，如通过邀请相关机构人士参观已完工的优质工程，召开新闻发布会，利用刊物、广告宣传介绍企业，参加社会公益活动等多种形式，加强与社会公众媒介的沟通，恰当地宣传投标单位的自身形象。特别是在投标预审阶段邀请招标人到投标人施工的完工项目调查、参观是招标人选择恰当投标人的正常工作环境，也是投标人开展公共关系活动的内容。一个好的形象对投标单位来说无疑具有较大的吸引力，正确宣传自身形象是取得中标的一个技巧。当然，宣传自我形象必须实事求是，恰到好处，既要让招标单位了解，又不要引起招标单位的反感。而且投标人开展的公关活动不能急功近利，因为它是对外承包工程中一项持久的基础的系统工作，通过不同层次的交际活动，多方联系，相互传递信息，彼此沟通，以增加支持面。

然而，有些承包商对公共关系活动有误解，认为公关就是要请客送礼、行贿受贿，就是拉关系、走后门，这使科学的公关变了味。公共关系活动能够起到沟通、协调的作用，对员工关系、所有者关系也能进行协调。公共关系活动能增强企业内部的凝聚力和向心力，使企业内部各部门按专业方向与企业外部专业部门沟通协调，在塑造企业形象、企业意外事件处理中充分发挥协调作用。公共关系活动能够协调企业内部在经营发展战略目标和具体某项工程投标策略的不协调不平衡状态；能够协调投标企业与政府主管部门、行业管理部门、与投标活动有关的财政金融部门、资源供应部门、劳动管理部门、环境管理部门的关系；协调施工过程中设计单位、监理单位、安全质量检验单位、建筑科研单位的关系，谋求他们对投标活动的支持和帮助。

2）投标活动中的环境协调

（1）环境在投标活动中的影响

不同的地理区域、不同的自然环境、不同的经济发展重点、不同的人文社会特征等等造成不同的项目管理制度程度不同，投标人在选择投标项目、确定投标方案和策略时要充分考虑项目所在各种环境条件的综合影响。

自然环境通常是指环绕人类社会的自然界，是人类生活、社会存在和发展的物质基础和经常需要的条件，如气候、地貌、水文等。不同的气候条件下，施工技术与方法的选择应与环境条件相协调。如冬季混凝土工程的施工在广州深圳与江苏南京就有显著差别，施工报价就明显不同，施工过程中需要的各类资源在不同地区价格质量均不相同。投标人在制定报价方案时要充分考虑这些因素的影响，并与其相适应，注意协调环境因素影响和方案确定间的关系。

不同地区的经济发展总体规划不同，投资重点不同，项目总体特征不同，投标人应根据自身技术优势考虑适合自己公司发展的主要区域，竞标时就必须考虑当地对建筑企业的管理规定、建筑市场的进入要求，要使企业的各种行为与当地的有关规定相适应，协调与当地政府机构的关系。

(2) 协调投标人与业主的关系

投标人应树立“顾客第一”的服务思想，把满足业主的需要作为企业的奋斗目标，注意与业主方领导信息交流渠道畅通无阻，与业主方领导不定期沟通，保证传递信息的完整性和统一性。及时收集业主的反馈意见，及时协调处理相关问题。

(3) 协调投标人与管理机构的关系

协调投标人与政府机构的关系，适应政策法规对建筑企业参加投标和实施工程建设的要求，其主要目的是使投标人能够有一个稳定的投标环境。这个环境中是由政府掌握着行政机构、财政金融和法律，控制着投标人及其所有的外部环境。承包商在日常工作中就应该安排有关部门和人员，详尽地分析研究政府的方针政策和法律，将研究结果提供给决策层和各职能业务部门，使承包商的一切活动都保持在政策和法律许可的范围内，并随时按照政策法律的变化调整企业的决策和投标报价的策略。承包商还应利用一切机会和手段，将工程承包过程中的具体情况向政府有关部门汇报，通过适当的方式进行建议，协助政府发现并纠正政策执行中的偏差和失误。通过沟通，承包商与政府可相互了解，使承包商的成功与社会的发展协调一致。承包商与政府建立并保持稳定的联系和良好的关系，熟悉政府机构的内部层次、工作范围和办事程序，避免因不了解程序或越出主管部门的工作范围而走弯路，从而提高工作效率。

合理地利用政府和有关机构对政策、法律法规。投标人要注意收集与工程建设管理、建筑活动与市场监督管理的政策法规，作为投标活动中开展公共关系活动、确定工作方向的依据。由于工程承包工期长、情况复杂，承包商与业主或监理工程师之间发生对政策的理解差异是难免的，在协商不成时，往往双方一起请政府部门作出解释。这时，与政府有着良好关系的承包商更有机会表达自身的理解和要求，在合理范围内，承包商的利益常常能更好地得到保护。政府有关部门在调解工程纠纷、争议时起着重要的作用。

(4) 协调好与合作伙伴的关系

投标人联合体内合作伙伴的关系或投标人中标后与项目分包商的关系是投标单位公共关系活动的重要内容。合作伙伴之间是一种平等的关系，他们的资历和经验、业绩、能力在投标资格预审时已经得到有关方面的认可与承认。合作伙伴的共同目的是一致的，但在投标组合过程中和中标后的合同签订过程中可能存在分歧。合作伙伴间要兼顾伙伴的利益，不要以势压人，合作伙伴间需要互相帮助，合作方能长久，合作的优势方能充分发挥。投标人要选择公关能力强的人员承担合作伙伴间的联系工作。

11.4 投标报价策略

报价决策是在对招标工程是否进行投标做出决策之后，承包商依据企业定额，经过一系列的计算、评估和分析，确定出实施成本；然后决策者利用报价决策模型以及自身的经验、直觉等,从既能中标又能盈利的基本目标出发所做出的最优报价,确定投标工程的最终报价。报价决策是在满足招标人对工程质量及工期等要求前提下的工程项目价格的制定,这主要是企业之间实力的较量,也取决于决策者竞争的经验和谋略。

承包商参与投标报价的过程归根到底是竞标各方以各自实力为基础的博弈过程,因此在制定报价策略时不但应当正视自身的实力,更应当关注竞争对手的实力。在施工资质、技术素质、管理能力、施工经历和声誉等方面与竞争对手的对比将直接影响报价策略的制定,决策者必须根据企业自身的情况、对竞争对手的研究、针对业主的评标方法,选择合适的报价策略。

11.4.1 投标报价常用的策略与技巧

1) 不平衡报价法

不平衡报价法指在总报价基本确定的前提下,调整内部各个子项的报价,以期既不影响总报价,又在中标后满足资金周转的需要,获得较理想的经济效益。

通常下列情况可适用不平衡报价:

对能早日结账收回工程款的土方、基础等前期工程项目,单价可适当报高些;对设备安装、装饰等后期工程项目,单价可适当报低些。

对预计今后工程量可能会增加的项目,单价可适当报高些;而对工程量可能减少的项目,单价可适当报低些。

对设计图纸内容不明确或有错误,估计修改后工程量要增加的项目,单价可适当报高些;而对工程内容不明确的项目,单价可适当报低些。

对没有工程量只填报单价的项目,或招标人要求采用包干报价的项目,单价宜报高些;对其余项目,单价可适当报低些。

对暂定项目(任意项目或选择项目)中实施的可能性大的项目,单价可报高些;预计不一定实施的项目,单价可适当报低些。

下面以例 11.5 说明不平衡报价的计算运用。

例 11.5 某承包商参加某工程的投标,决定对其中部分子项采用不平衡报价,具体项目、单价见表 11.7。

表 11.7 调整前后价格表

编号	项目名称	单位	工程量	调整前		调整后	
				单价/元	合价/元	单价/元	合价/元
1	内墙粉刷	m^2	8.00	16.23	129.84	15.62	124.96
2	外墙涂料	m^2	28.39	273.27	7 758.13	263.17	7 471.38
3	挖基础土方	m^3	40.00	6.77	270.80	6.52	260.80
4	混凝土垫层	m^3	20.00	80.66	1 617.20	97.03	1 940.64
5	水泥面层	m^2	30.30	17.50	530.25	16.80	509.04
6	总价				10 306.22		10 306.22

承包商决定提高混凝土垫层单价,幅度20%,则费用调整为:

$$单价 = 80.86 \times (1 + 20\%) = 97.03(元)$$

$$合价 = 97.03 \times 20 = 1\,940.64(元)$$

则总价上升:1 940.64－1 617.20＝323.44(元)

为使总报价不变,则将增加部分平均分摊给其余各项目,其余部分下降系数:

$$下降系数 = \frac{调整增加额}{其余分项工程合价之和} = \frac{323.44}{10\,306.22 - 1\,617.2} = 0.037\,3$$

$$调值系数 = 1 - 下降系数$$

$$调整后单价 = 单价 \times 调值系数$$

$$如内墙粉刷调整后单价 = 16.23 \times (1 - 0.037\,3) = 15.62(元)$$

通过类推可得到其余项目调整后的单价,详见表11.7。

不平衡报价法的优点是有助于对各分项工程量表进行仔细校核和统筹分析,总价相对稳定。不会过高。缺点是单价调高报低的合理幅度难以掌握,单价报得过低会因执行中工程量增多而造成承包商损失,报得过高有可能遇到精明的业主会挑选报价过高的项目,要求投标人进行单价分析,并会对高价项目进行压价,而报价过低的项目业主则不管,以致投标人得不偿失,弄巧成拙。所以,不平衡报价不能过多或过于明显,不能出现明显的畸高畸低,以免引起业主反感而降低中标概率。

2) 突然降价法

报价是一件保密工作,但是投标人往往通过各种渠道、各种手段了解竞争对手情况,因此在报价时可以采用迷惑对手的方法,即先按一般情况报价或表现出自己对该项工程兴趣不大,将近投标截止日期时再突然降低报价。采用这种方法时,一定要在准确估价的基础上考虑好降价的幅度,在临近投标截止日之前,根据情报信息与分析判断,最后一刻出击,出奇制胜。

3) 多方案报价法

有些招标文件可能会出现工程表示不明确、条款不很清楚或不公正、技术规范要求过于苛刻等情况,这使投标人风险加大。为了减少风险就必须增大工程项目单价,增加"不可预见费",但这样又会提高报价。此时,可按多方案报价法处理。在标书上报两个单价,一是按照招标文件中的条件报一个单价,另一个是加注解的报价。如:"如果某些条款作……改变,则可降低报价多少。"以此吸引业主修改某些条款,达到接受报价的目的。

有时招标文件中规定,对招标项目可以提合理化建议,因为任何一项工程的设计,很难做到无懈可击。这时投标人应组织一批有经验的技术专家,对原招标文件的设计和施工方案仔细研究、分析、论证,如果发现该工程中某些设计不合理并可以改进,或利用某项新技术、新工艺能显著降低造价时,投标人除了按正规报价之外,应该另附上一个修改原设计的"建议方案"或"比较方案",提出更有效的措施,以降低造价和缩短工期。此举往往能引起业主的极大兴趣。如果“建议方案”合理，加上报价也合理，中标的可能性会大大提高。如深圳市国贸大厦，楼高 160 m，共 53 层，是当时全国最高建筑，该工程招标中，中建三局除按原招标文件常规支模现浇的施工方案报价外，又采用该公司擅长的滑模施工该项目的钢筋混凝土结构，并购置 2 台混凝土泵运送混凝土。在此新施工工艺的基础上提交了一个备选报价，结果中标，并创造了当时“3 天 1 层”的“深圳速度”。

采用此方法时，要注意对原方案也必须要报价，以供业主比较；对于建议方案，出于对自身利益的保护，不要写得太具体，保留方案的技术关键，以防止在自己不中标的情况下业主将此方案交给其他承包商；同时，建议方案一定要比较成熟，或过去有这方面的实践经验；如果仅为中标而匆忙提出一些没有把握的建议方案，可能会使自己在中标后的工程实施过程中处于被动地位，引起后患。

4）计日工的报价技巧

如果是单纯计日工的报价，且不计入总价，则可以高一些，以便在日后业主额外用工或使用机械时可以多盈利。但是，如果计日工计入总报价时，则须具体分析是否报高价，以免抬高总报价。总之，要分析业主在开工后可能使用的计日工数量，确定报价方针。

5）暂定工程量的报价技巧

暂定工程量有 3 种：

(1) 业主规定了暂定工程量的分项工作内容和暂定总价款，并规定所有投标人都必须在总价中加入固定金额，但由于分项工程量不很准确，允许将来按投标人所报单价和实际完成工程量付款。

这种情况由于暂定总价是固定的，对各投标人的总报价水平没有任何影响，因此，投标时应该对暂定工程量的单价适当提高。这样做既不会因为今后工程量变更而吃亏，也不会削弱投标报价的竞争力。

(2) 业主列出了暂定工程量的项目和数量，没有这些工程量的暂定总价款，要求投标人既列出单价，也要按暂定项目的数量计算总价。当然，将来结算付款可按完成工程量和所报单价支付。

这种情况投标人必须慎重考虑。若单价定得高，将会增大报价，影响投标报价的竞争力；若单价定得低，将来这类工程量增大了，将会影响收益。如果承包商估计今后实际工程量肯定会增大，则可适当提高单价，将来可增加额外收益；否则可以采用正常价格。

(3) 只有暂定工程的一笔固定金额，将来这笔金额做什么用由业主决定。这种情况对投标竞争没有实际意义，按招标文件要求将规定的暂定金额列入总报价即可。

6）其他策略技巧

除上述策略技巧外，有的承包商还采用开口升级报价法、扩大单价法的报价策略，有的采用聘请投标代理人、许诺优惠条件、开展公关活动等技巧。另外，承包商还可以采取信誉制胜、优势制胜、联合保标等策略。

上述策略与技巧是投标报价中经常采用的，施工投标报价是一项系统工程，报价策略与技巧的选择需要掌握充足的信息，更需要在投标实践中灵活使用，否则就可能导致投标失败。

11.4.2 投标报价中的期望利润法

在激烈的投标竞争中，如何战胜对手，是所有投标人在研究或想知道的问题。遗憾的是，至今还没有一个完整或可操作的答案。事实上，也不可能有答案。因为建筑市场的投标竞争千姿百态，无统一的模式可循。投标人也不可能用同一个手段或策略来参加所有的投标竞争。但只要我们掌握足够的信息资料，运用科学的分析方法，还是能找出一些有用的规律，这对投标人的决策十分有利。目前，世界银行和亚洲开发银行的贷款项目均采用公开竞标的形式选择承包商，即明确以最低评标价中标。我国的招标投标及配套法规也明确规定以经评审的最低投标价法作为我国主要的评标方法之一。在以最低投标价法作为评标方法的项目投标中，运用期望利润法来分析确定投标报价可取得较好的效果。

承包商参加投标后可能中标，也可能失标，且二者必居其一。若中标的概率为 P，则失标的概率为 $(1-P)$。如果中标，承包商将获得直接利润 I。$I=B-A$，其中 B 为报价，A 为工程估算成本。当然，估算成本不等于工程实际施工成本，但在制定投标报价决策时，只能以估算成本为依据计算工程中标后的直接利润和期望利润。而如果失标，则利润为零，且还要损失编标费。不同的报价将获得不同的直接利润，可将工程的直接利润看作随机变量。按照数学理论，不同的随机变量与对应发生概率乘积的和称为期望值。因此，投标工程在某报价下的期望利润公式为：

$$E=PI+(1-P)S \tag{11.14}$$

式中，S 为失标时参加投标活动的支出，当 S 远小于 I 时，可略去。为便于分析说明问题，本文将其略去。因此期望利润公式可简化为：

$$E=PI=P(B-A) \tag{11.15}$$

例 11.6 某承包商准备参加某工程的投标，该工程的估算成本为 200 万元，承包商对投标工程制订了 3 个报价方案，相关数据如表 11.8。根据表中数据可以算出各报价方案的期望利润。

表 11.8 期望利润计算表

方案	报价 B /万元	估算成本 A /万元	利润 I /万元	中标概率 P /万元	期望利润 E /万元
1	220	200	20	0.3	6
2	250	200	50	0.2	10
3	280	200	80	0.1	8

表中对 E 的计算结果表明，当采用方案 2 报价时，期望利润最高为 10 万元；若中标，可盈利 50 万元。因此，期望利润并非投标工程的直接利润，它是在可能中标情况下某报价方案的利润的期望值。通常在以最低投标价法作为评标方法的工程中，某方案报价低，则中标概率大，即中标的希望大；报价高，则中标概率小。而盈利的前提是中标，因此报价决策就是应用概率分析的方法，在中标机会与利润之间进行综合考虑权衡，选出具有最大期望利润的报价方案。

期望利润的理论前提是：承包商的报价必须低于其竞争对手的报价才能中标。为此，承包商在平时应做大量的工作，如注意记录以往投标报价中竞争对手的报价，对投标工程成本作出正确的估价，算出自己的报价低于对手的报价的概率以及不同报价的期望利润等。

在公开招标时，投标人在开标前可能不知道竞争对手的数量，也不知道谁是竞争对手，更不用说掌握竞争对手的报价信息或是目前的报价策略，这会影响承包商的报价决策。面对这种情况，可以采用平均对手的方式，即从竞争对手中选出一位“代表”，作为判断自己报价及如此报价中标概率的依据，一般选承包商自己较熟悉且有代表性的企业作为“代表”；或者可以假设竞争对手采用与己方同样水平的报价时，研究己方中标的概率。因为不同工程的估算成本、报价均不同，因此研究报价策略时用报价与估算成本的比值更为合适。

计算该企业(或承包商自己)在以往历次投标中的报价 B_1 与承包商估算成本 A 的比值，以及按各比值报价出现的概率 P_1。表 11.9 为某承包商掌握的作为其竞争对手代表的另一承包商企业的历史投标报价情况。

表 11.9 对手代表不同报价与估算成本概率表

B_1/A	0.85	0.95	1.05	1.15	1.25	1.35	1.45	1.55	合计
出现次数	1	2	8	14	23	20	8	2	78
概率 P_1	0.01	0.03	0.10	0.18	0.29	0.26	0.1	0.03	1.0

计算承包商报价低于竞争对手代表的中标概率及此时的直接利润，如果承包商用 B/A 值为 1.2 的报价方案，则此报价低于对手 B_1/A 为 1.25 的报价，此报价低于对手报价的概率为 $0.29+0.26+0.1+0.03=0.68$；利润为 $1.2A-A=0.2A$ 。表 11.10 为该承包商计算的低于对手代表的概率表和利润表。

表 11.10 承包商报价低于对手的概率利润表

B/A	0.80	0.90	1.00	1.10	1.20	1.30	1.40	1.50
概率 P_0	1	0.99	0.96	0.86	0.68	0.39	0.13	0.03
直接利润	$-0.2A$	$-0.1A$	0	$0.1A$	$0.2A$	$0.3A$	$0.4A$	$0.5A$

根据概率理论，若干个投标竞争对手的报价是互不相干的独立事件，它们同时出现的概率应等于其各自概率的乘积。如果投标时不能确切知道竞争对手数量，但又要考虑这

一因素的影响，就可以估计不同数量对手的可能性，即估计出竞争者出现不同数量的百分数，可用概率表示为

f_1——1个竞争对手出现的概率；

f_2——2个竞争对手出现的概率；

f_n——n个竞争对手出现的概率。

所有概率之和应等于1，即 $\sum f = 1$。

此时报价低于所有对手的概率可用下列公式求出：

$$P = f_1 \cdot P_0 + f_2 \cdot P_0^2 + \cdots + f_n \cdot P_0^n \tag{11.16}$$

设某承包商估计投标时可能出现四个竞争对手，假定 $f_1 = 0.2$，$f_2 = 0.3$，$f_3 = 0.3$，$f_4 = 0.2$。所以当承包商按1.2A报价时，

$$P_{1.2} = 0.2 \times 0.68 + 0.3 \times 0.68^2 + 0.3 \times 0.68^3 + 0.2 \times 0.68^4 = 0.41$$

表11.11为根据前面假设，计算出的承包商在各种报价下期望利润值。

表11.11　承包商报价期望利润

报价 B	报价低于对手代表的概率 P_0	报价低于所有对手的概率 P	利润 I	期望利润 E
0.8A	1	1	−0.2A	−0.2A
0.9A	0.99	0.975	−0.1A	−0.097 5A
1.0A	0.96	0.904	0.0A	0.00A
1.1A	0.86	0.694	0.1A	+0.069 4A
1.2A	0.68	0.412	0.2A	+0.082 4A
1.3A	0.39	0.146	0.3A	+0.043 8A
1.4A	0.13	0.031	0.4A	+0.012 4A
1.5A	0.03	0.006	0.5A	+0.003A

因此，该承包商应以估算成本的1.2倍报价最优，此时具有最大的期望利润 $E=0.082\,4A$。

该方法的应用需承包商积累大量的信息资料，还需在实践中不断积累总结经验。

11.4.3 复合标底的最优报价模型

复合标底可以有效地消除招标工程标底泄漏事件带来的不良后果，减小招标工作压力，杜绝暗箱操作。同时可以防止部分投标人恶性竞争，造成低价中标后无法正常履行合约等不良后果。复合标底由于中和了业主意愿及所有投标人的报价因素，故能够确保中标价的合理性，同时通过招标文件中规定复合标底适当的下浮率作为最优报价，复合标底

亦能够满足业主对项目的低价要求。投标人的报价既要依据过去的投标经验,还要对报价进行科学的预测、分析。

复合标底是指以某一标段的招标人标底乘上一定权数 ω 所得乘积与各投标单位的有效报价平均值乘上相应的权重 $(1-\omega)$ 所得乘积之和作为评标标底。业主对如何确定复合标底一般在招标文件中都明确规定,虽各有千秋,但其内涵基本一致,通常形式如下:

$$Y=\omega D+(1-\omega)B \tag{11.17}$$

式中:Y——复合标底;

ω——招标人标底在 Y 中所占权重;

D——招标人标底;

B——所有有效投标价平均值。

在商务报价评分中最优报价 X 得满分,故一般投标人策略是预测最优报价范围,根据企业成本及利润率接近最优报价下限进行报价,以提高商务标得分进而中标。因此复合标底下浮 k 后达到最优报价,即 $X=(1-k)Y$,此时该投标报价的商务报价评分达到满分,下浮率 k 会在招标文件中说明,同时,招标文件一般还会规定报价高于最优报价扣分比报价低于最优报价扣分高。因此,投标单位的报价越接近最优报价,报价得分就越高,就越容易中标。每个投标人都会面对同样的问题,都会对最优报价进行预测,这样所有的参与人都会预测一个最优报价均衡,这个均衡对所有的投标人是均等的,也是稳定的均衡,这也是复合标底可以进行分析预测的基础。复合标底下的最优报价方式推算如下:

$$Y=\frac{X}{1-k}=\omega D+(1-\omega)\cdot B=\omega D+(1-\omega)\frac{\sum_{i=1}^{n}b_i+X}{n+1} \tag{11.18}$$

式中:$\sum_{i=1}^{n}b_i$—— 除投标人以外 n 个竞争对手的报价之和,是变量;

D——招标人请当地咨询机构根据当地情况编制的标底,在此假设为不变量。

各投标人在制订报价时都以合理的下浮率逼近目标,逐步逼近预测的最优报价。由此上式可得到最优报价公式的推导思想:

第一步,假设 $b_i=(1-\omega)D$,代入上式,求出投标方报价 X_1;第二步,利用换位思想,假定 $b_i=X_1$,求出 X_2;第 $j+1$ 步,$b_i=X_j$,可得

$$X_{j+1}=\frac{\omega(1-k)(n+1)D}{n+k+\omega-k\omega}+\frac{n(1-k-\omega+k\omega)}{n+k+\omega-k\omega}X_j$$

它表示投标单位各竞争对手都可能按照招标方提出的最优报价按复合标底按降低 k 的报价时,投标方报价应满足的关系式。经过递推,如果 X_j 值稳定在一个确定数值 X^0 附近时,X^0 即可被认为是承包商最佳投标报价。

假设某承包商参加一项工程竞标,招标文件规定采用复合标底形式评标。评标时业主标底占总标价的 30%,最优报价为复合标底下浮 5%以上。估计业主标底可能为 800

万元，另外可能还有 3 个投标人。根据上述资料确定最佳报价。

设 $D=800$ 万元，$n=3$，b_1、b_2、b_3 为 3 个竞争对手报价，下浮率 $k=5\%$，业主标底在复合标底中的权重 $\omega=0.3$。

第一次计算时，$b_1=b_2=b_3=800\times(1-5\%)=760$（万元）

$$\frac{X_1}{1-5\%}=0.3\times800+(1-0.3)\frac{b_1+b_2+b_3+X_1}{3+1}，得\ X_1=728.096$$

第二次计算，$b_1=b_2=b_3=728.096$

$$X_2=\frac{0.3\times(1-5\%)\times(3+1)\times800}{3+5\%+0.3-5\%\times0.3}+\frac{3\times(1-5\%-0.3+5\%\times0.3)}{3+5\%+0.3-5\%\times0.3}\times$$

728.096，得 $X_2=709.011$

依此类推，计算至 12 次（结果见表 11.12），发现报价稳定在 680 万元附近的小范围内变化，因此可以确定最优投标报价应在业主提出标价的－14.9%～－15.0%范围内。上述方案假设业主标底为定值 800 万元，投标人对此假设应考虑风险，可进行业主标底价灵敏度分析，即 D 减少 1%、减少 2%、减少 3%时分别对应投标人的最优报价。完成灵敏度分析后对提出的最佳可能报价再次进行成本价格分析，若不出现亏本时，可采用作为报价方案。

表 11.12　最优报价迭代计算分析表

次数	业主标底	对手 1 报价	对手 2 报价	对手 3 报价	我方报价 X	$\frac{X-D}{D}\times100$
1	800	760	760	760	728.096	−8.988 01
2	800	728.096	728.096	728.096	709.011	−11.373 6
3	800	709.011	709.011	709.011	697.594 3	−12.800 7
4	800	697.59	697.59	697.59	690.762 2	−13.654 7
5	800	690.762 2	690.762 2	690.762 2	686.677 8	−14.165 3
6	800	686.677 8	686.677 8	686.677 8	684.234 5	−14.470 7
7	800	684.234 5	684.234 5	684.234 5	682.773	−14.653 4
8	800	682.773	682.773	682.773	681.898 7	−14.762 7
9	800	681.898 7	681.898 7	681.898 7	681.375 7	−14.828
10	800	681.375 7	681.375 7	681.375 7	681.062 8	−14.867 1
11	800	681.062 8	681.062 8	681.062 8	680.875 6	−14.890 5
12	800	680.875 6	680.875 6	680.875 6	680.763 7	−14.904 5

投标报价决策方面的研究成果很多，除本书介绍的分析模型外，还有多种分析复合标底投标报价的实用方法，读者在使用时应注意考虑将其与招标文件中规定的评标细则相适应，切不可生搬硬套。如有些招标文件规定投标报价超出复合标底某一区域作为废标，因此承包商应认真研究招标文件中的评标规则，针对性地选用合适的报价分析模型。工

程投标是一项系统工作，承包商要想在投标中击败对手而取胜，需要有一套自己的投标报价决策体系。需要承包商及时总结招标投标工作的经验，运用科学决策方法认真研究其特点和规律，才能在有利的条件下中标。当然，承包商本身具有的实力是所有投标报价策略的最有力的保障。

12 工程建设项目货物招标投标

12.1 工程建设项目货物招标概述

12.1.1 货物招投标概念

货物招标工程，是指招标人（发包人）将拟建工程的相关货物招标信息发布，吸引有承包能力的单位参与竞争，按照法定程序优选承包单位的法律活动。

货物招投标是对建设项目所需的建筑材料和设备进行的招投标，投标单位通常为材料供应商、成套设备供应商。货物的价格在整个工程建设造价中占有很大比例，货物材料的采购与控制涉及建设单位的经济利益，因此对货物招标环节的控制是工程造价控制的一个重要环节。

12.1.2 货物招标的主要内容

建筑工程货物招标主要是指建筑材料、设备的招标，其招标的范围和内容如下：

(1) 工程用料。包括土建及其他专业工程用料。

(2) 施工用料。包括周转使用的模板、脚手架、工具、安全防护网，以及消耗用料，如焊条、电石、氧气、钢丝等。

(3) 暂设工程用料。工地的活动房屋或固定房屋的材料、临时水电和道路工程及临时生产加工设施用料。

(4) 工程机械。各类土方机械、打桩机械、混凝土搅拌机械、超重机械、钢筋焊接机械、塔吊及维护备件等。

(5) 正式工程中的机电设备。建筑中的电梯、自动扶梯、备用电机、空气调节设备、水泵等。

(6) 其他辅助设备。包括办公家具、器具和试验设备等。

12.1.3 货物招标投标的特点

(1) 招标形式：一般优先考虑在国内招标。

(2) 品种多样：工程建设项目中材料和设备种类繁多。每一类别中都至少有着上百种不同品牌、不同质量、不同规格的产品。

(3) 技术专业:随着科学技术的不断发展,材料和设备的科技含量越来越高,技术水平也越来越复杂。要编制好招标文件,至少需要十余个或数十个技术参数。例如,电梯需要提供载重、梯速、层站、控制方式、电梯装饰、土建尺寸、使用功能、主要部件要求等必备的技术信息。这些技术参数在设计图纸上可能不能全部反映,需要招标工作人员花费大量的时间和精力去搜集专业技术信息进行招标文件的编制。

(4) 设计不充分:由于设计单位的局限性,设计采取粗线条的设计或说明,使一些主要材料和设备在设计上存在"先天不足",多数需要材料或设备厂家进行二次深化设计,以实现整体工程的质量要求和使用功能。

(5) 价格层次多样:因市场竞争激烈,再加上产品的多样性、复杂性,必然导致同类别、不同档次、多种品牌产品价格的层次性,造成同种品牌不同投标人报出不同的价格,增加招标评标的难度,有可能采购不到性价比最优的产品,还有可能给一些不法投标人提供围标、串标的可乘之机。

12.1.4 工程建设项目货物招标方式

1) 工程建设项目货物招标范围

中华人民共和国国家发展和改革委员会令第 16 号《必须招标的工程项目规定》自 2018 年 6 月 1 日起施行,其中第五条,本规定第二条至第四条规定范围内的项目,其勘察、设计、施工、监理以及与工程建设有关的重要设备、材料等的采购达到下列标准之一的,必须招标:(二)重要设备、材料等货物的采购,单项合同估算价在 200 万元人民币以上。

2) 工程建设项目货物招标方式

《工程建设项目货物招标投标办法》(七部委 27 号令)规定:货物招标分为公开招标和邀请招标两种方式。对于国务院发展改革部门确定的国家重点建设项目和各省、自治区、直辖市人民政府确定的地方重点建设项目,其货物采购应当公开招标,但是存在下列情形之一的,经批准可以进行邀请招标:

(1) 货物技术复杂或有特殊要求,只有少数几家潜在投标人可供选择的;

(2) 涉及国家安全、国家秘密或者抢险救灾,适宜招标但不宜公开招标的;

(3) 拟公开招标的费用与拟公开招标的节资相比,得不偿失的;

(4) 法律、行政法规规定不宜公开招标的。同时,国家重点建设项目货物的邀请招标,应当经国务院发展改革部门批准;地方重点建设项目货物的邀请招标,应当经省、自治区、直辖市人民政府批准。

3) 招标人的确定

《工程建设项目货物招标投标办法》(七部委 27 号令)中规定工程建设项目货物招标投标活动,依法由招标人负责。工程建设项目招标人对项目实行总承包招标时,未包括在总承包范围内的货物达到国家规定规模标准的,应当由工程建设项目招标人依法组织招标。工程建设项目招标人对项目实行总承包招标时,以暂估价形式包括在总承包范围内的货物达到国家规定规模标准的,应当由总承包中标人和工程建设项目招标人共同依法组织招标。双方当事人的风险和责任承担由合同约定。

12.1.5 货物招标投标的意义

(1) 形成了由市场定价的价格机制。货物招标投标基本形成了由市场定价的价格机制,使货物价格更加趋于合理。其最明显的表现是若干投标人之间出现激烈竞争,这种市场竞争最直接、最集中的表现就是在价格上的竞争。通过竞争确定货物价格,使其趋于合理或下降,这将有利于节约投资,提高投资效益。

(2) 货物价格更加符合价值基础。实行货物招标投标便于供求双方更好地进行相互选择,使价格更加符合价格基础,进而更好地控制造价。由于供求双方各自的出发点不同,存在利益矛盾因而单纯采用"一对一"的选择方式,成功的可能性较小。采用招投标方式就为供求双方较大范围内进行相互选择创造了条件,为业主与投标人在最佳点上结合提供了可能,业主对投标人的选择的基础出发点是"择优选择",即选择那些报价较低、供货期短、业绩良好、产品质量高的投标人,为合理控制造价奠定了基础。

(3) 贯彻公开、公平、公正的原则。实行货物招标投标有利于规范价格行为,使公开、公平、公正的原则得到贯彻,强有力地遏制腐败现象,使价格形成过程变得透明而规范。

12.1.6 货物供应方式的选定

(1) 承包方供应。即包工包料的承包方式,这种方式能充分调动承包单位的积极性,在材料质量的保障、供应时间和施工进度的协调方面也能得到保证。

(2) 建设单位供应。机电设备、大型工程设备,有的在工程设计时就需要事先确定技术性能、型号规格,有的需要进口,如电梯、空调系统的冷水机组等,需要由建设单位事先订货,在施工过程上提供给施工总承包方安装,或由设备生产厂商安装,施工总承包商配合安装。工程中用量最大的几种材料对工程造价影响较大,通常也可由建设单位供应。但由于承包方经常与材料供应商打交道,在价格上的优惠可能比建设单位供应时要大,同时,在运输、保管、移交过程中以及施工进度的配合上,如果采用建设单位供应的形式,建设单位不仅需要花费人力财力,质量保证难度反而增大,且易诱发和滋生腐败,也不利于调动承包方节约材料的积极性。

(3) 建设单位指定,承包方供应。在工程施工招标时明确某些设备、材料的品牌或供应商,施工承包商必须采购指定的品牌或由指定的供应商供应这些材料设备。这样建设单位可以免去许多不必要的麻烦,减少被施工承包方索赔的机会,又利于调动承包方的积极性,但必须防止这些供应商因此而哄抬供货价格,增加施工承包方不必要的成本。

(4) 承包方采购,建设单位认可。在施工招标中,设计图纸不可能把所有材料、设备的品牌、规格、型号等全部确定,建设单位在市场调查的基础上可以确定一个暂定价,要求承包方按这个暂定价报价,在施工阶段由施工方采购,建设单位参与,其采购产品设备的品牌、规格或型号及价格必须经建设单位认可后,承包方才实施采购。这种方式既调动了施工方的积极性,建设单位也能及时对这些材料的品牌、质量与价格方面进行把关。

12.2 货物招标投标人资格审查

12.2.1 资格审查的分类:资格预审和资格后审两种方法

(1) 资格预审是招标人通过发布资格预审公告,向不特定的潜在投标人发布投标邀请,由招标人或者由其依法组建的资格审查委员会按照资格预审文件确定的审查方法、资格条件以及审查标准,对资格预审申请人的经营资格、专业资质、财务状况、类似项目业绩、履约信誉等条件进行评审,以确定通过资格预审的申请人。未通过资格预审的申请人,不具有投标的资格。

(2) 资格后审是指在开标后由评标委员会对投标人进行的资格审查。采用资格后审时,招标人应当在开标后由评标委员会按照招标文件规定的标准和方法对投标人的资格进行审查。进行资格预审的,不再进行资格后审。资格后审是评标工作的一个重要内容和环节,对资格后审不合格的投标人,评标委员会应否决其投标。

资格审查标准应当具体明了,具有可操作性。

12.2.2 资格审查准备工作

审查委员会成员认真研究资格审查文件,了解和熟悉招标项目基本情况,掌握资格审查的标准和方法,熟悉本部分内容及附件中包括的资格审查表格的使用。然后,资格审查委员会对申请文件进行基础性数据分析和整理工作,从而发现并提取其中可能存在的理解偏差、明显文字错误、资料遗漏等明显异常的、非实质性的问题,决定是否需要申请人进行书面澄清或说明。

1) 初步审查标准

初步审查因素和审查标准是列举性的,并没有包括所有审查因素和标准,招标人应根据货物招标项目的具体特点和实际需要,进一步删减、补充或细化,初步审查的因素一般包括:

(1) 申请人名称。

(2) 申请函的签字盖章。

(3) 申请文件的格式。

(4) 联合体申请人。

(5) 资格审查申请文件的证明材料。

(6) 其他审查因素等。

审查委员会依据资格审查文件规定的标准,对资格审查文件进行初步审查,有任意一项因素不符合审查标准的,不能通过资格审查。

2) 详细审查标准

详细资格审查是对通过初步审查的资格审查申请文件进行详细审查,从申请人资质、财务、业绩、信誉、项目负责人的要求以及其他要求进行审查。每项因素都符合审查标准，才可以通过资格审查。

通过资格审查的申请人除应满足规定的审查标准外，不得存在下列任何一种情形：

(1) 不按审查委员会要求澄清或者说明的。

(2) 有申请人资格要求中禁止的任何一种情形的。

(3) 在资格预审过程中弄虚作假、行贿或有其他违法违规行为的。

3) 资格审查结果

(1) 提交书面审查报告

审查委员会按照程序对资格审查申请文件完成审查后，确定通过资格审查的申请人名单，并向招标人提交书面审查报告。

资格审查委员会提交的书面审查报告，主要包括以下基本内容：

① 基本情况和数据表。

② 资格审查委员会名单。

③ 澄清、说明、补正事项纪要等。

④ 审查过程、未通过资格审查的情况说明、通过评审的申请人名单。

⑤ 其他需要说明的问题。

(2) 重新进行资格审查或招标

通过资格审查的申请人数量不足 3 个的，招标人重新组织资格审查。

12.2.3 货物投标人资格审查应注意事项

1) 通过市场的调查确定主要实施经验方面的资格条件

实施经验是资格审查的重要条件，应依据拟招标货物的特点和规模进行建筑市场调查。调查与本项目相类似已完成和准备进行招标项目的企业资质和施工水平的状况，调查可能参与本货物项目的投标人数目等，依此确定实施本项目的企业资质和资格条件。该资质和资格条件既不能过高，减少竞争；也不能过低，增加评标工作量。

2) 资格审查文件的文字和条款要求严谨和明确

一旦发现条款中存在问题，特别是影响资格审查时，应及时修正和补遗。

3) 应公开资格审查的标准

将合格标准和评审内容明确地载明在资格审查文件里。即让所有投标人都知道资质和资格条件，以使他们有针对性地编制资格审查申请文件。评审时只能采用上述标准和评审内容，不得采用其他标准，限制、排斥其他潜在投标人。

12.3 货物采购招标文件

货物招标文件编制注意事项：

(1) 货物招标内容和范围

货物采购招标文件中应明确说明本次招标项目的具体内容和范围,以便投标人进行报价。主要包括设备供货、运输、搬运、吊装、安装、调试以及相关的技术指导、人员培训等。

(2) 进行必要的市场调研及考察

由于货物招标的特殊性,对于技术含量较高的货物招标项目应该到建筑材料和设备市场进行调查摸底,到各个投标生产厂家进行实地考察,对各家企业的综合实力以及所生产的产品进行深入的了解,将拟招标货物的档次、品牌、价位有个比较细致的了解,以完善招标文件,提高招标工作的成功率,避免在招标中陷入被动。

(3) 交货进度

招标文件中要详细说明交货的方式和地点,以及交货进度要求。包括主机、备品备件、专用工具的交货时间、安装调试时间要求等。

(4) 合同价格

在招标文件中应明确合同类型以及投标报价时投标人应考虑的费用,包括运杂费、税费、施工配合费、运输保险费等。

(5) 技术要求的制订

技术要求,又称技术说明书或技术规范,其作用是对图纸的补充及详细说明,设备技术要求书是招标人与参加投标的供应商、制造商之间,为实现订立设备、装置、机器、工具及其相关服务的买卖合同以及设备安装工程的承包合同等,当事人之间规定做成的有关技术要求事项的文书。在进行设备采购招标时,此技术文件是必须具备的,也是至关重要的。针对每一个不同的项目和不同的设备,其技术要求的编制要求有所不同,设备采购招标时应当根据项目的实际情况(如投资限额、技术先进性要求的标准、需要达到的使用效果等)来编制符合实际需要的技术规格书。

制作招标文件的技术要求部分,应当遵循以下原则:一是招标文件中不得在无任何理由的情况下,含有对某一特定的潜在投标人有利的技术要求;二是设备的招标人在编制招标文件技术要求时,只能提出性能、品质上的要求,及控制性的尺寸要求,不得提出具体的式样、外观上的要求,避免使用某一特定产品或生产企业的名称、商标、目录号、分类号、专利、设计等相关内容,不得要求或标明特定的生产供应者以及含有倾向或排斥潜在制造商、供应商的内容;三是编制技术要求时应慎重对待商标、制造商名称、产地等的出现,如果不引用这些名称或式样不足以说明买方的技术要求时,必须加上“与某某同等”的字样。

招标文件示例：

__________________电梯(项目名称)货物招标

招标文件

编号：××××××

招标人：________________________(公章)
法定代表人或其委托代理人：____________(签字或盖章)
招标代理机构：________________________
法定代表人或其委托代理人：____________(签字或盖章)

编制日期：二〇一　年　月

目　　录

第一章　招标公告

电梯(项目名称)货物招标公告

招标项目名称：
招标项目标书编号：

招标人名称：
招标人地址：

招标人联系方式：

招标代理机构全称：
招标代理机构地址：
招标代理机构联系方式：

招标内容：
项目实施地点：
计划供货周期：
简要技术要求：

投标人资格要求：

1. 投标人须具备 ____________资格条件,并具备承担本招标项目的相应能力。

2. 法定代表人为同一个人的两个及两个以上法人,母公司及其全资子公司、控股公司,不得同时参加本招标项目投标。

3. 本次招标 (接受或不接受)联合体投标。联合体投标的,应当满足下列要求：

(1) 联合体各方必须按招标文件提供的格式签订联合体协议书,明确联合体牵头人和各方的权利义务。

(2) 联合体各方不得在本项目中再以自己名义单独投标或者参加其他联合体投标。

4. 本次招标(接受或不接受)代理商投标。

(1) 代理商投标的,一个制造商对同一品牌同一型号的货物,仅能委托一个代理商参加投标。

(2) 若生产制造厂商直接参加投标的,则不得再授权代理商参加投标,若授权,则仅接受该厂商的投标,其授权的代理商投标将被拒绝。

报名及招标文件发售时间：

年 月 日至 年 月 日每天上午 9 时 00 分至 11 时 00 分、下午 14 时 30 分至 17 时 00 分(公休节假日除外)。

招标文件售价：________元/份,售出不退。图纸押金____________元,在退还图纸时退还(不计利息)。

投标截止时间： 年 月 日 时 分(北京时间)
开标时间： 年 月 日 时 分(北京时间)
开标地点：
评标方法及标准:详见招标文件

本公告发布媒体：

第二章　投标人须知

投标人须知前附表

条款号	条款名称	编列内容
1.1.1	招标人	名称：________ 地址：________ 联系人：________ 电话：________ 电子邮件：________ 传真：________
1.1.2	招标代理机构	名称：________ 地址：________ 联系人：________ 电话：________ 电子邮件：________ 传真：________
1.1.3	项目名称	电梯采购及安装项目
1.1.4	供货地点	
1.2.1	资金来源及出资比例	
1.2.2	资金落实情况	
1.3.1	招标范围	关于招标范围的详细说明见第五章“技术标准和要求”
1.3.2	计划供货周期	计划供货周期：____日历天 计划开始日期：____年____月____日 计划结束日期：____年____月____日
1.3.3	供货质量	合格
1.4.1	投标人资质条件	资质条件：同招标公告 财务要求：无 业绩要求：无 其他要求：无
1.4.2	是否接受联合体投标	同招标公告
1.4.3	是否接受代理商投标	同招标公告
1.9.1	是否组织踏勘现场	不组织
1.10.1	投标预备会	不召开
1.10.2	投标人提出问题的截止时间	递交投标文件截止之日15天前
1.10.3	招标人书面澄清的时间	递交投标文件截止之日15天前
1.11	偏离	□ 不允许 ■ 允许，可偏离的项目和范围见第五章“技术标准和要求”

（续表）

条款号	条款名称	编列内容
2.1	构成招标文件的其他材料	无
2.2.1	投标人要求澄清招标文件的截止时间	递交投标文件截止之日15天前
2.2.2	投标截止时间	同招标公告
2.2.3	投标人确认收到招标文件澄清的时间	收到澄清后24小时内(以发出时间为准)
2.3.2	投标人确认收到招标文件修改的时间	收到修改后24小时内(以发出时间为准)
3.1.1	构成投标文件的其他材料	招标文件要求提供的其他资料
3.1.4	是否提交样品	■ 否 □ 是,提交样品的具体要求： ____________________
3.2.3	最高投标限价	人民币：____________元 大　写：____________
3.3.1	投标有效期	60 天
3.4.1	投标保证金	(1) 金额：________ (2) 递交形式：转账(以银行转账凭证为准),须从投标人基本账户转出 (3) 投标人应在投标截止时间前,将投标保证金交至以下账户(以到账时间为准)： 开户名称： 开户银行： 账号： 附加信息：____(项目名称)投标保证金 (4) 开标当天,投标人需递交投标保证金转账单复印件,以便于及时退还保证金
3.5.1	投标人基本情况应附资料要求	投标人营业执照、税务登记证副本等材料的复印件
3.5.2	近年财务状况应附资料及年份要求	(1) 证明资料：经会计师事务所或审计机构审计的财务会计报表,包括资产负债表、现金流量表、利润表和财务情况说明书的复印件 (2) 年份要求：________年
3.5.3	近年类似供货项目 应附证明资料及年份要求	(1) 证明资料：中标公示和合同协议书复印件 中标公示要求：以国家或项目所在地省级部门依法确定的招标信息发布媒体上的中标公示内容为准(附公示网站网址备查) (2) 年份要求：____________年
3.6.3	签字或盖章要求	按“投标文件格式”中指定的位置和要求签字或盖章
3.6.4	投标文件副本份数	叁份

（续表）

条款号	条款名称	编列内容
3.6.5	装订要求	投标文件的正本与副本应采用 A4 纸印刷(图表页可例外)，分别采用胶装形式装订成册，编制目录和页码，并不得采用活页装订
4.1.2	封套上应写明的其他内容	招标人地址： 招标人名称： ____(项目及标段名称)____投标文件 在____年____月____日____时____分前不得开启
4.2.2	递交投标文件的地点	
4.2.3	是否退还投标文件	否
5.1.1	开标时间和地点	开标时间：同投标截止时间 开标地点：同递交投标文件地点
5.2	开标程序	密封情况检查：由投标人或者其推选的代表检查投标文件的密封情况 开标顺序：按递交投标文件的逆顺序宣读
6.1.1	评标委员会的组建	评标委员会构成：__5__人，其中技术、经济、管理等方面的专家不少于成员总数的三分之二 评标专家确定方式：评标专家库中随机抽取确定
7.1	中标人的确定	招标人从评标委员会推荐的 3 名中标候选人中，确定排名第一的中标候选人为中标人。中标人因自身原因放弃中标的，招标人可以确定排位在中标人之后第一位的中标候选人为中标人，以此类推
7.4.1	履约担保	□ 否 ■ 是，签订合同时投标人提交中标价 10%的银行履约担保，同时招标人提供货物款支付担保
7.5	合同签订时间	(1) 自中标通知书发出之日起__30__天内 (2) 因中标人原因，未在规定时间内签订合同的，招标人可以与排位在中标人之后第一位的中标候选人签订合同，以此类推
10	需要补充的其他内容	
10.1	付款方式：	
10.2	质量保证金：中标合同金额的__3__%	
10.3	质量保证期：不少于____个月(自交货并验收合格之日起计)	
10.4	货物的交付：(1) 交货期：签订合同后____个工作日内 (2) 交货方式：现场交货	

（续表）

条款号	条款名称	编列内容
10.5	类似项目的定义： ________________________	
10.6	投标人代表出席开标会： 按照本须知第 5.1 款的规定，招标人邀请所有投标人的法定代表人或其委托代理人参加开标会。投标人的法定代表人或其委托代理人应当按时参加开标会，并在招标人按开标程序进行点名时，向招标人提交法定代表人身份证明文件或法定代表人授权委托书（具体格式见本招标文件第六章“投标文件格式”）、出示本人身份证，以证明其出席，并符合本须知第 5.1 款参加人员的规定。否则，其投标文件将被拒收	
10.6	招标代理服务费： 依据《招标代理服务收费管理暂行办法》（计价格〔2002〕1980 号）、《关于招标代理服务费收费有关问题的通知》（发改办价格〔2003〕857 号文）、《国家发展改革委关于进一步放开建设项目专业服务价格的通知（发改价格〔2015〕299 号）》，本工程招标代理服务费由中标人支付	
10.7	解释权： 构成本招标文件的各个组成文件应互为解释，互为说明；如有不明确或不一致，构成合同文件组成内容的，以合同文件约定内容为准，且以专用合同条款约定的合同文件优先顺序解释；除招标文件中有特别规定外，仅适用于招标投标阶段的规定，按招标公告（投标邀请书）、投标人须知、评标办法、投标文件格式的先后顺序解释；同一组成文件中就同一事项的规定或约定不一致的，以编排顺序在后者为准；同一组成文件不同版本之间有不一致的，以形成时间在后者为准。按本款前述规定仍不能形成结论的，由招标人负责解释	
11	是否采用电子化招标投标	不采用

第三章　评标办法(综合评估法)

评标办法前附表

前附表 1：形式评审和资格评审标准

条款号		评审因素	评审标准
2.1.1	形式评审标准	(1) 投标人名称	与营业执照、税务登记证等证明资料一致
		(2) 投标函签字盖章	有法定代表人或其委托代理人签字（或盖章）并加盖单位章
		(3) 投标文件格式	符合第六章“投标文件格式”的要求，投标文件组成齐全完整，内容均按规定填写
		(4) 法定代表人身份证明或授权委托书	投标人法定代表人若亲自签署投标文件的，需提供法定代表人身份证明；投标人法定代表人的授权代理人，需提交附有法定代表人身份证明的授权委托书
		(5) 报价唯一	只能有一个有效报价

（续表）

条款号		评审因素	评审标准
2.1.2	资格评审标准	(1) 营业执照副本	有，符合本文件要求
		(2) 税务登记证副本	符合第二章“投标人须知”第1.4.1项规定
		(3) 财务要求（财务会计报表）	符合第二章“投标人须知”第1.4.1项规定
		(4) 近三年重大违法记录信息	未被列入全国企业信用信息公示系统经营异常名录或严重违法企业名单（附企业登记信息、经营异常信息和严重违法信息查询表）
		(5) 代理商投标要求	符合第二章“投标人须知”第1.4.3项要求

前附表2：响应性评审标准

条款号	评审因素	评审标准
2.1.3	投标报价	投标人的投标报价不能超出（不含等于）最高投标限价，超出最高限价按废标处理
	投标内容	符合第二章“投标人须知”1.3.1“本次招标范围”：见投标人须知前附表
	计划供货周期	符合第二章“投标人须知”1.3.2“计划供货周期”：见投标人须知前附表
	供货质量	符合第二章“投标人须知”1.3.3“供货质量”：见投标人须知前附表
	投标有效期	符合第二章“投标人须知”3.3.1，除投标人须知前附表另有规定外，投标有效期为60天
	投标保证金	符合第二章“投标人须知”3.4.1，投标人须知前附表规定递交投标保证金的，投标人在递交投标文件的同时，应按投标人须知前附表规定的金额、形式、账号、时间递交投标保证金，并作为其投标文件的组成部分。联合体投标的，其投标保证金由牵头人递交，并应符合投标人须知前附表的规定
	已标价的货物清单	符合第五章“技术标准和要求”“招标货物一览表”给出的范围及数量
	技术标准和要求	符合第五章“技术标准和要求”相关条款的规定

前附表3：分值构成与评分标准

条款号	条款内容	编列内容
2.2.1	分值构成（总分100分）	(1) 技术部分权值：______% (2) 投标报价权值：______%

（续表）

条款号	条款内容	编列内容
2.2.2	评标基准价计算方法	1. 有效投标报价是指通过初步评审的报价 2. 评标基准价＝各有效投标报价去掉最高和最低各 N 家后的投标总报价的算术平均值，其中 N 值为： (1) 当通过初步评审的投标人数量＜7 家时，评标基准价＝所有有效投标报价的算术平均值； (2) 当通过初步评审的投标人数量≥7 家且＜9 家时，去掉 1 个最高报价和 1 个最低报价； (3) 当通过初步评审的投标人数量≥9 家时，去掉 2 个最高报价和 2 个最低报价
2.2.3	投标报价的偏差率计算公式	投标报价的偏差率＝100％ ×（投标人投标报价 － 评标基准价）/评标基准价

条款号	评分因素		评分标准	
2.2.4(1)	技术部分评审（100 分）	主要技术参数情况（25 分）	能较好地满足本工程要求	16.1～25
			能满足本工程要求	8.1～16.0
			基本能满足本工程要求	0～8.0
		质量保证措施（25 分）	先进、措施合理	16.1～25
			基本满足要求、措施基本合理	8.1～16.0
			措施不完全满足要求	0～8.0
		供货计划（15 分）	先进、措施合理	10.1～15
			基本满足要求、措施基本合理	5.1～10.0
			措施不完全满足要求	0～5.0
		售后服务及承诺（25 分）	售后服务业绩优良，对本采购订立的方案优良	16.1～25
			售后服务业绩一般，对本采购订立的方案合理	8.1～16.0
			售后服务业绩一般，对本采购订立的方案欠佳	0～8.0
		近三年同类业绩（5 分）	每有一项得 1 分，最高 5 分	0～5.0
		样品（如有）（5 分）	根据招标文件规定的相应技术指标、参数以及样品实物的优劣据实打分	0～5.0
2.2.4(2)	投标报价评审标准	偏差率	(1) 如果投标人的投标报价＞评标基准价，则：投标报价得分＝(100－偏差率×100×E_1)×______％(权值) (2) 如果投标人的投标报价≤评标基准价，则投标报价得分＝(100＋偏差率×100×E_2)×______％(权值) 其中，E_1＝2，E_2＝1	

注：① 每项内容只允许打一次分，超出时打分无效，缺项得零分，未按本规则打分无效。

② 技术标得分等于计分人的有效评分的加权平均值乘以权值。

第四章　合同条款(略)

第五章　技术标准和要求

(一) 招标电梯基本要求

1	用途	观光电梯
2	速度/m/s	≥1.0
3	载重/kg	≥800
4	层/站/门	3/3/3
5	台数	1
6	底坑深度/mm	以现场测量为准
7	顶层高度/mm	以现场测量为准
8	井道尺寸/mm	以现场测量为准
9	轿厢净尺寸/mm	以现场测量为准
10	开门尺寸/mm	以现场测量为准
11	控制方式	单控
12	曳引机	永磁同步无齿轮曳引机，原厂原品牌
13	开门方式	自动中分，要求门机原厂原品牌

(二) 技术规格及要求

性能参数及规范要求如下：

1. 驱动方式：交流变频变压调速(VVVF)。

2. 控制方式：全电脑串行通讯控制。

3. 供电电源：交流三相 380±7%，50 Hz；交流单机 220±7%，50 Hz。

4. 轿厢要求

轿内天花：按标准配置。

轿门：发纹不锈钢。

轿壁：南面轿壁为观光玻璃，其余为发纹不锈钢。

厢顶：配轴流吹风机、启动运行平稳。

地坎：用硬质耐磨铝型材。

轿厢地面：整块防滑花岗岩。

操作箱：双操纵，面板采用整块石材，高档按钮。

门系统防夹保护：红外线光幕二合一保护装置，选用知名品牌。

称重装置：有超重显示或提示。

监控线：随行电缆中应配一根屏蔽监控软线缆，便于在轿厢中安装监控探头。

轿厢装潢:普通装修。

轿厢尺寸:按实际预留井道和土建图制作,符合国家规范标准要求。

5. 门厅要求

开门方式:中分式。

厅门:各层均为发纹不锈钢板厅门。

门套:各层均为发纹不锈钢门套。

讯号板:微触按钮,面板为发纹不锈钢。

层站位置指示器:每层配置楼层显示,位置为侧置。

消防开关:每梯首层配置。

休机开关:基站配置。

6. 主要功能要求

语音报层、背景音乐。

有无司机两用功能。

各层层站显示功能。

消防功能。

故障代码自动显示功能。

关门受阻自动反向保护功能。

电梯运行次数记忆功能。

电梯运转时间登记功能。

自动开门功能。

厅外及电梯内层站示意。

厅外及电梯内方向示意。

机房检修操作功能。

轿顶优先操作功能。

电梯开门不运行保护功能。

电梯紧急停车保护系统。

电梯警铃。

电梯终端保护系统。

满载直驶。

通风系统。

停机开关。

到站讯号显示。

超载停驶或超载报警。

轿厢内有紧急照明。

门光幕系统(120 束以上)。

节能、泊梯、休梯功能。

检修操作系统，轿厢内、顶均设“检修”运行开关。

（三）安装及调试要求

1. 安装及调试

(1) 能保证电梯的正常安装、调试和运行的整套附件、配套件和材料的详细清单和报价。

(2) 提供电梯运行二年所需的易损件和备件的详细清单和报价。

(3) 维修专用工具的详细清单。

(4) 供方负责进行设备安装调试，不得转包；安装调试本设备人员操作证及安装工作计划。

(5) 负责对需方的设备维修管理人员免费进行现场培训，并在投标文件中提供详细的授课安排，授课师资配备、时间、地点及学员数量的说明。

2. 技术服务要求

(1) 设备到货后应免费派员安装、调试。

(2) 投标方应提供必备的技术资料

① 提供全部的技术资料(测试报告、各项测试数据、产品合格证书)。

② 提供设备安装图及电气线路图和主要零部件的技术性能参数(列出清单)。

③ 提供保养、维修操作规程、设备保修期限，保修期从有关部门验收合格之日起算。

④ 提供特殊件及配套件的清单、技术参数及生产单位名录。

⑤ 提供由独立的商检机构开具的所有设备及关键件的原产地证明。

（四）有关说明

1. 投标单位应为采购方提供本次招标产品的安装、调试、维修保养一条龙服务。

2. 投标企业须保障采购方在使用该设备或其任何一部分时不受到第三方关于侵犯专利权、商标权或工业设计权的指控。如果任何第三方提出侵权指控，投标方须与第三方交涉，并承担可能发生的一切费用。如采购方因此而遭致损失的，供方应赔偿该损失。

3. 设备安装调试完成后，供方需提供设备质保书、保修证明等书面资料，并报请当地有关部门进行检测验收。

第六章　投标文件格式(略)

12.4　工程建设项目货物招标开标、评标与定标

12.4.1　开标

招标代理机构将在招标文件中规定的提交投标文件截止时间的同一时间和确定的地点开标。

招标人代表、投标人代表及相关纪律监督部门准时参加，并在会议签到簿上签到。

会议主持人按规定时间宣布开标会议开始。介绍到会单位、参与人员、宣布评标办法、评标纪律。开标会议宣布开始后，首先由会议主持人致辞并介绍投标单位、招标人代表以及相关监督人员，然后当众宣读评标原则以及确定中标人的办法。

检查投标的密封情况。由投标人代表检查投标文件的密封情况，由代理人员在所有到场人员的共同都督下当众拆封，并由招投标双方代表和监督人员签字。

12.4.2 评标

1) 组建评标机构

评标由评标委员会负责。评标委员会应由招标代表和有关技术、经济等专业专家5人以上的单数组成，并且技术、经济方面的专家不得少于成员总数的2/3。评标专家组成可由江苏省政府采购评审专家管理系统中抽取。

2) 评标程序

(1) 初审。包括投标资格审查和符合性检查。资格审查是对投标文件中资质证明、投标保证金等进行审查，以确定投标人是否具备投标资格；符合性审查是对投标有效性、完整性和对照表文件的响应程序进行审查，以确定是否对招标文件的实质性要求作出响应。

(2) 技术、商务评审。技术评审主要对投标货物的规格、性能、技术指标与招标的响应性进行审查。对于非标产品，不同厂家的技术参数与招标文件的要求会产生偏离，在允许范围内的技术偏离是可以接受的。同时评标委员会可以针对投标文件中的有关问题向投标单位提出澄清的要求，投标人应当予以解答。商务评审主要对交货期、质量保证期、付款方式及期限、售后服务内容及响应时间、技术服务以及人员培训是否满足招标文件的规定进行审查，综合比较和评估。

12.4.3 定标

(1) 推荐中标候选人。评标委员会完成评标后，向招标人提交书面评审报告。评标委员会在书面评审报告中推荐不少于3家的中标候选人，并标注排列顺序。招标人应当接受评标委员会推荐的中标候选人，不得在评标委员会推荐的中标候选人之外确定中标人。

(2) 发送成交通知书。确定中标人后，招标人将在投标有效期之前向中标人发出成交通知书。成交通知书是合同的一个组成部分，对招标人和中标人具有法律效力。中标通知书发出后，招标人改变中标结果的，或者中标人放弃中标标的的，应当依法承担法律责任。

(3) 签订合同。招标人和中标人应当自中标通知书发出之日起30日内，按照招标文件和中标人的投标文件订立书面合同。招标人和中标人不得再行订立背离合同实质性内容的其他协议。

12.5 案例:某学校智能化系统集成项目招标

为实现教育现代化,某校决定对智能化系统集成项目进行招标,代理公司接受委托后,制作了招标文件,并按规定发布了招标公告。本项目共有 9 家投标单位报名,发放了 9 份招标文件 。投标截止时间前,共有 5 家投标单位递交了投标文件。经资格审查,技术标、商务标、报价等程序后,评委一致推荐,招标人同意后确定推荐某公司为项目的第一中标候选人。

中标公示期间,有投标单位提出以下质疑:

(1) 报名期间,招标代理公司要求该项目同一地点使用的设备同品牌、同型号投标人只能有一家报名,但招标文件中没有明示。

(2) 中标单位在现场演示所用及投标文件中所承诺提供的投影机为进口产品。

收到质疑后,代理公司十分重视,组织专门力量对招标文件及招标过程进行了认真的研读和回顾,并征求了招标人的意见,投影机为进口产品的质疑成立,最终宣布本项目为废标。

本项目报名参与投标的单位比较多,预计本项目会有很高的竞争性强度。招标结果以废标告终,既浪费了社会资源又浪费了人力成本,并不符合招标人的期望。事后代理公司整理出以下几点总结:

(1) 关于进口产品如何认定的问题

招标文件资格条件中明确规定:"本次招标不接受进口产品投标。"那么为什么会出现"中标单位在现场演示所用及招标文件中所承诺的投影机为进口产品"的质疑呢?

这里首先有一个关于进口产品如何认定的问题。在本项目是否可以认为是进口产品投标的认定过程中,曾经产生过争议。投影机只是本项目的一个组成部分,有意见认为:不能以项目一个组成部分为进口产品来否定整个项目。为此,招标人请教了有关专家,说法不一。主要有两种观点:一是主张废标,理由是投影机是整个项目的一个核心部件,且该产品从本系统分离后,可以作为一个单独的产品销售;二是不主张废标,理由是投影机造价只占整个项目的 10%~15%,且核心部件不止这一个。

就此问题,招标人查询了相关法规,江苏省财政厅对此并无明确规定。浙江省财政厅在浙财采〔2015〕51 号《进一步加强政府采购进口产品管理的通知》中这样表述:"八、集成项目中部分设备拟采购进口产品的,若进口设备为该集成项目的关键核心部分,或进口设备的采购金额达到政府采购限额标准或占集成项目总金额 50%以上的,该部分设备应履行政府采购进口产品审核手续。"

经过综合分析、慎重考虑,招标人采纳了第一种意见,即:投影机是整个项目的一个核心部件,且该产品从本系统分离后,可以作为一个单独的产品销售。故作出了对该项目予以废标的决定。

(2) 关于对投标单位的授权限制问题

就代理公司要求同一地点设备同品牌、同型号投标人只能有一家报名，但招标文件中没有明示这一问题，招标人最终答复不予受理。

原因主要有以下两点：

① 质疑主体不成立。招标文件中明确规定，投标人认为招标文件、招标过程、中标和中标公示使自己的合法权益受到损害的，应当首先依法向招标人、招标代理机构提出质疑。但在本案例中，质疑投标人全程参与了投标，且未因授权问题被限制投标或宣布为废标，其合法权益未受损害，因而不具备质疑主体资格。

② 招标文件中明确规定：任何对招标文件有疑问的投标人，均应在招标文件规定的时间节点前将疑问以书面形式通知代理机构，在此时间节点前收到的澄清要求，招标代理公司将在发布公告的网站上进行澄清。答复中包括投标人提出的问题，但不包括问题的来源。在报名期间，招标代理公司要求同一地点设备同品牌、同型号投标人只能有一家报名，并没有任何一家投标单位提出书面澄清要求，且全部依照要求完成了报名。

(3) 本案例招标过程的反思

① 招标代理公司在制作招标文件时对于招标文件的技术部分和设备需求部分基本沿用了招标人提供的参数和清单，而招标人在明知投影机参数要求为进口产品的情况下，仍将其作为推荐使用产品列入了采购清单。因此，代理公司在制作招标文件时，不能完全依赖于招标人提供的资料，对于招标人的采购需求，代理机构应深入市场进行了解，尤其是电子产品，不同品牌、不同产品的功能、产地等差别很大。这样有利于制作招标文件，保证项目的顺利实施。

② 应充分考虑投标人存在的博弈心理。就本项目而言，在有多家投标人参加投标的项目中没有一家投标人对进口产品提出疑问。而在事后的调查中，代理机构了解到，该质疑投标人明知招标文件存在矛盾之处，也明知投影机参数为进口产品，其故意不提出疑问的原因是：假若自己中标，则佯装不知；一旦自己未中标，则将招标文件有重大缺陷提出，要求招标人废标。

③ 对于投标人的授权要规范。关于投标人的授权问题，招标人期望的竞争是指符合招标人招标需求的不同品牌或者不同生产制造商之间的竞争，原则上同一品牌同一型号产品只能有一家投标人，但应当在招标文件中作出明确规定。

13　招标投标阶段的合同管理

13.1　概述

13.1.1　工程合同的形成过程

合同形成阶段主要是合同的订立过程。《合同法》规定，"当事人订立合同，采取要约、承诺方式"。但工程合同作为一种特殊的合同形式，它的订立一般都通过招标投标方式进行的。在这个阶段业主作为发包人，承包商作为投标人，他们主要有以下几方面工作：

1) 工程招标工作

工程招标是业主的要约邀请。业主发出招标公告或招标邀请，起草招标文件，对投标人进行资格审查，并向通过资格预审的投标人发售招标文件，举行标前会议，带领投标人勘察现场，直到投标截止。

2) 投标人的投标工作

这项工作从投标人取得招标文件开始，到开标为止。

投标人在通过业主的资格预审后，获取招标文件；并进行详细的环境调查；分析招标文件，确定工程范围、责任；制定完成合同责任的实施方案；在此基础上进行工程预算。投标人必须全面响应招标文件的要求，提出有竞争力的同时又是有利的报价，在招标文件规定的投标截止期内，按规定的要求递交投标书。

投标书作为要约文件，在投标截止期后投标人必须对它承担法律责任。

3) 双方商签合同

从开标到正式签订合同是商签合同阶段。这个阶段的工作通常分为两步：

(1) 开标后，业主对各投标书作初评，宣布一些不符合招标规定的投标书为废标；选择几个报价低而合理，同时又有能力的投标人的投标书进行重点研究，对比分析(清标)；并要求投标人澄清投标书中的问题。

业主通过对投标文件的全面评审，选定中标人。

(2) 签订合同。业主发出中标函，中标函是业主的承诺书。至此投标人通过竞争，战胜其他竞争对手，为业主选中。该中标人即是工程的承包商。

按照工程惯例，双方还要签署协议书，作为正式的合同文件。通常在中标函发出后，合同签订前，当事人双方还可能进行标后谈判，对合同条款进行修改和补充，在其中可能有许多“新要约”，最终才达成一致，签订合同协议书。至此，一个有法律约束力的工程合同诞生。

13.1.2 工程合同的内容

1) 工程合同的内容

按照合同法，合同的主要内容包括当事人、标的、数量和质量、价款或酬金、履行的地点、期限和方式、违约责任和争议的解决方式等。由于工程合同的标的物、工程合同履行过程的特殊性和复杂性，工程合同的内容十分复杂，由许多文件构成。它通常包括：

(1) 合同协议书和合同条件。它们主要包括对合同双方责权利关系、工程的实施和管理的一些主要问题的规定，是工程合同最核心的内容。

(2) 对要完成的合同标的物(工程、供应或服务)的范围、技术标准、实施方法等方面的规定。通常由业主要求、图纸、规范、工程量表、供应表、工作量清单等表示。

(3) 在合同签订过程中形成的其他有法律约束力的文件，如中标函、投标书等。

2) 合同文件的优先次序

工程合同是由许多文件组成的，在合同条件中各文件的优先次序如下：

(1) 协议书。

(2) 中标通知。

(3) 投标函及附录。

(4) 合同专用条件。

(5) 合同通用条件。

(6) 规范、标准。

(7) 图纸。

(8) 工作量清单。

(9) 工程报价单或预算书。

3) 国内外主要的标准合同文本

(1) 我国建设工程合同示范文本

近20年来，我国在工程合同文本的标准化方面做了许多工作，颁布了一些合同范本。其中最重要也最典型的是1991年颁布的《建设工程施工合同示范文本》(GF—91—0201)，它作为在我国国内工程中使用最广的施工合同标准文本，经过10年的使用，人们已积累了丰富的经验。在此合同示范文本的基础上，于1999年颁布了《建设工程施工合同(示范文本)》(GF—99—0201)。以后我国陆续颁布了《建筑工程施工专业分包合同示范文本》《建筑工程施工劳务分包合同示范文本》等。

为了适应新时代工程建设及法律法规的要求，我国于2013年颁布了《建设工程施工合同(示范文本)》(GF—2013—0201)。2017年对2013版施工合同进行了局部修订，形成《建设工程施工合同(示范文本)》(GF—2017—0201)。

(2) FIDIC合同条件

FIDIC是国际咨询工程师联合会(Fédération Internationale Des Ingénieurs Conseils)的法文缩写。FIDIC合同条件是在长期的国际工程实践中形成并逐渐发展和成熟起来的国际工程惯例,是国际工程中普遍采用的、标准化的、典型的合同文件。任何要进入国际承包市场,参加国际投标竞争的承包商和工程师,以及面向国际招标的工程的业主,都必须精通和掌握FIDIC合同条件。

FIDIC条件的标准文本由英语写成。它不仅适用于国际工程,对它稍加修改即可适用国内工程。由于它在国际工程中被广泛承认和采用,因此人们将这些合同条件称为"FIDIC合同条件"或"FIDIC条件"。

① FIDIC条件的发展过程

FIDIC土木工程施工合同条件第1版在1957年颁布。由于当时国际承包工程迅速发展,需要一个统一的、标准的合同条件。FIDIC合同第1版是以英国土木工程施工合同条件(ICE)的格式为蓝本,所以它反映出来的传统、法律制度和语言表达都具有英国特色。

1963年,FIDIC第2版问世。它没有改变第1版所包含的条件,仅对通用条款做了一些具体变动,同时在第1版的基础上增加了疏浚和填筑工程的合同条件作为第三部分。

1977年,FIDIC合同条件做了再次修改,同时配套出版了一本解释性文件,即"土木工程合同文件注释"。

1987年颁发了FIDIC第4版,并于1989年出版了《土木工程施工合同条件应用指南》。

直到1999年以前,该联合会共制定和颁布了《土木工程施工合同条件》《电气和机械工程施工合同条件》《业主和咨询工程师协议书国际通用规则》《设计—建造与交钥匙工程合同条件》《工程施工分包合同条件》等合同系列。

1999年FIDIC又将这些合同体系做了重大修改,以新的第1版的形式颁布了如下几个合同条件文本:

a. 施工合同条件(Conditions of Contract for Construction)。该合同主要用于由业主提供设计的房屋建筑工程和土木工程,以竞争性招标投标方式选择承包商,合同履行过程中采用以工程师为核心的工程项目管理模式。

b. 永久设备和设计—建造合同条件(Conditions of Contract for Plant and Design Build)。承包商的基本义务是完成永久设备的设计、制造和安装。

c. "设计—采购—施工"(EPC)交钥匙项目合同条件(Conditions of Contract for EPC Turnkey Projects)。它通常适于工厂建设项目,承包商的承包范围包含了项目的策划、设计、采购、建造、安装、试运行等在内的全过程。

d. 合同的简短格式(Short Form of Contract)。该合同条件主要适用于价值较低或形式简单、或重复性的、或工期短的房屋建筑和土木工程。

② FIDIC合同条件的特点

FIDIC条件经过40多年的使用和几次修改,已逐渐形成了一个非常科学、严密的体系。

新的 FIDIC 合同条件反映国际上项目管理新的理念、理论和方法。它具有如下特点：

a. 科学地反映了国际工程中的一些普遍做法，反映了最新的工程管理程序和方法，有普遍的适用性。所以，许多国家起草自己的合同条件都以 FIDIC 合同作为蓝本。

b. 条款齐全，内容完整，对工程施工中可能遇到的各种情况都做了描述和规定。对一些问题的处理方法都规定得非常具体和详细，如保函的出具和批准、风险的分配、工程量计量程序、工程进度款支付程序、完工结算和最终结算程序、索赔程序、争执解决程序等。

c. 它所确定的工作程序和方法已十分严密和科学；文本条理清楚、详细和实用；语言更加现代化，更容易被工程人员理解。

d. 适用范围广。FIDIC 作为国际工程惯例，具有普遍的适用性。它不仅适用于国际工程，稍加修改后即可适用于国内工程。它的每次修改都包容国际上新的做法。

在许多工程中，业主按需要起草合同文本，通常都以 FIDIC 作为参照本。

e. 公正性，合理性，比较科学、公正地反映合同双方的经济责权利关系。

合理地分配合同范围内工程施工的工作和责任，使合同双方能公平地运用合同进行有效、有力地协调，这样能高效率地完成工程任务，能提高工程的整体效益。

合理地分配工程风险和义务，例如明确规定了业主和承包商各自的风险范围、业主和承包商各自的违约责任、承包商的索赔权等。

(3) ICE 合同文本

ICE 为英国土木工程师学会(The Institution of Civil Engineers)。1945 年 ICE 和英国土木工程承包商联合会颁布 ICE 合同条件，但它的合同原则和大部分条款在 19 世纪 60 年代就出现了，并一直在一些公共工程中应用。到 1956 年已经修改 3 次，作为原 FIDIC 合同条件(1957 年)编制的蓝本。它主要在英国和其他英联邦以及历史上与英国关系密切的国家的土木工程中使用，特别适用于大型的比较复杂的工程。

(4) NEC 合同(New Engineering Contract，即新工程合同)

NEC 合同是英国土木工程师协会颁布的，1995 年 11 月第 2 版。其"新"不仅表现在它的结构形式上，而且它的内容也很新颖。自问世以来，已在英国本土、原英联邦成员国、南非等地使用，受到了业主、承包商、咨询工程师的一致好评。NEC 合同系列包括：

① 工程施工合同(ECC)。适用于所有领域的工程项目。该合同的结构形式在前面已经介绍。

② 工程施工分包合同(ECS)。是与工程施工合同(ECC)配套使用文本。

③ 专业服务合同(PSC)。适用于业主聘用专业顾问、项目经理、设计师、监理工程师等专业技术人才的情况。

④ 工程施工简要合同(ECSC)。适用于工程结构简单、风险较低、对项目管理要求不太苛刻的项目。

(5) 其他常用的合同条件

① JCT 合同条件。JCT 合同条件为英国合同联合仲裁委员会(Joint Contracts Tribunal)和英国建筑行业的一些组织联合出版的系列标准合同文本。它主要在英联邦国家的私人和一些地方政府的房屋建筑工程中使用。JCT合同文本很多,适用于各种不同的情况:私营项目;或政府项目;带工作量清单,或带工程量清单项目表,或不带工作量清单的项目;小型简单工程;承包商承担设计和施工,或承包商承担部分设计(主要为深化设计)和全部施工;CM(Construction Management)承包方式;家庭和小型业主的房屋建筑工程承包等。

② AIA合同条件。美国建筑师学会(The American Institute of Architects, AIA)作为建筑师的专业社团,已有近140年的历史。AIA出版的系列合同文件在美国建筑业界及国际工程承包界特别是在美洲地区具有较高的权威性。

13.2 工程合同策划

13.2.1 工程合同策划过程

1) 合同策划过程涉及的主要问题

合同策划过程涉及项目管理的各方面工作,如项目目标、总体实施计划、项目结构分解、项目管理组织设计等。在上述工作中,属于对整个工程有重大影响的,带根本性和方向性的合同管理问题有:

(1) 工程的承发包策划。即考虑将整个项目分解成几个独立的合同,每个合同有多大的工程范围,这是对工程合同体系的策划。

(2) 合同种类的选择。

(3) 合同风险分配策划。

(4) 工程项目相关的各个合同在内容、时间、组织、技术上的协调等。

对这些问题的研究、决策就是合同总体策划工作。在项目的开始阶段,业主(有时是企业的决策层和战略管理层)必须就这些重大合同问题作出决策。

2) 合同策划过程

对一个工程项目,合同策划过程见图13.1。

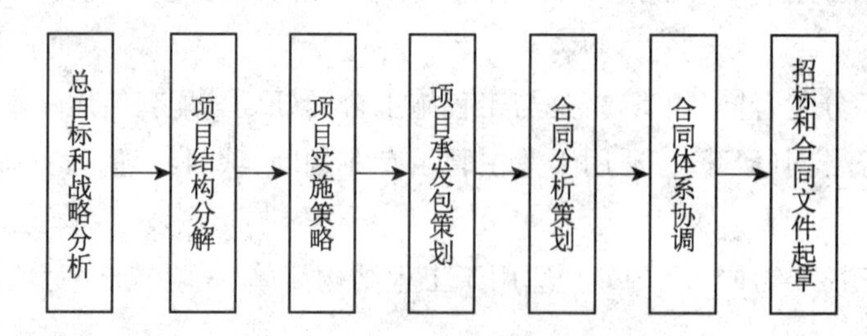

图13.1 工程项目合同总体策划流程

(1) 进行项目的总目标和战略分析,确定企业和项目对合同的总体要求。由于合同是实现项目目标和企业目标的手段,所以它必须体现和服从企业及项目战略。

(2) 工程项目的结构分解工作。项目分解结构图是工程项目承发包策划最主要的依据。

(3) 确定项目的实施策略。包括:

① 该项目的工作哪些由组织内部完成,哪些准备委托出去。

② 业主准备采用的承发包模式。它决定业主面对承包商的数量和项目合同体系。

③ 对工程风险分配的总体策划。

④ 业主准备对项目实施的控制程度。

⑤ 对材料和设备所采用的供应方式,如由业主自己采购,或由承包商采购等。

(4) 项目承发包策划。即按照工程承包模式和管理模式对项目结构分解得到的项目工作进行具体的分类、打包和发包,形成一个个独立的,同时又是互相影响的合同。

(5) 进行与具体合同相关的策划。包括合同种类的选择、合同风险分配策划、项目相关各个合同之间的协调等。

(6) 招标文件和合同文件的起草。上述工作成果都必须具体体现在招标文件和合同文件中。这项工作是在具体合同的招标过程中完成的。

在工程中,业主是通过合同分解项目目标,委托项目任务。合同总体策划是起草招标文件和合同文件的依据,它对整个项目的顺利实施有重要作用。

13.2.2 合同总体策划的依据和要求

1) 合同总体策划的依据

(1) 工程方面

工程项目的类型、总目标,工程项目的范围和分解结构(WBS),工程规模、特点,技术复杂程度,工程技术设计准确程度,工程质量要求和工程范围的确定性、计划程度,招标时间和工期的限制,项目的营利性,工程风险程度,工程资源(如资金、材料、设备等)供应及限制条件等。

(2) 业主方面

业主的资信、资金供应能力、管理风格、管理水平和具有的管理力量,业主的目标以及目标的确定性,业主的实施策略,业主的融资模式和管理模式;期望对工程管理的介入深度,业主对工程师和承包商的信任程度等。

(3) 承包商方面

承包商的能力、资信、企业规模、管理风格和水平,在本项目中的目标与动机,目前经营状况、过去同类工程经验、企业经营战略、长期动机,承包商承受和抗御风险的能力等。

(4) 环境方面

工程所处的法律环境,建筑市场竞争激烈程度,物价的稳定性,地质、气候、自然、现场条件的确定性,资源供应的保证程度,获得额外资源的可能性,工程的市场方式(即现行的工程承发包模式和交易习惯),工程惯例(如常用合同条件)等。

2) 合同总体策划的要求

(1) 合同总体策划的目的是通过合同保证项目总目标的实现。它必须反映工程项目的实施战略和企业战略。

(2) 合同总体策划要符合合同基本原则,不仅要保证合法性、公正性,而且要促使各方面的互利合作,确保高效率地完成项目目标。

(3) 应保证项目实施过程的系统性和协调性。

(4) 业主要有理性思维,应该追求工期、质量、价格三者之间的平衡,公平地分配项目风险,最终实现项目的总目标。不能希望通过签订对承包商单方面约束性合同而把承包商捆死,不能过度压价,不给承包商利润,否则最终会损害项目总目标。

(5) 合同总体策划的可行性和有效性只有在工程的实施中体现出来。在项目过程中,在开始准备每一个合同招标、准备签订每一份合同时,以及在工程结束阶段,都应对合同总体策划再做一次评价。

业主处于主导地位,其合同总体策划对整个工程有导向作用,同时直接影响承包商的合同策划。

3) 工程承发包策划

工程项目的合同体系是由项目的分解结构(WBS)和承发包模式决定的。

业主首先必须对项目分解结构的结果进行组合,以形成一个个不同的承发包模式和合同体系图式。业主可以将整个工程项目分阶段(设计、采购、施工等)、分专业(土建工程、安装工程、装饰工程等)委托,将材料和设备供应分别委托,也可以将上述工作以各种形式合并委托,如采用 EPC 总承包或 D－B 总承包。业主将项目结构分解确定的项目活动通过合同委托出去,形成项目的合同体系。

承发包模式决定了工程项目的合同体系结构和组织形式,决定了工程所采用的合同种类和形式以及工程中业主和承包商责任、风险和权力的划分等。业主应根据工程的特殊性、业主状况和要求、市场条件、承包商的资信和能力等选择工程承包模式。

13.2.3 合同种类的选择

在实际工程中,合同计价方式很多。不同种类的合同有不同的应用条件,有不同的权力和责任的分配,对合同双方有不同的风险。有时在一个工程承包合同中,不同的工程分项采用不同的计价方式。

1) 单价合同

这是最常见的合同种类,适用范围广,如 FIDIC 工程施工合同和我国的建设工程施工合同示范文本。在这种合同中,承包商仅按合同规定承担报价的风险,即对报价(主要为单价和费率)的正确性和适宜性承担责任;而工程量变化的风险由业主承担。由于风险分配比较合理,能调动承包商和业主双方的管理积极性,所以能够适应大多数工程。单价合同又分为固定单价和可调单价等形式。

单价合同的特点是单价优先，业主给出的工程量表中的工程量是参考数字，而实际工程款结算按实际完成的工程量和承包商所报的单价计算。虽然在投标报价、评标、签订合同中，人们常常注重合同总价格，但这个总价并不是最终有效的合同价格。所以单价才是实质性的。

2）总价合同

总价合同是承包商根据业主提供的工程量清单或自己估算工程量，结合工程特点报总价，双方商讨并确定合同总价，最终按总价结算，价格不因环境变化和工程量增减而变化。通常只有设计（或业主要求）变更，或符合合同规定的调价条件，例如法律变化，才允许调整合同价格，否则不允许调整合同价格。总价合同又可以分为固定总价合同和可调总价合同。

采用此类合同，承包商承担了工程量和价格双重风险。在现代工程中，由于双方结算方式比较简单省事，承包商的索赔机会较少，业主喜欢采用这种合同形式。但由于承包商承担了全部风险，报价中不可预见风险费用较高。承包商报价的确定必须考虑施工期间物价变化以及工程量变化带来的影响。同时在合同实施中，由于业主风险较小，所以业主干预工程实施过程的权力较小。

固定总价合同适用于以下情况：

（1）工程范围清楚明确，报价的工程量准确。

（2）工程设计较细，图纸完整、详细、清楚。

（3）工程量小、工期短，估计在工程过程中环境因素（特别是物价）变化小，工程条件稳定并合理。

（4）工程结构、技术简单，风险小，报价估算方便。

（5）工程投标期相对宽裕，承包商可以详细做现场调查、复核工作量，分析招标文件，拟定计划。

（6）合同条件完备，双方的权利和义务关系十分清楚。

但现在在国内外的工程中，总价合同的使用范围有扩大的趋势，用得比较多。甚至一些大型工程的“设计—采购—施工”总承包合同也使用总价合同形式。有些工程中业主只用初步设计资料招标，却要求承包商以固定总价合同承包，这个风险非常大。

3）成本加酬金合同

采用成本加酬金合同，工程最终合同价格按承包商的实际成本加一定比率的酬金（间接费和利润）计算。在合同签订时不能确定具体的合同价格，只能确定酬金的比率。在本合同的招标文件应说明中标的依据和作为成本组成的各项费用项目范围，通常授标的标准为间接费率。

由于合同价格按承包商的实际成本结算，承包商不承担任何风险，而业主承担了全部工作量和价格风险。这类合同通常应用于以下情况：

（1）投标阶段依据不准，工程范围无法界定，无法准确估价，缺少工程的详细说明。

（2）工程特别复杂，工程技术、结构方案不能预先确定。它们可能按工程中出现的新的情况确定。在国外这一类合同经常被用于一些带研究、开发性质的工程项目中。

(3) 时间特别紧急,要求尽快开工。如抢救、抢险工程,人们无法详细地计划和商谈。

(4) 在一些项目管理合同和特殊工程的"设计-采购-施工"总承包合同中使用。

由于承包商在工程中没有成本控制的积极性,常常不仅不愿意压缩成本,相反期望提高成本以获得更高的经济效益。

由于承担全部风险,业主应加强对工程的控制,参与工程方案(如施工方案、采购、分包等)的选择和决策,否则容易造成不应有的损失。

成本加酬金合同条款应十分严格。合同中应明确规定成本的开支和间接费范围。这里的成本是指承包商在实施工程过程中真实的和适当的符合合同规定范围的实际花费。承包商必须以合理的经济的方法实施工程。对不合理的开支,以及承包商责任的损失,承包商无权获得支付。业主有权对成本开支作决策、监督和审查。

为了克服成本加酬金合同的缺点,扩大其使用范围,人们对这种合同又做了许多改进,以调动承包商成本控制的积极性。例如事先确定目标成本范围,实际成本在目标成本范围内按比例支付酬金,如果超过目标成本上限,酬金不再增加,为一定值;如果实际成本低于目标成本下限,业主支付一定值的酬金,或者当实际成本低于最低目标成本时,除支付合同规定的酬金外,另外给承包商一定比例的奖励。

4) 目标合同

目标合同规定承包商对工程建成后的生产能力(或使用功能),预计工程总成本(或目标价格),工期目标承担责任。如果工程投产后一定时间内达不到预定的生产能力,则按一定的比例扣减合同价格;如果工期拖延,承包商承担工期拖延违约金。如果实际总成本低于预计总成本,则节约的部分按预定的比例给承包商奖励;反之,超支的部分由承包商按比例承担。

目标合同广泛应用于工业项目,研究和开发项目,军事工程项目中。它是固定总价合同和成本加酬金合同的结合和改进形式。在这些项目中承包商在项目可行性研究阶段,甚至在目标设计阶段就介入工程,并以总承包的形式承包工程。

目标合同能够最大限度地发挥承包商工程管理的积极性,适用于工程范围没有完全界定或预测风险较大的情况。

5) 合同条件的选择

在实际工程中,业主可以按照需要自己(或委托咨询公司)起草合同协议书(包括合同条款),也可以选择标准的合同条件。在使用标准的合同条件时,可以按照自己的需要通过专用条款对标准的文本作修改、限定或补充。合同双方都应尽量使用标准的合同条件。选择合同条件时应注意以下问题:

(1) 合同条件应该与双方的管理水平相配套。如果双方的管理水平很低,却选用十分完备、周密,同时规定又十分严格的合同条件,反而会导致合同缺乏可执行性。

(2) 最好选用双方都熟悉的合同条件,以保证合同双方能够顺利履行合同。由于承包商是工程合同的具体实施者,选用合同条件时应更多地考虑承包商的因素,使用承包商熟悉的合同条件，而不能为保证自己在工程管理中的有利地位和主动权，选择业主自己熟悉的合同条件。

(3) 尽可能使用标准的合同条件。标准合同使管理规范化、高效率。

(4) 合同条件的使用应注意到其他方面的制约。

6) 合同条件中的一些重要条款的确定

(1) 适用于合同关系的法律。

(2) 合同争执仲裁的地点和程序。在国际工程合同中这是一个重要条款。为了保证争执解决的公平性和鼓励合同双方尽可能通过协商解决争执，一般采用在被诉方所在地仲裁的原则。

(3) 付款方式。如采用进度付款、分期付款、预付款或由承包商垫资承包，这由业主的资金来源保证情况等因素决定。让承包商在工程上过多地垫资，会对承包商的风险、财务状况、报价和履约积极性有直接影响。当然，如果业主超过实际进度预付工程款，在承包商没有出具保函的情况下，又会给业主带来风险。

(4) 合同价格的调整条件、范围、调整方法，特别是由于物价上涨、汇率变化、法律变化、海关税变化等对合同价格调整的规定。这直接影响承包商的价格风险状态。

(5) 合同双方风险的分担。即将工程风险在业主和承包商之间合理分配。基本原则是，通过风险分配激励承包商努力控制三大目标、控制风险，达到最好的工程经济效益。

(6) 对承包商的激励措施。在国外一些高科技的开发型工程项目中奖励合同用得比较多。这些项目规模大、周期长、风险高，采用奖励合同能调动双方的积极性，更有利于项目的目标控制和风险管理，合同双方都欢迎，收到很好的效果。各种合同中都可以订立奖励条款。恰当地采用奖励措施可以鼓励承包商缩短工期、提高质量、降低成本，激发承包商的工程管理积极性。通常的奖励措施有：

① 提前竣工奖励。这是最常见的，通常合同明文规定工期提前一天业主给承包商奖励的金额。

② 提前竣工，将项目提前投产实现的盈利在合同双方之间按一定比例分成。

③ 承包商如果能提出新的设计方案、新技术，使业主节约投资，则按一定比例分成。

④ 奖励型成本加酬金合同。对具体的工程范围和工程要求，在成本加酬金合同中，确定一个目标成本额度，并规定，如果实际成本低于这个额度，则业主将节约的部分按一定比例给承包商奖励。

⑤ 质量奖。这在我国用得较多。合同规定，如工程质量达全优（或优良），业主另外支付一笔奖励金。

(7) 项目管理机制的设计。业主在工程施工中对工程的控制是通过合同实现的，通过合同保证对工程的控制权力，是业主合同策划的基本要求。在合同中必须设计完备的控制措施，例如变更工程的权力；对进度计划审批权力，对实际进度监督的权力；当承包商进度不能保证工程进度时，指令加速的权力；对工程质量的绝对的检查权；对工程付款的控制权力；在特殊情况下，在承包商不履行合同责任时，业主的处置权力。

(8) 为了保证诚实信用原则的实现,必须有相应的合同措施。如果没有这些措施,或措施不完备,则难以形成诚实信用的氛围。例如要业主信任承包商,业主必须采取以下措施"抓住"承包商:

① 工程中的保函、保留金和其他担保措施。

② 承包商的材料和设备进入施工现场,则作为业主的财产,没有业主(或工程师)的同意不得移出现场。

③ 合同中对违约行为的处罚规定和仲裁条款。例如在国际工程中,在承包商严重违约情况下,业主可以将承包商逐出现场,而不解除他的合同责任,让其他承包商来完成合同,费用由违约的承包商承担。

13.3 合同谈判

13.3.1 合同谈判的准备工作

合同谈判是业主与承包商面对面的直接较量,谈判的结果直接关系到合同条款的订立是否于己有利。因此,在合同正式谈判开始前,无论是业主还是承包商,必须深入细致地做好充分的思想准备、组织准备、资料准备等,做到知己知彼,心中有数,为合同谈判的成功奠定坚实的基础。

1) 谈判的思想准备

合同谈判是一项艰苦复杂的工作,只有有了充分的思想准备,才能在谈判中坚持立场,适当妥协,最后达到目标。因此,在正式谈判之前,应对以下两个问题做好充分的思想准备:

(1) 谈判目的。这是必须明确的首要问题,因为不同的目标决定了谈判方式与最终谈判结果,一切具体的谈判行为方式和技巧都是为谈判的目的服务的。因此,首先必须确定自己的谈判目标,同时,要分析揣摩对方谈判的真实意图,从而有针对性地进行准备并采取相应的谈判方式和谈判策略。

(2) 确立己方谈判的基本原则和谈判中的态度。明确谈判目的后,必须确立己方谈判的基本立场和原则,从而确定在谈判中哪些问题是必须坚持的,哪些问题可以做出一定的合理让步以及让步的程度等。同时,还应具体分析在谈判中可能遇到的各种复杂情况及其对谈判目标实现的影响,谈判有无失败的可能,遇到实质性问题争执不下如何解决等。做到既保证合同谈判能够顺利进行,又保证自己能够获得于己有利的合同条款。

2) 合同谈判的组织准备

在明确了谈判的目标并做好了应付各种复杂局面的思想准备后,就必须着手组织一个精明强干、经验丰富的谈判班子具体进行谈判准备和谈判工作。谈判组成员的专业知识结构、综合业务能力和基本素质对谈判结果有着重要的影响。一个合格的谈判小组应由有着实质性谈判经验的技术人员、财务人员、法律人员组成。谈判组长应由思维敏捷、思路清晰、具备高度组织能力与应变能力、熟悉业务并有着丰富经验的谈判专家担任。

3）合同谈判的资料准备

合同谈判必须有理有据，因此谈判前必须收集整理各种基础资料和背景材料。包括对方的资信状况、履约能力、发展阶段、项目的由来、项目的资金来源、土地获得情况、项目目前进展情况等，以及在前期接触过程中已经达成的意向书、会议纪要、备忘录等。并将资料分成3类：一是准备原招标文件中的合同条件、技术规范及投标文件、中标函等文件，以及向对方提出的建议等资料；二是准备好谈判时对方可能索取的资料以及在充分估计对方可能提出各种问题基础上准备好适当的资料论据，以便对这些问题做出恰如其分的回答；三是准备好能够证明自己能力和资信程度等的资料，使对方能够确信自己具备履约能力。

4）背景材料的分析

在获得上述基础资料及背景材料后，必须对这些资料进行详细分析。包括：

（1）对己方的分析

签订工程合同之前，必须对自己的情况进行详细分析。对发包人来说，应按照可行性研究的有关规定，作定性和定量的分析研究，在此基础上论证项目在技术上、经济上的可行性，经过方案比较，推荐最佳方案。在此基础上，了解自己建设准备工作情况，包括技术准备、征地拆迁、现场准备及资金准备等情况，以及自己对项目在质量、工期、造价等方面的要求，以确定己方的谈判方案。

对承包商而言，在接到中标函后，应当详细分析项目的合法性与有效性，项目的自然条件和施工条件，己方承包该项目有哪些优势，存在哪些不足，以确立己方在谈判中的地位。同时，必须熟悉合同审查表中的内容，以确立己方的谈判原则和立场。

（2）对对方的分析

对对方的基本情况的分析主要从以下几方面入手：

① 对方是否为合法主体，资信情况如何。这是首先必须要确定的问题。如果承包人越级承包，或者承包人履约能力极差，就可能会造成工程质量低劣，工期严重延误，从而导致合同根本无法顺利进行，给发包人带来巨大损害。相反，如果工程项目本身因为缺少政府批文而不合法，发包主体不合法，或者发包人的资信状况不良，也会给承包人带来巨大损失。因此在谈判前必须确认对方是履约能力强、资信情况好的合法主体，否则，就要慎重考虑是否和对方签订合同。

② 谈判对手的真实意图。只有在充分了解对手的谈判诚意和谈判动机，并对此做好充分的思想准备，才能在谈判中始终掌握主动权。

③ 对方谈判人员的基本情况。包括：对方谈判人员的组成，谈判人员的身份、年龄、健康状况、性格、资历、专业水平、谈判风格等，以便己方有针对性地安排谈判人员并做好思想上和技术上的准备，并注意与对方建立良好的关系，发展谈判双方的友谊，争取在到达谈判桌以前就有亲切感和信任感，为谈判创造良好的氛围。同时，还要了解对方是否熟

悉己方；另外，必须了解对方各谈判人员对谈判所持的态度、意见，从而尽量分析并确定谈判的关键问题和关键人物的意见和倾向。

5）谈判方案的准备

在确立已方的谈判目标及认真分析己方和对手情况的基础上拟定谈判提纲。同时，要根据谈判目标，准备几个不同的谈判方案，还要研究和考虑其中哪个方案较好以及对方可能倾向于哪个方案。这样，当对方不易接受某一方案时，就可以改换另一种方案，通过协商就可以选择一个为双方都能够接受的最佳方案。谈判中切忌只有一个方案，当对方拒不接受时，易使谈判陷入僵局。

6）会议具体事务的安排准备

这是谈判开始前必需的准备工作，包括三方面内容：选择谈判的时机、谈判的地点以及谈判议程的安排。尽可能选择有利于己方的时间和地点，同时要兼顾对方能否接受。应根据具体情况安排议程，议程安排应松紧适度。

13.3.2 谈判程序

1）一般讨论

谈判开始阶段通常都是先广泛交换意见，各方提出自己的设想方案，探讨各种可能性，经过商讨逐步将双方意见综合并统一起来，形成共同的问题和目标，为下一步详细谈判做好准备。不要一开始就使会谈进入实质性问题的争论，或逐条讨论合同条款。要先搞清基本概念和双方的基本观点，在双方相互了解基本观点之后，再逐条逐项仔细地讨论。

2）技术谈判

在一般讨论之后，就要进入技术谈判阶段。主要对原合同中技术方面的条款进行讨论，包括工程范围、技术规范、标准、施工条件、施工方案、施工进度、质量检查、竣工验收等。

3）商务谈判

主要对原合同中商务方面的条款进行讨论，包括工程合同价款、支付条件、支付方式、预付款、履约保证、保留金、货币风险的防范、合同价格的调整等。需要注意的是，技术条款与商务条款往往是密不可分的，因此，在进行技术谈判和商务谈判时，不能将两者分割开来。

4）合同拟定

谈判进行到一定阶段后，在双方都已表明了观点、对原则问题双方意见基本一致的情况下，相互之间就可以交换书面意见或合同稿。然后以书面意见或合同稿为基础，逐条逐项审查讨论合同条款。先审查一致性问题，后审查讨论不一致的问题，对双方不能确定、达不成一致意见的问题，再请示上级审定，下次谈判继续讨论，直至双方对新形成的合同条款一致同意并形成合同草案为止。

13.3.3 谈判的策略和技巧

谈判是通过不断讨论、争执、让步确定各方权利、义务的过程，实质上是双方各自说服对方和被对方说服的过程，它直接关系到谈判桌上各方最终利益的得失，因此，必须注重谈判的策略和技巧。以下介绍几种常见的谈判的策略和技巧：

1）掌握谈判议程，合理分配各议题时间

工程合同谈判一般会涉及诸多需要讨论的事项，而各事项的重要程度并不相同，谈判各方对同一事项的关注程度也不一定相同。成功的谈判者善于掌握谈判的进程，在充满合作气氛的阶段，商讨自己所关注的议题，从而抓住时机，达成有利于己方的协议。在气氛紧张时，则引导谈判进入双方具有共识的议题，一方面缓和气氛，另一方面缩小双方差距，推进谈判进程。同时，谈判者应合理分配谈判时间，对于各议题的商讨时间应得当，不要过于拘泥于细节性问题。这样可以缩短谈判时间，降低交易成本。

2）高起点战略

谈判的过程是各方妥协的过程，通过谈判，各方都或多或少会放弃部分利益以求得项目的进展。而有经验的谈判者在谈判之初会有意识地向对方提出苛刻的谈判条件。这样对方会过高估计本方的谈判底线，从而在谈判中做出更多让步。

3）注意谈判氛围

谈判各方往往存在利益冲突，要兵不血刃即获得谈判成功是不现实的。但有经验的谈判者会在各方分歧严重、谈判气氛激烈时采取润滑措施，舒缓压力。在我国最常见的方式是饭桌式谈判。通过宴请，联络对方感情，拉近双方的心理距离，进而在和谐的氛围中重新回到议题。

4）拖延与休会

当谈判遇到障碍，陷入僵局时，拖延与休会可以使明智的谈判者有时间冷静思考，在客观分析形势后提出替代方案。在一段时间的冷处理后，各方都可以进一步考虑整个项目的意义，进而弥合分歧，将谈判从低谷引向高潮。

5）避实就虚

谈判各方都有自己的优势和弱点。谈判者应在充分分析形势的情况下，做出正确判断，利用正确判断，抓住对方弱点，猛烈攻击，迫其就范，做出妥协。而对己方的弱点，则要尽量注意回避。

6）对等让步

当己方准备对某些条件作出让步时，可以要求对方在其他方面也作出相应的让步。要争取把对方的让步作为自己让步的前提和条件。同时应分析对方让步与己方作出的让步是否均衡，在未分析研究对方可能作出的让步之前轻易表态让步是不可取的。

7）分配谈判角色

谈判时应利用本谈判组成员各自不同的性格特征各自扮演不同的角色。有的唱红脸，积极进攻；有的唱白脸，和颜悦色。这样软硬兼施，可以事半功倍。

8）善于抓住实质性问题

任何一项谈判都有其主要目标和主要内容。在整个项目的谈判过程中，要始终注意抓住主要的实质性问题如工作范围、合同价格、工期、支付条件、验收及违约责任等来谈，不要为一些鸡毛蒜皮的小事争论不休，而把大问题放在一边。要防止对方转移视线，回避主要问题，或避实就虚，在主要问题上打马虎眼，而故意在无关紧要的问题上兜圈子。这样，若到谈判快结束时再把主要问题提出来，就容易草草收场，形成于己不利的结局，使谈判达不到预期效果。

13.3.4 谈判时应注意的问题

1）谈判态度

谈判时必须注意礼貌，态度要友好，平易近人。当对方提出相反意见或不愿接受自己的意见时，要特别耐心，不能急躁。绝对不能用无理或侮辱性语言伤害对方。

2）内部意见要统一

内部有不同意见时不要在对手面前暴露出来，应在内部讨论解决，大的原则性问题不能统一时可请示领导审批。在谈判中，一切让步和决定都必须由组长作出，其他人不能擅自表态。而组长对对方提出的各种要求不应急于表态，特别是不要轻易承诺承担违约责任，而是在和大家讨论后再作出决定。

3）注重实际

在双方初步接触，交换基本意见后，就应当对谈判目标和意图尽可能多商讨具体的办法和意见，切不可说大话、空话和不现实的话，以免谈判进行不下去。

4）注意行为举止

在谈判中必须明白自己的行为举止代表着己方单位的形象，因此，必须注意行为举止，讲究文明。绝对禁止一些不文明的举动。

13.3.5 承包人谈判时的注意事项

对承包人来说，由于建筑市场竞争非常激烈，发包人在招标时往往提出十分苛刻的条件。在投标时，承包人只能被动应付，或运用投标技巧伏笔于投标报价中。进入合同谈判签订合同阶段，由于被动地位有所改变，承包商应当积极把握机遇，与发包人讨价还价，力争改善自己的不利处境，以维护自己的合法利益。

1）承包人的主要目标

(1) 澄清标书中某些含糊不清的条款，充分解释自己在投标文件中的某些建议或保留意见。

(2) 争取改善合同条件，谋求公正和合理的权益，使承包人的权利与义务达到平衡。

(3) 利用发包人的某些修改变更进行讨价还价，争取更为有利的合同价格。

2）承包人谈判时的注意事项

(1) 充分考虑合同实施过程中可能发生的各种情况，在合同中予以详细、具体地规定，防止意外风险。所以，合同谈判的目标，首先是对合同条文拾遗补缺，使之完整。

(2) 使风险型条款合理化，力争对责权利不平衡条款、单方面约束性条款做修改或限定，防止独立承担风险。例如合同规定，承包商应按合同工期交付工程，否则必须支付相应的违约罚款。合同同时应规定，业主应及时交付图纸，交付施工场地、行驶道路，支付已完工工程款等，否则工期应予以顺延。

(3) 将一些风险较大的合同责任推给业主，以减少风险。当然，常常也相应地减少收益机会(如管理费和利润的收益)。例如让业主负责提供价格变动大、供应渠道难以保证的材料；由业主支付海关税，并完成材料、机械设备的入关手续等。

(4) 通过合同谈判争取在合同条款中增加对承包商权益的保护性条款。对不符合工程惯例的单方面约束性条款或条款缺陷，在谈判中可列举工程惯例，如 FIDIC 条件的规定，劝说业主取消，或修改，或增加。

13.4 工程合同的签订

经过合同谈判，双方对新形成的合同条款一致同意并形成合同草案后，即进入合同签订阶段。这是确立承发包双方权利义务关系的最后一步工作，一个符合法律规定的合同一经签订，即对合同当事人双方产生法律约束力。因此，无论发包人还是承包人，应当抓住这最后的机会，再认真审查分析合同草案，检查其合法性、完备性和公正性，争取改变合同草案中的某些内容，以最大限度地维护自己的合法权益。

13.4.1 合同订立的基本原则

工程合同的签订直接关系到合同的履行和实现，关系到合同当事人各方的利益和信誉，因此必须采取严格认真的态度。为此，在签订工程合同时，必须遵循一定的基本原则。

(1) 平等自愿原则

根据《合同法》规定，签订工程合同的双方当事人，不论是发包人还是承包人，不论发包人是政府部门还是私营业主，只要他们就某一项目的建设订立工程合同，双方就发生了以合同形式体现出来的经济关系，但彼此之间并不存在隶属关系，双方的法律地位是平等的。自愿是指是否订立合同、与谁订立合同、订立合同的内容及是否变更合同，都要由当事人依法自愿决定。实践中，有些地方行政主管部门如消防、环保、供气等部门常常滥用权力，强迫发包人或总承包人接受其指定的专业承包人签订专业工程承包合同，否则，在竣工验收时故意刁难。这严重违背《合同法》中自愿原则。同时，在订立合同时，当事人不应接受对方强加于自己的，对方只享有权利而不承担义务等双方权利义务严重失衡的不合理条款。

(2) 公平原则

实践中，发包人常常利用自身在建筑市场的优势地位，要求工程质量达到优良标准，而又不愿优质优价；要求承包人大幅度缩短工期，又不愿支付赶工措施费用；合同中约定的工期提前奖励很少甚至没有工期提前奖励，而工期延误处罚却相当严重。以上情况均违背了《合同法》中公平原则。

签订工程合同，双方当事人的权利义务关系必须对等，即合同对各方规定的责任必须公平合理，要照顾到双方的利益，不能利用合同来转嫁风险，有意损害对方利益。不论是哪一方，只要享有某种权利就应当承担相应的责任；反之，只要向对方承担了某种义务，同时也应为自己规定相应的权利，即权利义务必须对等。这是双方搞好长期合作的基础，也是合同顺利履行的根本保障。

(3) 诚实信用原则

当事人在订立、履行合同时，应当善意对待对方，相互协作，密切配合，言行一致，表里如一，说到做到，正确、适当地行使合同规定的权利，全面履行合同义务；要考虑对方需要，照顾对方困难，处事合情合理；不能见利忘义，弄虚作假，尔虞我诈；不做损害对方、国家、集体或第三人以及社会公共利益的事情；不采用欺诈、胁迫或乘人之危要求对方与之订立违背对方意愿的合同，如发包人利用自身在建筑市场的优势地位，强迫承包人与之订立双方权利义务严重失衡的不合理条款，或承包人利用发包人不熟悉业务的弱点欺骗发包人等。如当事人违背诚实信用原则就应承担缔约过失责任。

(4) 合法原则

即工程合同当事人、合同的订立形式和程序、合同各项条款的内容、履行合同的方式、合同解除条件和程序等约定，必须符合国家法律、行政法规及社会公共利益，凡与法律法规及社会公共道德准则相抵触的合同内容，即使双方自愿订立，合同也不能生效和履行。

13.4.2 合同签订前应注意的问题

1) 符合项目的整体目标和双方当事人的基本目标

对业主而言，由于在招标投标过程中处于主动地位，所以，有的业主常常利用自己的优势地位，强迫承包商接受一些不平等条款，承包商为了减少自己的损失，在履约过程中可能会采取一些非常规的措施，如偷工减料、以次充好等，这反而会损害项目的利益。业主必须对此有清醒的认识，理性思维，双方签订合同是为工程的目标服务的，是为了获得一个成功的工程，是通过合同明确项目目标，合同各方在对合同统一认识、正确理解的基础上，就工程项目的总目标达成共识，能够通过严格履行合同义务，顺利地完成工程项目，实现双赢。承包商的基本目标是获利，包括该工程实际盈利以及承包商的长远利益。合同谈判和签订应服从企业的整体经营战略。

承包商在签订承包合同中常常会犯这样的错误：

(1) 由于长期承接不到工程而急于求战，急于使工程成交，因此盲目签订合同。

(2) 初到一个地方，急于打开局面，为了承接工程而草率签订合同。

(3) 由于竞争激烈，怕丧失承包资格而接受条件苛刻的合同。

(4) 由于许多企业盲目追求高的合同额，以承接到工程为目标，忽视对工程利润的考察，所以希望并要求多承接工程，而忽视承接到工程的后果。

上述这些情况很少有不失败的。

“利益原则”不仅是合同谈判和签订的基本原则，而且是整个合同管理和索赔管理的基本原则。

2) 积极争取自己的正当权益

合同法和其他经济法规赋予合同双方以平等的法律地位和权力。但在实际经济活动中，这个地位和权力还要靠自己争取。而且在合同中，这个“平等”常常难以具体衡量。如果合同一方自己放弃这个权力，盲目、草率地签订合同，致使自己处于不利地位，受到损失，常常法律也难以提供帮助和保护。所以在合同签订过程中放弃自己的正当权益，草率地签订合同是“自杀”行为。

承包商在合同谈判中应积极争取自己的正当权益，争取主动。如有可能，应争取合同文本的拟稿权。对业主提出的合同文本，应进行全面的分析研究。在合同谈判中，双方应对每个条款作具体的商讨，争取修改对自己不利的苛刻的条款，增加承包商权益的保护条款。对重大问题不能客气和让步，应针锋相对。承包商切不可在观念上把自己放在被动地位，有处处“依附于人”的感觉。

当然，谈判策略和技巧是极为重要的。通常，在决标前，承包商要与几个对手竞争时，必须慎重，处于守势，尽量少提出对合同文本做大的修改，否则容易引起业主的反感，损害自己的竞争地位。中标后，即业主已选定承包商作为中标人，应积极争取修改风险型条款和过于苛刻的条款，对原则问题不能退让和客气。

3) 重视合同的法律性质

分析国际和国内承包工程的许多案例可以看出，许多承包合同失误是由于承包商不了解或忽视合同的法律性质，没有合同意识造成的。

合同一经签订，即成为合同双方的最高法律，它不是道德规范。合同中的每一条都与双方利害相关，影响到双方的成本、费用和收入。所以，人们常说，合同字字千金。在合同谈判和签订中，既不能用道德观念和标准要求和指望对方，也不能用它们来束缚自己。这里要注意以下几点：

(1) 一切问题，必须“先小人，后君子”“丑话说在前面”。对各种可能发生的情况和各个细节问题都要考虑到，并作明确的规定，不能有侥幸心理。在合同签订时要多想合同中存在的不利因素、风险及对策措施，不能仅考虑有利因素，把事态、把人都往好处想。

尽管从取得招标文件到投标截止时间很短，承包商也应将招标文件内容，包括投标人须知、合同条件、图纸、规范等弄清楚，并详细地了解合同签订前的环境，切不可期望合同签订后再做这些工作。这方面的失误承包商自己负责，对此也不能有侥幸心理，不能给将来合同的实施留下麻烦和“后遗症”。

(2) 一切都应明确、具体、详细地规定。对方已“原则上同意”“双方有这个意向”常常是不算数的。在合同文件中一般只有确定性、肯定性语言才具有法律约束力，而商讨性、意向性用语很难具有约束力。

(3) 在合同的签订和实施过程中，不要轻易相信任何口头承诺和保证，少说多写。双方商讨的结果，作出的决定，或对方的承诺，只有写入合同，或双方文字签署才算确定；相信“一字千金”，不相信“一诺千金”。

(4) 对在标前会议和合同签订前的澄清会议上的说明、允诺、解释和一些合同外要求，都应以书面的形式确认。如签署附加协议、会谈纪要、备忘录，或直接写入合同中。这些书面文件也作为合同的一部分，具有法律效力，常常可以作为索赔的理由。

4) 在合同的签订和执行中既要讲究诚实信用，又要在合作中有所戒备，防止被欺诈

在工程中，许多欺诈行为属于对手钻空子、设圈套，而自己疏忽大意，盲目相信对方或对方提供的信息造成的。这些都无法责难对方。

5) 重视合同的审查和风险分析

不计后果地签订合同是危险的，也很少有不失败的。在合同签订前，承包商应委派有丰富合同工作经验和经历的专家认真、全面地进行合同审查和风险分析，弄清楚自己的权益和责任，完不成合同责任的法律后果。对每一条款的利弊得失都应了解清楚。

合同风险分析和对策一定要在报价和合同谈判前进行，以作为投标报价和合同谈判的依据。在合同谈判中，双方应对各合同条款和分析出来的风险进行认真商讨。

在谈判结束，合同签约前，还必须对合同作再一次的全面分析和审查。其重点为：

(1) 前面合同审查所发现的问题是否解决，或都已处理过；不利的、苛刻的、风险型条款，是否都已做了修改。通常通过合同谈判修改合同条款是十分困难的，在许多问题上业主常常不让步，但承包商对此必须作出努力。

(2) 新确定的，经过修改或补充的合同条文还可能带来新的问题和风险，与原来合同条款之间可能有矛盾或不一致，仍可能存在漏洞和不确定性。在合同谈判中，投标书及合同条件的任何修改，签署任何新的附加协议、补充协议，都必须经过合同审查并备案。

(3) 对仍然存在的问题和风险，是否都已分析出来，承包商是否都十分明了或已认可，已有精神准备或有相应的对策。

(4) 合同双方是否对合同条款理解一致。业主是否认可承包商对合同的分析和解释。对合同中仍存在着的不清楚、未理解的条款，应请业主作书面说明和解释。

最终将合同检查的结果以简洁的形式(如表和图)和精练的语言表达出来，交承包商，由其对合同的签约作最后决策。

在合同谈判中，合同主谈人是关键，其合同管理和合同谈判知识、能力和经验对合同的签订至关重要。但合同主谈人必须依赖于合同管理人员和其他职能人员的支持。对复杂的合同，只有充分审查，分析风险，合同谈判才能有的放矢，在合同谈判中争取主动。

6) 加强沟通和了解

在招标投标阶段，双方应本着真诚合作的精神多沟通，达到互相了解和理解。实践证明，双方理解越正确、越全面、越深刻，合同执行中对抗越少，合作越顺利，项目就越容易成功。

14 建设工程招标投标信息管理

14.1 概述

14.1.1 计算机辅助管理系统

随着计算机技术的迅速发展与普及，信息技术正以前所未有的迅猛速度渗透到我们工作、学习、生活的每一角落，改变着我们生存的社会，信息技术已成为经济发展的关键因素，影响着生产、经营和管理各个领域各个过程的发展，目前在建设工程招标的各个阶段、各项工作中都离不开信息技术。

早在 20 世纪 80 年代中期至 90 年代初，我国的不少企业开始配置计算机，但这一时期的计算机功能是摆设大于实用，使用较多的是打字功能。

但随着计算机应用技术日新月异的发展，各专业软件开发公司开发的商业化软件功能越来越强大，使用也更为方便。从 20 世纪 90 年代中期至今，计算机在我国各行各业都得到了广泛使用，建筑行业更不例外，工程造价确定、工程造价基础数据的处理、工程项目管理、工程招投标管理等各种专业软件的应用，计算机助管理系统充分发挥其无可比拟的优势，成为建筑企业不可缺少的重要工具。

在工程造价确定过程中，有大量需要造价人员计算和分析的工作，在以确定工程造价为核心目的的软件中，如神机妙算造价软件、未来清单计价、新点智慧、广联达计价软件、鲁班造价、清华斯维尔等等，基本都能做到通过软件内置配套的清单、定额，一键实现“营改增”税制之间的自由切换，无须再作组价换算；智能检查规则系统，可全面检查组价过程、招投标规范要求出现的错误，为工程计价人员提供概算、预算、竣工结算、招投标等各阶段的数据编审、分析积累与挖掘利用。这些软件能方便及时地提供多种造价数据资料，能清楚地反映工程量清单项目的详细成本、利润状况及工程造价；可以根据企业自身技术能力、管理水平和装备来编制企业定额，满足工程量清单计价下企业的各种造价需求。广联达、鲁班、清华斯维尔、神机妙算等专业公司开发的计算机辅助工程量计算软件现在也都很成熟，基本上都是操作界面简单，输入简便易学，界面友好，计算准确、迅速。建筑工程造价相关软件的使用大幅度提高了人们的工作成效，降低了劳动强度，帮助企业建立完整的工程资料库，进行各种历史资料的整理与分析，及时发现问题，改进有关的工作程序，从而为造价的科学管理与决策起到良好的促进作用。

一些项目管理软件，如 Primavera Project Planner (P6)项目管理软件、Microsoft Project 等都带有标书制作功能，能极为方便地进行进度计划编制，资源、工作量和费用曲线绘制，对投标文件的编制特别是技术标的编制有很大的辅助作用；有些专业系列软件如广联达招投标软件、鲁班 BIM 方案施工方、清华斯维尔标书编制等都有专门的标书制作系统，能提供各类标书素材模板、最新工艺规范，提供各类实际工程案例模板，便于投标人在较短的时间内编制一份全面符合招标要求的投标书。

在工程量清单计价下的评标工作，不仅要评审工程总报价，而且还要对分部分项工程综合单价、合价和分部分项工程总价、措施项目清单总价、主要材料价格等等进行评审以及错误的检查，工作量大且繁琐，手工评审的难度很大。广联达、新点智慧、未来、神机妙算等众多软件公司适时推出了电子辅助评标系统，利用计算机评标系统强大的计算功能，将评委从寻找简单计算错误的工作中解脱出来，充分发挥评委的专业技能，作出专业、公平、公正的评审，达到评标的最佳效果，充分保证了招标人和投标人的利益。

14.1.2 信息网络系统

20 世纪 90 年代兴起的 Internet(中文正式译名为因特网，又称为互联网)如火如荼地发展，其影响之广、普及之快是前所未有的。全世界几乎所有国家都有计算机网络直接或间接地与 Internet 相连，使之成为一个全球范围的计算机互联网络。人们可以通过 Internet与世界各地的其他用户自由地进行通信交流沟通，可从 Internet 中获得各种信息。

正是由于 Internet 技术的快捷、迅速、方便地传递信息的特点，目前国内相继成立了一些大型的发布建设工程招标信息、价格信息的专业网站，如中国招标与采购网(www. zbytb. com)、中国建设工程招标网(projectbidding，zbytb. com)、中国价格信息网(www. chinaprice. com. cn)、中国建设工程造价信息网(www. cecn. gov. cn)等，这些网站发布工程招标信息、拟建在建工程信息、材料设备价格信息，采集各地各企业的工程实际数据为各地咨询机构、造价编制、审计单位提供基础数据。由于各个地区生产力发展水平不一致，经济发展不平衡，我国各地价格差别较大，因此各地区的造价管理部门定期发布反映当地市场价格水平的材料、设备价格信息和价格指数，各地区建立自己的网站，如扬州工程造价网(www. jsyzzj. com. cn)，这些网站采集本地区的价格信息、实际工程信息，并定时、及时地发布，同时还发布各种工程招标信息，介绍当地知名的施工企业、建材供应商、咨询机构和建设单位。随着互联网的发展，现在大多数的政府部门、企事业单位也都拥有了自己的官方网站，如中国住房和城乡建设部(www. mohurd. gov. cn)、中国工程建设网(www. chinacem. com. cn)等，这些网站一般有政策法规、城乡规划、工程质量安全监督、标准定额、建筑市场监管、政策解读等版块，这些信息对于从事招标市场工作的人员、承包商来说是十分珍贵的资源。

在建设工程的招标过程中，由于计算机辅助管理系统、网络信息系统的广泛引入，使施工企业的投标报价工作更加便捷、准确、科学；电子交易系统、电子监管系统和电子服务系统的结合使用，已成功实现了在20世纪90年代还有很多人认为是神话的电子招投标、无纸化招投标、远程评标。招投标已实现全程网络化、电子化，可以最大限度地排除人为因素的干扰，在一定范围内数据资源可以实现共享，行业监管信息动态、准确、实时地采集，也为建设行政主管部门制定建筑业的发展规划和宏观调控政策提供科学依据。

14.1.3 BIM技术在工程招标投标过程中的应用

BIM是建筑信息模型(Building Information Modeling)的缩写，以三维数字技术为基础，集成了建筑工程项目各种相关信息的工程数据模型。BIM是数字技术在建筑工程中的直接应用，以解决建筑工程在软件中的描述问题，使设计人员和工程技术人员能够对各种建筑信息作出正确的应对，并为协同工作提供坚实的基础。BIM同时又是一种应用于设计、建造、管理的数字化方法，这种方法支持建筑工程的集成管理环境，可以使建筑工程在其整个进程中都能够有效地实现节省能源、节约成本、降低污染、提高效率和减少风险。BIM技术在国外发达国家正逐步普及发展。在中国，建筑信息模型被列为建设部国家“十一五”计划的重点科研课题。

为指导和推动建筑信息模型(BIM)的应用，2015年7月住建部印发的《关于推进建筑信息模型应用的指导意见》中强调了BIM在建筑领域应用的重要意义，提出了推进建筑信息模型应用的指导思想与基本原则，同时明确提出推进BIM应用的发展目标，即“到2020年末，建筑行业甲级勘察、设计单位以及特级、一级房屋建筑工程施工企业应掌握并实现BIM与企业管理系统和其他信息技术的一体化集成应用。到2020年末，以下新立项项目勘察设计、施工、运营维护中，集成应用BIM的项目比率达到90%：以国有资金投资为主的大中型建筑；申报绿色建筑的公共建筑和绿色生态示范小区”。《意见》同时为建设单位、勘察单位、设计单位、施工企业、工程总承包企业及运营维护单位推行BIM应用的工作重点提出指导意见，提出有关单位和企业要根据实际需求制订BIM应用发展规划、分阶段目标和实施方案，合理配置BIM应用所需的软硬件。《意见》要求在工程项目施工阶段，促进相关方利用BIM进行虚拟建造，通过施工过程模拟对施工组织方案进行优化，确定科学合理的施工工期，对物料、设备资源进行动态管控，切实提升工程质量和综合效益。在招标、工程变更、竣工结算等各个阶段，利用BIM进行工程量及造价的精确计算，并作为投资控制的依据。

BIM技术具有下列特点：

(1) 可视化。所见即所得。在BIM建筑信息模型中，整个过程都是可视化的，其效果不仅可以用作效果图的展示及报表的生成，更重要的是项目设计、建造、运营过程中的沟通、讨论、决策都在可视化的状态下进行。模拟三维的立体实物可使项目在设计、建造、运营等整个建设过程可视化，方便进行更好的沟通、讨论与决策。

(2) 协调性。BIM数据之间创建实时的、一致性的关联，对数据库中数据的任何更改，都可以立即在其他关联的地方反映出来(一处更改，处处更改)，在建筑各构件实体之间实现关联显示、智能互动。当各专业项目信息出现“不兼容”现象时，使用有效 BIM 协调流程进行协调综合，可减少不合理变更方案或者问题变更方案。这也是建筑业中的重点内容，无论是业主、设计单位还是施工单位，都无不在做着协调及相配合的工作。

(3) 模拟性。模拟性并不是只能模拟设计出的建筑物模型，还可以模拟不能够在真实世界中进行操作的事物。在设计阶段，BIM 可以对设计上需要进行模拟的一些东西进行模拟实验，例如节能模拟、紧急疏散模拟、日照模拟、热能传导模拟等；在施工阶段可以进行 4D 模拟(三维模型加项目的发展时间)，也就是根据施工的组织设计模拟实际施工，从而来确定合理的施工方案来指导施工；同时还可以进行 5D 模拟(基于 3D 模型的造价控制)，从而来实现成本控制；后期运营阶段可以模拟日常紧急情况的处理方式，例如地震人员逃生模拟及消防人员疏散模拟等。

(4) 优化性。工程项目的整个设计、施工、运营的过程就是一个不断优化的过程，当然这种优化和 BIM 也不存在实质性的必然联系，但在 BIM 的基础上可以做更好的优化、更好地做优化。当项目复杂到一定程度，参与人员本身的能力无法掌握所有的信息，必须借助一定的科学技术和设备。现代建筑物的复杂程度大多超过参与人员本身的能力极限，BIM 及与其配套的各种优化工具提供了对复杂项目进行优化的可能。

(5) 可出图性。BIM 并不是为了出大家日常多见的建筑设计院所出的建筑设计图纸及一些构件加工的图纸；而是通过对建筑物进行可视化展示、协调、模拟、优化以后，可以帮助业主出经过碰撞检查和设计修改后的综合施工图，附带碰撞检测错误报告和建议改进方案等使用的施工图纸。

(6) 信息完备性。BIM 模型除了对工程对象进行 3D 几何信息和拓扑关系的描述，还包括完整的工程信息描述，如对象名称、结构类型、建筑材料、工程性能等设计信息；施工工序、进度、成本、质量以及人力、机械、材料资源等施工信息；工程安全性能、材料耐久性能等维护信息；对象之间的工作逻辑关系等。

BIM 技术在招投标阶段，投标人可利用工程的参数化模型信息，统计分析出投标报价所需的数据资料，如工程量、材料用量、设备统计等；投标人也可以通过模拟施工，从而选择确定合理的施工方案编制投标施工组织设计；建设单位可借助 BIM 的可视化功能进行投标方案的评审，这可以大大提高投标方案的可读性，以确保投标施工方案的可行性。

BIM 技术在招投标过程中的应用需借助于 BIM 应用软件。BIM 应用软件是指基于 BIM 技术的应用软件，不是指某一款软件。BIM 是一种协同工作的方式，需要不同专业的不同软件来配合完成项目，在工作不同阶段所需软件不同、不同工作所需软件也有不同。比如在项目初步设计创建模型时，可应用 BIM 基础建模软件，如 Autodesk 公司的 Revit 系列，Bentley 公司的 Bentley(建筑、结构和设备)系列软件，Nemetschek 公司的 ArchiCAD, Gery Technology 公司的 Digital Project 等基础建模软件；再比如在建筑工程招投标阶段，工程算量是招投标阶段最重要工作之一，国外的 BIM 技术算量已经取得良好的成效，如 Visual Estimating 和 Vico takeoff Manager，目前国内本土化的算量软件也很成熟，其中应用最为广泛的是广联达、鲁班、斯维尔等公司的软件等。

14.2 电子招标投标管理系统

电子招标投标活动是指以数据电文形式，依托电子招标投标系统完成全部或者部分招标投标交易、公共服务和行政监督活动。数据电文形式与纸质形式的招标投标活动具有同等法律效力。电子招投标，是国家整合建立统一的公共资源交易平台工作中的一项重要工作，国务院要求于 2017 年 6 月底前，全国范围内形成规则统一、公开透明、服务高效、监督规范的公共资源交易平台体系，基本实现公共资源交易全过程电子化。

为了规范电子招标投标活动，促进电子招标投标健康发展，国家发展改革委、工业和信息化部、监察部、住房城乡建设部、交通运输部、铁道部、水利部、商务部联合制定了《电子招标投标办法》，自 2013 年 5 月 1 日起施行。为规范公共资源交易平台运行、服务和监督管理，国家发改委等于 2016 年 6 月制定发布《公共资源交易平台管理暂行办法》。

14.2.1 公共资源交易平台

江苏省采用的是“省市合一”的公共资源交易平台，首页如图 14.1 所示。公共资源交易平台可以较好地实现场地、网络、服务资源共享；投标企业、评标专家诚信信息共享；招投标过程中交易数据信息共享。

图 14.1 江苏省公共资源交易平台首页

公共资源交易平台的整个系统平台架构包括：公共服务系统（中心门户网站）、项目交易系统（公共资源交易业务及网上开评标系统）、综合管理系统及监管监察系统。系统结构如图 14.2 所示。

1）公共服务系统

公共服务系统是整个系统的门户和对外服务的窗口，起着重要的信息交互作用，它既

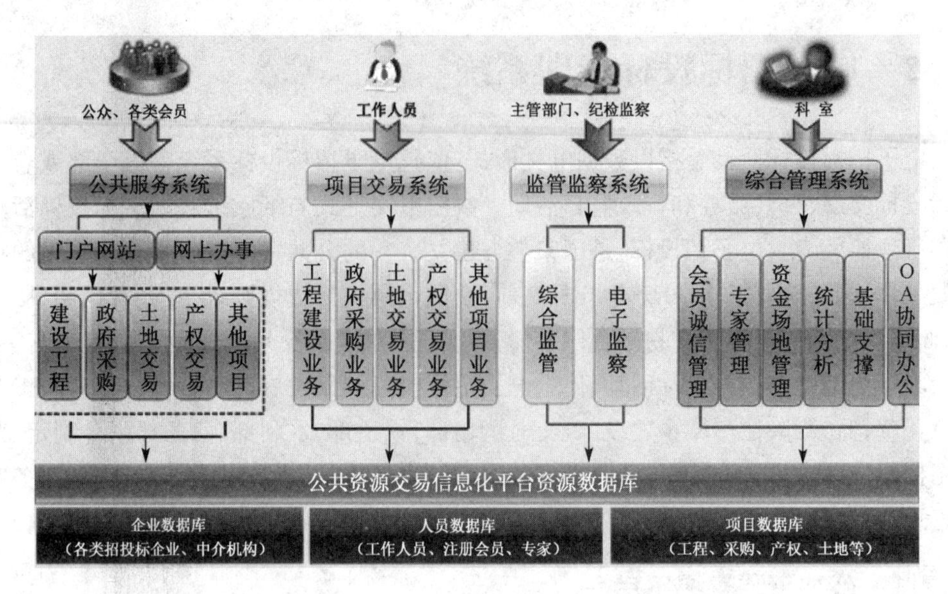

图 14.2　公共资源交易平台结构示意图

是交易管理政务公开的窗口，也是各类相关单位网上报送数据的通道，又是各级交易管理机构登录开展业务工作的统一入口。

公共服务系统主要包含公共资源交易门户网和会员网上交易办事系统。

(1) 公共资源交易门户网中包含交易信息发布、各类行业动态信息发布、网上咨询投诉、网上诚信公示、相关动态链接、统一登录窗口、网上办事大厅等功能。

(2) 会员网上交易办事系统主要功能是供公共资源交易主体（招标人、招标代理、施工单位、设计单位、供应商等）统一注册、登录，进行网上发布公告、网上报名、网上投标、网上竞价等办事使用。

2) 项目交易系统

项目交易系统供交易中心、相关管理部门工作人员使用，提供各类交易项目全流程备案、审批、监管，同时也包含网上开标评标、网上竞价等功能。

项目交易系统主要包含公共资源业务管理系统和网上开评标系统。

(1) 公共资源业务管理系统：包含工程建设、政府采购、产权交易、土地（矿产）交易以及其他公共资源项目的全流程业务管理。

(2) 网上开评标系统：包含招投标文件电子化制作、远程评标协调子系统、网上开标、网上辅助评标等功能，全程辅助评委评标，支持评委电子签名。

3) 综合管理系统

综合管理系统与“公共服务系统”“项目交易系统”等结合，可实现全程业务办公及管理，同时提供 OA（Office Automation）协同办公功能，可实现交易平台中心日常办公自动化。

综合管理系统主要包含：会员诚信管理、专家管理、商品库管理、资金管理、场地管理、统计分析报表管理以及 OA 协同办公等功能系统。

(1) 会员诚信管理:实现各类交易会员申请审核,以及企业基本信息、资质、业绩、获奖情况、变更情况、不良行为记录等统一管理,形成“会员诚信库”。

(2) 专家管理:包含专家管理,形成统一的“专家库”,同时实现专家资格审核、专家抽取、自动语音通知等功能。

(3) 商品库管理:商品库是政府采购项目中“协议采购”方式使用到的,实现商品分类、目录管理、商品品牌管理、商品信息管理、商品信息监督等功能。

(4) 资金管理:包含对各类交易服务费用管理,以及标书费、保证金等网上银行支付管理功能,实现网上支付、自动结算、统一对账等功能。

(5) 场地管理:包含对开标室、评标室、会议室等统一安排协调,实现场地统一维护、预约、确认、变更等功能。

(6) 统计分析、报表管理:对交易数据进行综合统计、数据分析,为领导和相关决策部门提供有效的决策依据;同时提供报表管理功能,实现中心统计报表自动汇总、打印。

(7) OA 协同办公:实现中心日常办公自动化功能,主要包含公务邮件、在线交流、公文管理、工作论坛、行政管理、考勤管理等功能。

4) 监管监察系统

监管监察系统供相关监察部门使用,负责对进场交易项目全过程的监督工作,记录违反公共资源交易活动相关法规的行为;维护交易场所秩序,负责对交易中心工作人员、进场交易项目单位工作人员、中介机构工作人员、投标单位人员、评标专家的现场监督;负责对开标、评标现场的监督;为公共资源交易各行政主管部门和纪检监察机关进场进行业务监督和行政监察提供条件,并协助配合调查处理工作。

监管监察系统主要包含:实时监控、预警纠错、绩效评测、统计分析、视频监察等功能。

5) 数据交换系统

通过 Web Service 接口方式,实现与相关部门现有系统、各级监督管理部门、CA、电子签章、工程造价、短信平台等数据交换,做到实时交互、无缝连接。

公共资源交易平台的建设是对传统的招投标业务流程进行再造的过程,使之符合电子化、网络化、集成化的要求,减少了人为因素对招投标活动的影响,提高了公共资源交易管理部门工作效率,有效降低了行政运营成本。

交易系统实现了网上招标、网上报名、网上资格预审、网上投标、网上答疑、网上开标及电子评标等功能,还可实现全省公共资源项目的远程异地评标,使得各方对中标结果的人为因素影响大大降低,减小了投标企业行贿的冲动;弱化了建设单位经办人对评标结果的影响,降低了当事人的腐败风险,保护了建设单位当事人;评委名单完全保密,减少各方对评委的操控可能;投标单位分散且名单保密,通过网络联系有效实现投标单位的相互保密,使围标串标很难实现。

公共资源招投标活动所涉及的所有环节均在网上进行,全程受控,全方位规范化网上备案、监管、监察,流程固化并预先定义;全过程电子化网上留痕、可溯可查;关键节点自动预警提醒;违规行为自动监控,及时纠正。招投标活动参与各方可登陆平台实时掌握了解与其相关的各类公开信息,实现了招标投标的阳光运行,避免了因信息不对称造成的暗箱操作。

通过对公共资源基础数据库的挖掘和分析,为领导和主管部门工作人员提供多种数据查询、统计服务,从宏观到微观,对业务数据进行多角度的深入分析,为招投标各方主体提供有价值的信息,为政府职能部门提供决策参考。

14.2.2 电子招标

招标人或者其委托的招标代理机构在工程项目进入招标程序后,有大量的基础工作需要在开标前完成。首先,招标人或招标代理机构应当在其使用的电子招标投标交易平台注册登记,需开通账号,完成企业基本信息的录入,并且由其所在平台中心审核(审核时需要携带相关资料)通过取得招标单位会员资格,招标单位会员则获得了有效的 CA 证书(Certificate Authority,也被称为电子商务认证中心,是负责发放和管理数字证书的权威机构,并作为电子商务交易中受信任的第三方,承担公钥体系中公钥的合法性检验的责任,CA 证书是网络世界的身份证),并且需要激活。

招标人或招标代理登录工程所属地的交易平台(如图 14.3、14.4 所示),及时办理招标相关业务。

图 14.3 某市公共资源交易平台主页

对于公开招标工程项目,招标人在交易平台所需办理工作及流程如下:项目注册,初步发包,委托代理备案,资审文件与公告备案(资格预审项目),招标文件与公告备案(资格后审项目),名单录入,资审文件备案、资审答疑备案、资审场地预约、资格预审结果备案,

图 14.4 某市公共资源交易平台登录界面

开评标场地时间预约，答疑澄清文件备案，招标控制价备案，招标人评委备案，开评标情况录入，开标前项目经理变更，现场勘察备案，中标候选人公示，中标公告，打印中标通知书，合同备案，书面报告备案，标后数据下载。

交易平台具有招标程序中各项基础工作所需具备的编辑、提交、审核、验证确认和发布功能。比如江苏省公共资源交易平台中，对于上述公开招标工程项目流程中“招标文件与公告备案”这项工作，该工作流程的功能是“上传招标文件与公告，并提交招标办备案”。其操作步骤如下：

(1) 在已注册工程项目中，点击进入工作页面左侧导航栏“开标前”的“招标文件与公告”，如图 14.5 所示。

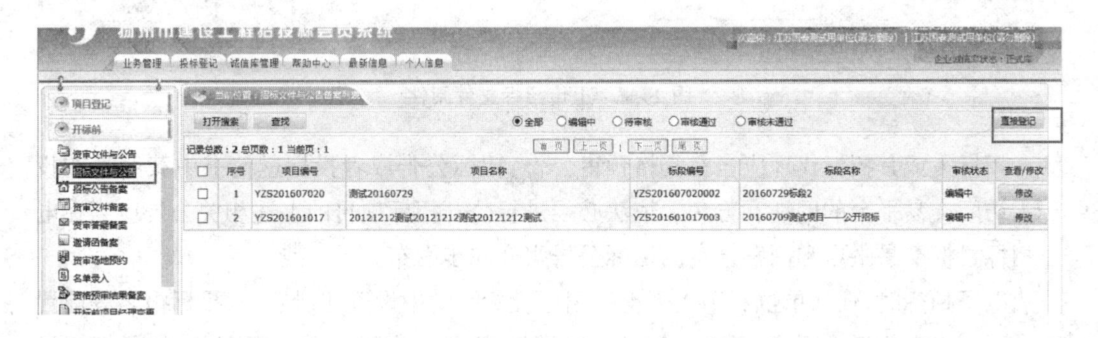

图 14.5 招标文件与公告页面

(2) 点击“招标文件与公告”页面右上角的“直接登记”，选择对应标段，确定后，出现新增招标公告信息框，如图 14.6 所示，在相应对话框内选择或填写公告发布时间，企业资质,项目经理资质,是否提供联合体报名,是否提供网上报名,等等内容信息。填写完信息,最后点“下一步”,“提交审批”,则提交给招标办进行审核。招标人需注意的是:如果是资格后审项目,则公告截止时间应为招标文件下载以及登记项目截止时间。

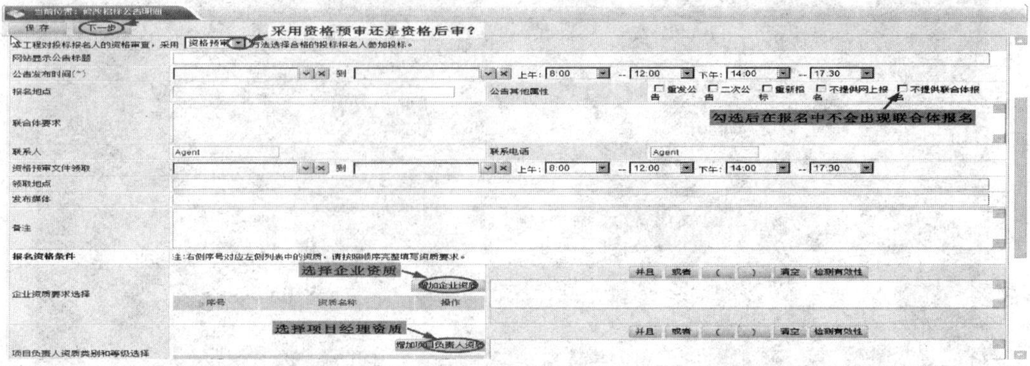

图 14.6　招标公告信息

(3) 在“招标文件与公告”页面相关附件中上传对应的电子招标文件(格式: *.jszf),如图 14.7 所示。

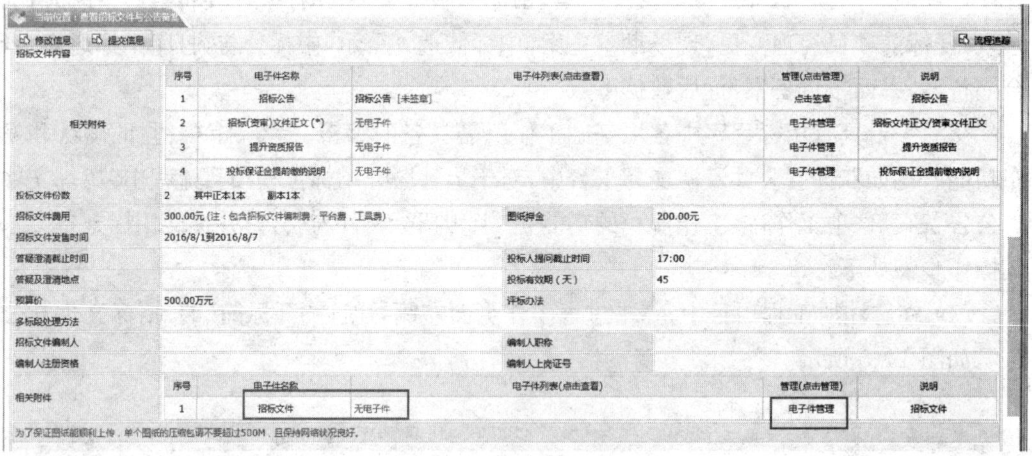

修改信息　提交信息　流程追踪

招标文件内容

	序号	电子件名称	电子件列表(点击查看)	管理(点击管理)	说明
相关附件	1	招标公告	招标公告 [未签章]	点击签章	招标公告
	2	招标(资审)文件正文(*)	无电子件	电子件管理	招标文件正文/资审文件正文
	3	提升资质报告	无电子件	电子件管理	提升资质报告
	4	投标保证金提前缴纳说明	无电子件	电子件管理	投标保证金提前缴纳说明

投标文件份数	2　其中正本1本　副本1本		
招标文件费用	300.00元(注:包含招标文件编制费,平台费,工具费)	图纸押金	200.00元
招标文件发售时间	2016/8/1到2016/8/7		
答疑澄清截止时间		投标人提问截止时间	17:00
答疑及澄清地点		投标有效期(天)	45
预算价	500.00万元	评标办法	
多标段处理方法			
招标文件编制人		编制人职称	
编制人注册资格		编制人上岗证号	

	序号	电子件名称	电子件列表(点击查看)	管理(点击管理)	说明
相关附件	1	招标文件	无电子件	电子件管理	招标文件

为了保证图纸能顺利上传,单个图纸的压缩包请不要超过500M,且保持网络状况良好。

图 14.7　上传招标文件附件

招标人或其招标代理应当在资格预审公告、招标公告或者投标邀请书中载明潜在投标人访问交易平台的网址和方法。依法必须进行公开招标项目的上述相关公告应当在电子招标投标交易平台和国家指定的招标公告媒介同步发布。

电子招标时,任何单位和个人不得在招标投标活动中设置注册登记、投标报名等前置条件限制潜在投标人下载资格预审文件或者招标文件。在投标截止时间前,电子招标投标交易平台运营机构不得向招标人或者其委托的招标代理机构以外的任何单位和个人泄露下载资格预审文件、招标文件的潜在投标人名称、数量以及可能影响公平竞争的其他信息。

招标人对资格预审文件、招标文件进行澄清或者修改的,应当通过电子招标投标交易平台以醒目的方式公告澄清或者修改的内容,并以有效方式通知所有已下载资格预审文件或者招标文件的潜在投标人。

14.2.3 电子投标

电子招标投标时代,招标文件的获取是通过交易平台,投标人的投标文件等也是采用电子形式上传到交易平台进行提交。

投标人在资格预审公告、招标公告或者投标邀请书中载明的电子招标投标交易平台注册登记,如实递交有关信息,并经电子招标投标交易平台运营机构验证,取得投标人网络身份证(CA 证书),安装使用电子投标文件制作工具软件(如图 14.8),则可按要求下载招标人发布的招标文件及其附件、制作上传自己的投标文件。

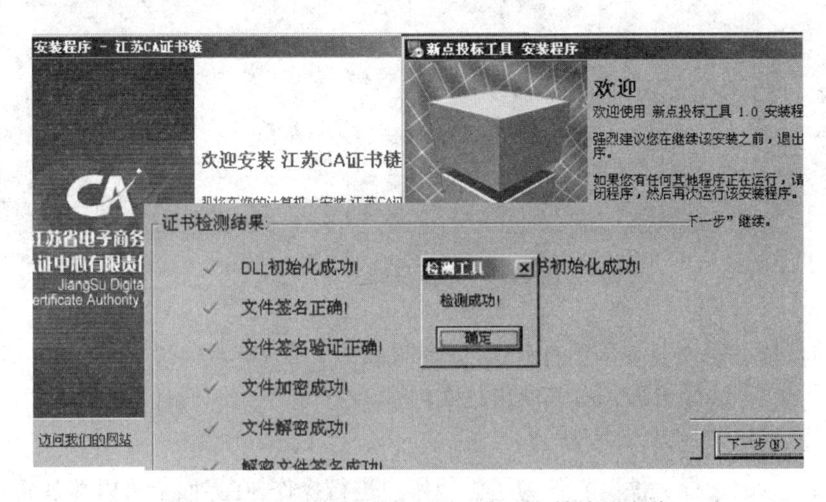

图 14.8 电子投标文件制作工具、CA 锁检测安装

电子投标文件制作软件很多,本书以江苏新点投标工具为例,简单介绍其操作。点击进入程序,即可根据实际的操作流程栏进行投标文件的编制,图 14.9 是新点投标工具主页面。

投标文件制作大致内容及流程:新建项目、投标文件封面、法定代表人声明、项目管理资料、业绩资料、资审资料、投标函、法定代表人身份证明、联合体协议书、已标价工程量清单、项目管理机构、拟分包项目情况表、技术标标书、标书检查、生成投标文件。

其中大部分工作内容都可通过"浏览"方式导入招标文件中相应的格式文本,进行填空式操作,之后保存即可,非常方便,且可基本按招标人要求制作,不易出错。

其中的"项目管理资料"是交易平台中用于保存投标单位诚信库中上传的资料,如安全生产人员考核合格证等,必须先在电脑中插上 CA 锁,之后再更新维护网上资料。

其中的"已标价工程量清单",在界面上点击"投标清单文件导入"按钮,在弹出的窗口中点击"选择投标文件"按钮,选择特定格式的清单文件(这里是江苏省标准格式:*.jstb),选择好以后点击"导入文件"。软件会自动将导入的文件转换成 PDF 格式显示。

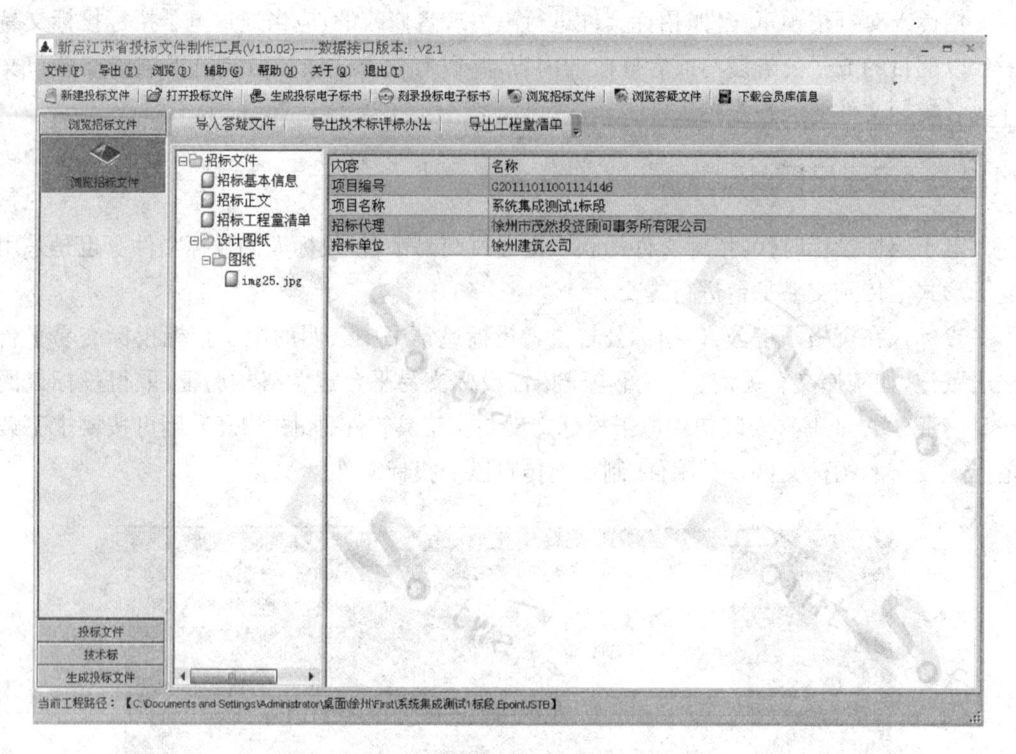

图 14.9　新点投标工具页面

其中的“技术标标书”，在界面中，右键编制说明节点，导入编制说明文件。导入的文件支持 doc 或者 docx 格式。右键点击正文内容，导入施工组织设计的技术文档。在附件部分，可以新增子节点，软件支持 doc、docx、xls、xlsx、dwg、pdf、jpg 等格式。

最后的“生成投标文件”，软件为了方便用户进行操作，在界面上可以清楚看到导入了哪些文件、哪些文件已经转换成 PDF、哪些文件已经签章，点击“查看”按钮可以查看已经转换成 PDF 格式的文件。所有步骤都完成以后，点击“生成投标电子标书”按钮即可。

投标人上传到交易平台的投标电子标书是加密的投标文件，如果投标人未按规定加密投标文件，电子招标投标交易平台应当拒收并提示。

投标人应当在投标截止时间前完成投标文件的传输递交，并可以补充、修改或者撤回投标文件。投标截止时间前未完成投标文件传输的，视为撤回投标文件。投标截止时间后送达的投标文件，电子招标投标交易平台应当拒收。

交易平台收到投标人送达的投标文件，应当即时向投标人发出确认回执通知，并妥善保存投标文件。在投标截止时间前，除投标人补充、修改或者撤回投标文件外，任何单位和个人不得解密、提取投标文件。

14.2.4　电子评标

在招标文件中规定的时间，在交易平台上公开进行开标。开标时，交易平台可自动提取所有投标人的投标文件，招标人和投标人按招标文件规定方式按时在线解密。当前采用较多的投标文件解密方式是:投标时投标人 CA 锁加密,开标时由投标人采用 CA 锁解密。解密全部完成后,交易平台将系统生成的开标记录向社会公众公布(依法应当保密的除外),公布投标人名称、投标价格和招标文件中规定的其他内容。

根据国家规定应当进入依法设立的招标投标交易场所的招标项目,依法组建的评标委员会成员在依法设立的电子招标投标交易平台进行评标。

电子招标投标交易平台的开标评标系统具备"评委专家管理"功能:具备申请依法组建评标委员会的功能,包括组建所需的标段(包)编号、专家人数、行政区域代码、专业、等级、回避条件等要求;具备连接依法建立的专家库的功能;具备通过公共服务平台连接的专家库,语音通知评标委员会成员报到时间、地点的功能;具备接收专家库反馈抽取评标专家名单,并据此设置评标委员会职责分工的功能,相关数据项应包括专家编号、专家姓名、通知时间、通知方式等;具备评标委员会成员账号生成、签到、身份确认、回避确认的功能;具备评标专家行为考评记录,并递交到专家所属公共服务平台连接的专家库的功能;提供评标委员会名单在评标前的保密功能。

评委们在规定时间前到达指定的评标场所,通过各评委自己的 CA 锁登录交易平台中的评标系统(如图 14.4),进入对应工程,按照招标文件要求开展评标工作。电子评标在有效监控和保密的环境下在线进行。

交易平台系统的开标评标系统具备"评审管理"功能:具备能够按招标文件约定的评标方法、评审因素和标准设置评审表格和评审项目的功能;具备按招标文件约定的评标方法,对投标文件进行解析、对比,辅助评分或计算评标价的功能;具备汇总计算投标人综合评分或评标价并进行排序的功能;具备编辑和发出评标澄清问题的功能;具备投标人编辑和递交投标澄清文件的功能;具备依评审权限设置评审项目访问、信息阅读的功能,以确保无相应权限者无法查阅或操作相关数据。

评标系统具备以下评审功能:按招标项目类型和评标办法,设置、维护和管理评标模板;依据招标项目清单、标底总价、分部分项单价与投标报价进行校验、对比,提示差异;检测和辅助分析投标文件及异常投标行为;评标委员会成员打分结果的检测和辅助分析等功能。比如在江苏交易平台电子评标系统中,在"详细评审"阶段,商务标评委只需点击"详细评审"界面中的"清单价格分析"按钮,瞬间该招标项目中所评投标人的各分部分项工程报价合理性情况便呈现出来,如图 14.10 所示。

电子评标系统利用计算机强大的计算与分析处理能力,在工程量清单招标中对评标过程中产生的大量的数据使用计算机进行分析计算,极大地提高了评标工作的效率与准确性,最大限度地避免评审过程中人为因素的影响。电子评标系统不能代替评委的工作,电子评标系统能做到对评标数据进行分析和计算,但是没有逻辑思维能力,因此在必要的环节需要由评委利用其丰富的专业知识和经验进行主观判断和分析。例如,某投标单位某项清单项报价偏低,就需要评委利用询标的权利、丰富的经验来判断其报价是否合理,是否低于成本。

评标委员会完成评标后,可以通过招标投标交易平台向招标人提交数据电文形式的

图 14.10　清单价格分析部分示例

评标报告，依法必须进行招标的项目中标候选人和中标结果则应在电子招标投标交易平台进行公示和公布。

14.2.5　远程评标

远程评标是利用计算机网络技术实现异地专家远程评标，即异地评标专家无须到达评标项目发起地，而是通过计算机网络在异地专家所在地的交易中心进行评标工作。

远程评标需解决以下问题：招、投标文件网络系统安全传递、对评标委员会有效的监控、对评标时间和地点进行控制、评标委员会评标必需的沟通功能。在江苏省公共资源交易中心这个大的平台、各方协同工作形势下，上述问题都能很好解决，江苏省招投标监管机构负责为江苏远程评标活动提供了平台和技术支持，制定和发布远程评标数据交换标准，以保障平台的建设、运行、安全与稳定。以下是现行项目远程评标的大致工作流程：

(1) 电子招投标文件的制作传输。招标人或招标代理机构、投标人制作电子招标文件、投标文件，并通过加盖加入 CA 证书认证的电子印章加密上传到交易平台系统，以确保招、投标文件的合法、有效(在江苏，这一工作同于电子招标项目)。

(2) 远程评标申请。招标人到工程项目所在地的交易中心(主场)提交远程评标申请，通过省招投标综合监管系统随机确定副场(异地，且很可能是大于一的异地)及所需评标专家类别、人数，并由主场管理人员随机抽取、通知主场和副场的评标专家。

(3) 电子开标。项目所在地建设工程交易中心在开标时间通过电子开标系统，完成开标程序，完成投标文件的解密以及招、投标文件的导入。

(4) 远程评标。各地交易中心负责本地参与远程评标的评标委员会成员身份核验和签到工作，统一保管其通信工具，并将其引导至远程评标机位，协助其使用CA数字证书登录远程评标系统进行评标。

远程评标项目的评标委员会成员应当使用CA数字证书参加评标活动，实现身份认证与文件签署等(当前江苏采用电子评标，即使不是远程评标项目，也必须采用CA数字证书参加评标活动)。

评标委员会成员应当独立公正地按照招标文件和相应法律法规的要求使用远程评标系统进行评标。主场、副场的评标委员会成员在评标过程中具有同等权利和义务。

(5) 在远程评标过程中，评标委员会需要进行讨论时，可使用远程评标系统或者视频会议系统。主场与副场评标委员会成员在某些问题上意见不一致时，则可通过远程评标系统进行投票表决。主场和副场管理人员负责对表决过程进行监控和记录。

实行远程评标的工程项目需要进行评标复议的，经负责该项目行政监督的招投标监管机构同意，招标人可以组织原评标委员会进行远程或者集中复议。

(6) 评标结束。评标专家必须在签署完个人评审表、评标汇总表和评标报告等文件(CA签章)、收到主场管理人员下达评审结束指令后方可离场。

CA签章是通过采用CA数字签名技术，从而有效解决评委签署问题。评标时，评委提交评审结果后，网上远程评标系统通过Web Office将评标结果以Web Word形式展现出来，评委通过CA安全认证网关在这个Web Word上盖上手写签名章。网上远程评标系统支持几个评委同时在线签章，结果及签章时间都保存在这个Web Word中。当查看评标结果时，只要打开这个Web Word文件，进行验签操作，就能验证评标结果是否被篡改过。这样就可以保证进行CA数字证书签名的评标结果不可抵赖。

各地交易中心建立远程评标活动台账，做好评标记录，妥善保存评标活动过程中的文字和音像资料，保存期限不得少于3个月。

(7) 评标专家考核。评标前，主场管理人员应当在评标系统中设定原则上不少于2小时的最短评标时间；评标过程及相关评标数据将实时传送到江苏省招投标综合监管系统，并作为评标专家的考核依据。

评标现场监管人员应当加强对远程评标专家工作质量的考核，实行一标一评价。评标完成后，主场管理人员应当对评标专家的工作质量进行量化考核。

(8) 各地交易中心考核。各级招投标监管机构和交易中心需制定完善关于远程评标的内部管理及保密工作责任等制度，加强对远程评标过程的监督管理和配合服务，不得随意简化程序，以做到环节把关、过程留痕，并加强对重点岗位、重点人员的管理。

省招投标综合监管系统自动记录各地远程评标的数据，省招投标监管机构定期公布各地交易中心远程评标配合次数，评标机位应当开通和实际开通的数量和比例，并列入年度考核和分类定级评价指标。年度开通率低于80%的全省通报批评，年度开通率低于70%的取消单位评先资格。

通过远程评标不仅可以降低招投标成本、提高招投标工作效率，而且可以同时实现多地评标专家资源共享，为建筑市场创造“公平、公正、科学、择优”的环境，解决长期困扰建筑行业的信息陈旧、重复利用率低、利用成本高等问题。

14.3 BIM技术下招标文件的编制

招标人或招标代理在编制招标文件的内容及格式上可参照建设主管部门的招标文件范本。采用电子招标时，招标人的招标文件还需符合江苏省网络招投标系统的标准，使招标人的招标文件安全传输到平台网络且能被投标人完整下载。在这种情形下，各种“招标文件制作”工具软件应运而生，下面以江苏新点招标文件制作软件为例，简要介绍电子招投标中招标文件的制作。

招标文件制作工具软件可以帮助用户快速制作符合要求的各项招标资料，并支持CA证书与数字签章等技术，对编制的各项招标资料，如招标公告、招标文件、答疑纪要、通知、中标公示、评标报告等文件资料，加盖企业数字证书后上传到交易中心管理端，经审核后发布到外网。CA证书与数字签章等技术的使用，保障招标文件的合法性。软件具有下述功能：招标正文编制；符合省接口规范的清单文件导入功能；报表生成及打印功能；数字签章及审查功能；业务性检查、数据完整性检查功能；电子招标文件生成、刻录功能；电子招标文件文件一致性校验。

招标文件制作工具软件界面简洁，使用较为便捷。如图14.11所示，页面左侧边是导航栏，用户可切换到不同的功能编辑界面；页面上侧边是通用工具条，无论切换到任一界面，都不会随着界面的切换而变化；占据大部分页面的是供用户进行操作的数据编辑区，切换到不同的功能界面，软件会有自己特有的数据编辑界面，这部分是用户的主操作区域。

招标文件制作流程如下：

(1) 新建项目。单击通用工具条中“文件”菜单下的“新建工程”，或者单击工具栏上的“新建工程”，在弹出的窗体中点击“获取项目信息”，最后点击“项目确定”。

(2) 投标文件组成设置。点击左侧导航栏的“投标文件组成设置”，在右边的操作界面上选择投标单位需要提交的文件，如经济标标书、投标保证金、网上资料等文件。用户也可增加提交文件内容，选择“其他材料”，点击“新增”按钮，然后在表格里输入“其他材料”的名称。如果用户需要删除某个其他材料，则需要选中这条材料，然后点击“删除”按钮。

(3) 评标办法设置。点击左侧导航栏的“评标办法设置”，在界面中根据招标工程需要输入内容即可。当前软件中内置了江苏现正使用的七种评标办法：综合评估法、经评审的最低投标价法、数轴法、合理低价法(省四号文)、综合评估法(非双信封)、经评审的最低投标价法(非双信封)、数轴法(非双信封)。

如果经济标选择的是“综合评估法”，那么首先需进行投标报价设置，过程是：

① 输入报价得分。

② 点击操作页面上的“经济标主观分汇总规则设置”，在弹出的窗体上选择“经济标主观分汇总规则”。

③ 点击“获取网上计算公式”按钮，从网上获取公式，然后选择“基准值计算公式”，在弹出的窗体上对公式进行设置；选择“扣分计算公式”，在弹出的窗体上对公式进行设置。点击“预览”按钮，可以查看投标报价参数设置。

其次进行其他参数设置，如图 14.11 所示，点击“其他参数设置”下面的表格，在右键菜单中新增经济标评分项，然后输入相应的数据。填写完毕后点击“保存数据”按钮。

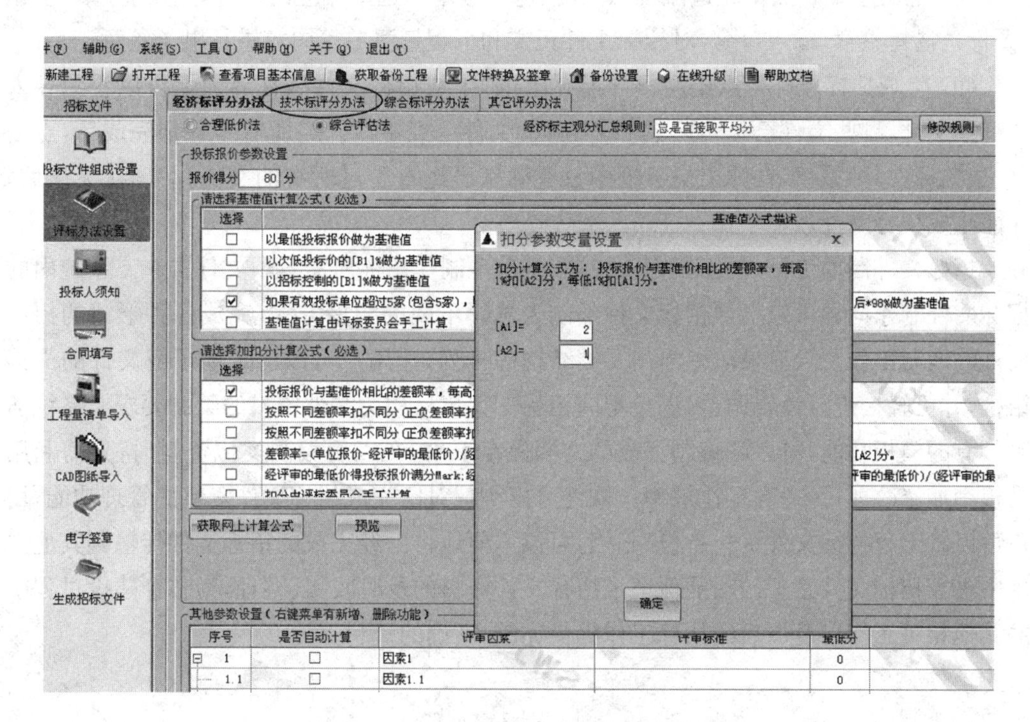

图 14.11　招标文件制作评标办法设置页面

技术标评分办法设置：

① 需选择打分方式。

② 选择明标还是暗标。

③ 选择技术标主观分汇总规则。

④ 评分参数设定：点击“评分参数设置”下面的表格，在右键菜单中新增技术标评分项，然后输入相应的数据。也可以套用之前保存好的技术标评标办法模板。

(4) 投标人须知。点击左侧导航栏的“投标人须知”，根据实际情况，正确填写与招标项目相关的情况，如项目信息、招标代理信息及招标投标时间信息、投标人的规范信息等，最后保存数据。

(5) 合同填写。点击左侧导航栏的“合同填写”，在对应的标签上填写相关信息，然后点击“保存数据”。该操作页面上有个“需要补充的内容”标签页，是为用户提供填写自己想要写入的、需要额外说明的内容。

(6) 工程量清单导入。点击左侧导航栏的“工程量清单导入”，然后在界面上方点击“导入文件”按钮，在弹出的对话框中选择要导入的工程量清单文件和工程量清单总说明文件，最后点击“PDF 转换”，软件会自动将生成好的 PDF 文件在界面上显示。

(7) CAD 图纸导入。点击左侧导航栏的“CAD 图纸导入”，然后右键点击 CAD 文件目录，在右键菜单中选择“新增子节点”，再右键点击新增的子节点，在右键菜单中选择“导入文件”，在弹出的对话框中选择设计图纸。

(8) 电子签章。点击左边流程图上的“电子签章”，选中相应的文件，点击“签章”按钮(图标)，选择签章，输入口令，对招标文件正文和工程量清单等内容进行电子签章。

(9) 生成招标文件。点击左侧导航栏上的“生成招标文件”，在界面上可以看到导入了哪些文件，哪些文件已经转换成 PDF，哪些文件已经签章。当所有步骤都完成后，点击“生成招标文件”按钮，在弹出提示框中只有确认已经查看过所有的文件，并确认无误后，才能生成招标文件。

招标文件制作工具，便于招标人快速、规范地制作招标所需各项文件资料。系统内的招标文件制作向导可以引导招标文件编制人选择不同的招标方式，完成各种形式的招标文件的编制工作。导航栏清晰给出文档结构的排列，让用户可以清楚地了解文件的文档结构，并可轻松进行编辑调整，满足不同招标工程招标相关文件资料的编制要求。系统通常具有的模板功能，可以将编制完成的文档保存下来，在以后编制类似资料时，只需利用模板稍加修改即可，提高工作效率。软件可以实现对已完成招标文件资料的管理功能，用户可以将工程招标文件资料备份、归档，可以方便地将已经完成的招标文件传输到其他文件中去。招标文件管理的功能保证了招标文件资料的及时收集、整理，为整个建设过程中的其他相关工作以及以后的招标工作提供完整、准确的资料。

14.4 BIM 技术下商务标投标文件的编制

招标阶段是业主将投资理念转化为实体项目的一个预备阶段。在这一阶段，投标单位需向业主展示自己的实力与诚意：编制经济标、技术标。传统模式下，招标单位、投标单位均需花费大量时间、精力进行诸如工程量计算、钢筋分析等基础工作，在时间紧、任务重的情况下，难免会出现一些错误与疏漏；而随着建筑规模、结构复杂程度的越来越大，传统方式越来越难以适应。近年来 BIM 应用软件在工程中的应用，使钢筋用量分析、工程算量、工程计价工作变得更为智能，减少工作量、提高准确度、极大地提高工作效率。

14.4.1 BIM 技术下钢筋用量分析

广联达 BIM 钢筋算量软件是基于我国结构设计规范和平法标准图集，采用绘图方式,整体考虑结构构件之间的支撑锚固、相关构件尺寸等逻辑关系,辅助以表格输入,以解决工程造价人员在招投标阶段、施工阶段和结算阶段钢筋工程用量分析计算。软件内置我国现行规范下计算规则(并可根据实际修改),计算过程有据可依,且便于查看和控制。广联达 BIM 钢筋算量 2013 新增 BIM 应用,通过导入/导出算量数据交互文件实现 BIM 算量,增加了“导入 BIM 模型”“导出 BIM 文件(IGMS)”功能,可以将 Revit 软件建立的三维模型导入到 GGJ2013 软件中进行算量。

钢筋算量软件智能导入结构设计的 BIM 模型直接进行算量,就打通了从建筑设计的 BIM 模型,到结构受力分析模型,到结构设计 BIM 模型,再到算量 BIM 模型与现场施工翻样模型的 BIM 应用的通道,做到 BIM 模型信息在建筑全生命周期的储存、共享、应用和流动。广联达 BIM 钢筋算量 2013 软件综合考虑了平法系列图集、现行的结构设计规范、施工验收规范及常见的钢筋施工工艺,还可以由用户根据不同的需求,自行设置和修改,能够满足不同的钢筋计算需求。

GGJ2013 软件综合考虑了平法系列图集、结构设计规范、施工验收规范以及常见的钢筋施工工艺,不仅能够完整地计算工程的钢筋总量,而且能够根据工程要求按照结构类型的不同、楼层的不同、构件的不同,计算出各自的钢筋明细量,让用户从繁琐的背规则、列式子、按计算器中解脱出来。

广联达 BIM 钢筋算量 2013 软件可通过三维绘图、导入 BIM 结构设计模型、二维 CAD 图纸识别、广联达 BIM 土建模型导入等等多种方式建立 BIM 钢筋算量模型,整体考虑构件之间的钢筋内部的扣减关系及竖向构件上下层钢筋的搭接情况;同时提供表格输入辅助钢筋工程量计算,替代手工钢筋预算,解决用户手工预算时遇到的“平法规则不熟悉、时间紧、易出错、效率低、变更多、统计繁”问题。

以绘图方式建模算量的操作流程是:新建工程→工程设置→楼层设置→绘图输入→单构件输入→汇总计算→报表打印。其中工作量最大的、最主要的工作是绘图输入,图 14.12 是钢筋算量软件绘图输入的界面。

绘图输入的工作界面中首先是标题栏,标题栏从左向右分别显示所用软件的图标、当前所操作的工程文件的名称(软件缺省的文件名及存储路径)等;其次是菜单栏,菜单栏位于标题栏下方,点击每一个菜单名称将弹出相应的下拉菜单;菜单栏下方为工具栏,依次为“工程工具栏”“常用工具栏”“视图工具栏”“修改工具栏”“轴网工具栏”“构件工具栏”“偏移工具栏”“辅助功能设置工具栏”和“捕捉工具栏”等;在绘图输入状态左侧模块导航栏下显示树状构件列表,用户可在软件的各个构件类型、各个构件之间切换;右侧偏下的绘图区是用户进行绘图的区域;页面最下方的状态栏显示各种状态下的绘图信息及操作提示。

绘图方式建模可按施工图的顺序:先结构后建筑,先地上后地下,先主体后屋面、先室内后室外。将一套图分成四个部分,再把每部分的构件分组,分别一次性处理完每组构件的所有内容,做到清楚、完整。

各构件建模的基本步骤是:定义构件→绘制构件→核量。比如梁构件的绘图,首先点

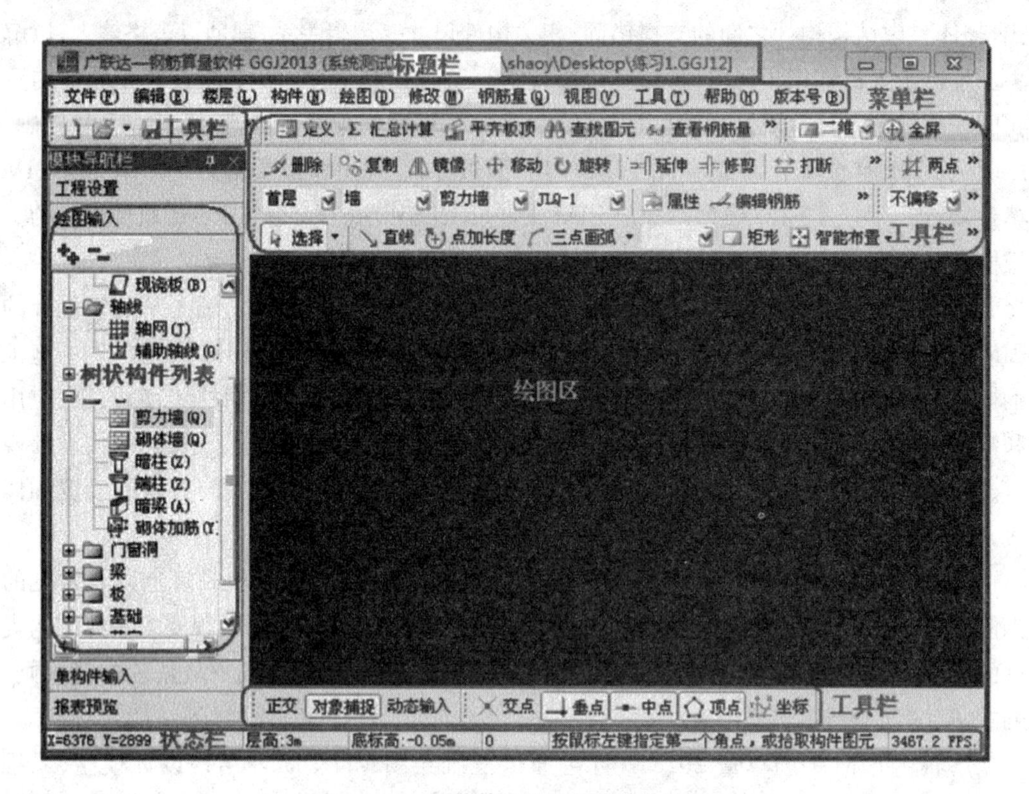

图 14.12 钢筋算量软件绘图输入界面

击导航栏下构件列表中的“梁”，进入梁的绘图操作状态，点击工具栏的“定义”按钮进入梁的定义界面，如某框架梁的定义，可根据设计图纸中该梁的集中标注信息，在如图 14.13 所示的属性编辑框中填入该梁的信息；其次，选用绘图工具栏中适用工具绘图，如梁构件常用“直线”工具绘制，梁构件图元绘制完成后，点击“原位标注”将图纸中该梁的支座负筋等原位标注信息进行输入，梁原位标注也可在软件提供的原位标注表格中完成，原位标注表格还可输入梁的吊筋、次梁加筋等等信息；构件绘制完毕或者工程所有构件绘制完毕可点击“汇总计算”，就可在绘图状态查看钢筋计算分析情况，如图 14.14 所示。

广联达 BIM 钢筋算量的构件钢筋设计信息数据能同步显示，且与我国施工图标注方式相同，在绘图区可进行原位、集中显示，核查极为方便。钢筋混凝土构件中钢筋种类繁多，用于不同部位的钢筋起着不同的作用，软件对钢筋号采用汉字显示，如“支座负筋”“贯通筋”等，一目了然，也便于交流与查看。钢筋的计算都按其计算来源进行清晰的显示和表达，钢筋长度、根数、搭接计算公式清晰明了，便于核查，也便于初学者对钢筋平法标注的学习。

钢筋算量软件不仅能够完整、准确地计算工程的钢筋总量，而且能够根据工程要求按照结构类型的不同、楼层的不同、构件的不同，计算出各自的钢筋明细，给出相应报表，将造价人员从繁琐的背规则、列式子、按计算器中解脱出来。

在工程总体模型建好之后，点击常用工具条中的“汇总计算”按钮，汇总完毕，点击“确定”按钮；选择模块导航栏中的“报表预览”切换到报表界面，可查看整个工程的钢筋工程

属性编辑器

	属性名称	属性值
1	名称	KL2(3)
2	类别	楼层框架梁
3	截面宽度(mm)	300
4	截面高度(mm)	650
5	轴线距梁左边线距	(150)
6	跨数量	3
7	箍筋	Φ8@100/200(2)
8	肢数	2
9	上部通长筋	2Ф18
10	下部通长筋	3Ф16
11	侧面构造或受扭筋	N4Ф12
12	拉筋	(Φ6)
13	其他箍筋	
14	备注	
15	⊞ 其他属性	
23	⊞ 锚固搭接	
38	⊞ 显示样式	

图 14.13 梁构件属性编辑框

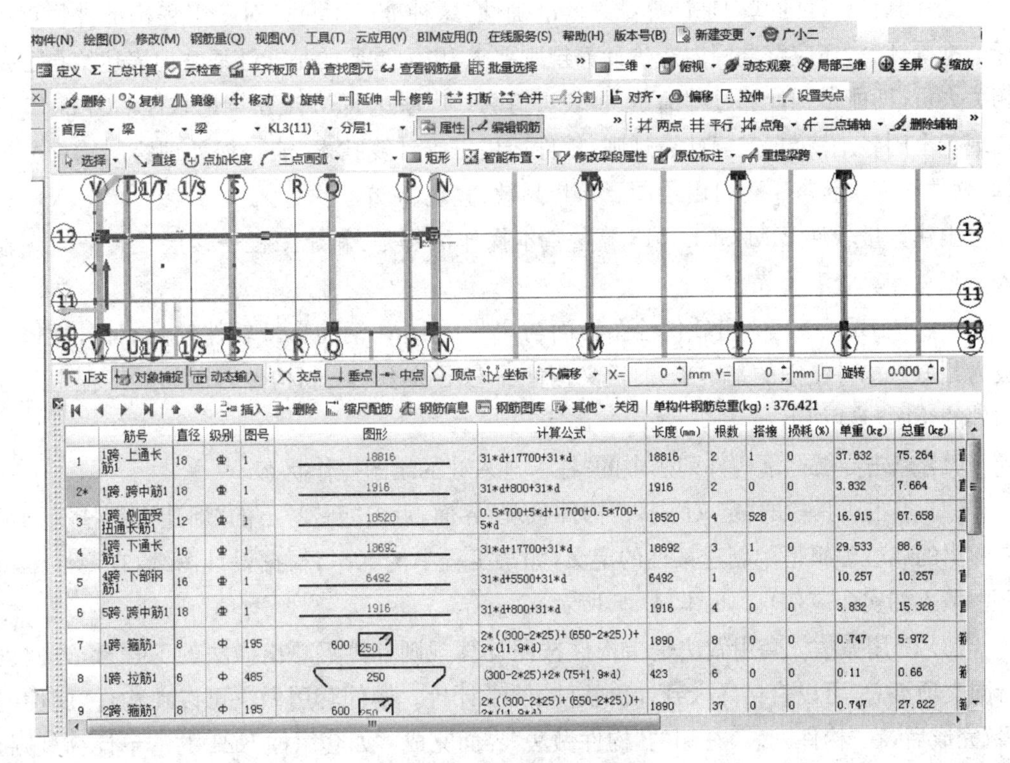

单构件钢筋总重(kg)：376.421

	筋号	直径	级别	图号	图形	计算公式	长度(mm)	根数	搭接	损耗(%)	单重(kg)	总重(kg)
1	1跨.上通长筋1	18	Ф	1	18816	31*d+17700+31*d	18816	2	1	0	37.632	75.264
2*	1跨.跨中筋1	18	Ф	1	1916	31*d+800+31*d	1916	2	0	0	3.832	7.664
3	1跨.侧面受扭通长筋1	12	Ф	1	18520	0.5*700+5*d+17700+0.5*700+5*d	18520	4	528	0	16.915	67.658
4	1跨.下通长筋1	16	Ф	1	18692	31*d+17700+31*d	18692	3	1	0	29.533	88.6
5	4跨.下部钢筋1	16	Ф	1	6492	31*d+5500+31*d	6492	1	0	0	10.257	10.257
6	5跨.跨中筋1	18	Ф	1	1916	31*d+800+31*d	1916	4	0	0	3.832	15.328
7	1跨.箍筋1	8	Φ	195	600 250	2*((300-2*25)+(650-2*25))+2*(11.9*d)	1890	8	0	0	0.747	5.972
8	1跨.拉筋1	6	Φ	485	250	(300-2*25)+2*(75+1.9*d)	423	6	0	0	0.11	0.66
9	2跨.箍筋1	8	Φ	195	600 250	2*((300-2*25)+(650-2*25))+…	1890	37	0	0	0.747	27.622

图 14.14 框架梁钢筋分析

量;在弹出的“设置报表范围”窗口中可以选择全部楼层、全部构件或者任意楼层、任意构件。模块导航栏中软件将我们常用的报表进行分类,便于快速查找。报表分为定额指标表、明细表、汇总表三大类,每一大类下面都有具体的报表,使用者可根据自己的需求进行选择。

14.4.2 BIM 技术下图形算量

在现行清单计价规范及招投标体制下,建筑市场对建筑工程工程量的计算有了更深层次的需求。招标人主要需编制工程量清单、招标控制价,需要按常规施工方案计算控制价的组价工程量;投标人为计价而计算工程量,按招标人提供的工程量清单,考虑实际的施工方案及施工工艺计算组价方案工程量,一切从实际出发;为了降低风险,进行不平衡报价,还得快速审核招标人提供的工程量清单中的工程量。由于投标时间紧迫,在工程量清单模式下的投标要求施工单位能快速、准确地计算清单、定额工程量,以便有足够时间运用报价策略与技巧。为应对不同层次的市场需求,国内众多的专业软件公司相继推出了各自的图形算量软件,并不断升级、完善。

广联达 BIM 土建算量软件同 BIM 钢筋算量软件一样基于广联达公司开发的具有自主版权的工程绘图平台,绘图方式基本相同,通用功能的操作方式相同,极大地降低了软件学习难度。

工程算量软件的基础是计算结果的准确性,这种准确不只是对于工程构部件物理指标的准确计算,还应符合国内造价计算规则要求,更为重要的是能够清楚地表达给自己及相关人员,即能做到计算过程清楚、报表可追溯。广联达 BIM 土建算量软件 GCL2013 内置现行全国各地清单、定额计算规则,软件运用三维计算技术,能轻松处理跨层构件的计算,软件在三维状态下可自由绘图、编辑,高效、直观、简单。

土建算量软件 BIM GCL2013 算量基本操作流程是:新建工程→楼层设置→绘图输入→汇总计算查看报表。

广联达 BIM 土建算量软件绘图界面与广联达 BIM 钢筋算量软件较为相似,操作也极为相似。构件绘图的基本步骤:定义构件→套用做法→绘制构件。比如某工程中某柱构件的绘图步骤如下:

(1) 点击导航栏下构件列表中的“柱”,进入柱的绘图操作状态。

(2) 点击工具栏的“定义”进入“构件管理”界面,点击“新建”下的“新建矩形柱”,则可在弹出的属性编辑框中创建某柱的定义,如某工程中的 KZ1,根据设计图纸,在属性编辑框中填入如实相应信息,如图 14.15 所示。

(3) 套用做法。套用做法是指构件按照计算规则计算汇总出做法的工程量,方便进行同类项汇总,可以直接导入到计价软件,便于计价。构件套用做法可以在构件“属性编辑”完成后,在“构件列表”右侧的“构件做法”界面完成。如套用柱 KZ1 的清单计算规则,选择“添加清单”,如不记得清单编码,可点击界面下方“查询匹配清单”选项,点击所选清单的相应编码,进行清单的套取;如套用 KZ1 的定额计算规则,选择“添加定额”,点击界面下方“查询匹配定额”选项，再点击所选定额的相应编码，进行定额的套取，如图 14.16 所示。也可以不套用做法，由用户自行提取所需工程量。

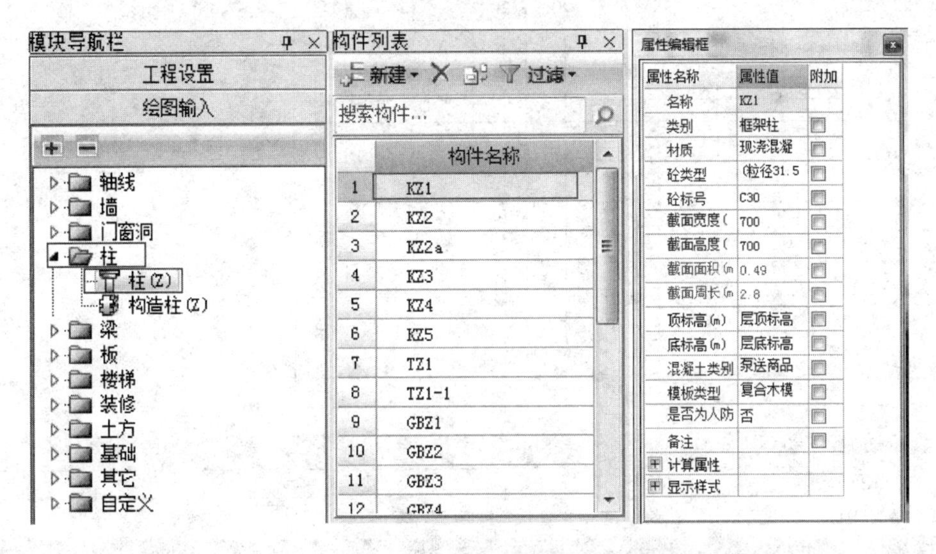

图 14.15　KZ1 的属性定义

图(V) 工具(T) 云应用 BIM应用(I) 在线服务(S) 帮助(H) 版本号(B) 新建变更 联系客服

层 Σ 汇总计算 云检查 从其他楼层复制构件 复制构件到其他楼层

添加清单 添加定额 删除 项目特征 查询 换算 选择代码 编辑计算

	编码	类别	项目名称	单位	工程量表达式	表达式说明
1	010502001	项	矩形柱	m3	TJ	TJ<体积>
2	6-190	定	(C30泵送商品砼) 矩形柱	m3	TJ	TJ<体积>
3	011702002	项	矩形柱 模板	m2	MBMJ	MBMJ<模板面积
4	21-27	定	现浇矩形柱 复合木模板	m2	MBMJ	MBMJ<模板面积

示意图　查询匹配清单　查询匹配定额　查询清单库　查询匹配外部清单　查询措施　查询定额库

	编码	名称	单位	单价
52	6-175-2	栈桥 (C25砼) 柱、连系梁 板顶高度<20m	m3	583.01
53	6-175-3	栈桥 (C40砼) 柱、连系梁 板顶高度<20m	m3	614.53
54	6-190	(C30泵送商品砼) 矩形柱	m3	468.12
55	6-191	(C30泵送商品砼) 圆形 多边形柱	m3	493.58
56	6-192	(C30泵送商品砼) L、T、十型柱	m3	503.1

图 14.16　KZ1 的做法套用

(4) 绘制构件。点击“绘图输入”进入绘图界面，在左侧“构件列表”中点击需要绘制的“柱”，然后在绘图功能区点击“点”按钮，将光标移动到轴的交点处，点击左键即可完成柱子的绘制。如果需要绘制偏心柱，则需要将光标移动到轴线交点时按住 ctrl 键，然后点击鼠标左键，在弹出的对话框中设置偏心柱的各种属性。

(5) 查看构件工程量。左键点击菜单栏的“汇总计算”，屏幕弹出“确定执行计算汇总”对话框，点击“确定”按钮，计算汇总结束再次点击“确定”即可，之后点选需要查量的构件 KZ1，点击“查看工程量”按钮，如图 14.17 所示。

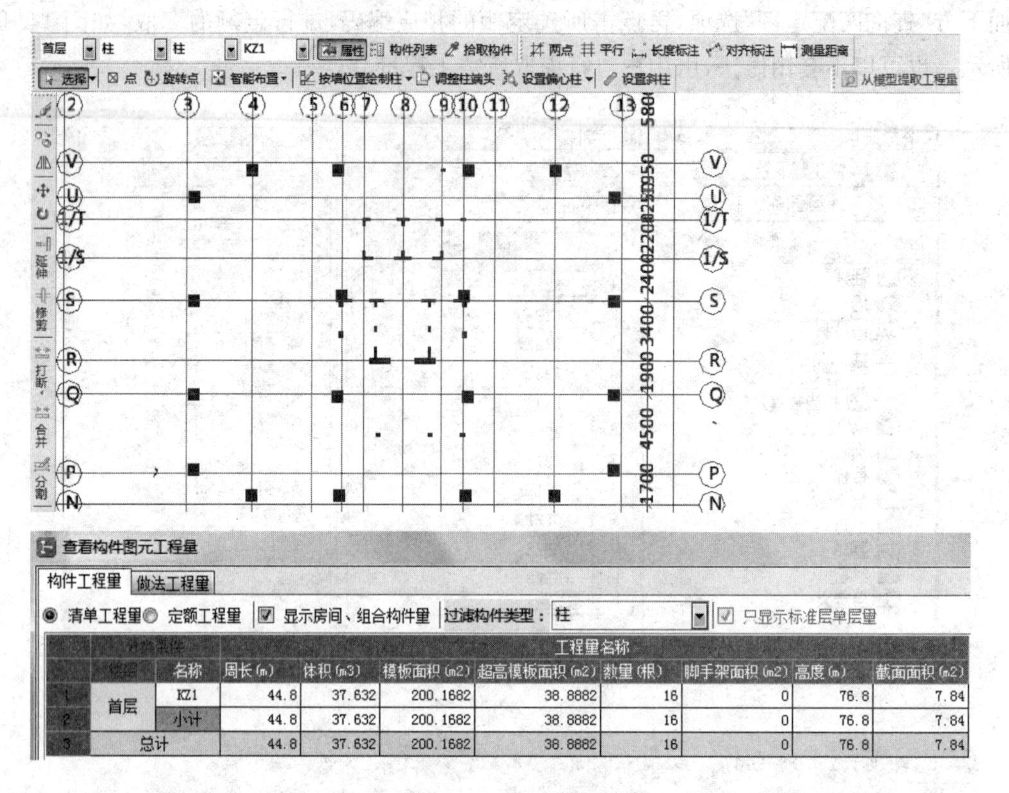

	分类条件		工程量名称							
	楼层	名称	周长(m)	体积(m3)	模板面积(m2)	超高模板面积(m2)	数量(根)	脚手架面积(m2)	高度(m)	截面面积(m2)
1	首层	KZ1	44.8	37.632	200.1682	38.8882	16	0	76.8	7.84
2		小计	44.8	37.632	200.1682	38.8882	16	0	76.8	7.84
3	总计		44.8	37.632	200.1682	38.8882	16	0	76.8	7.84

图 14.17　KZ1 工程量查询

广联达 GCL2013 采用真三维建模技术，对于拱斜也可进行精准的处理，斜墙、斜柱、拱梁、拱墙、拱板处理专业；对依附构件如墙面、天棚、屋面等都可进行专业处理，使用户对于复杂结构也能简单准确地处理计算。根据工程特点，软件通过区域或者调整标高均可解决错层、夹层、跃层等复杂结构工程量的处理；三维整楼布尔运算技术，跨层、夹层、跃层扣减精准，确保工程量计算准确。

广联达 GCL2013 中构件的绘制和编辑都基于三维视图进行，用户不仅可以按原有方式在俯视图上绘制构件，还可以在立面图、轴测图上进行绘制。同时，在原有绘图方式的基础上增加了动态输入，结合自动捕捉设置功能，可数倍提升绘图效率。

广联达 BIM 土建算量软件除可通过三维绘图方式建立模型以外，还可通过二维 CAD 图纸识别、一键导入广联达 BIM 钢筋算量模型、导入 BIM 设计模型等等多种方式建立 BIM 土建算量模型。广联达土建算量软件 GCL2013 支持国际通用交换标准 IFC 文件的一键读取（IFC，即 Industry Foundation Classes 数据模型是一个公开标准，由 buildingSMART 开发用来帮助工程建设行业数据互用的基于数据模型面向对象的文件格式，IFC 标准是一个计算机可以处理的建筑数据表示和交换标准，用于建筑物整个生命周期内各方面的信息表达与交换，BIM 软件可以基于 IFC 进行数据交换和共享），同时，通过广联达三维设计模型与造价算量模型的交互插件 GFC 可以实现将 Revit 三维模型中的主体、基础装修、零星等构件一键导入土建算量 GCL2013 中从而快速建立模型。

广联达 BIM 土建算量软件中内置了全国统一的清单计算规则和地区的定额计算规则，所有工程量的扣减均按选择的计算规则计算，且计算式完全符合手工算量的习惯，结果准确，清晰可见，用户随时可以查看工程量计算过程，可赢得用户信赖。而根据报表中提供的工程量，可反查出工程量的来源、组成，方便用户对量、查量及修改。广联达 BIM 土建算量软件所计算出的工程量提取较为简单，无须套做法亦可出量，报表功能强大，提供了做法及构件报表量。GCL2013 软件还提供了分类查看构件工程量功能，可以根据清单项目特征值来自由组合进行工程量统计，符合全国各地不同清单特征及定额分量的需求，大大减少统计工程量的时间，以满足招标方、投标方的各种报表需求，当前使用较为广泛。

14.4.3 工程量清单计价

工程量清单计价软件是国内信息技术在工程中应用最早也是非常完善的软件，因为计价需遵循各地定额、计价规范，所以计价软件都内嵌了工程所在地的专业定额，提供清单计价、定额计价等多种计价方式。目前的计价软件能融计价、招标管理、投标管理于一体，可帮助工程造价人员解决电子招投标环境下的工程计价、招投标业务问题，使计价更高效、招标更便捷、投标更安全。本书以广联达清单计价 GBQ4.0 为例简单介绍投标报价经济标文件编制。

广联达清单计价 GBQ4.0 包含三大模块：招标管理模块、投标管理模块、清单计价模块。招标管理和投标管理模块是站在整个项目的角度进行招投标工程造价管理；清单计价模块用于编辑单位工程的工程量清单、招标控制价或投标报价；从招标管理和投标管理模块中都可以直接进入清单计价模块。本节仅简单介绍投标人用软件计算投标报价部分。

作为投标人投标报价计价的操作流程如下：

(1) 新建投标项目。

进入软件后在工程文件管理界面，点击“新建项目”“新建投标项目”。在弹出的“新建投标工程”界面输入相应信息，或点击界面上“浏览”导入电子招标文件。导入招标文件则软件中也会完整导入招标项目完整资料，包括项目信息、项目结构、所有单位工程的工程量清单内容。如选择“土建工程”，点击“进入编辑窗口”，在弹出的“新建清单计价单位工程”界面选择清单库、定额库及专业，软件即可进入单位工程编辑主界面，能看到已经导入的工程量清单，如图 14.18 所示。

(2) 编制单位工程分部分项工程量清单计价，主要包括套用定额、输入子目工程量、子目换算、设置单价构成等。

计价定额子目可直接输入。选中某需组价的清单，点击“插入”“插入子目”，则在相应清单项目下方出现空行，在空行的编码列输入子目号，随后子目名称、计量单位等自动跟出，手动输入定额工程量即可。如果不记得定额子目号，则可点击编辑框右下方的属性窗口“查询定额库”，双击所需子目。一般建筑工程清单项下面都会有主子目，其工程量一般

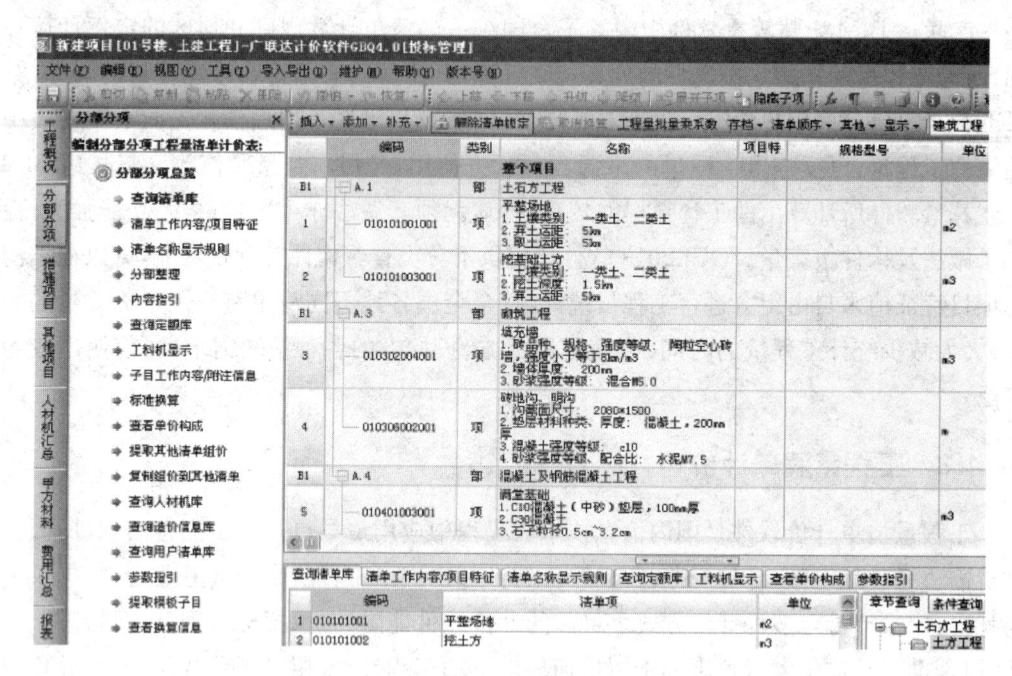

14.18　招标工程量清单

和清单项的工程量相等，如果子目的计量单位和清单项的相同，则可以设置定额子目工程量和清单项一致。

广联达造价软件之间存在无缝衔接，广联达计价软件 GBQ 可将土建算量文件 GCL 导入，则在算量软件中所有套用清单定额做法的项目可全部导入，这样可节约定额输入步骤。

土建工程的定额使用中常常需要换算，GBQ 中提供了数种换算方式，如标准换算、系数换算等。使用较多的是“标准换算”，如某工程垫层项目混凝土标号与定额不一致，这时可使用“标准换算”：选中需换算子目，在左侧功能区点击“标准换算”；或者单击右下方“标准换算”，选择要换算的定额内容项，如图 14.19 所示。GBQ4.0 可以处理的换算内容包

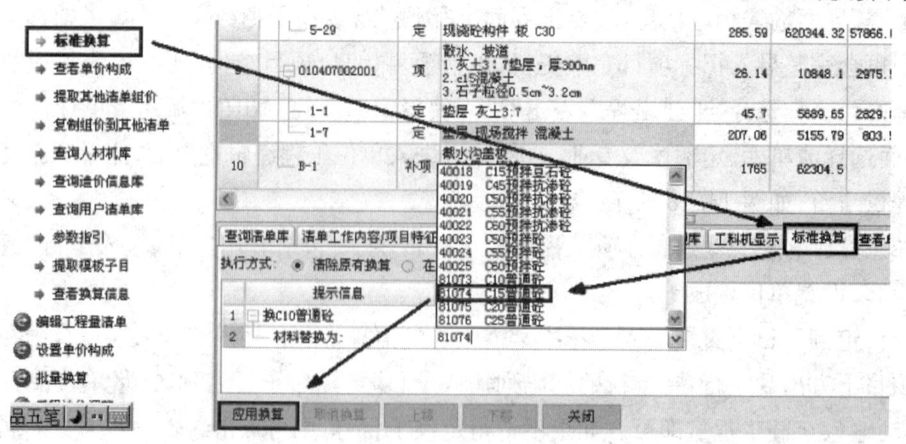

图 14.19　标准换算示意图

括:定额章节说明、附注信息、混凝土、砂浆标号等等,实际工程中的大部分换算都可以通过标准换算完成。

(3) 编制措施项目清单计价。软件提供了与现实工程相同的计价方法,可计算工程量的综合单价定额计价、不好计算工程量的按计算公式计价,用户按实际情况操作即可。

(4) 编制其他项目清单计价。作为投标人如果有产生费用,如存在总承包服务费若干,则选择左侧导航栏“其他项目”后,在“其他项目”界面编辑框中直接填写。

(5) 人材机汇总,包括调整人材机价格,设置甲供材料、设备。

投标报价应能反映适时市场价格、反映企业自身投标报价,因此正常都需调整人材机价格。在“人材机汇总”界面,选择“材料表”,点击“载入造价信息”,在“载入造价信息”界面的“信息价”右侧的下拉选项中选择某地某月造价信息,则软件会按照信息价文件的价格修改材料市场价。投标人也可以在“人材机汇总”界面的材料表中直接修改材料的市场价格。

甲供材设置是在“材料表”中进行,选择甲供的材料,在其后的“供货方式”列中选择即可。

(6) 查看单位工程费用汇总,包括计价程序、工程造价调整。如果工程造价与预期造价有差距,可以通过工程造价调整的方式快速调整。在“分部分项”界面,点击“工程造价调整”“调整人材机单价”。在“调整人材机单价”界面,输入人材机的调整系数,点击“确定”按钮,软件会重新计算造价,需注意“确定”前先备份原工程。

(7) 查看报表。

(8) 汇总项目总价,包括查看项目总价、调整项目总价。GBQ 软件中的“工程造价调整”“统一调整人材机单价”功能,可一次性调整单位工程或整个项目的投标报价。

(9) 生成电子标书,包括符合性检查、投标书自检、生成电子投标书、打印报表等。

GBQ 软件的符合性检查功能是检查投标人是否误修改了招标人提供的工程量清单,如果投标人有误修改,软件会弹出提示,以供更正。

软件报表处理简便快速:“统一调整报表方案”功能,可复制本单位工程报表,快速调整报表格式;可批量打印报表,且支持双面打印;“批量导出 excel”功能,可把报表一次性导出 excel 格式;“局部汇总”功能可使工程中只显示选定的内容,且人材机、取费、报表均可按选定的清单子目来汇总并输出报表。

14.5 BIM 技术下技术标投标文件的编制

随着我国建筑市场的日益规范,投标工作亦趋于更加公开、公平、公正,公开招标已经成为普遍采用的工程交易方式,同时市场竞争更为激烈。因此,在其他条件相近情况下,编制科学合理、规范美观的投标文件成了企业进入市场的头等大事。

技术标是投标文件(商务标+技术标)的重要组成部分,也是编制投标报价的基础,是反映投标企业施工技术水平和施工能力的重要标志，在投标文件中占有举足轻重的地位；而技术标的编制工作工作量大且繁琐，投标时间却往往非常紧迫，即使是非常有经验的投标人有时也难免因疏漏而造成遗憾。借助标书编制软件，就有可能在有限的标书编制时间内编制出符合招标要求、针对性强、重点突出、个性鲜明的高质量的投标文件。

在《建设项目工程总承包管理规范》(GB/T 50358—2017)中明确规定：建设单位对承诺采用BIM技术或装配式技术的投标人应当适当设置加分条件；也有招标人意识到BIM应用给工程带来的好处而在招标时提出BIM要求，因此投标人也会在投标施工方案中加入BIM应用情况介绍，如BIM进度管理、安全管理、施工模拟等等，以展示本企业的BIM能力，另一方面也使自己的标书更具有视觉冲击力，从而达到在投标竞争中获胜的最终目的。

在技术标制作中，通常运用的BIM软件有标书制作软件、施工平面图布置软件、进度计划编制软件、模板脚手架支撑设计软件等。

14.5.1 技术标制作与管理

技术标对整个投标文件的质量以及投标报价的好坏起着关键的、决定性的作用，在投标工作中占据举足轻重的地位。当前国内有很多质量良好的本土化的标书制作软件，如广联达标书制作软件、清华斯维尔标书编制软件、新点技术标制作软件、品茗标书制作与管理软件、恒智天成建筑工程施工组织设计标书制作软件、智通标书制作、筑业标书制作管理软件、标书制作工程软件等等，有的软件还是免费的，可以直接在相关的网站上下载使用。

广联达标书制作软件GBS是广联达推出的一款专业的标书制作软件，拥有标书制作、标书管理、调用素材和模板、自动排版等众多功能，可以用来制作各类工程的施工组织设计与投标文件。软件主界面的功能菜单区，包括素材加载、编辑、学习反馈三大模块。

1）素材加载模块

素材加载主要帮助用户在编写技术标文档需要查找整份相似工程的标书、相关专项施工方案、工艺节点图、流程图以及常见附表等时可快速、精准地查找与选择相关资料。

根据实际业务主要分为：标书模板、专项方案、图片与图表。

(1) 标书模板

标书模板模块按照工程分类及结构分类存储相应的工程、建筑的整份技术标模板文档。当选择插入或加载某个标书模板时，直接将其内容(包含图片、表格、段落结构等)保持一致复制过来。标书模板主界面如图14.20所示。

标书模板分级设置，如图14.20所示，一级分类涵盖建筑工程、市政工程、安装工程、装饰装修、水利交通等工程项目，并在每一级分类下，依据相关结构、工程属性等进行了二级分类，用户可快速查找调用相关素材模板，建立起投标项目的技术标结构。

选择素材时有“加载”“插入”两种方式。“加载”是在清空已打开的文档内容后将标书文档内容加载进来；“插入”则直接在已打开的文档内插入此模板标书的文档内容。用户

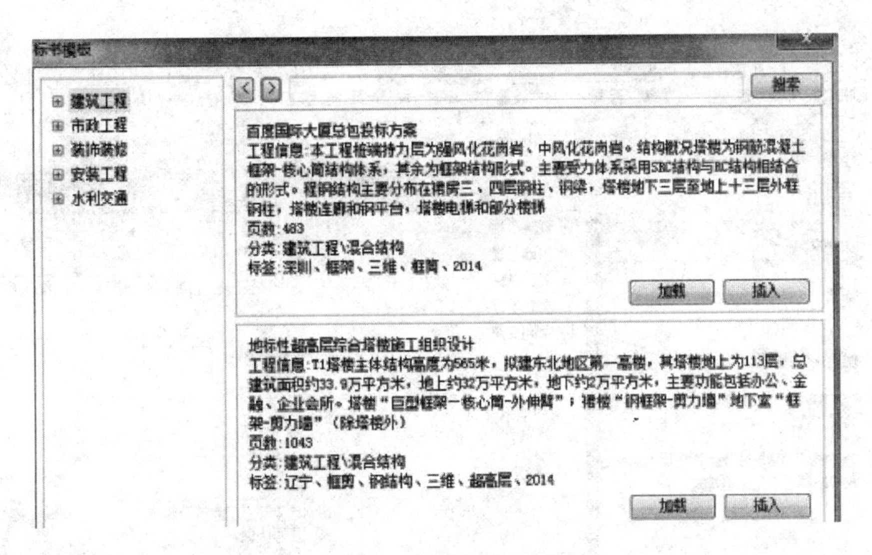

图 14.20 标书模板主界面

可根据需要自行选择采取的方式。

(2) 专项方案

专项方案模块按照技术标业务的专项方案进行分类并存储相应文档。主要包含钢筋工程、模板及脚手架工程、雨季施工、冬季施工、安全文明施工方案等。

(3) 图片

图片模块是针对技术标编制过程中所需要的工艺节点图等进行分类并存储相应图片。主要包含 BIM 类、模板脚手架、安全防护、钢筋节点等。

(4) 图表

图表模块按照技术标编写过程中所需要的工艺流程图、常规附表、附图、投标函等其他文档进行分类并存储。

2) 编辑模块

标书必须严格按照招标文件规定的格式、内容填写,还要做到版面整洁、排版统一合理、整齐美观。除业主另有要求外,标书的排版应有统一的要求,包括标题、字体、间距、页边、页脚页眉与图纸的线条、字型、边框等等,都应有具体统一的标准,保证整体标书工整、美观、悦目。标书制作软件 GBS 中统一的“样式设置”和快捷命令,可以很好地对全文进行格式调整、美化,能高效针对技术标编制过程中的问题、难点,如图片等在文档中显示不全、显示错位等,设计独有的快捷命令,可一键完成图片、表格等调整。此外,由多人共同编写的不同格式的标书文件汇总时也可快速统一排版,实现多人编写文档的统一快速排版,有效提升编写效率。

标书调整完毕可以直接打印,同时可以存为模板,如图 14.21 所示,以备今后随时调用。

3) 学习反馈模块

学习反馈模块中,用户可将使用中的问题进行反馈,通过在线课堂学习软件学习相关

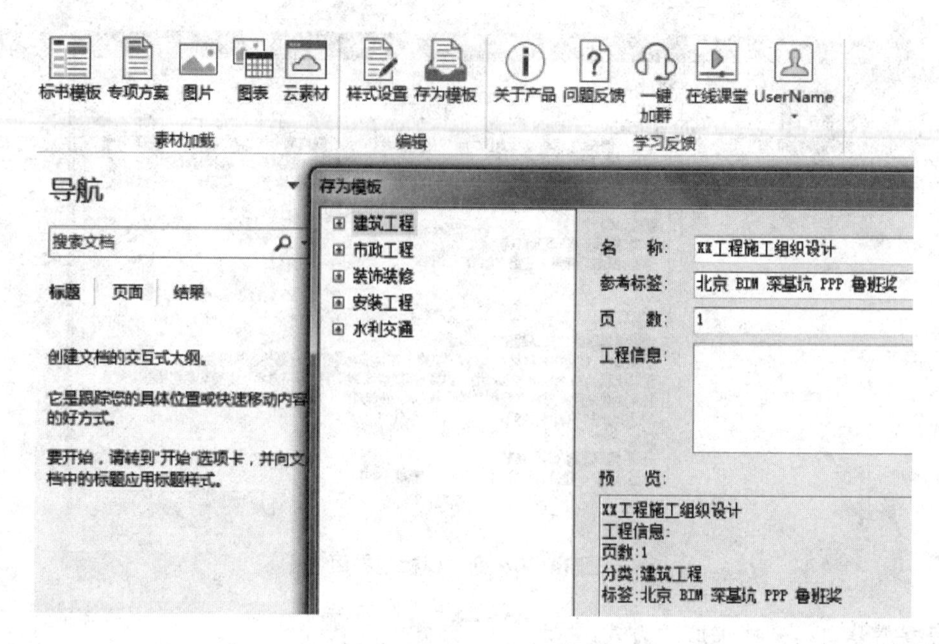

图 14.21 标书编辑存档

专业知识，加入群进行讨论学习。

14.5.2 基于BIM的施工场地布置

在一套完整的投标施工组织设计中，施工现场平面布置图是其重要的组成部分，是一般技术标评审时需单独设置评分值的重要内容。合理的场地布置能够在项目开始之初，从源头减少安全隐患，是方便后续施工管理、降低成本、提高效益的重要方式。传统的施工平面布置图，是以图纸形式静态绘出，无法给人直观立体效果，也不易及时反映场地布置的动态变化，此时的施工平面布局是由编制人员根据施工经验和感觉给出，不易分辨其布置方案的优劣。基于 BIM 的场地布置，可以根据施工进度的推进对场地进行动态模拟，根据地基基础、主体结构及装饰装修等不同施工阶段的需求分别进行场地布置方案设计。

广联达 BIM 施工现场布置软件是广联达推出的一款面向建筑工程行业的 BIM 施工现场布置软件，软件操作基本流程为：建立工程→建立构件→属性设置→保存退出。

软件可导入设计图纸的 CAD 总平面图，用于设计施工现场总体布局(如图 14.22 所示)；导入 GCL 文件快速建立拟建建筑模型。软件支持导入 DEG、GGL、OBG 等外部参照、模型文件，以实现对拟建建筑的快速的建模。

软件内嵌了丰富的构件库，包括环境、临建、措施、机械、材料、安全体验区、水电等多个大类图元。每个大类里又细分多种不同图元，如临建大类中的拟建建筑、活动板房、围墙大门等；材料大类中的碎石堆场、钢筋堆场、脚手架堆场等。

在构件图元绘制方面，软件提供直线、弧线、圆形、矩形、点布置等多种布置方式，绘制简便且可以满足各种图元的布置要求，节约绘制时间。如“岗亭”构件，岗亭是用于大门人

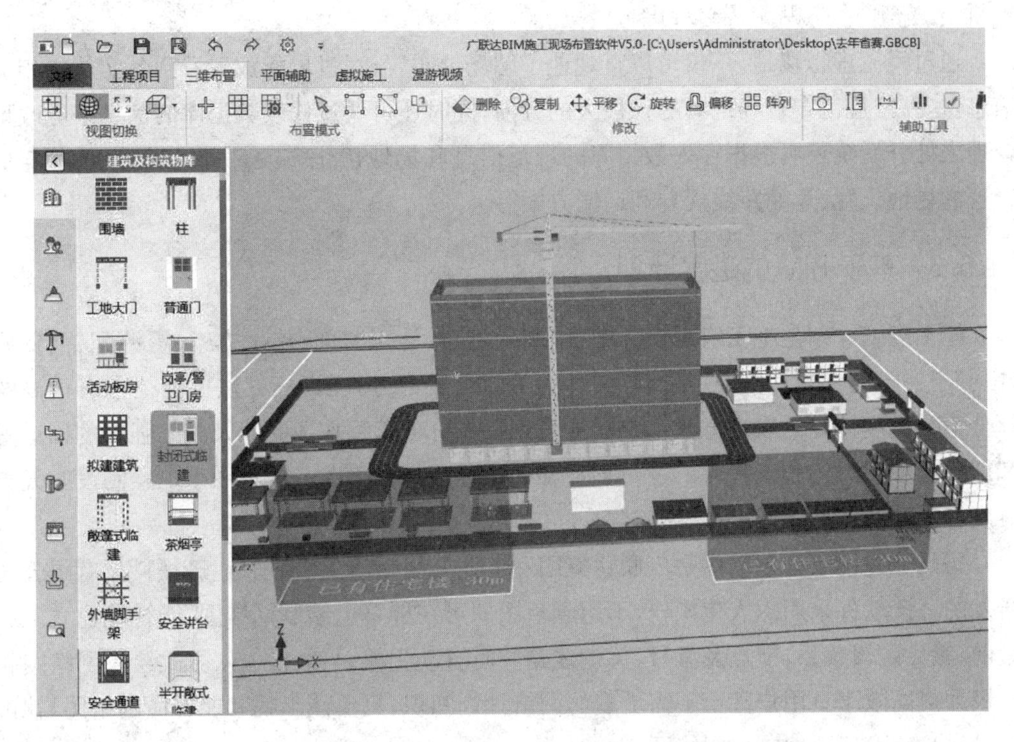

图 14.22 主体施工阶段的平面布置图

口的警卫用房，其属性如图 14.23 所示，用户按照设计对岗亭的开间、进深、高度、屋顶形式、颜色方案等基本属性设置后，即可绘制，岗亭绘制方式为旋转点布置。属性中“角度”是输入角度以岗亭起点为旋转点进行旋转，输入正值则逆时针旋转，输入负值顺时针旋转，输入范围为[−360，360]。

属性栏	
岗亭/警卫门房	
名称	岗亭/警卫门房
显示名称	□
岗亭高度(mm)	2300
颜色方案	蓝白
屋顶	平顶
用途	岗亭
角度	0
底标高	0

图 14.23 岗亭属性框

软件所带的构件模型均为矢量模型或者高清模型，且模型都是仿真建立，并提供贴图功能，使用者可任意自行设计更直观、美观的三维模型。

软件内置了现行的国家标准、行业标准、地方标准，包括消防、安全文明施工、绿色施工、环卫标准等规范；嵌入丰富的现场经验，为用户在规划时提供更多的参考依据；并配套提供用户工作所需的施工各阶段规划图、细部构造详图、临水、电方案等。软件可提供根据规范进行合理性检查等功能。

软件内嵌施工模拟动画，可以对任意模型构件虚拟施工动画，通过建造、活动、拆卸的组合形成对施工过程的全面模拟，提供更多的展示效果；支持动态视角关照，支持 2D/3D 自由切换，能够在任意视角输出高清图片；支持漫游视频输出，内嵌实现渲染引擎可以实现材质、光照、动态贴图等多种虚拟效果。

通过漫游虚拟场地，不仅可以直观地了解场地布置，通过鼠标放置看到各实体的相关信息，这在按规范布置场地时提供极大的方便；同时还可通过修改数据库的信息来更改不合理之处。系统还可根据存入数据库的规范信息和场地优化方案，协助组织人员确定更合理的场地位置、运输路线规划和运输方案等。

14.5.3 基于BIM的进度计划

施工进度计划是施工组织设计中集“施工程序、施工时间、施工方案、资源配置、资源计划”于一身的纲领性文件，是投标文件的关键组成部分，在评标办法中往往占有很高的评分值。进度计划的表现方式主要有能直观反映分项工程作业时间及施工强度的横道图和能反映项目总体施工程序的逻辑关系和关键线路的网络图。横道图手工绘制没有太大难度，网络图则需充分练习才能绘制。

斑马梦龙网络计划软件是广联达集团和梦龙公司重组后由广联达斑马科技有限公司研发的。该软件采用拟人化操作，不用画草图即可在屏幕上绘制网络图，能智能建立工序紧前、紧后逻辑关系，节点及编号、关键线路实时自动生成，与表格输入方式绘制网络图相比极大提高效率。用户甚至不需更多的网络计划知识，只要懂工程和能看懂网络图，就可轻松、快速、准确地编制出网络图。

斑马梦龙网络计划软件基本操作流程是：启动软件→建立工程→编辑网络图→保存退出。

新建工程文档后，出现如图 14.24 所示网络图编辑主界面，主界面中各功能区域如图 14.24 中所示，不再叙述。

网络图的编制基本可通过工具栏中清晰的操作按钮完成。如需添加“工作”，则先在左侧工具栏中选择“添加”按钮，然后用鼠标在网络图绘制区拖动或者双击，出现“工作信息卡”对话框，如图 14.25 所示。用户在对话框中定义工作的名称、持续时间、工作类型等必要信息，也可以加注该工作所需的工程资源，如该工作的清单编码、工程量及完成该工作所需的人力、物力资源。

软件对工作的节点及编号、关键线路能实时自动生成。当发现已经绘制好的某个工作的设置有问题，则需修改。点击“流水”按钮，即将界面调整到修改状态，双击需修改的工作，在弹出的“工作信息卡”对话框中进行修改。

如有流水工作任务，则点击“流水”按钮，框选需进行流水施工的工作任务，在弹出的“流水参数设置”对话框中进行设置，其中“段数”代表流水次数，“层数”代表工序层数。如图 14.26 所示。

软件智能建立、展现工作的紧前、紧后逻辑关系，编制过程中发现工作间逻辑关系有问题，如两个工作的前后顺序颠倒，则可以选择“交换”功能解决问题。点击“交换”按钮，再依次双击任意两个需要交换的工作即可。软件中不仅相邻的工作可以交换，不相邻的也可以交换。如图 14.27 所示。

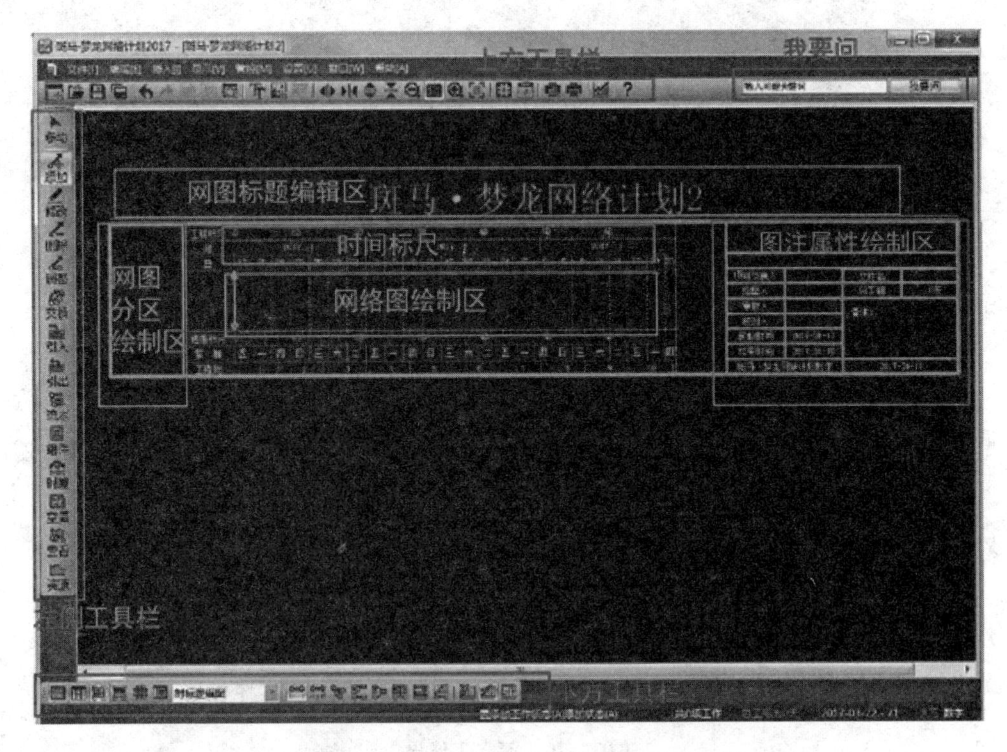

图 14.24　斑马·梦龙网络计划基本操作界面

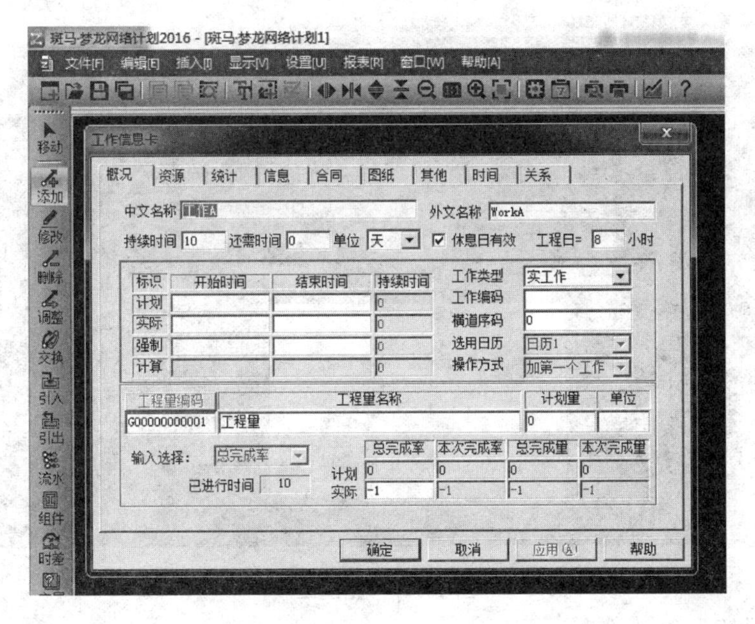

图 14.25　添加工作

斑马·梦龙网络计划使编制网络图成为一项简单工作，如果与 BIM5D 实现对接，将斑马梦龙网络计划导入 BIM5D 后，进行计划与构件的挂接，则可实现施工过程动态模拟。

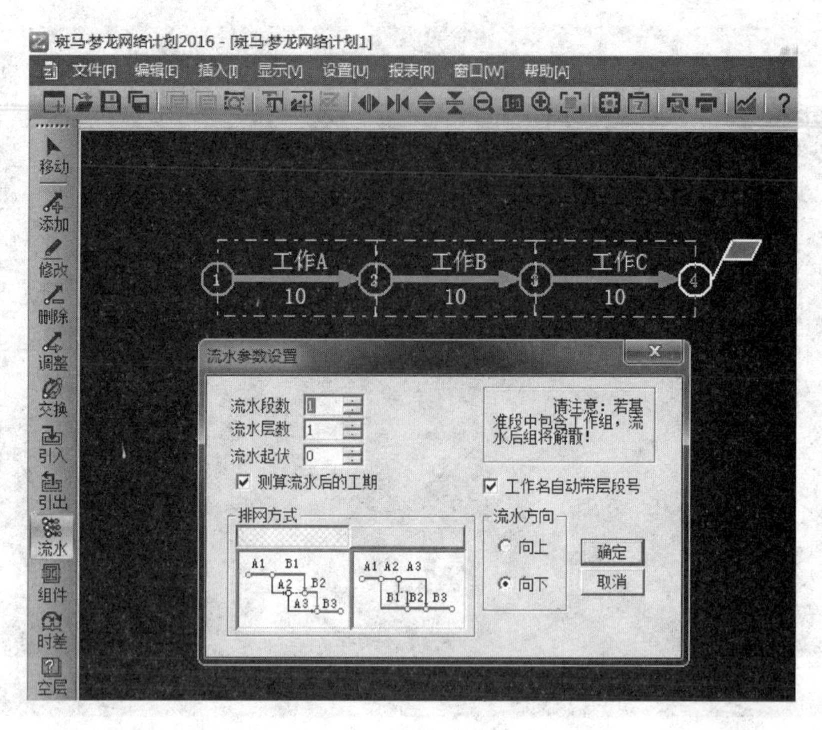

图 14.26　流水工作设置

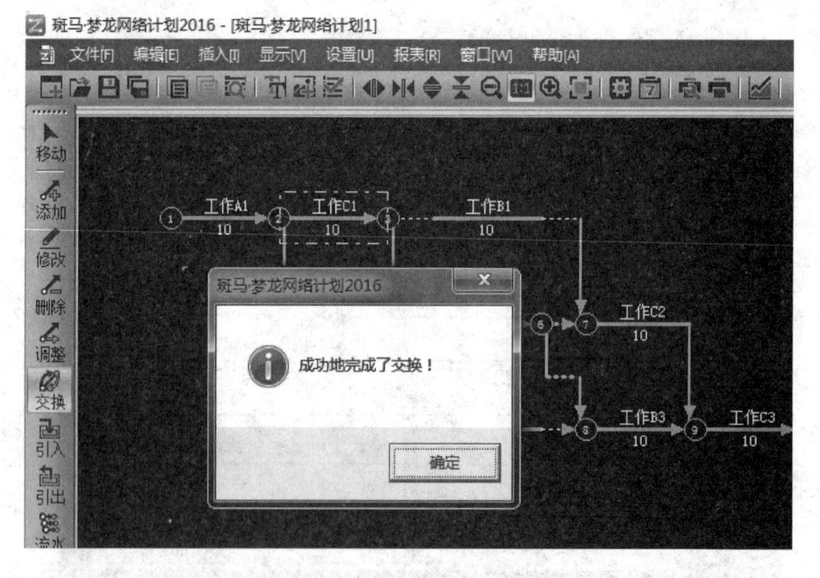

图 14.27　交换工作

14.5.4　基于 BIM 的安全管理

模板、模板支架、脚手架等项目是建筑工程施工中必不可少的技术性措施项目，也是安全隐患较多的工程内容，是建筑行业中一项主要的危险源。因此在编制施工组织设计时必须针对脚手架搭设、模板支架、模板施工等内容制订严格的施工方案和安全措施。广联达 BIM 模板脚手架设计软件 GMJ，是模板和脚手架工程专项方案计算、审核软件。软件依据国家规范和施工规程，为施工技术人员编审模架安全专项施工方案和安全技术管理提供了便捷的计算工具。软件还包含智能编制安全专项方案、智能编制技术交底、分析判断危险源、智能编制应急预案、材料匡算等辅助功能。

广联达 BIM 模板脚手架设计软件 GMJ 的操作流程是：建立工程、导入模型文件、模板拼模设计、模板支架设计、脚手架设计

模板、模板支架、脚手架的设计建立在建筑实体模型基础上，实体模型文件可通过导入 CAD 平面图的方式建立。在导入 CAD 平面图后，先分层识别柱、梁、板等构件，再执行楼层合并即形成 GMJ 中的实体模型，即可进行模板脚手架的设计。也可以导入广联达图形 GCL 模型文件或 Revit 模型文件，这两种文件模型一经导入即形成 GMJ 中的实体模型，可直接进行模板脚手架的设计。

进行构件模板设计时，点击软件界面上方"工程设置"菜单，点击"拼模参数"，在弹出的"拼模参数设置"对话框中先填写相关参数，如图 14.28 所示，根据设计填写拼模尺寸设置与综合损耗扩大系数等，在"拼模设计"的界面中选择"整层布置"，确定实际工程模板种类(木模板或组合模板)后，当前楼层柱、梁、板等主体构件的模板即设计完成。

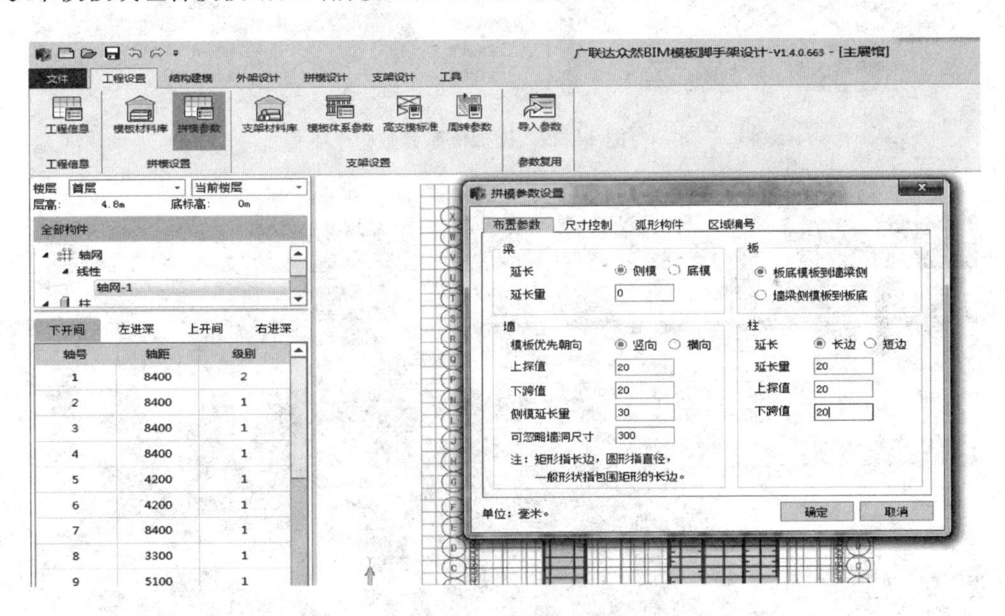

图 14.28 模板设计

软件根据用户设置规则和内置核心算法拼模完成后，可通过三维功能查看整栋建筑的拼模情况，每一构件的拼模细节都清晰直观地展现在用户面前。软件能够一键计算材料用量，精确掌控模板规格、张数及面积。构件拼模图可导出 CAD 图，构件拼模图极为详细直观，针对模型中每一个构件的模板表边，均有详细的拼模图，同时有该构件的模板统计。

模板支架的设计与模板的拼模设计相似。在"工程设置"界面下，选择"模板体系参

数”，如图 14.29 中所示，填写相关设计参数，再切换到“支架设计”功能栏下，可以选择手工布置或者智能布置。手工布置就是不需要整层布置，选择所需要的位置，进行框选布置；智能布置可以简单快速地进行整层布置。如图 14.30 所示。

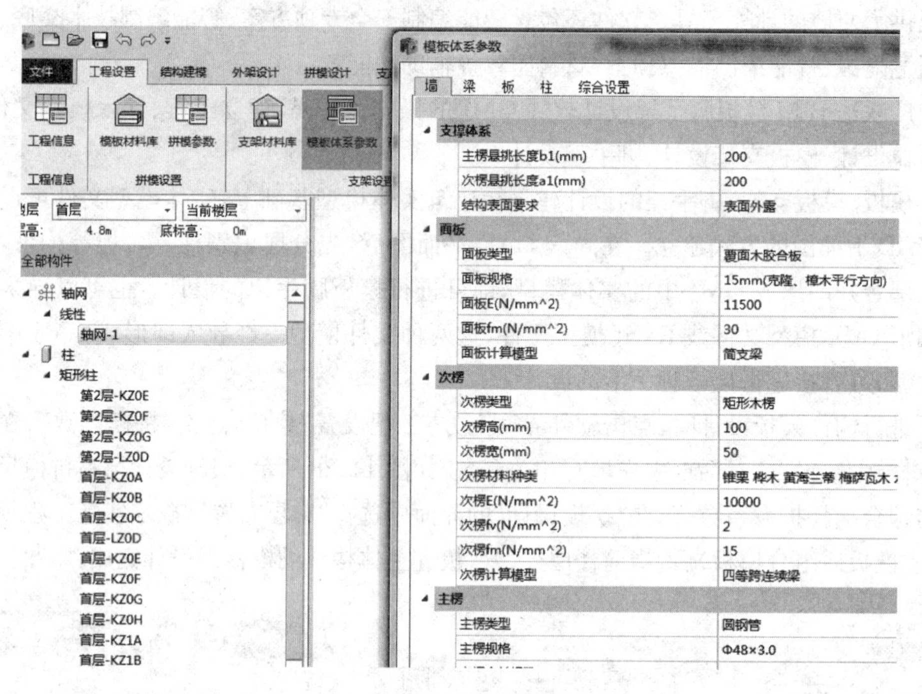

图 14.29　模板体系参数

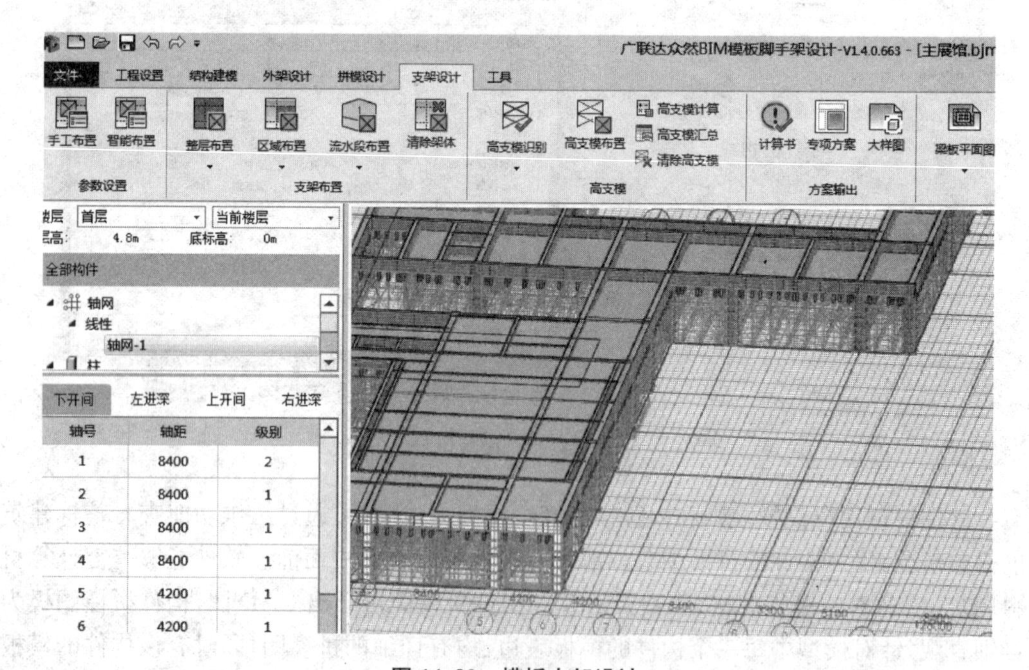

图 14.30　模板支架设计

脚手架设计分为内脚手架和外脚手架设计。脚手架设计时设置参数是在“脚手架设计”模块中进行,外脚手架设计还需对模型的建筑轮廓进行识别。脚手架布置好后可以根据工程情况增加安全通道和卸料平台。在“脚手架设计”界面中点击“三维节点”按钮,框选需查看节点位置,即可生成该节点的详图,节点形象直观,方便工人理解施工工序。在“脚手架设计”和“支架设计”界面有“计算书”按钮,点击该按钮,即可自动汇总数据导出计算书。软件提供的计算书较为详细,软件可以自动生成计算简图、弯矩图、剪力图、变形图,一目了然。计算步骤明确,套用公式、参考规范清晰明了。软件计算方案书还提供便捷编辑器,文档所有公式或者计算均可修改,亦可保存为常用 word 格式,便于调整和应用。

软件能快速试算,当计算结果不合格,计算方案书中的结论以红字警示,并且给出改正建议。用户可以返回操作界面,重新设置参数,重新生成计算方案书。

广联达 BIM 模板脚手架设计软件 GMJ 内置专业施工文库,可供用户参考,能定性定量辨识和评价危险源。软件通过用户输入参数自动识别危险源。软件能一键生成完整详实的专项施工方案,依据住建部《危险性较大的分部分项工程安全管理方法》及相关规范标准编制要求快速生成专项方案,并可同步制作专项方案报审表、应急预案、节点详图等,使投标工作更细致、更有针对性也更完整。

参考文献

[1] 郭磊，王军，安晓伟. 基于直觉模糊集的水利工程评标办法[J]. 南水北调与水利科技，2016，14(5)：189-193.

[2] 中华人民共和国住房和城乡建设部中华人民共和国国家质量监督检验检疫总局. 建设工程工程量清单计价规范(GB 50500—2013)[S]. 北京：中华人民共和国住房和城乡建设部，2013.

[3] 中华人民共和国住房和城乡建设部中华人民共和国国家质量监督检验检疫总局. 建设项目工程总承包管理规范(GB/T 50358—2017)[S]. 北京：中国建筑工业出版社，2017.

[4] 江苏省建设工程招标投标办公室. 江苏省房屋建筑和市政基础设施工程施工招标文件示范文本[S]. 南京：江苏省建设工程招标投标办公室，2017.

[5] 卢睿，李学伟. 工程建筑企业投标中的项目成本预测研究[J]. 铁道工程学报，2016，33(6)：104-109.

[6] 刘黎虹. 建设工程招投标与合同管理[M]. 北京：化学工业出版社，2018.

[7] 陈正. 建筑工程招投标与合同实务管理[M]. 2版. 北京：电子工业出版社，2018.

[8] 宋春岩. 建设工程招投标与合同管理[M]. 4版. 北京：北京大学出版社，2018.

[9] 张利江. 招标采购实战200问(第一辑)[M]. 北京：法律出版社，2018.

[10] 江苏省住房和城乡建设厅. 江苏省建筑与装饰工程计价定额[M]. 南京：江苏凤凰科学技术出版社，2014.

[11] 张启浩. 招投标法律法规适用研究与实践——投标文件编制要点与技巧[M]. 北京：电子工业出版社，2019.

[12] 白如银. 招标投标焦点难点探析[M]. 北京：中国电力出版社，2018.

[13] 冯伟. BIM招投标与合同管理[M]. 北京：化学工业出版社，2018.

[14] 住房和城乡建设部. 建设工程项目管理规范(GB/T50326—2017)[S]. 北京：中国建筑工业出版社，2017.

[15] 住房和城乡建设部. 建设项目工程总承包管理规范(GB/T 50358—2017)[S]. 北京：中国建筑工业出版社，2017.

[16] 建设工程项目管理规范实施指南[M]. 北京：中国建筑工业出版社，2017.

[17] 王卓甫. 工程项目管理原理[M]. 北京：机械工业出版社，2019.

[18] 刘伊生. 建设工程项目管理理论与实务[M]. 2版. 北京：中国建筑工业出版社，2018.

[19] 姜晨光. 政府采购招标实务与案例[M]. 北京：化学工业出版社，2019.

[20] 赵曾海.招标投标操作实务[M].4版.北京:首都经济贸易大学出版社,2017.
[21] 刘钟莹.工程估价[M].南京:东南大学出版社,2016.
[22] 刘营.《中华人民共和国招标投标法实施条例》实务指南与操作技巧[M].3版.北京:法律出版社,2018.
[23] 全国造价工程师执业资格考试培训教材.建设工程造价管理[M].北京:中国计划出版社,2018.
[24] 全国造价工程师执业资格考试培训教材.建设工程计价[M].北京:中国计划出版社,2018.
[25] 全国造价工程师执业资格考试培训教材.建设工程技术与计量(土木建设工程)[M].北京:中国计划出版社,2018.
[26] 王将军.评标方法对投标报价行为的影响与分析[J].建筑技术,2015,46(Z1):35-38.
[27] 成虎.工程合同管理[M].2版.北京:中国建筑工业出版社,2011.
[28] 李启明.土木工程合同管理[M].3版.南京:东南大学出版社,2015.
[29] 赵庆华.工程项目管理[M].2版.南京:东南大学出版社,2019.